DeepSeek 原生应用与智能体开发实践

王晓华 著

清華大學出版社
北京

内 容 简 介

本书围绕 DeepSeek 大模型应用开发展开，深度融合技术创新与工程实践，内容覆盖大模型应用开发（在线调用、提示词、推理、Agent、工具调用、MCP、微调、蒸馏、后训练、RAG）技术栈及其案例。书中原理与案例相融合，注重培养读者的大模型原生应用与智能体开发能力，并构建从理论到落地的完整知识体系。本书配套示例源码、PPT 课件、配图 PDF 文件、读者微信交流群。

本书共分 16 章，内容包括大模型时代、DeepSeek 开发环境配置与开放 API 使用、提示工程与 DeepSeek 提示库、思维链与 DeepSeek 推理模型、基于 DeepSeek 的 Agent 开发详解、DeepSeek 的 Function Calling 与 MCP 应用实战、大模型驱动的即时金融信息采集与分析平台、KV Cache 加持的推理加速、MLA 注意力机制、MoE 专家模型、MTP 与多组件优化、大模型微调技术与应用、大模型蒸馏技术与应用、后训练算法 GRPO 详解与实战、基于后训练的智能医疗问诊实战，以及基于 A2A、MCP 与 RAG 的多 Agent 跨境电商智能客服实战。

本书既适合 DeepSeek 开发初学者、大模型原生应用与智能体开发人员、模型优化与工程化工程师、大模型研究人员、行业 AI 解决方案提供商，也适合高等院校及高职高专院校学习人工智能大模型的学生。

图书在版编目（CIP）数据
DeepSeek 原生应用与智能体开发实践 / 王晓华著.
北京 : 清华大学出版社, 2025. 6. -- (人工智能技术丛书).
ISBN 978-7-302-69535-6
Ⅰ. TP18
中国国家版本馆 CIP 数据核字第 2025ZV6666 号

责任编辑： 夏毓彦
封面设计： 王　翔
责任校对： 闫秀华
责任印制： 杨　艳

出版发行： 清华大学出版社
网　　址： https://www.tup.com.cn，https://www.wqxuetang.com
地　　址： 北京清华大学学研大厦 A 座　　**邮　　编：** 100084
社 总 机： 010-83470000　　**邮　　购：** 010-62786544
投稿与读者服务： 010-62776969，c-service@tup.tsinghua.edu.cn
质量反馈： 010-62772015，zhiliang@tup.tsinghua.edu.cn
印 装 者： 三河市人民印务有限公司
经　　销： 全国新华书店
开　　本： 190mm×260mm　　**印　　张：** 21　　**字　　数：** 567 千字
版　　次： 2025 年 6 月第 1 版　　**印　　次：** 2025 年 6 月第 1 次印刷
定　　价： 129.00 元

产品编号：113235-01

前 言

在人工智能技术爆炸式发展的当下，大语言模型（Large Language Model，LLM）已成为推动产业智能化转型的核心驱动力。随着DeepSeek-V3、DeepSeek-R1等突破性模型的发布，大模型在推理能力、训练效率和应用场景上实现了质的飞跃，但技术落地的复杂性也呈指数级增长。当前市场上虽不乏大模型理论教材，却鲜有系统性覆盖从开发环境搭建到行业垂直领域实战的完整指南，尤其在参数微调、推理加速、应用开发等核心技术环节存在实践断层。本书填补了这一空白，通过深度解构DeepSeek技术体系，为开发者构建从底层架构到上层应用的全链路能力。

本书注重工程与实践，融合了工业界实战经验与前沿研究成果。在内容组织上，既涵盖DeepSeek核心技术原理与代码实现，又通过即时金融信息采集与分析、智能医疗问诊、跨境电商智能客服等真实场景，展现大模型后训练算法GRPO、MCP协议及知识增强技术RAG的落地方法。相较于传统技术书籍，本书独创性地将理论推导、环境配置、模型优化与行业应用四大模块有机串联，形成“技术认知—工具使用—场景落地”的完整闭环，助力开发者快速跨越从技术理解到工程实现的鸿沟。

本书目的

本书旨在为大模型开发者、研究者及AI从业者提供一套系统化的大模型技术实践指南，聚焦DeepSeek大模型的技术讲解与行业落地。通过从基础环境搭建到高阶算法优化的全流程解析，帮助读者掌握大模型开发的核心方法论。同时，本书还通过多个应用实战案例，揭示大模型技术如何与具体业务需求深度融合，助力读者构建端到端的智能化解决方案，提升技术在产业中的实际应用价值。

本书另一核心目标是填补大模型领域“理论到实践”的断层，通过代码级详解与量化实验对比，将KV Cache、MLA注意力、MoE模型、MTP输出等前沿技术转换为可复现的工程能力。无论是想要入门大语言模型开发的新手，还是寻求技术突破的资深工程师，均可通过本书深入理解DeepSeek生态的技术逻辑，并借助书中提供的工具代码与实战经验，快速实现模型优化、后训练及多场景部署，推动AI技术向生产级应用演进。

本书内容

本书以DeepSeek大模型技术体系为核心，构建了一条从核心原理到工程实践的完整学习路径。本书以“技术演进→核心机制→开发实战→行业落地”为主线，通过16章内容层层递进，既涵盖大模型底层技术的创新解析，又包含金融、医疗、电商等场景的实战案例，旨在为开发者提供一本“即学即用”的技术手册。

第1章大模型时代。开篇从大模型技术演进切入，梳理大语言模型发展简史，重点解析注意力机制、Scaling Law等里程碑技术，并通过DeepSeek-V3与DeepSeek-R1的技术突破，揭示“DeepSeek时刻”对AI产业格局的影响。本章帮助读者建立对大模型技术全貌的认知，明确学习目标与行业定位。

第2章DeepSeek开发环境配置与开放API使用。以实战为导向，手把手指导开发者搭建PyTorch环境、安装DeepSeek框架，并详细演示在线API调用流程（如特定格式约束、PyCharm集成）。通过DeepSeek在线调用示例，降低入门门槛，为后续章节内容的展开奠定基础。

第3、4章提示工程与思维链。深入讲解提示工程（Prompt Engineering）的核心方法论，结合DeepSeek提示库与思维链（Chain-of-Thought）技术，展示如何通过系统提示、角色扮演等技巧提升模型交互能力。实战案例涵盖对话生成、推理模型调用，帮助读者掌握模型输出的可控性优化。

第5、6章Agent的开发与DeepSeek的工具调用。从API Agent到GUI Agent，解析智能体（Agent）的核心机制，并通过美妆推荐、天气查询等案例展示工具调用（Function Calling）与MCP协议的集成方法。MCP本地服务端搭建、客户端连接等实战内容，助力读者构建可落地的自动化工具。

第7章金融信息采集与分析平台。以Crawl4AI网络爬虫工具为基础，结合DeepSeek的金融信息抽取能力，构建实时数据分析平台。本章通过链接解析、多角色人设分析等实战，演示大模型与行业数据结合的典型范式。

第8~11章DeepSeek核心技术解密。深度剖析DeepSeek蕴含的四大核心技术，包括KV Cache推理加速：通过缓存优化减少自回归模型计算量，实战对比资源消耗；MLA注意力机制：从低秩压缩到矩阵计算优化，揭示显存与速度的平衡之道；MoE模型：结合情感分类与图像分类，展示混合专家架构的负载均衡与门控机制；MTP与激活函数：解析多词元预测、SwiGLU等组件对生成效率的提升。

第12~14章模型优化技术。系统阐述大模型微调、蒸馏以及后训练技术。在模型微调领域，详细拆解了低秩自适应（LoRA）技术的数学原理与工程实践，并通过参数高效微调（PEFT）库实现多模态模型在垂直领域的快速适配。在模型蒸馏方向，讲解了基于DeepSeek在线API的蒸馏范式，通过教师-学生网络架构将DeepSeek的强大能力迁移至轻量级模型。此外，还以物理信息神经网络（PINN）为例，展示如何利用蒸馏技术求解偏微分方程，实现科学计算与AI的交叉创新。后训练相关章节则深度解析了广义奖励偏好优化（GRPO）算法，通过与近端策略优化（PPO）的对比讲解，揭示其在复杂决策场景中的优势，并完整通过对平衡车控制的训练过程直观地向读者讲解GRPO的算法实现。

第15章智能医疗问诊。本章转向行业场景的深度落地实践，构建了智能医疗垂直领域的完整解决方案。在医疗领域，突破性地将后训练技术与因果推理相结合，通过强化学习框架训练模型理解疾病演进规律，其输出的诊疗建议包含症状关联分析等结构化信息，达到医学诊疗的逻辑严密性。

第16章多Agent跨境电商智能客服。本章通过垂直领域的完整解决方案，针对跨境电商场景，创新设计A2A（Agent-to-Agent）协作架构，将智能客服系统解构为意图识别、知识整合、工具调用三个核心组件：基于Qwen3（这里只是把Qwen3当成实现一个交流客服Agent的工具，不影响读者掌握DeepSeek应用开发）基座模型构建多语种对话引擎，通过BM25算法与Conan嵌入向量（RAG技术）实现商品知识库的高精度检索，最终通过MCP工具调度协议，使客服系统能自主完成物流查询、售后处理等操作。特别在智能销售场景中，系统通过分析用户历史对话，动态推荐关联商品并生成个性化营销话术，使客单价（Per Customer Transaction，商场或超市每一个顾客平均购买商品的金额）提升，充分展现大模型在商业闭环中的价值创造能力。

本书特点

（1）系统性技术架构全解析：本书以大模型技术演进为脉络，从Transformers核心机制（如注意力机制、Scaling Law）切入，深度拆解DeepSeek原创技术（如KV Cache推理加速、MLA注意力机制、MoE模型），最终延伸至后训练算法（GRPO）与行业落地，构建“基础理论－核心技术－工程实践”的完整知识图谱，助力读者建立全局性技术视野。

（2）硬核代码与量化实验驱动：摒弃纯理论阐述，本书核心章节均配套PyTorch实战代码（如MLA注意力矩阵压缩、MTP多词元预测），并通过显存占用、推理速度等量化对比实验（如KV Cache缓存优化效果），直观展示技术优化的工程价值，帮助开发者“知其然，更知其所以然”。

（3）垂直行业场景深度赋能：突破“技术科普”局限，聚焦金融、医疗、电商三大高价值场景。金融领域：基于Crawl4AI构建实时股票分析平台，演示从爬虫到DeepSeek信息抽取的全流程；医疗场景：通过GRPO后训练实现带推理逻辑的智能问诊，设计奖励函数优化诊断准确性；跨境电商：基于Agent2Agent架构设计多语种客服系统，集成RAG知识注入与MCP工具调度，覆盖从问答到商品推荐的商业闭环。

（4）前沿算法与工程实践并重：既涵盖SFT、RLHF经典训练方法，又独家解析DeepSeek核心技术（如MLA低秩空间压缩、MoE负载均衡），更引入GRPO强化学习算法，帮助读者紧跟LLM技术前沿。

（5）开发全代码覆盖：从开发环境搭建（Miniconda+PyTorch+PyCharm）到API调用（在线DeepSeek配置），再到微调框架（PEFT+LoRA）和部署优化（混合精度训练），提供端到端的代码实现，降低大模型落地门槛。

（6）多模态与Agent生态融合：突破单一NLP场景，演示基于ViT的图像分类（结合MoE）、语音情感分类（MLA优化）等跨模态任务，并通过GUI Agent、API Agent开发（如美妆推荐、体重管理、多Agent智能客服），展现大模型与物理世界交互的多样化路径。

（7）语言通俗与进阶内容分层：基础章节内容采用“概念－案例－代码”三段式讲解（如DeepSeek核心技术及其代码演示），高阶章节内容（如GRPO讲解）保留理论讲解，兼顾初学者入门与资深开发者进阶需求。

本书配套资源

本书配套示例源码、PPT课件、配图PDF文件、读者微信交流群，读者使用微信扫描右边的二维码即可获取。如果在阅读过程中发现问题或有任何建议，请联系下载资源中提供的相关电子邮箱或微信。

本书适合的读者

- DeepSeek 应用开发初学者：本书从开发环境搭建（Python/PyTorch 安装、DeepSeek 框架配置）到 API 调用（在线 DeepSeek 使用、格式约束调用）再到 DeepSeek 应用案例，手把手地进行讲解，帮助零基础读者快速上手大模型开发全流程。
- DeepSeek 原生应用与智能体开发人员：本书深度融合 DeepSeek 开发技术与实际应用案例，详细解析大模型原生应用与智能体开发方法，帮助开发人员提高大模型应用开发水平。
- 模型优化与工程化工程师：针对推理加速（KV Cache 缓存优化）、显存压缩（MLA、MoE 架构）、混合精度训练（MTP）等工程痛点，提供量化对比实验（如缓存开启前后推理速度提升）与落地代码，助力工程化能力提升。
- 行业 AI 解决方案提供商：聚焦金融（实时信息采集）、医疗（带推理逻辑的智能问诊）、跨境电商（多语种客服+商品推荐）三大垂直领域，提供从模型微调到架构设计的完整方案，适合需要快速落地行业应用的团队。
- 强化学习与后训练算法探索者：通过 GRPO 算法对比 PPO 的改进机制（如奖励建模、过程奖励优化），并结合平衡车控制、医疗问答等场景，展示后训练技术在逻辑推理与复杂决策中的突破，适合强化学习方向的研究者。
- 学习人工智能大模型相关课程的学生：本书既涵盖大模型基础理论（如注意力机制、Scaling Law），又包含前沿技术（如 DeepSeek-V3/DeepSeek-R1 技术解析），并通过本书 16 章的渐进式案例，支撑“理论－实验－项目”的完整教学闭环，可以作为高校大模型课程的教材。

作者与鸣谢

本书作者王晓华为高校计算机专业教师，担负数据挖掘、人工智能、数据结构等多项本科及研究生课程，研究方向为数据仓库与数据挖掘、人工智能、机器学习，在研和参研多项科研项目。

本书的顺利出版，离不开清华大学出版社老师们的帮助，在此表示感谢。

作　者

2025年5月

目　　录

第 1 章

大模型时代

大模型时代的到来，标志着人工智能技术迈入了一个全新的发展阶段。在这一阶段，以深度学习等前沿技术为核心的大型神经网络模型成为主流。这些模型以其海量的参数规模和极高的计算复杂度著称，其训练与应用高度依赖于海量的数据、强大的计算资源以及先进的算法优化能力。大模型时代的兴起，不仅催生了一系列如自然语言处理（Natural Language Processing，NLP）、计算机视觉（Computer Vision，CV）、语音识别（Speech Recognition，SR）、VLA模型（Vision-Language-Action Model，视觉－语言－动作）等创新AI技术与应用场景，更推动了AI技术逐步演变为驱动人类社会进步的关键力量。

在这一时代背景下，AI技术已超越了单一算法或模型的范畴，转而通过集成化、协同化与创新化的方式，构建起一个更加全面且广泛的技术生态系统。这一转变极大地拓展了AI技术的应用边界与可能性，为各行各业带来了前所未有的变革机遇。

1.1 大模型的诞生与发展

2025年年初，国内科研团队以非凡的创新魄力与深厚的技术积淀，成功推出了一款具有开创性意义且性价比卓越的大语言模型（Large Language Model，LLM，也叫大型语言模型，相当于大模型的一个子集）——DeepSeek-R1。这一里程碑式的成果犹如一颗重磅炸弹，在AI领域激起了千层浪，引发了行业内外的巨大变革，不仅重新定义了语言模型的能力边界，更为人工智能的广泛应用开辟了崭新的道路。

本文旨在深入回顾大语言模型（LLM）跌宕起伏且波澜壮阔的发展历程，而这段旅程的起点，要追溯到2017年那个具有革命性意义的时刻——Transformers架构的诞生。在Transformers架构出现之前，自然语言处理领域一直面临着诸多难以攻克的难题。传统的循环神经网络（Recurrent Neural Network，RNN）及其变体，如长短期记忆网络（Long Short-Term Memory，LSTM）和门控循环单元（Gated Recurrent Unit，GRU），虽然在处理序列数据方面取得了一定的成果，但它们存在着梯度消失、难以并行计算等固有缺陷，严重限制了模型在处理长序列文本时的性能和效率。

Transformers架构的横空出世，就像一道划破黑夜的闪电，为自然语言处理领域带来了全新的曙光。它摒弃了传统的循环结构，采用了自注意力（Self-Attention）机制，使得模型能够并行处理输入序列中的所有元素，极大地提高了计算效率和模型性能。这种独特的架构让模型能够捕捉到文本中更远距离的依赖关系，从而更好地理解语言的语义和上下文信息。大语言模型简史如图1-1所示。

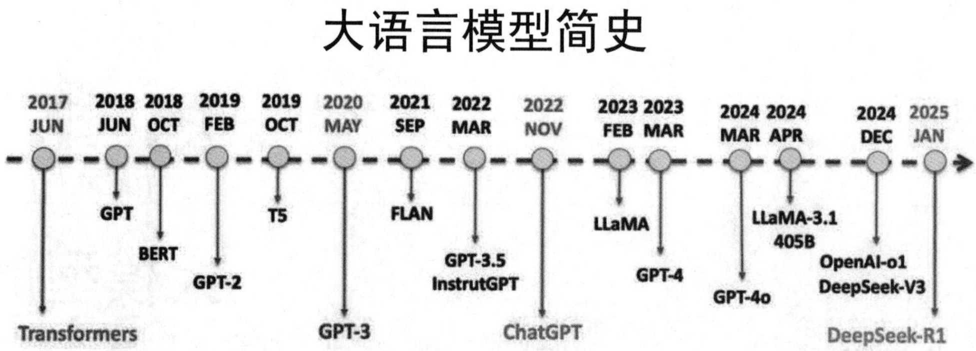

图1-1　大语言模型简史

自Transformers架构诞生以来，基于它的各种大语言模型如雨后春笋般不断涌现。从最初的BERT（Bidirectional Encoder Representations from Transformers，来自Transformers的双向编码器表示）到GPT（Generative Pre-trained Transformer，生成式预训练变换器）系列，每一个模型都在不断刷新着自然语言处理任务的性能记录。BERT通过掩码语言模型（Masked Language Modeling，MLM）和下一句预测（Next Sentence Prediction，NSP）等预训练任务，学习到了丰富的语言表示，在文本分类、命名实体识别等任务中取得了优异成绩。而GPT系列模型则以其强大的生成能力，在文本生成、对话系统等领域展现出了巨大的潜力。

随着技术的不断进步，大语言模型的规模越来越大，能力也越来越强。它们不仅能够理解和生成自然语言的文本，还能够进行推理、问答、翻译等复杂的任务。然而，这些模型的发展也面临着诸多挑战，如计算资源需求巨大、训练成本高昂、模型的可解释性差等。

1.1.1　大语言模型发展简史与概念

“大语言模型”作为顶级的“人工智能系统”之一，其核心目标在于精准处理、深度理解以及灵活生成高度类似人类语言的文本内容。这类模型通过对海量数据集进行深度挖掘与学习，精准捕捉语言中的潜在模式与结构规律。凭借这一强大能力，语言模型能够生成逻辑连贯、紧密贴合上下文的文本。如今，大语言模型已在诸多领域大放异彩，无论是实现跨语言的精准翻译、高效提炼文本摘要，还是打造智能聊天机器人、实现多样化的内容自动生成，都离不开大语言模型的强大支持。大语言模型的作用如图1-2所示。

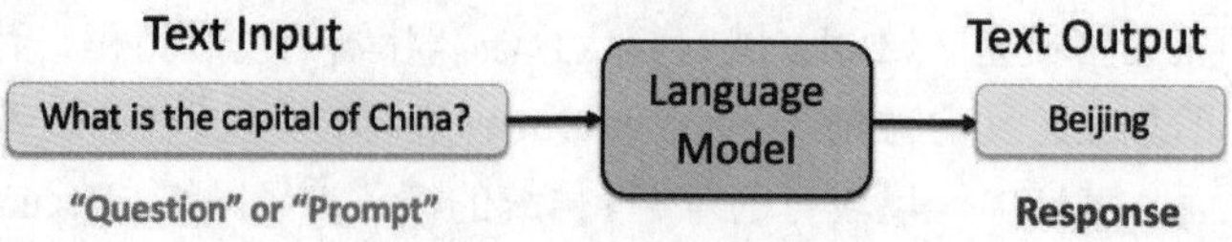

图1-2　大语言模型的作用

“语言模型”（LM）与“大语言模型”（LLM）这两个术语，尽管在日常交流中常被混为一谈，但实际上，它们依据规模、架构、训练数据以及能力等方面，拥有截然不同的概念。大语言模型实则是语言模型的一个特定子集，其显著特征在于规模上的巨大跨越，通常拥有数以十亿计的参数（例如，GPT-3便拥有高达1750亿个参数）。如此庞大的规模赋予了大语言模型在各类任务中展现卓越性能的能力，使其能够游刃有余地应对复杂多样的语言处理挑战。

大语言模型这一术语的兴起并非一蹴而就。在2018－2019年间，随着基于Transformers架构的模型（如BERT和GPT-1）崭露头角，它开始逐渐进入人们的视野并备受关注。然而，真正让“LLM”一词广为人知的，是2020年GPT-3的发布。GPT-3以其惊人的性能和强大的能力，向世人展示了大语言模型的巨大影响力和无限潜力，也使得“LLM”这一术语在学术界和工业界得到了广泛的使用和传播。

大语言模型采用“自回归方式”运行，其运作机制在于依据前文“文本”来预测后续“字”（或token、sub-word）的“概率分布”。这种自回归特性赋予了模型强大的能力，使其能够深入学习复杂多样的语言模式以及词语间的依赖关系，进而在“文本生成”任务中表现出色。

从数学层面来看，大语言模型本质上是一个概率模型（Probabilistic Model）。它会基于先前输入的文本序列 $(x_1, x_2, \cdots, x_n)$ 来预估下一个字 x_n 的概率分布，这一过程可以用公式表示为 $P(x_n \mid x_1, x_2, \cdots, x_{n-1})$。在进行文本生成任务时，大语言模型会借助解码算法（Decoding Algorithm）来确定下一个要输出的字。

1.1.2　大语言模型的生成策略

在实际操作中，确定下一个输出字的过程可以采用多种策略。其中一种策略是选择概率最高的那个字，这就是所谓的“贪婪搜索”，如图1-3所示；另一种策略则是从预测得到的概率分布中随机抽取一个字。后一种策略尤为有趣，它使得每次生成的文本都各具特色、不尽相同，这种特性与人类语言所具备的多样性和随机性高度契合。

大语言模型的自回归特性赋予了它们强大的文本生成能力，能够依据前文所提供的上下文信息，逐词构建起完整的文本内容。以“提示”（Prompt）作为起始点，如图1-3所示，模型会以一种迭代的方式，不断地预测下一个词，直至生成完整的文本序列，或者满足预先设定的停止条件为止。

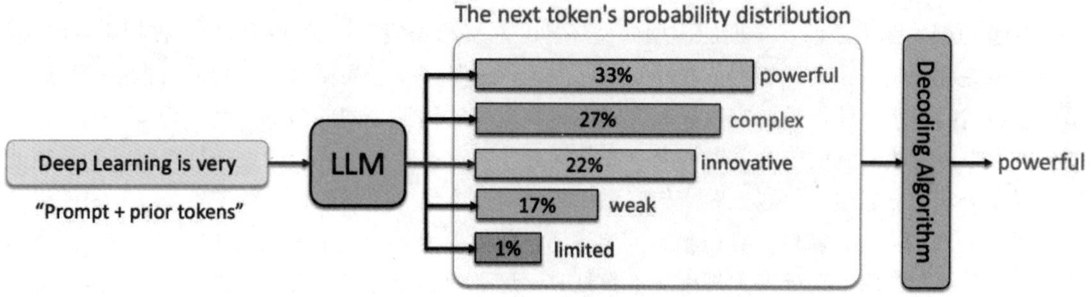

图1-3　大语言模型贪婪搜索

在生成针对提示的完整回复时，大语言模型采用了一种巧妙的方式：它会将先前已选择的标记持续添加到输入序列之中，并以此为基础进行迭代生成，如图1-4所示。这一过程恰似一场精彩纷呈的“文字接龙”游戏，每一个新生成的词都紧密衔接在前文之后，共同编织出一篇连贯且富有逻辑的文本。

大语言模型的文本生成过程就像一场妙趣横生的“文字接龙”游戏。模型基于前文内容，不断预测并生成后续词汇，如此循环往复，直至构建出完整且连贯的文本。这种卓越的生成能力犹如一把钥匙，开启了众多应用领域的大门，在创意写作领域，它能为作家提供灵感与思路；在对话式人工智能方面，可打造出更加自然流畅的人机交互体验；在自动化客户支持系统中，也能实现高效准确的回复。

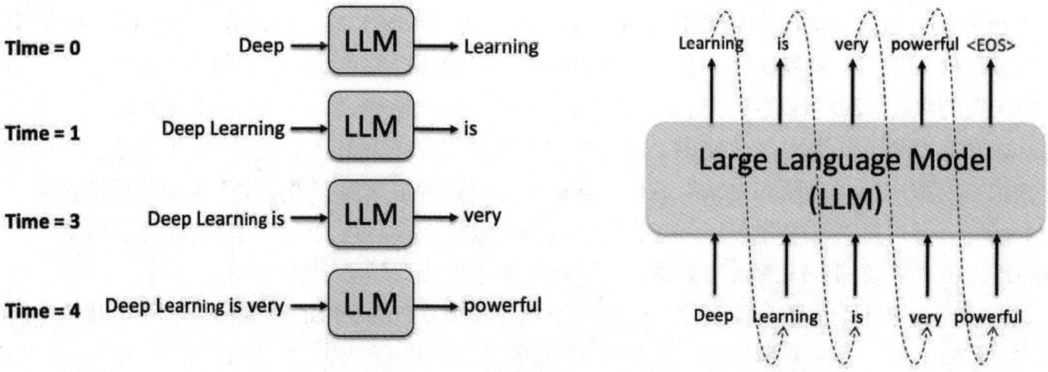

图1-4　大语言模型的迭代生成

1.2　大语言模型发展的里程碑

2017年，在开创性论文*Attention is All You Need*中，首次引入了Transformers架构，标志着自然语言处理的一个里程碑时刻。在注意力架构诞生之前，早期的模型如循环神经网络和长短期记忆网络存在着诸多关键限制。这些模型在处理长程依赖性和顺序处理任务时困难重重，长程依赖性使得模型难以捕捉文本中距离较远的词汇之间的关联，而顺序处理的方式又导致计算效率低下。

1.2.1　注意力机制是大模型发展的里程碑

在注意力架构诞生之前，早期的模型如循环神经网络和长短期记忆网络就像被枷锁束缚的骏马，存在着很多关键限制。在处理长程依赖性和顺序处理任务时，它们显得力不从心。长程依赖性就像是一道难以跨越的鸿沟，使得模型难以捕捉文本中距离较远的词汇之间的微妙关联。想象一下，在一篇冗长的文章中，开头提到的一个关键概念，在结尾处才再次被呼应，传统的循环神经网络和长短期记忆网络模型很难建立起这种跨越长距离的联系，导致对文本语义的理解出现偏差。

而顺序处理的方式，就像是一条狭窄的单行道，使得模型只能逐个处理输入序列中的元素，这无疑大大降低了计算效率，在处理大规模文本数据时，这种效率问题尤为突出。更加严重的是，循环神经网络和长短期记忆网络还容易出现梯度消失等问题。在反向传播过程中，梯度信息会随着层数的增加而逐渐衰减，就像信号在漫长的传输过程中逐渐减弱一样，这使得模型难以学习到有效的特征表示，进而使得利用它们构建有效的语言模型变得举步维艰。

与之形成鲜明对比的是，注意力架构就像一位智慧的破局者，成功克服了这些障碍。它通过自注意力机制这一神奇的“魔法棒”，实现了对输入序列中各个元素的并行处理。自注意力机制允许模型在处理某个元素时，能够同时关注到序列中的其他所有元素，并根据它们之间的相关性分配不同的注意力权重。

这就好比在阅读一篇文章时，我们能够同时留意到文章中各个部分的重要信息，而不仅仅是按照顺序逐个阅读。这种并行处理方式大大提高了计算效率，使得模型能够在更短的时间内处理更多的数据。同时，自注意力机制也能够更好地捕捉文本中的长程依赖关系，无论两个词汇在文本中相隔多远，只要它们之间存在语义关联，模型就能够准确地捕捉到这种关系。

多头自注意力模块架构如图1-5所示。

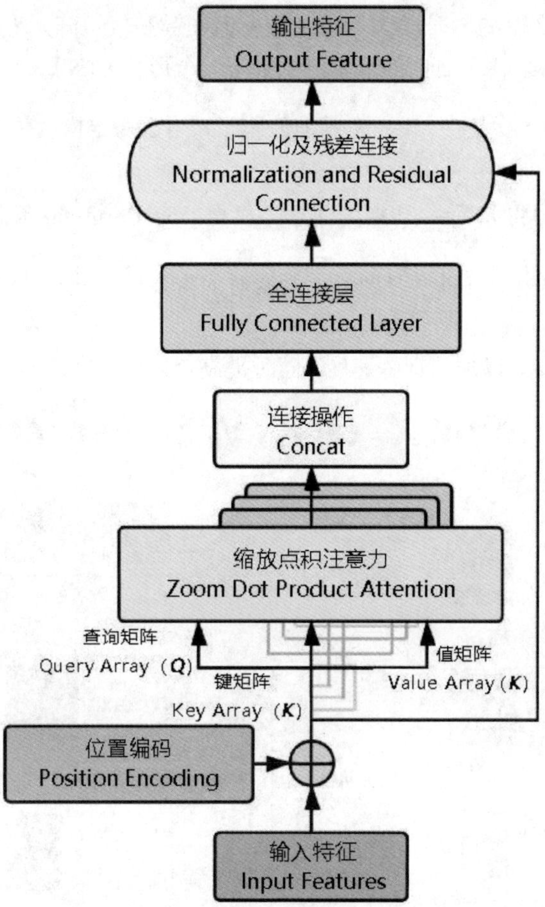

图1-5　多头自注意力模块架构

注意力机制的出现彻底改变了自然语言处理领域的发展格局。它就像是一场及时雨，为陷入困境的自然语言处理研究带来了新的生机和希望。在注意力架构的基础上，各种先进的模型如雨后春笋般不断涌现，为现代大语言模型的构建奠定了坚实的基础。从BERT到GPT系列，这些基于注意力机制的模型在文本分类、机器翻译、问答系统等众多自然语言处理任务中取得了优异的成绩，引领了自然语言处理技术迈向新的高度。如今，注意力架构已经成为自然语言处理领域的核心技术，推动着该领域不断向前发展，我们有理由相信，在未来的日子里，它将继续创造更多的奇迹，为人类的语言理解和处理带来更加深刻的变革。

1.2.2　注意力机制的关键创新

与循环神经网络按顺序逐个处理标记，且在应对长程依赖性时显得力不从心的状况不同，Transformers模型采用了自注意力机制来精准衡量每个标记相对于其他标记的重要程度。这一机制赋予了模型动态聚焦于输入序列中相关部分的能力，使其能够更加灵活地捕捉文本中的关键信息。

从数学层面来看，自注意力机制的计算过程如下所示。

$$\text{Attention}(\boldsymbol{Q},\boldsymbol{K},\boldsymbol{V})=\text{Softmax}\left(\frac{\boldsymbol{Q}\boldsymbol{K}^{\mathrm{T}}}{\sqrt{d_k}}\right)\boldsymbol{V}$$

这里，Attention为最终输出序列，$\boldsymbol{Q}$、$\boldsymbol{K}$、$\boldsymbol{V}$是查询、键和值矩阵，d_k是键的维度，T表示转置；$\boldsymbol{QK}^{\mathrm{T}}$计算的是查询（Q）和键（K）之间的点积，结果是一个形状为(N,L,L)（三维数组结构）的矩阵，表示每个查询对所有键的关注程度；$\frac{1}{\sqrt{d_k}}$表示缩放因子，用于稳定梯度传播，防止点积值过大导致的数值不稳定；为了将注意力得分$\frac{\boldsymbol{QK}^{\mathrm{T}}}{\sqrt{d_k}}$转换为注意力权重，应用Softmax函数进行归一化，确保所有输出权重的和为1，从而使得模型可以学习到每个元素对的重要性；归一化的注意力权重被用来对值向量$\boldsymbol{V}$进行加权，最后生成最终输出序列Attention。

自注意力允许并行计算，以加快训练速度，同时提高全局上下文理解。其计算过程如图1-6所示。

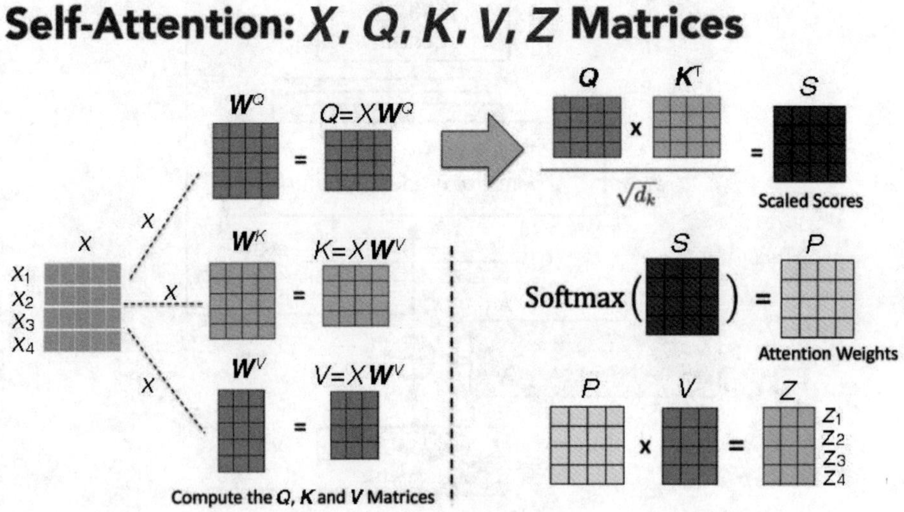

图1-6　自注意力机制的计算过程

自注意力机制的独特优势在于，它支持并行计算。在传统的循环神经网络中，由于需要按照顺序处理输入序列，计算过程难以并行化，导致训练速度较慢。而自注意力机制打破了这种顺序限制，使得模型可以同时处理输入序列中的所有元素，从而显著加快了训练速度。此外，自注意力机制还能够让模型更好地理解全局上下文信息。通过计算每个标记与其他所有标记之间的注意力权重，模型可以全面把握输入序列中的语义关联，进而提升对文本的整体理解能力。

而多头注意力机制则堪称自注意力机制的“升级版”或“强化版”，它为模型带来了更为强大和灵活的信息捕捉能力。

多头注意力机制的核心思想是将原始的输入序列进行多组自注意力处理过程，每一组都拥有独立的查询、键和值矩阵变换参数。这就好比是让多个“专家”同时从不同的角度去审视输入信息。每个“专家”（即每个注意力头）都能够聚焦于输入序列中不同方面的特征和关联，有的可能更关注语法结构，有的可能更侧重于语义理解，有的则可能对上下文中的特定模式更加敏感。多头注意力机制如图1-7所示。

在注意力架构的精妙设计中，每个Transformers层就像一个功能完备且协同高效的信息处理单元，其中前馈神经网络（Feed-Forward Neural Network，FFN）、归一化（Layer Normalization，Layer Norm）层以及残差连接（Residual Connections）共同构成了其核心组件，发挥着不可替代的关键作用。前馈神经网络与归一化层如图1-8所示。

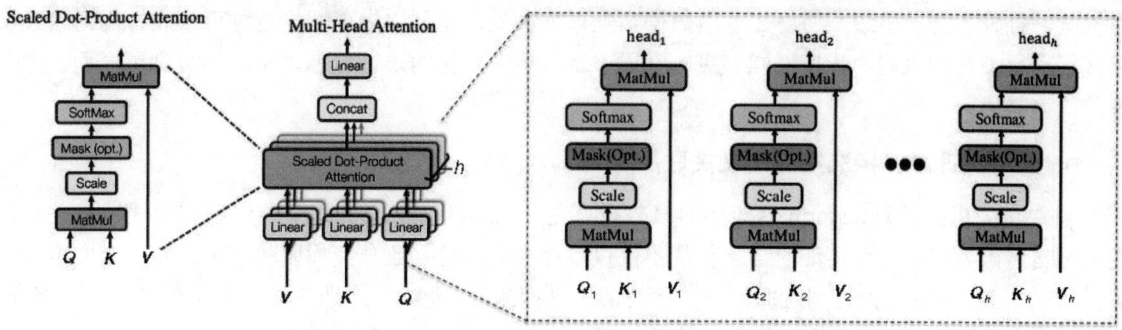

图1-7　多头注意力机制

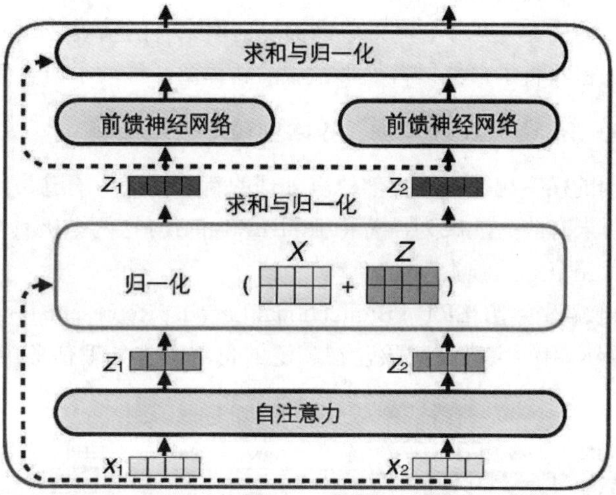

图1-8　前馈神经网络与归一化层

注意力机制另一个主要创新就是引入了位置编码。经典的注意力模型本身就像是一个对顺序信息“视而不见”的智者，它并不具备自动编码标记顺序的能力。然而，在自然语言的奇妙世界里，词序就如同一条无形的丝线，将各个词汇紧密地串联在一起，蕴含着丰富而关键的语义信息。一个简单的例子就能让我们深刻体会到词序的重要性：“我喜欢你”和“你喜欢我”，仅仅是词序的不同，所表达的情感和语义却天差地别。

为了弥补注意力模型在顺序信息处理方面的“先天不足”，研究者们巧妙地引入了位置编码（采用位置和频率的正弦函数）。位置编码就像是一位贴心的翻译官，将标记的位置信息以一种巧妙的方式融入输入数据中，使得模型在不牺牲并行化这一宝贵优势的情况下，依然能够精准地保留顺序信息。

具体来说，位置编码通过正弦和余弦函数的组合，为每个标记生成一个独特的向量表示，这个向量既包含了标记的位置信息，又与模型的输入数据维度相匹配。在模型的训练过程中，位置编码与输入数据一同参与计算，让模型能够在处理每个标记时，同时考虑到其语义信息和位置信息，从而更加准确地理解文本的含义。这种精妙的设计使得Transformers模型在处理自然语言任务时，能够充分发挥其并行计算的优势，同时又不会丢失词序这一关键信息，为自然语言处理领域的发展带来了革命性的突破。

1.2.3　注意力机制对语言建模的影响

Transformers架构的出现，犹如一场技术革命，实现了完全并行化的计算模式。在传统语言模型中，计算往往受到顺序处理的限制，难以高效利用大规模数据集。而Transformers凭借其独特的自注意力机制，打破了这一瓶颈，使得在大型数据集上训练大规模模型成为现实。这种可扩展性为语言建模带来了前所未有的机遇，让模型能够接触到更丰富、更多样化的语言数据，从而学习到更全面、更准确的语言规律。

1. 上下文理解：精准捕捉语义关联

自注意力机制是Transformers架构的核心亮点之一，它能够捕捉文本中的局部和全局依赖关系。在处理自然语言时，一个词汇的含义往往不仅仅取决于其本身，还与其周围的词汇以及整个文本的上下文密切相关。自注意力机制就像是一个敏锐的语义探测器，能够动态地关注输入序列中的不同部分，根据词汇之间的语义关联分配不同的注意力权重。通过这种方式，模型能够更好地理解文本的连贯性和上下文意识，生成更符合语境的语言表达。

注意力架构的引入，为构建大规模、高效且能够以前所未有的精确性和灵活性处理复杂任务的语言模型奠定了坚实基础。它开启了自然语言处理领域的新篇章，推动了语言建模技术的飞速发展。

2. 预训练模型时代（2018－2020年）：技术突破与应用拓展

2017年，注意力架构的横空出世，为自然语言处理的新时代铺平了道路。这一时期，预训练模型的兴起和对模型扩展前所未有的关注成为显著特征。BERT和GPT这两个极具影响力模型的出现，充分展示了大规模预训练和微调范式的强大功能。

基于注意力机制的自编码模型BERT（Bidirectional Encoder Representations from Transformers）模型，是Transformer编码器应用的突破性成果，在广泛的自然语言处理任务中取得了最先进的性能。BERT模型如图1-9所示。

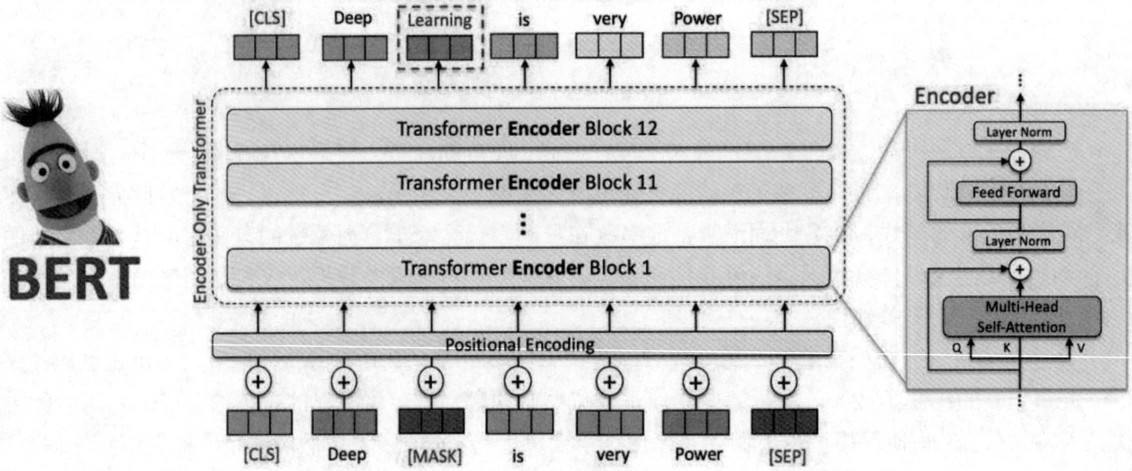

图1-9　BERT模型

与以往单向处理文本（从左到右或从右到左）的模型不同，BERT采用了双向训练方法，能够同时从两个方向捕获上下文信息。这种双向上下文理解能力使得BERT能够生成深层次的、上下文丰富的文本表示。在文本分类任务中，BERT可以根据整个文本的语义信息准确判断文本所属的类别；在命名实体识别（NER）任务中，它能够精准地识别出文本中的实体名称；在情感分析任务中，BERT可以深入理解文本的情感倾向。

3. BERT的关键创新技术

1）掩码语言建模（Masked Language Modeling，MLM）

BERT摒弃了传统语言模型预测序列中下一个词的方式，而是随机掩盖输入句子中的一部分词汇，并让模型预测这些被掩盖的词汇，从而学习词汇在不同上下文中的表示，提高对词汇语义的理解。例如，给定句子“The cat sat on the [MASK] mat”，BERT需要学习根据周围上下文“The cat sat on the”和“mat”来预测“soft”。这种训练方式迫使模型在进行预测时充分考虑整个句子的上下文，包括前后词语，从而学习更准确的语义表示。BERT的掩码生成如图1-10所示。

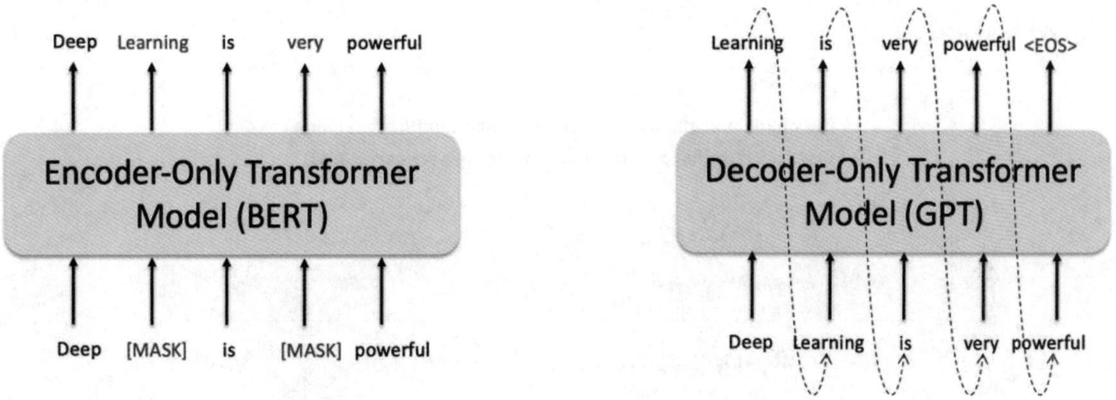

图1-10　BERT的掩码生成

2）下一句预测（Next Sentence Prediction，NSP）

除了掩码语言建模之外，BERT还接受了下一句预测任务的训练。在该任务中，模型需要学习预测两个句子是否在文档中连续。这有助于BERT在需要理解句子之间关系的任务中表现出色，例如在问答系统中，模型需要理解问题和上下文之间的关系才能准确回答问题；在自然语言推理任务中，模型需要判断两个句子之间的逻辑关系。

BERT的双向训练策略使其在GLUE（通用语言理解评估）和SQuAD（斯坦福问答数据集）等基准测试中取得了突破性的表现。它的成功证明了上下文嵌入的重要性，这些表示能够根据周围词语动态变化，为新一代预训练模型的发展铺平了道路。

4. GPT：生成式预训练与自回归文本生成的典范（2018－2020年）

虽然BERT在双向上下文理解方面表现出色，但OpenAI的GPT系列采用了不同的策略，专注于通过自回归预训练实现强大的生成能力。GPT模型利用Transformers的解码器，在自回归语言模型和文本生成方面展现出了卓越的性能。

GPT的第一个版本于2018年发布，是一个大规模的Transformers模型，经过训练以预测序列中的下一个词，类似于传统语言模型。

（1）单向自回归训练：GPT使用因果语言建模目标进行训练，模型仅基于前面的标记预测下一个标记。这种训练方式使得GPT特别适合于生成任务，如文本补全，用户输入一段不完整的文本，GPT可以根据前面的内容生成合理的后续文本；摘要生成，可以将长篇文本压缩成简洁的摘要；对话生成，可以同用户进行自然流畅的对话。

（2）下游任务的微调：GPT的一个关键贡献是它能够在不需要特定任务架构的情况下针对特定下游任务进行微调。只需添加一个分类头或修改输入格式，GPT就可以适应诸如情感分析、机器翻译和问答等任务。例如，在情感分析任务中，通过在GPT模型后添加一个分类层，就可以对文本的情感进行分类。

在原版GPT的成功基础上，OpenAI发布了GPT-2，这是一个参数量达15亿的更大模型。GPT-2展示了令人印象深刻的零样本（Zero-Shot）能力，意味着它可以在没有任何特定任务微调的情况下执行任务。例如，它可以生成连贯的文章，内容涵盖各种主题；回答问题，根据输入的问题提供准确的答案；在语言之间翻译文本，尽管没有明确针对这些任务进行训练。GPT-2的零样本（Zero-Shot）能力如图1-11所示。

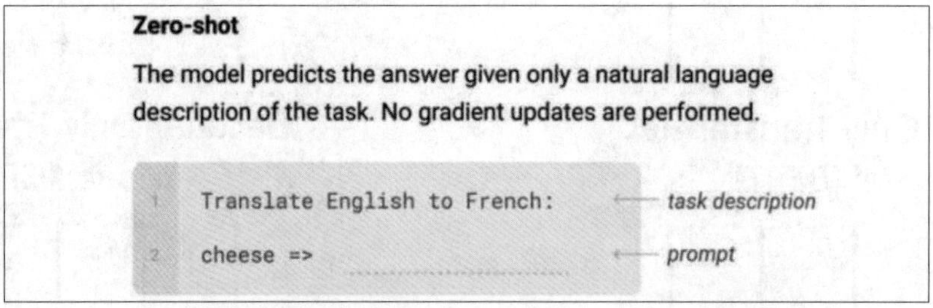

Zero-shot
The model predicts the answer given only a natural language description of the task. No gradient updates are performed.
1
Translate English to French:
task description
2
cheese =>
prompt

图1-11　GPT-2的零样本（Zero-Shot）能力

GPT-3的发布标志着大语言模型规模扩展的一个转折点。凭借惊人的1750亿参数，GPT-3突破了大规模预训练的可能性界限。它展示了显著的少样本（Few-shot）和零样本（Zero-Shot）学习能力，在推理时只需提供最少或无须示例即可执行任务。GPT-3的生成能力扩展到了创意写作，可以创作诗歌、小说等文学作品；编程方面，可以生成代码解决特定问题；复杂推理任务，可以进行逻辑推理和分析。GPT-3的出现展示了超大模型的巨大潜力。

1.2.4　大模型中的涌现与Scaling Law

我们将模型参数的递增称为规模化法则（Scaling Law），也称尺度定律，它被业界认为是大模型预训练第一性原理。也就是，在机器学习领域，特别是对于大语言模型而言，模型性能与其规模（如参数数量）、训练数据集大小以及用于训练的计算资源之间存在的一种可预测的关系。这种关系通常表现为随着这些因素的增长，模型性能会按照一定的幂律进行改善。

简单地说，大模型之所以被冠以“大”之名，是因为它们的规模和能力相比于普通模型来说是巨大的。它们不再局限于完成简单和特定的任务，而是能够完成更加复杂和高级的任务，例如自然语言理解、语音识别、图像识别等，这些任务都需要大量的数据和计算资源才能完成。大模型使我们在面对复杂和具有挑战性的问题时，有了更强大的工具和技术支持。

大模型的架构与普通模型相比，具有更加复杂和庞大的网络结构，更多的参数和更深的层数，这就好比一座摩天大楼与一间平房的区别。这种复杂性使得大模型能够处理和学习更复杂、更高级的模式和规律，从而在各种任务中产生出乎意料的优秀表现。而这正是大模型涌现能力的体现，也是大模型最具魅力的地方。大模型在不同任务产生“涌现”现象的参数量比较如图1-12所示。

GPT模型的引入，特别是GPT-3的出现，标志着AI的一个变革时代，展示了自回归架构和生成能力的强大功能。这些模型为内容创作、对话代理和自动推理等应用开辟了新的可能性，在广泛的任务中达到了接近人类的表现。

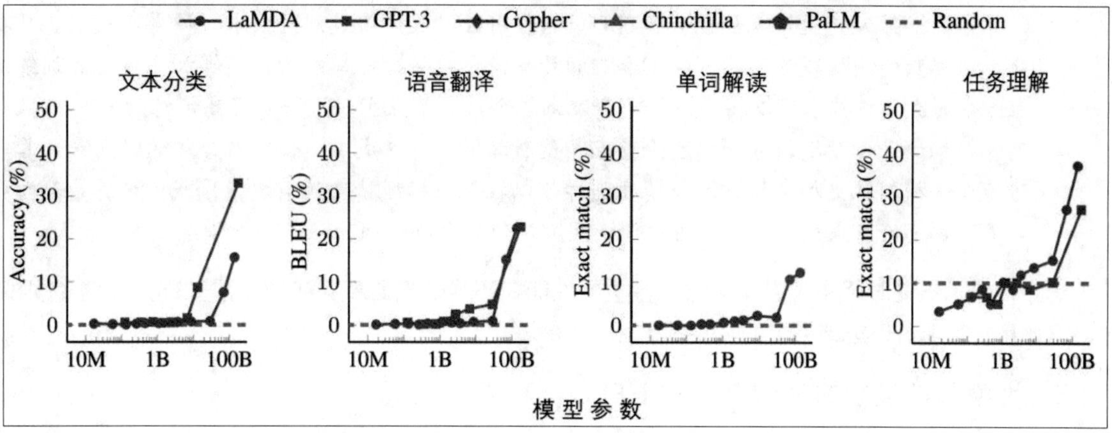

图1-12 大模型在不同任务产生“涌现”现象的参数量比较

随着模型参数的递增，准确率仿佛经历了一场蜕变，模型在某一刹那“突然”就实现了跨越式的提升。这种变化可以简单地理解为量变引发质变，当模型的规模突破某个阈值时，精度的增速由负转正，呈现出一种异于常规的增速曲线，如同抛物线突破顶点，扶摇直上。因此，在模型规模与准确率的二维空间中，我们可以观察到一条非线性增长的轨迹，这是大模型所独有的魅力。大模型的Scaling Law规模化如图1-13所示。

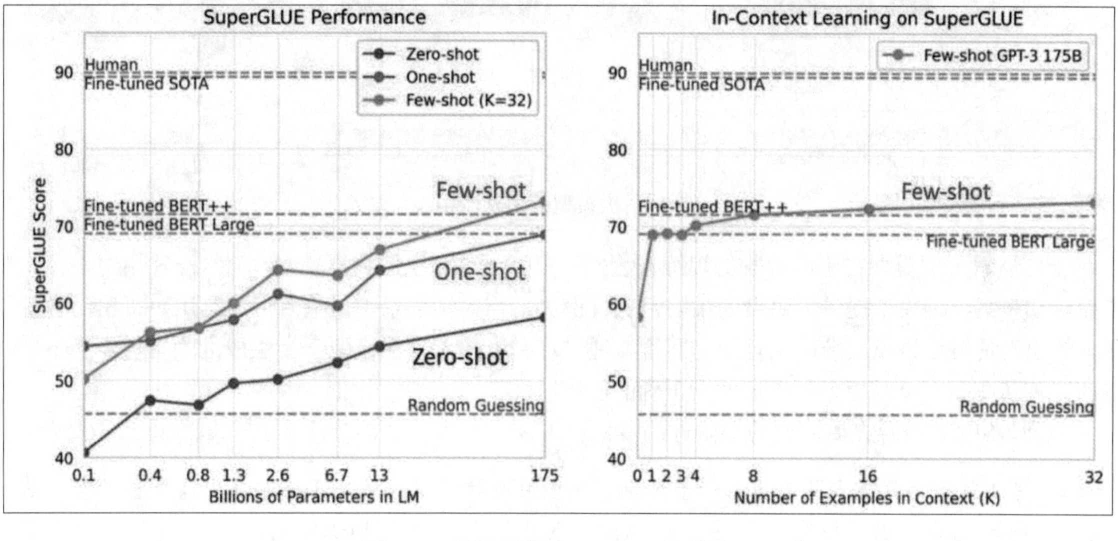

图1-13 大模型的Scaling Law规模化

GPT-3凭借其1750亿参数证明了规模的深远影响，表明在大规模数据集上训练的更大模型可以树立新的AI能力标杆。语言建模性能随着模型大小、数据集大小和训练使用的计算量的增加而平稳提升。

在2018年至2020年间，该领域的进展主要由于对规模的不懈追求所驱动。研究人员发现，随着模型规模的增长，从数百万到数十亿参数，它们在捕捉复杂模式和泛化到新任务方面变得更好。这种规模效应得到了三个关键因素的支持：

- 数据集大小：更大的模型需要庞大的数据集进行预训练。例如，GPT-3是在大量互联网文本语料库上进行训练的，使其能够学习多样化的语言模式和知识领域。丰富的数据集为模型提供了更广泛的学习素材，有助于模型学习到更全面、更准确的语言知识。

- 计算资源：强大的硬件（如GPU和TPU）的可用性以及分布式训练技术，使得高效训练具有数十亿参数的模型成为可能。GPU和TPU具有强大的并行计算能力，能够加速模型的训练过程；分布式训练技术可以将训练任务分配到多个计算节点上，进一步提高训练效率。
- 高效架构：混合精度训练和梯度检查点等创新降低了计算成本，使得在合理的时间和预算内进行大规模训练更加实际。混合精度训练可以在保证模型精度的前提下，减少计算量和内存占用；梯度检查点技术可以节省存储中间激活值的内存空间，从而降低训练成本。

这个规模扩展的时代不仅提升了语言模型的性能，还为未来的AI突破奠定了基础，强调了规模、数据和计算在实现最先进结果中的重要性。

1.2.5　大模型的训练方法SFT与RLHF

1. 监督微调（SFT）是RLHF框架的基石

增强GPT-3对齐能力的第一步是SFT，这是RLHF框架的基础组成部分。SFT类似于指令调优，其核心在于使用高质量的输入—输出数据上对模型进行训练，以此指导模型如何遵循指令并生成所需的输出。大模型的训练流程如图1-14所示。

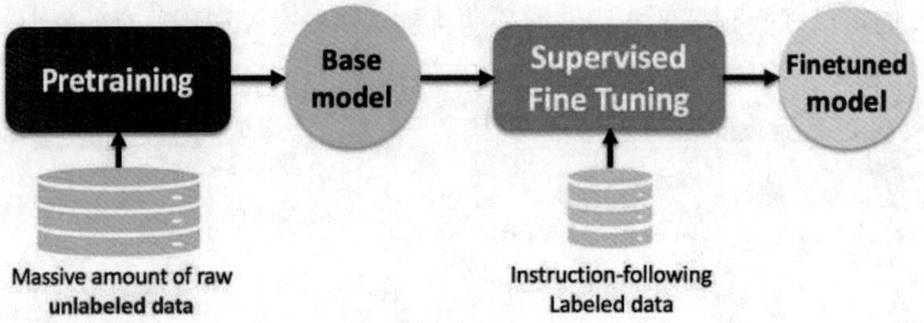

图1-14　大模型的训练流程

上图展示了大模型在不同阶段的训练过程。其中每个过程中的数据处理，输入—输出对都像是精心设计的教案，为模型提供了明确的学习范例。例如，在对话场景中，输入可能是用户提出的各种问题，输出则是符合语境、准确且有用的回答。通过这种方式，确保模型学会生成准确且符合上下文的响应，使其在面对类似指令时能够做出正确的回应。

然而，SFT本身存在着一定的局限性：

- 可扩展性：收集人类演示是一个劳动密集型且耗时的过程。对于复杂或小众任务而言，这一问题尤为突出。以专业领域的知识问答为例，需要专业知识丰富的人员来提供高质量的输入-输出对，而且数量需求较大，这使得收集工作变得异常艰难。随着任务复杂度的增加，所需的人类资源和时间成本会呈指数级增长，严重限制了SFT在大规模、多样化任务中的应用。
- 性能：简单模仿人类行为并不能保证模型会超越人类表现或在未见过的任务上很好地泛化。人类的行为和决策往往受到多种因素的影响，包括情感、经验等，而这些因素难以完全通过数据传递给模型。模型在学习过程中可能只是机械地记住了某些示例，而无法真正理解背后的逻辑和原理。因此，当面对全新的任务或情境时，模型可能无法灵活运用所学知识，导致性能下降。

为了克服这些挑战，需要一种更具可扩展性和效率的方法，这也为下一步基于人类反馈的强化学习（Reinforcement Learning from Human Feedback，RLHF）技术的发展铺平了道路。

2. 基于人类反馈的强化学习（RLHF）

2022年引入的RLHF成功解决了SFT的可扩展性和性能限制。与需要人类编写完整输出的SFT不同，RLHF根据质量对多个模型生成的输出进行排名。这种方法允许更高效的数据收集和标注，显著增强了可扩展性。

RLHF过程包括两个关键阶段：

- 训练奖励模型：人类注释者对模型生成的多个输出进行排名，创建一个偏好数据集。在这个过程中，注释者根据自身的判断和经验，对不同输出的质量进行评估和排序。例如，在文本生成任务中，注释者会考虑输出的流畅性、准确性、相关性等因素。这些数据随后用于训练一个奖励模型，该模型就像是一个智能的评分系统，学习根据人类反馈评估输出的质量。通过大量的数据学习，奖励模型能够准确地判断输出的好坏，并为后续的模型微调提供依据。
- 使用强化学习微调大语言模型：奖励模型使用近端策略优化（Proximal Policy Optimization，PPO，一种强化学习算法）指导大语言模型的微调。在这个阶段，模型就像是一个在不断学习和进化的智能体。PPO算法根据奖励模型的反馈，对模型的策略进行调整和优化。通过迭代更新，模型逐渐学会了生成更符合人类偏好和期望的输出。每一次的更新都是模型向更优性能迈进的一步，使其在不断的学习过程中逐渐适应各种任务需求。

SFT和RLHF这两个关键阶段的结合，使模型不仅能够准确遵循指令，还能适应新任务并持续改进。SFT为模型提供了基础的指令遵循能力，而RLHF则进一步强化了模型对人类偏好的理解和适应能力。通过将人类反馈整合到训练循环中，RLHF显著增强了模型生成可靠、符合人类输出的能力，为AI对齐和性能设定了新标准。

它让模型不再是简单地模仿人类行为，而是能够真正理解人类的意图和需求，在各种复杂场景下都能提供高质量、符合预期的输出，推动了大模型技术在更广泛领域的应用和发展。

随着技术的不断进步，RLHF还有望进一步优化和完善。例如，未来可以探索更高效的奖励模型训练方法，提高模型对人类反馈的敏感度和准确性；还可以研究如何更好地结合不同类型的反馈，如显式反馈和隐式反馈，以全面提升模型的性能。同时，RLHF的应用场景也将不断拓展，从自然语言处理领域延伸到计算机视觉、机器人控制等多个领域，为人工智能的发展带来新的机遇和挑战。

1.3　大语言模型发展的“DeepSeek时刻”

2024年年底，DeepSeek如一颗璀璨的新星横空出世，这一标志性事件就像一道耀眼的闪电，划破了AI领域原本平静的天空，标志着AI发展进程中的一个关键转折点，这一时刻被业界和学界称为“DeepSeek时刻”，如图1-15所示。它之所以具有重大的意义，核心在于其淋漓尽致地展示了对话式AI改变人机交互范式的巨大潜力。

在DeepSeek出现之前，人机交互虽然经历了漫长的发展，但始终存在着诸多局限性。传统的交互方式，如键盘输入、鼠标点击等，往往需要用户具备一定的技术能力和专业知识，交互过程相对烦琐且不够自然。而早期的语音交互系统，虽然在一定程度上简化了操作，但在语义理解、上下文把握以及情感感知等方面存在明显不足，常常出现“答非所问”的情况，无法真正满足用户复杂多变的需求。

图1-15　大模型发展的DeepSeek时刻

DeepSeek的出现，彻底改变了这一局面。它凭借先进的大语言模型技术，实现了对人类语言的深度理解和精准回应。无论是日常闲聊、专业咨询还是复杂问题求解，DeepSeek都能以自然流畅、富有逻辑的方式与用户进行交流。例如，在医疗咨询场景中，用户可以向DeepSeek描述自己的症状，它能够根据丰富的医学知识和临床经验，给出初步的诊断建议和健康指导；在教育领域，DeepSeek可以作为智能辅导老师，针对学生的学习问题进行个性化解答，提供详细的学习方法和思路。

这种自然、高效的人机交互方式，不仅极大地提升了用户体验，还为各个行业带来了前所未有的变革机遇。在商业领域，企业可以利用DeepSeek构建智能客服系统，实现24小时不间断服务，提高客户满意度和忠诚度；在科研领域，科研人员可以借助DeepSeek进行文献检索、数据分析和实验设计，加速科研进程；在娱乐领域，DeepSeek可以为用户提供个性化的内容推荐和互动体验，创造更加丰富多样的娱乐形式。

从技术层面来看，DeepSeek的成功促使科研人员更加深入地研究大语言模型的底层原理和训练方法。为了进一步提升模型的性能和泛化能力，研究者们开始探索更加高效的神经网络架构、更先进的训练算法以及更大规模的数据集。例如，一些研究团队尝试将多模态信息融合大语言模型中，使其不仅能够处理文本信息，还能理解和生成图像、音频等多种类型的数据，从而拓展模型的应用范围。

在伦理和社会层面，DeepSeek的出现也引发了一系列关于AI伦理和社会影响的讨论。随着对话式AI在各个领域的广泛应用，如何确保AI系统的公平性、透明性和可解释性成为了亟待解决的问题。例如，在招聘、司法等敏感领域，AI系统的决策可能会对人的命运产生重大影响，因此必须建立严格的监管机制和伦理准则，防止AI系统出现偏见和歧视。同时，人们也开始关注AI对就业市场的影响，担心对话式AI的普及会导致大量工作岗位被取代。这就要求政府、企业和社会各界共同努力，制定相应的政策和措施，帮助劳动者适应技术变革，实现就业结构的优化和升级。

1.3.1　重塑世界AI格局的DeepSeek-V3

2024年12月下旬，在人工智能的浩瀚星空中，一颗璀璨的新星DeepSeek-V3闪耀登场。它以一种高效的开放权重大语言模型的姿态出现，就像一阵清风，为AI的可访问性设定了全新的标准。

长久以来，AI领域尤其是大语言模型的发展，一直被高昂的开发成本所束缚。许多先进的模型虽然性能卓越，但普通研究者、中小企业乃至一些发展中国家都难以企及，而DeepSeek-V3的出现，打破了这一僵局。它与OpenAI的ChatGPT等顶级解决方案相比毫不逊色，在各项性能指标上都能与之相抗衡，然而其开发成本却显著降低。据估计，DeepSeek-V3的开发成本约为560万美元，这仅仅是西方公司投资的一小部分。这一巨大的成本优势，使得更多的机构和个人有机会参与到AI技术的研发和应用中，极大地拓宽了AI技术的普及范围。

DeepSeek-V3 在模型规模和设计架构上独具匠心。它最多包含 6710 亿个参数，其中 370 亿个为活跃参数。为了减轻训练负担，该模型采用了专家混合（Mixture of Experts，MoE）架构。这种架构就像是一个分工明确的团队，将模型划分为专门处理不同任务的组件，例如数学和编码等任务都有对应的专家模块。每个模块专注于自己擅长的领域，从而提高了整体的训练效率和模型性能。

在工程技术方面，DeepSeek-V3引入了一系列创新举措。例如，改进了键值对（Key-Value）缓存管理，使得模型在数据处理过程中更加高效，减少了不必要的内存占用和计算开销。同时，进一步推动了专家混合方法的发展，让各个专家模块之间的协作更加顺畅。具体来说DeepSeek-V3还引入了两个关键架构，多头潜在注意力（Multi-head Latent Attention，MLA）和DeepSeek专家混合（DeepSeekMoE）模式，为其卓越性能奠定了坚实基础。

DeepSeek的核心创新技术如图1-16所示。从图中可以看到，DeepSeek专家混合和多头潜在注意力是两项最关键的创新技术。

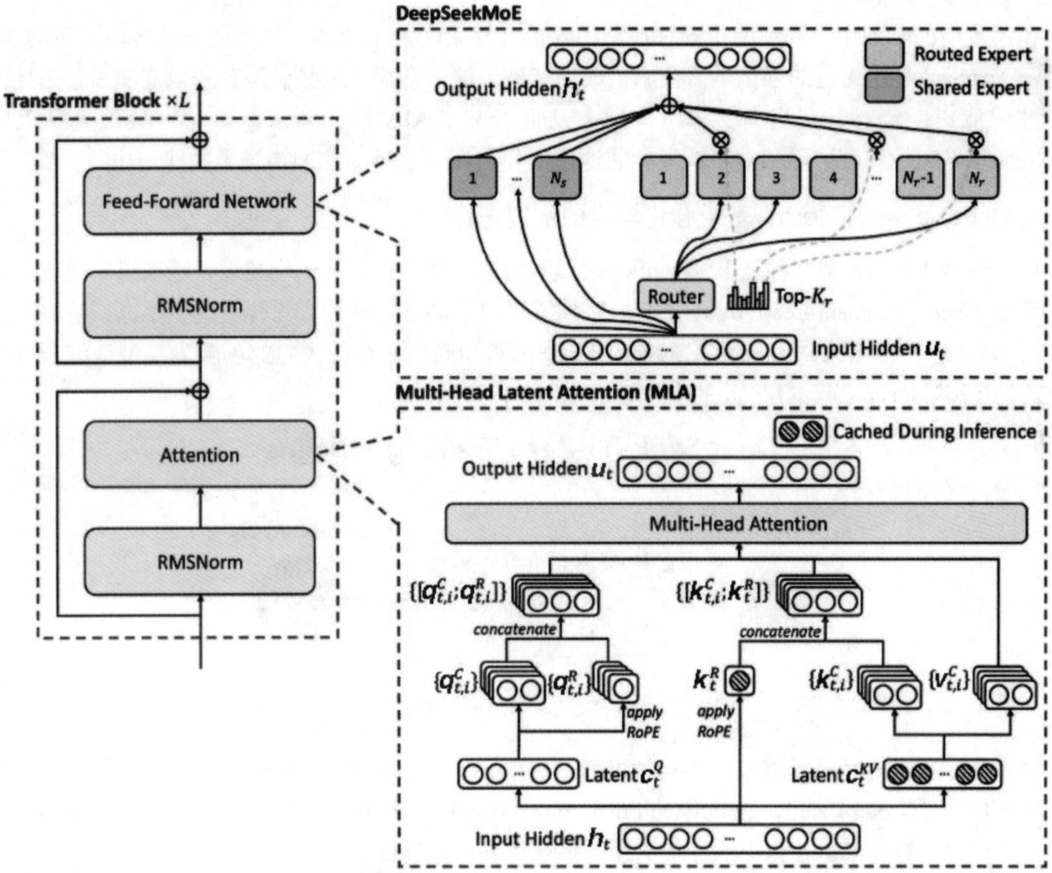

图1-16　DeepSeek的核心创新技术

（1）多头潜在注意力：这一架构如同一位精明的资源管理者，通过压缩注意力键和值来减少内存使用。在保证模型性能不受影响的前提下，有效降低了硬件资源的需求。同时，通过旋转位置嵌入（RoPE）增强了位置信息，使得模型能够更好地理解文本中的顺序和上下文关系，在处理长序列文本时表现出色。

（2）DeepSeek专家混合模式：在前馈神经网络中采用共享和路由专家的混合模式。这种模式就像是一个灵活的人力资源调配系统，既提高了模型的计算效率，又平衡了专家利用率。不同的任务可以根据需求动态地调用合适的专家模块，避免了资源的浪费和闲置。

DeepSeek-V3的出现，不仅仅是一个技术上的突破，更是AI产业发展历程中的一个重要转折点。它打破了国外企业在大语言模型领域的垄断地位，为全球AI技术的发展注入了新的活力。未来，随着DeepSeek-V3的不断推广和应用，我们有理由相信，它将推动AI技术在更多领域实现普及和创新，开启一个更加开放、多元和高效的AI新时代。同时，这也将促使其他科技公司加大研发投入，推动整个AI行业的技术进步和成本优化，让AI技术更好地服务于人类社会。

1.3.2 推理能力大飞跃的DeepSeek-R1

2025年1月下旬，DeepSeek就像一颗重磅炸弹，通过发布DeepSeek-R1-Zero和DeepSeek-R1再次在AI领域引起轰动。这两个模型就像两颗璀璨的明星，不仅展示了卓越的推理能力，更以其极低的训练成本让业界为之惊叹。

在AI发展的长河中，高性能推理往往与巨额的计算费用紧密相连，仿佛是一道难以逾越的鸿沟。然而，DeepSeek利用先进的强化学习技术，成功打破了这一常规。这些模型有力地证明了，高性能推理并非只能在巨额计算费用的支撑下实现，从而开启了AI发展的新篇章。这一突破无疑巩固了DeepSeek作为高效和可扩展AI创新领导者的地位，使其在竞争激烈的AI市场中脱颖而出。

1. DeepSeek-R1-Zero：基于强化学习的推理先锋

DeepSeek-R1-Zero是一种基于 DeepSeek-V3的推理模型，它就像一位经过特殊训练的勇士，通过强化学习（Reinforcement Learning，RL）显著增强了自身的推理能力。与传统模型不同，它完全消除了SFT阶段，直接从名为DeepSeek-V3-Base的预训练模型起步，这种大胆的创新为模型训练开辟了一条全新的道路。DeepSeek-R1-Zero的训练管道如图1-17所示。

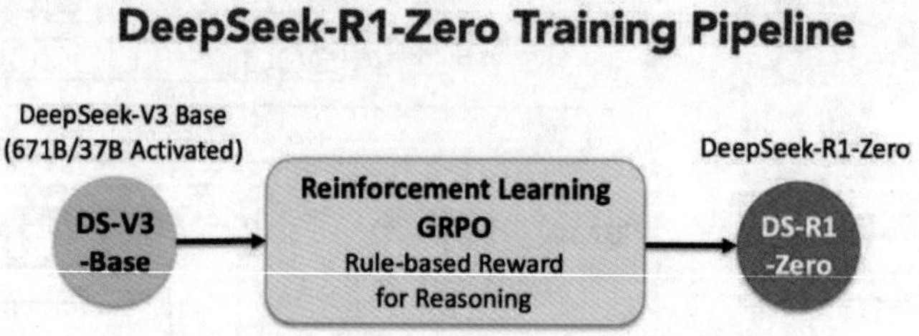

图1-17 DeepSeek-R1-Zero的训练管道

该模型采用了一种基于规则的强化学习方法（Rule-based Reinforcement Learning），即“分组相对策略优化”（Group Relative Policy Optimization，GRPO）。这种方法就像是一位精明的指挥官，根据预定义规则计算奖励，使得训练过程更加简单且极具可扩展性。

在训练过程中，GRPO能够根据模型的表现动态调整策略，引导模型朝着更优的方向发展。通过这种方式，DeepSeek-R1-Zero能够在短时间内获得强大的推理能力，同时避免了传统训练方法中烦琐的参数调整和复杂的计算过程。

2. DeepSeek-R1：优化升级的全能选手

尽管DeepSeek-R1-Zero表现出色，但它也存在一些局限性，如低可读性和语言混杂等问题。为了解决这些问题，DeepSeek-R1应运而生。该模型纳入了一组有限的高质量冷启动数据和额外的强化学习训练，就像是为一位优秀的运动员提供了更加科学的训练计划和营养补给，使其能力得到进一步提升。

DeepSeek-R1经历了多个微调和强化学习阶段，其中包括拒绝采样和第二轮强化学习训练。拒绝采样就像是一个严格的筛选器，能够去除模型生成的不符合要求的结果，提高输出的质量。DeepSeek-R1多阶段微调和训练如图1-18所示。

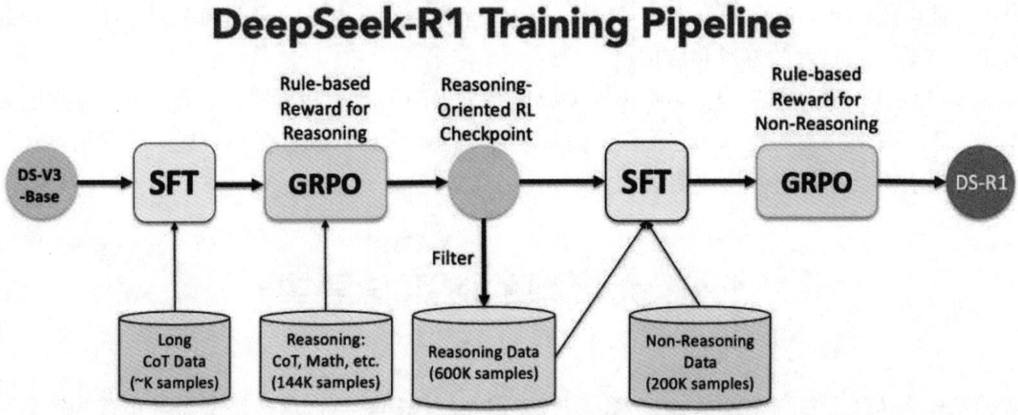

图1-18　DeepSeek-R1多阶段微调和强化学习训练

而第二轮强化学习训练则进一步强化了模型的通用能力和与人类偏好的一致性。通过这些训练阶段，DeepSeek-R1不仅能够生成更加准确、流畅的文本，还能更好地理解人类的意图和需求，在各种任务中都能表现出色。

3. 蒸馏DeepSeek模型：轻量化部署的利器

为了让先进的推理能力能够在更广泛的硬件平台上得到应用，DeepSeek开发了较小的、蒸馏版的DeepSeek-R1，如图1-19所示。这些模型的参数范围从15亿到700亿不等，就像是将强大的AI 能力装进了小巧的容器中，将先进的推理能力带到了性能较弱的硬件上。

Model Name	Base Model	Total Parameters
DeepSeek-R1-Distill-Qwen-1.5B	Qwen2.5-Math-1.5B	1.5 billion
DeepSeek-R1-Distill-Qwen-7B	Qwen2.5-Math-7B	7 billion
DeepSeek-R1-Distill-Llama-8B	Llama-3.1-8B	8 billion
DeepSeek-R1-Distill-Qwen-14B	Qwen2.5-14B	14 billion
DeepSeek-R1-Distill-Qwen-32B	Qwen2.5-32B	32 billion
DeepSeek-R1-Distill-Llama-70B	Llama-3.3-70B-Instruct	70 billion

图1-19　蒸馏版DeepSeek-R1模型

这些蒸馏模型使用原始DeepSeek-R1生成的合成数据进行微调。合成数据就像是一个丰富的训练宝库，能够为蒸馏模型提供多样化的学习样本。通过这种方式，蒸馏模型能够在推理任务中表现出色，同时足够轻量化以便本地部署。无论是在资源有限的个人计算机上，还是在移动设备上，这些蒸馏模型都能快速、高效地运行，为用户提供优质的AI服务。

4. 卓越性能与显著成本优势

DeepSeek-R1在各种基准测试中表现出强大的竞争力，涵盖数学、编码、常识和写作等多个领域。在数学领域，它能够快速准确地解决复杂的数学问题；在编码方面，它可以生成高质量的代码，提高开发效率；在常识和写作任务中，它也能生成富有逻辑性和创造性的内容。

与竞争对手相比，DeepSeek-R1能够显著地节省成本。根据使用模式，它相比OpenAI的o1模型等竞争对手，使用成本低至20到50倍。这一巨大的成本优势，使得更多的企业和个人能够负担得起先进的AI技术，推动了AI技术的普及和应用。

DeepSeek的这一系列创新成果，不仅为AI领域带来了新的活力和机遇，也为大模型未来的发展指明了方向。随着技术的不断进步和完善，我们有理由相信，DeepSeek将在AI发展的道路上继续创造更多的奇迹，为人类社会的进步做出更大的贡献。

1.4 大模型的应用与展望

大模型作为人工智能领域的关键技术，近年来取得了飞速发展。这些模型通常具有数亿乃至数十亿的参数，通过深度神经网络实现，能够捕捉数据中的复杂模式，在各种任务上达到或超越人类的表现。随着技术的不断进步，大模型在各个领域的应用日益广泛，深刻地改变了人们的生活与工作方式。

1.4.1 大模型的实际应用

在当今数字化浪潮中，大模型就像一颗璀璨的明星，以其强大的能力重塑着众多领域的发展格局。在自然语言处理领域，大模型展现出卓越的实力。智能客服系统借助大模型实现了与用户自然流畅的对话，能够精准理解用户意图，快速提供解决方案，大大提升了客户服务的效率和质量。机器翻译方面，大模型凭借对海量多语言数据的深度学习，翻译质量大幅提升，让不同语言之间的交流变得更加便捷高效。文本生成领域，大模型可以根据给定的主题或要求，创作出高质量的文章、故事、诗歌等，为内容创作带来了全新的可能性。情感分析技术也因大模型的应用而更加精准，能够从海量的文本数据中敏锐捕捉情感倾向，为企业决策、社会舆情分析等提供有力支持。

1. 自然语言处理领域

- 智能客服：大模型可以作为智能客服系统的核心，提供自然流畅的对话体验。例如，能够准确解答用户问题、推荐服务或产品，显著提升客户满意度。在电商客服中，智能问答系统可以自动回答产品查询、功能介绍等问题，增强购物便利性。
- 机器翻译：凭借对多语言数据的强大处理能力，大模型在机器翻译领域表现出色，能够实现高质量的跨语言自动翻译，促进全球化交流。
- 文本生成：可以基于特定主题或输入条件生成高质量的文章、新闻、广告文案等内容，广泛应用于内容创作、营销推广等行业。
- 情感分析：在舆情监控、社交媒体分析、产品评价等场景，大模型能有效分析文本中的情感倾向，帮助企业理解公众情绪，指导策略调整。
- 问答系统：为用户提供快速准确的问题解答，应用于智能助手、在线教育、搜索引擎等领域，提升信息获取的效率。

2. 金融行业

在银行和保险行业中，大模型可以提升信贷风险判断的准确率，加速保险条款的智能解析，提高病例处理效率等，优化金融服务流程。例如，通过分析大量的金融数据，大模型可以检测市场动态，预测股票价格波动，为投资人提供更准确的决策依据。

3. 教育领域

为学生提供个性化学习辅导，通过大模型智能问答系统解答学术疑问，推荐个性化学习资源，促进个性化教学。例如，智能辅导系统可以根据学生的学习情况和进度，提供针对性的学习建议和辅导内容。

4. 医疗健康领域

用于病例分析、辅助诊断，提高医生的工作效率和诊断准确率。例如，医疗健康领域大模型涵盖了从基础医学知识到临床实践的广泛内容，能够处理各种医疗健康相关的任务，如疾病诊断、药物推荐、患者管理等。

5. 法律服务领域

提供法律咨询，帮助解析法律条文、案例分析，提高法律工作的效率和准确性。例如，法律大模型可以快速准确地回答法律问题，为律师和法务人员提供参考。

6. 军事应用领域

包括遥感图像标注、视频分析、语音识别等，提升军事态势感知、目标识别、作战决策能力。例如，在军事侦察中，大模型可以对遥感图像进行快速准确的分析和标注，为军事决策提供支持。

7. 营销分析领域

助力品牌进行消费者洞察、人群细分，优化广告投放策略，提升营销效果。例如，通过分析消费者的行为和偏好，大模型可以为企业提供精准的营销方案，提高广告投放的效果和转化率。

8. 其他领域

在图像与视频处理领域，大模型可以实现图像分类、目标检测、图像生成、视频分析等多种任务。例如，在安防监控中，大模型可以准确识别物体、人脸等，提高安全防范能力。在自动驾驶技术中，大模型用于路径规划、物体检测和行为预测，为实现全自动驾驶提供了关键技术支持。

大模型的影响力远远不止上面我们所讲解的领域，它正以强大的融合能力跨越不同行业边界。它就像一位技艺高超的“跨界魔法师”，凭借着自身强大的融合能力，轻盈地跨越了不同行业之间看似坚不可摧的边界，在各个领域中施展着令人惊叹的“魔法”。

1.4.2　大模型发展面临的展望

展望未来，大模型的发展轨迹犹如一条不断延伸且充满惊喜的创新之路，将紧紧围绕创新这一核心驱动力持续推进。在模型架构这一关键领域，研究人员们就像无畏的探索者，持续深入挖掘新的设计理念。他们致力于打破传统架构的局限，以提升模型效率为首要目标，让大模型在处理复杂任务时能够更加迅速、精准；他们全力降低计算成本，使大模型的应用不再受限于高昂的硬件投入和漫长的计算时间；他们着重增强模型的可解释性，让大模型如同被揭开神秘面纱的智者，其工作原理变得清晰透明，更容易被人类理解和信任，进而建立起人类与大模型之间更加稳固的信任桥梁。

此外，大模型与物联网、区块链等新兴技术的融合，就像一场精彩绝伦的科技交响乐，将为各个领域带来翻天覆地的变革。当大模型与物联网相遇，它将赋予物联网设备更加智能的“大脑”，使设备能够自主感知环境、分析数据并做出决策，推动智能家居、智能交通等领域迈向新的高度。而与区块链技术的融合，则为大模型的数据安全和可信度提供了坚实的保障，创造出更多前所未有的应用场景，如基于区块链的智能合约与大模型结合，实现更加高效、安全的金融交易和供应链管理。

尽管大模型的发展前景如同一幅绚丽多彩的画卷，充满了无限的可能，但我们也必须清醒地认识到，它正面临着诸多严峻的挑战。数据隐私和安全问题犹如隐藏在暗处的礁石，时刻威胁着大模型的发展。大模型需要海量的数据进行训练，这些数据包含了用户的大量个人信息和敏感数据，如何确保这些数据在采集、存储、传输和使用过程中的安全和隐私不被侵犯，是亟待解决的关键问题。一旦数据泄露，将给用户带来严重的损失，也会影响大模型技术的信任度。

然而，挑战往往与机遇并存，正如乌云背后总有阳光。面对这些问题，科研人员、企业和政府等各方需要携手共进，形成强大的合力。科研人员应加大在数据隐私保护、算法公平性等方面的研究力度，探索更加先进的技术和方法；企业应积极履行社会责任，加强数据管理和安全防护，确保用户数据的安全；政府应制定相应的规范和标准，加强对大模型技术的监管，引导其朝着更加健康、可持续的方向发展。

相信在各方的共同努力下，大模型将如同一位智慧的使者，为人类社会带来更多的福祉。它将推动各个领域的智能化升级，提高生产效率、改善生活质量、促进社会进步，开启一个更加智能、美好的未来，让人类在科技的浪潮中迈向更加辉煌的彼岸。

1.5　本章小结

大模型的发展并非一蹴而就的奇迹，而是一场历经岁月沉淀与技术迭代的智慧征程。从最初经典的长短期记忆网络，以其独特的门控机制在序列数据处理中崭露头角，到后续一系列创新架构的涌现，每一步都凝聚着科研人员的智慧与汗水。特别是近年来，核心注意力机制的横空出世，更是为大模型的发展注入了强大的动力，使其在处理复杂语言现象、捕捉长距离依赖关系方面展现出了前所未有的能力。

在这一波澜壮阔的技术演进中，DeepSeek的诞生无疑是一个重要的里程碑。DeepSeek不仅继承了前代模型在序列建模、特征提取等方面的优秀基因，更在架构设计、训练策略以及应用场景拓展上实现了突破性的创新。它采用了更加高效的注意力计算方式，大幅提升了模型的计算效率与准确性；同时，通过引入多模态融合技术，DeepSeek能够跨越文本、图像、语音等多种信息形态，实现跨模态的理解与生成，为人工智能的多元化应用开辟了新的道路。

DeepSeek的诞生，不仅标志着大模型技术迈向了一个新的高度，更预示着人工智能领域即将迎来一场深刻的变革。它不仅能够助力科研人员在自然语言处理、计算机视觉、智能推荐等多个领域取得更加辉煌的成就，更将深刻影响我们的日常生活，从智能客服的贴心服务到自动驾驶的安全导航，从个性化教育的精准施策到医疗健康的智能辅助，DeepSeek正以其强大的智能力量，重塑着人类社会的未来图景。

展望未来，随着技术的不断进步与应用的持续深化，DeepSeek及其后续迭代版本有望在更多领域展现出其独特的价值与魅力。我们有理由相信，在DeepSeek等先进大模型的引领下，人工智能将以前所未有的速度融入人类社会的每一个角落，共同绘制出一幅智能与人文交相辉映的美好画卷。

第 2 章

DeepSeek开发环境配置与开放API使用

对于任何一位想要深入了解DeepSeek，并应用到具体项目的读者，都需要使用编程语言来实现设计意图。在本书中，将使用Python语言作为首选的开发语言。

Python之所以在深度学习领域中被广泛采用，这得益于许多第三方提供的、集成了大量科学计算类库的Python标准安装包，其中最常用的是Miniconda。Python是一种脚本语言，如果不使用Miniconda，那么第三方库的安装可能会变得相当复杂，同时各个库之间的依赖性也很难得到妥善的处理。因此，为了简化安装过程并确保库之间的良好配合，推荐安装Miniconda来替代原生的Python语言安装。

DeepSeek的开发依托于PyTorch。PyTorch是一种开源的深度学习框架，由Facebook的人工智能研究团队开发。它提供了两个高级功能：

- 强大的GPU加速的张量计算（类似于NumPy）。
- 基于深度神经网络的自动求导系统。

PyTorch的主要特点是动态计算图，这意味着计算图可以在每个运行时刻动态改变，这大大提高了模型的灵活性和效率。除此之外，PyTorch还提供了丰富的API，支持多种深度学习的模型和算法，并能够轻松与其他Python库（例如，NumPy和SciPy）进行交互。

目前，PyTorch已广泛应用于学术研究和商业开发，包括自然语言处理、计算机视觉、生成对抗网络（Generative Adversarial Networks，GAN）等领域，是全球最受欢迎的深度学习框架之一。

在本章中，首先将引导读者完成Miniconda的完整安装。然后，将通过一个实践项目来帮助读者熟悉PyTorch框架。这个项目将生成可控的手写数字，作为一个入门级的程序，它将帮助读者了解完整的PyTorch项目的工作流程。通过这个项目，读者将能够初步掌握DeepSeek的环境配置。

2.1 安装Python开发环境

2.1.1 Miniconda的下载与安装

第一步：Miniconda的下载和安装

（1）打开Miniconda官网首页，如图2-1所示，单击左上角的Free Download，再单击右下角的Skip registration跳过注册，进入Miniconda下载页面。

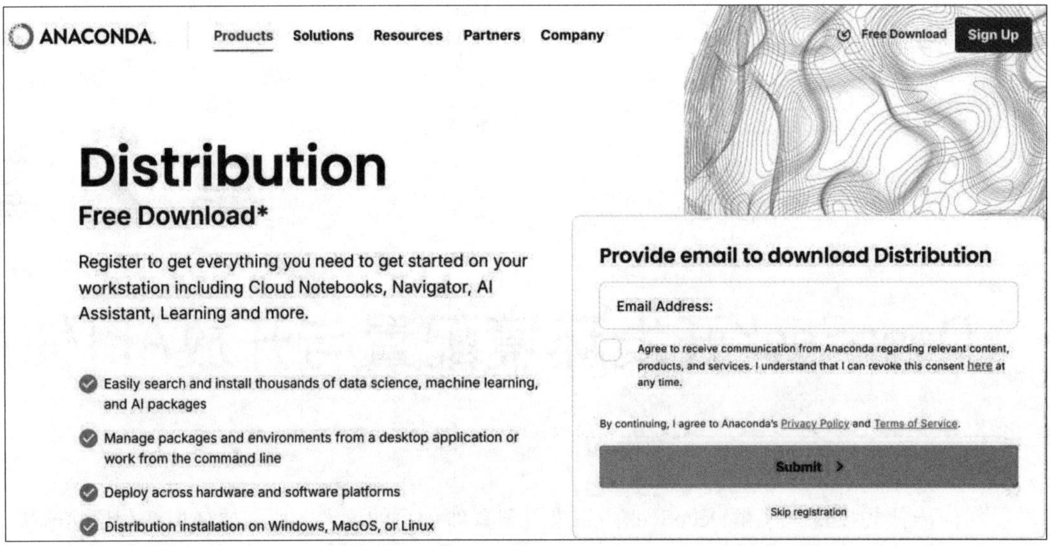

图2-1 Miniconda主页面

如图2-2所示，读者可以直接单击页面左侧的64-Bit Graphical Installer链接下载集成Python 3.12版本的Miniconda3安装文件。本书将使用这个Python 3.12版本开发DeepSeek应用。

图2-2 Miniconda下载页面

当然，也可以直接到Anaconda软件仓库中选择集成Python 3.11版本的Minconda3安装文件，如图2-3所示。在后面第5章安装工具库的时候，要求使用Python 3.11及以上的版本，这里请读者注意一下。

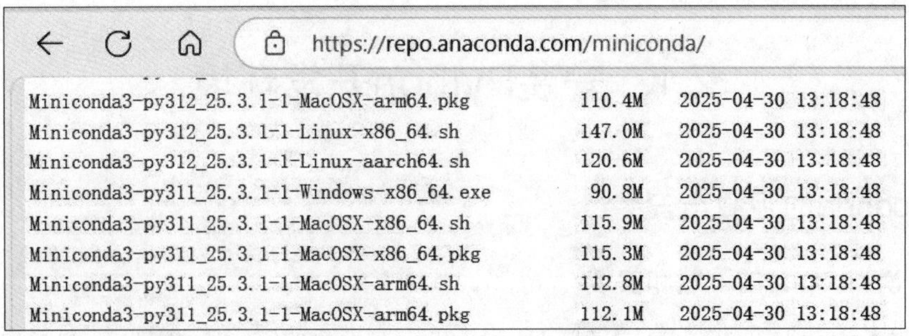

图2-3 选择集成Python 3.12版本的Minconda3安装文件

（2）下载完成后得到的是EXE文件，直接运行即可进入安装过程。安装完成以后，出现如图2-4所示的目录结构，说明安装正确。

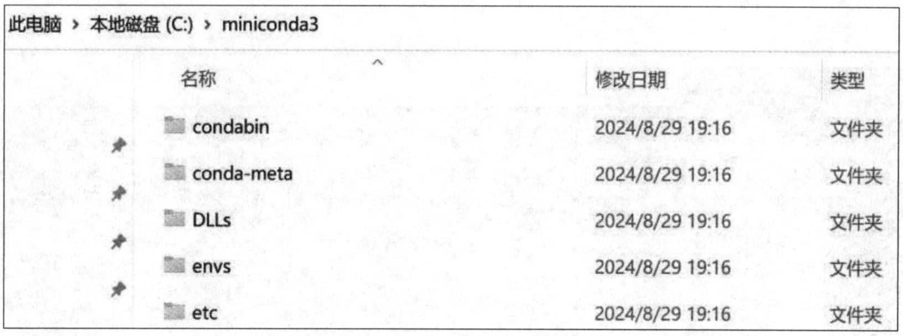

图2-4　Miniconda安装目录

第二步：打开控制台

在计算机桌面依次单击“开始”→“所有程序”→“Miniconda3”→“Miniconda Prompt (Miniconda3)”，打开Miniconda Prompt窗口，它与CMD控制台类似，输入命令就可以控制和配置Python。在Miniconda中最常用的是conda命令，该命令可以执行一些基本操作，读者可以在Miniconda Prompt窗口中自行测试一下这个命令。

第三步：验证Python

在Miniconda Prompt窗口中输入python，如果安装正确，会打印出Python版本号以及控制符号。在控制符号下输入代码：

```
print("hello Python")
```

输出结果如图2-5所示。

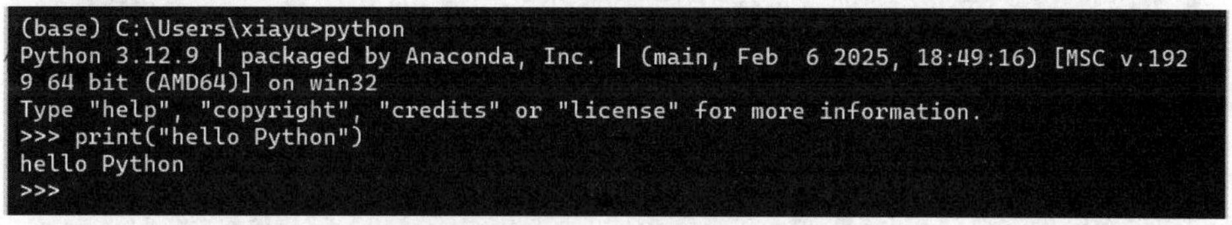

图2-5　Miniconda安装成功

第四步：使用pip命令

使用Miniconda的好处在于，它能够很方便地帮助读者安装和使用大量第三方类库。本书中，我们将使用pip命令安装第三方类库。查看已安装的第三方类库的命令如下：

```
pip list
```

在Miniconda Prompt窗口输入pip list命令，结果如图2-6所示。

在Miniconda中安装第三方类库的命令如下：

```
pip install name
```

这里的name是需要安装的第三方类库名，假设需要安装NumPy包（这个包已经安装过），那么输入的命令就是：

```
pip install numpy
```

这个安装过程略去，请读者自行尝试。使用Miniconda的好处就是默认已安装好了大部分深度学习所需要的第三类库，这样避免了使用者在安装和使用某个特定类库时，可能出现的依赖类库缺失的情况。

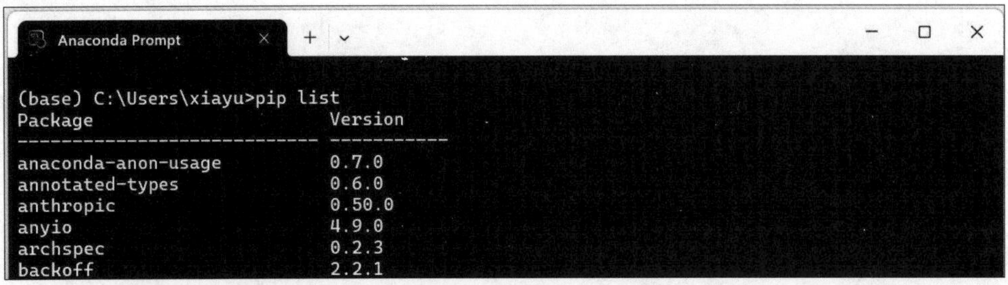

图2-6 列出已安装的第三方类库

2.1.2 PyCharm的下载与安装

和其他语言类似，Python程序的编写可以使用Windows自带的编辑器。但是这种方式对于比较复杂的程序工程来说，容易混淆相互之间的层级和交互文件，因此在编写程序工程时，我们建议使用专用的Python编译器PyCharm。

第一步：PyCharm的下载和安装

（1）进入PyCharm官网的Download页面，选择不同的版本，如图2-7所示，PyCharm有收费的专业版和免费的社区版，这里建议读者选择免费的社区版即可。

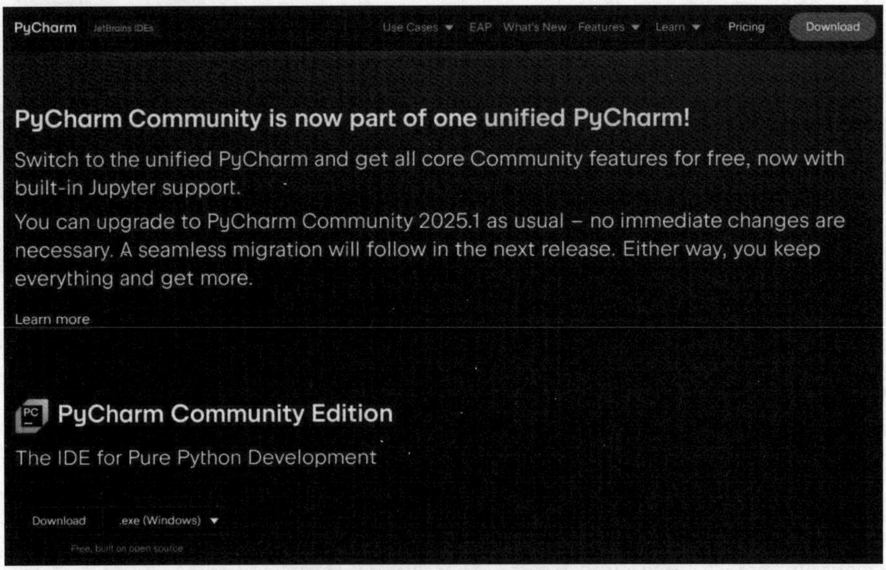

图2-7 下载PyCharm社区版

（2）下载PyCharm安装文件后，双击运行进入安装界面，如图2-8所示。直接单击Next按钮，采用默认安装即可。

（3）在安装PyCharm的过程中需要对安装的参数进行选择，如图2-9所示，这里建议直接使用默认安装即可。

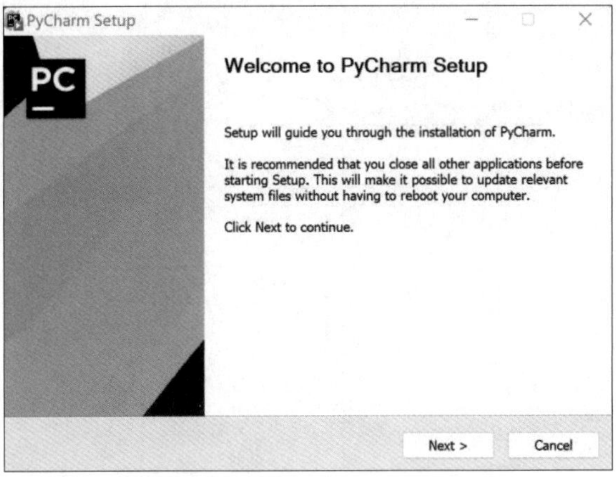

图2-8 PyCharm的安装文件

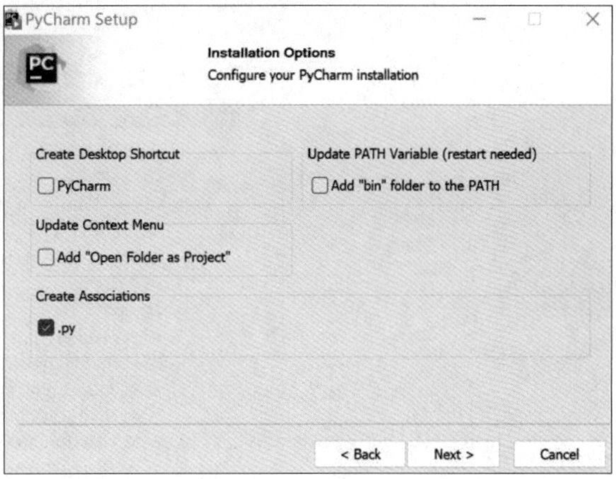

图2-9 PyCharm的配置选择（按个人真实情况选择）

（4）安装完成后出现Finish按钮，单击该按钮完成安装，如图2-10所示。最后将在桌面上显示一个 PyCharm程序图标，双击该图标即可运行PyCharm。

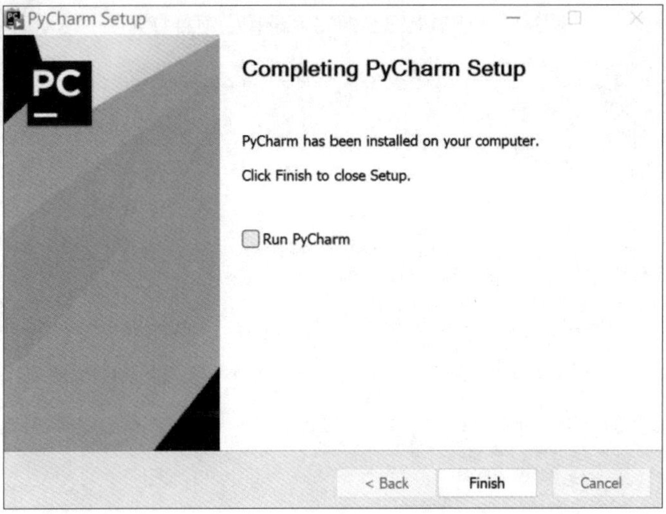

图2-10 PyCharm安装完成

第二步：使用PyCharm创建程序

（1）单击桌面上新生成的图标进入PyCharm程序界面。由于是第一次启动PyCharm，需要接受相关的协议，在勾选界面下方的复选框后单击Continue按钮，进行下一步操作。因为操作比较简单，这里就不截图了。

（2）下载本书配套的示例源码压缩包，解压到当前用户根目录下的PycharmProjects目录中，目录名为“DeepSeek应用开发实践-源码”，这个操作也比较简单，也不截图了。

（3）在PyCharm菜单栏上，依次单击“File”→“Open...”，打开“Open File or Project”窗口，选择PycharmProjects目录下的“DeepSeek应用开发实践-源码”目录，如图2-11所示。单击OK按钮后将导入本书示例源码，如图2-12所示。

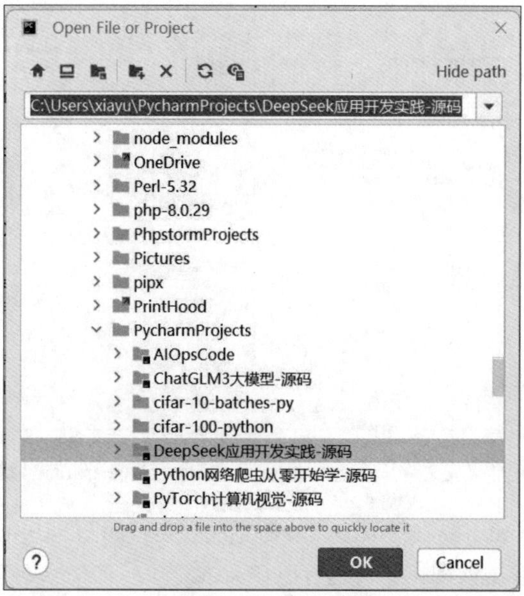

图2-11 把本书配套源码目录作为项目打开

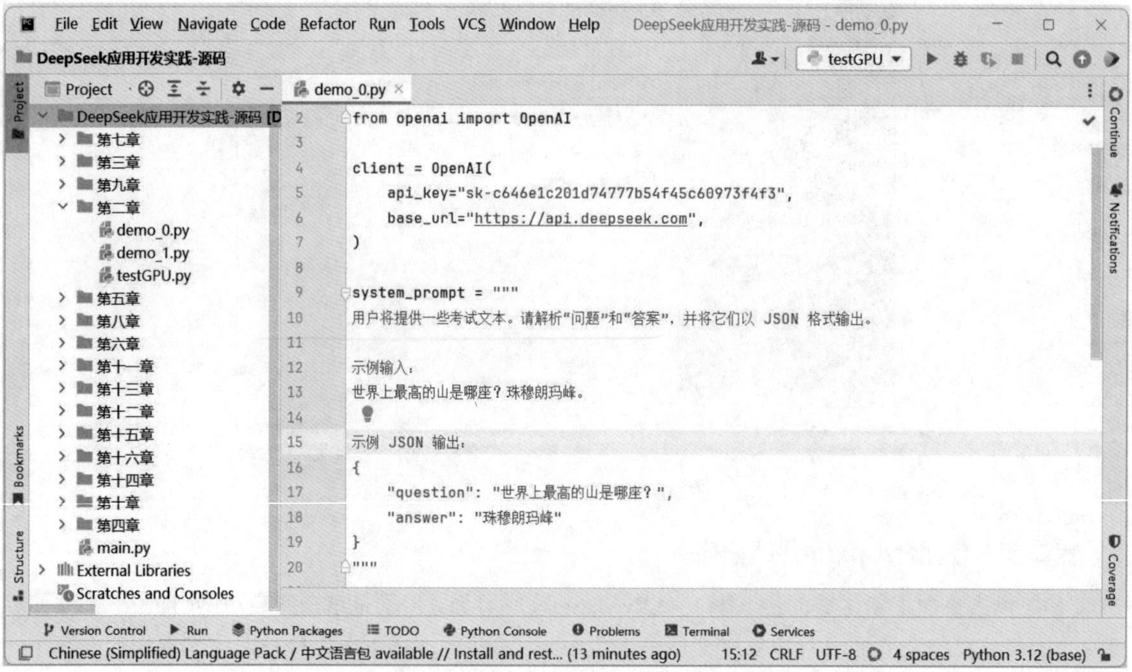

图2-12 把本书配套源码目录作为项目打开

（4）在PyCharm界面上，单击项目名“DeepSeek应用开发实践-源码”，再在菜单栏上依次单击“File”→“Settings”，打开Settings窗口，在左侧菜单中找到“Python Interpreter”，如图2-13所示，单击图右上角的“Add Interpreter”打开“Add Python Interpreter”窗口，如图2-14所示。

（5）在“Add Python Interpreter”窗口中，单击左边菜单中的“Virtualenv Environment”，单击窗口右上角的...按钮打开“Select Python Interpreter”窗口，选择miniconda3目录下的python.exe文件，如图2-14所示，再单击OK按钮。

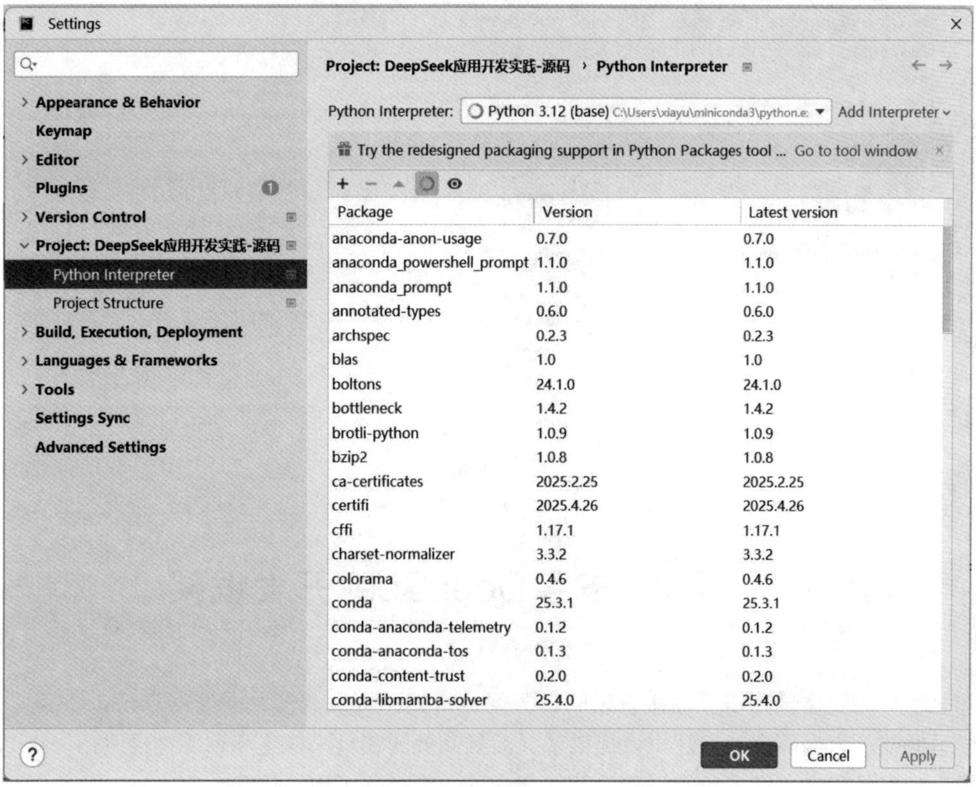

图2-13　PyCharm新建文件界面

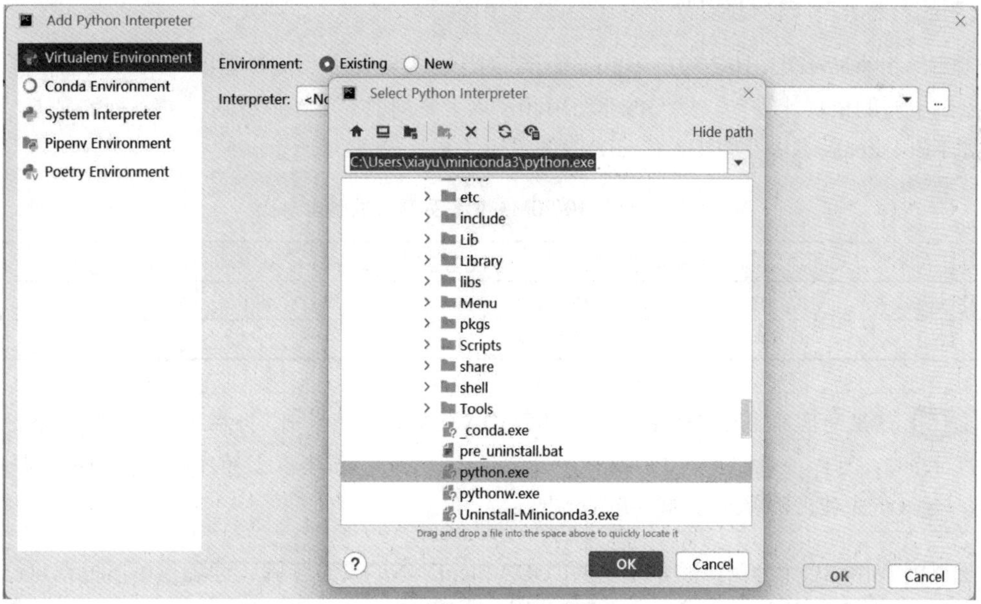

图2-14　PyCharm工程运行界面

（6）在PyCharm左边项目文件夹中，选中“第二章”目录下的testGPU.py文件，单击菜单栏中的“Run”→“Run 'testGPU'”即可运行选中的代码文件，如图2-15所示。至此，我们完成了本书配套示例源码开发环境的搭建。

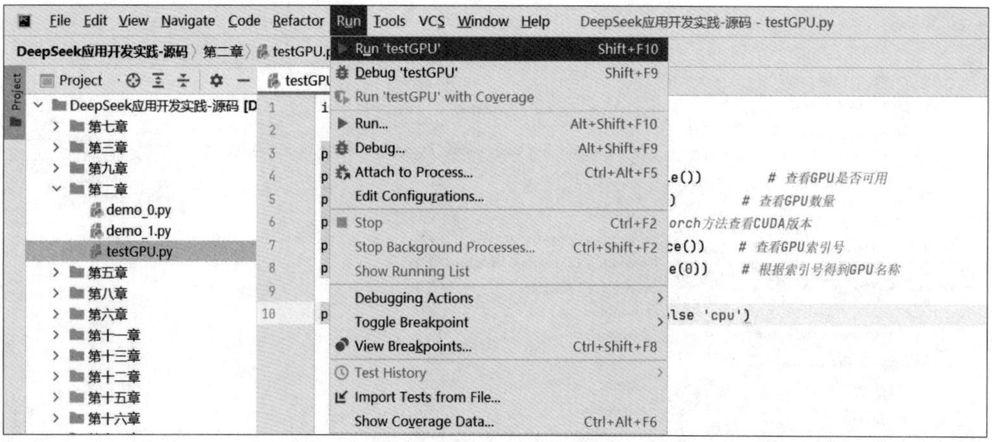

图2-15 运行代码文件

2.2 安装DeepSeek开发框架

Python运行环境调试完毕后，接下来的任务便是搭建DeepSeek开发框架PyTorch。作为当下热门的深度学习框架，它为研究者和开发者提供了灵活且高效的工具来构建和训练神经网络。PyTorch 2.0版本的推出，更是带来了诸多新特性和性能优化，进一步提升了用户体验。

2.2.1 不同显卡与运行库的选择

目前市场上有NVIDIA 10/20/30/40系列显卡，对于需要调用专用编译器的PyTorch来说，不同的显卡需要安装不同的依赖计算包。我们推荐使用20及以上系列的显卡，而针对不同系列的显卡，读者可以参考如下PyTorch版本以及CUDA和cuDNN的对应关系，如表2-1所示。

表2-1 NVIDIA 10/20/30/40系列显卡的版本对比

显卡型号	PyTorchGPU 版本	CUDA 版本	cuDNN 版本
10系列及以前	PyTorch 2.0以前版本	11.1	7.65
20/30/40系列	PyTorch 2.0向下兼容	11.6+	8.1+

注意 这里的区别主要在于显卡运算库CUDA与cuDNN的区别，当在20/30/40系列显卡上使用PyTorch时，可以安装CUDA 11.6版本以上以及cuDNN 8.1版本以上的库，而在10系版本的显卡上，建议优先使用2.0版本以前的PyTorch。

下面以PyTorch 2.6.0为例，演示完整的CUDA和cuDNN的安装步骤。读者也可以根据自己的实际情况选择PyTorch 更高的版本进行安装，不同的版本的安装过程基本一致。

2.2.2 PyTorch GPU版本的安装

本小节讲解PyTorch GPU版本的前置软件的安装。对于GPU版本的PyTorch来说，由于调用了NVIDIA显卡作为其代码运行的主要工具，因此额外需要NVIDIA提供的运行库作为运行基础。

我们选择PyTorch 2.6.0版本进行讲解。对于PyTorch 2.6.0的安装来说，最好的方法是根据官方提供的安装命令进行安装，具体参考官方文档https://pytorch.org/get-started/previous-versions/。从页面上可以看到，针对Windows版本的PyTorch 2.6.0，官方提供了几种安装模式，分别对应ROCM、CUDA和CPU only。其使用pip安装的命令如下：

```
    # CUDA 11.8
    pip install torch==2.6.0 torchvision==0.21.0 torchaudio==2.6.0 --index-url
https://download.pytorch.org/whl/cu118
    # CPU only
    pip install torch==2.6.0 torchvision==0.21.0 torchaudio==2.6.0 --index-url
https://download.pytorch.org/whl/cpu
```

下面以CUDA 11.8+cuDNN 8.9为例讲解安装的方法。

（1）首先是CUDA的安装。在百度搜索CUDA 11.8 Download，进入官方下载页面，选择适合的操作系统安装方式（推荐使用exe(local)本地化安装方式），如图2-16所示。

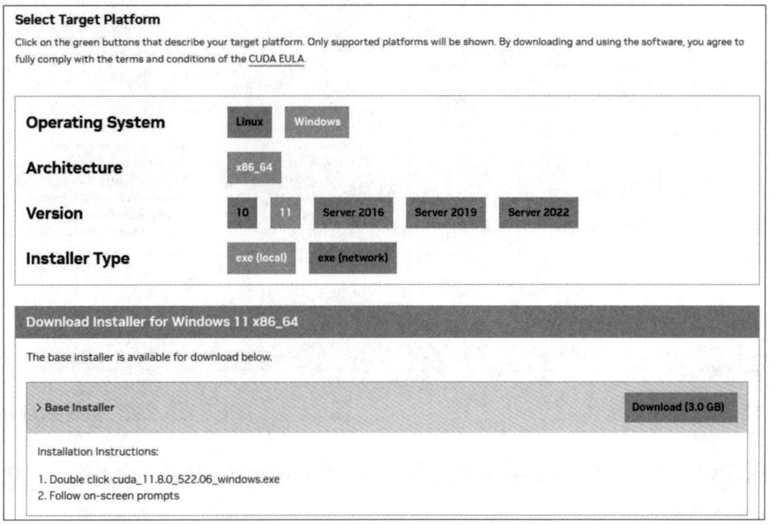

图2-16　CUDA 11.8下载页面

此时下载下来的是一个EXE文件，读者自行安装，不要修改其中的路径信息，完全使用默认路径安装即可。

（2）下载和安装对应的cuDNN文件。要下载cuDNN，需要先注册，相信读者可以很快完成，之后直接进入下载页面，如图2-17所示。

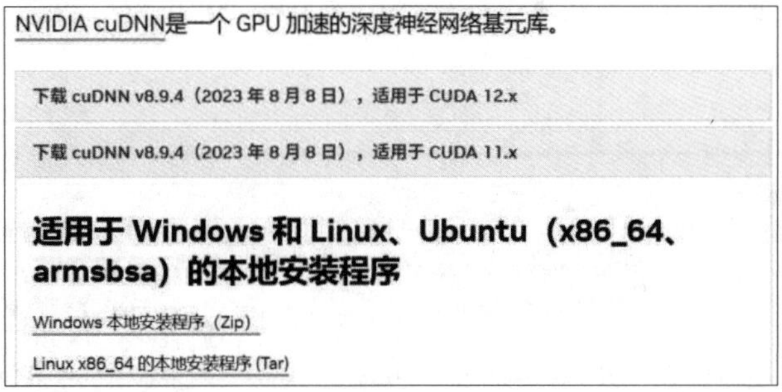

图2-17　cuDNN 8.9下载页面

注意 不要选择错误的版本，一定要找到对应CUDA的版本号。另外，如果使用的是Windows 64位的操作系统，需要下载x86_64版本的cuDNN。

（3）下载的cuDNN是一个压缩文件，将它解压并把所有的目录复制到CUDA安装主目录中（直接覆盖原来的目录），CUDA安装主目录如图2-18所示。

（4）确认PATH环境变量，这里需要将CUDA的运行路径加载到环境变量的PATH路径中。安装CUDA时，安装向导能自动加入这个环境变量值，确认一下即可，如图2-19所示。

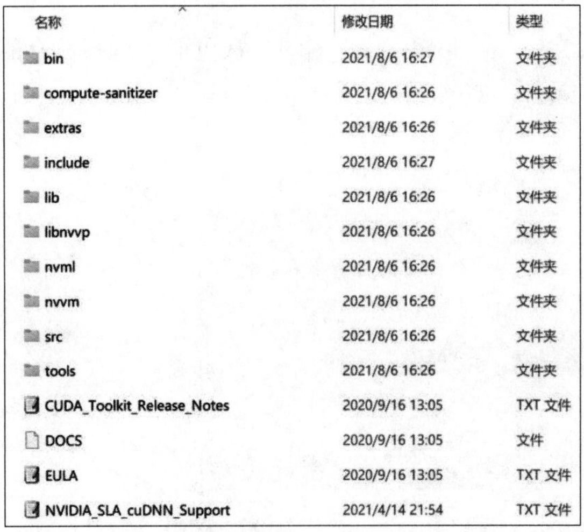

图2-18　CUDA安装主目录

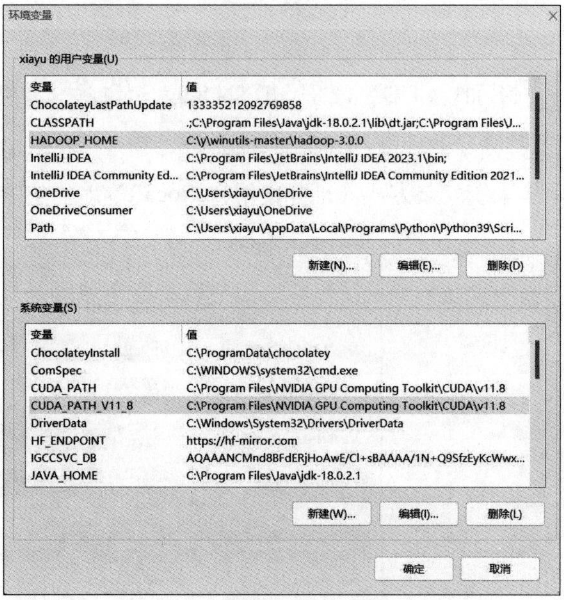

图2-19　将CUDA路径加载到环境变量PATH中

（5）最后完成PyTorch 2.6.0 GPU版本的安装，只需在Miniconda Prompt窗口中执行本小节开始给出的PyTorch安装命令即可。

```
    # CUDA 11.8
    pip install torch==2.6.0 torchvision==0.21.0 torchaudio==2.6.0 --index-url
https://download.pytorch.org/whl/cu118
```

2.2.3　测试PyTorch和CUDA安装信息

到这里，我们已经完成了PyTorch 2.6.0的安装。下面做一个PyTorch和CUDA相关版本信息的小练习。打开前面安装的PyCharm IDE，在本书示例源码项目的“第二章”目录中，新建一个testGPU.py文件，输入如下代码：

```
import torch

print("PyTorch版本：", torch.__version__)
print("GPU是否可用：", torch.cuda.is_available())      # 查看GPU是否可用
print("GPU数量：", torch.cuda.device_count())          # 查看GPU数量
print("CUDA版本：", torch.version.cuda)                # torch方法查看CUDA版本
print("GPU索引号：", torch.cuda.current_device())      # 查看GPU索引号
print("GPU名称：", torch.cuda.get_device_name(0))      # 根据索引号得到GPU名称

print('cuda' if torch.cuda.is_available() else 'cpu')result
```

运行程序，结果如图2-20所示。

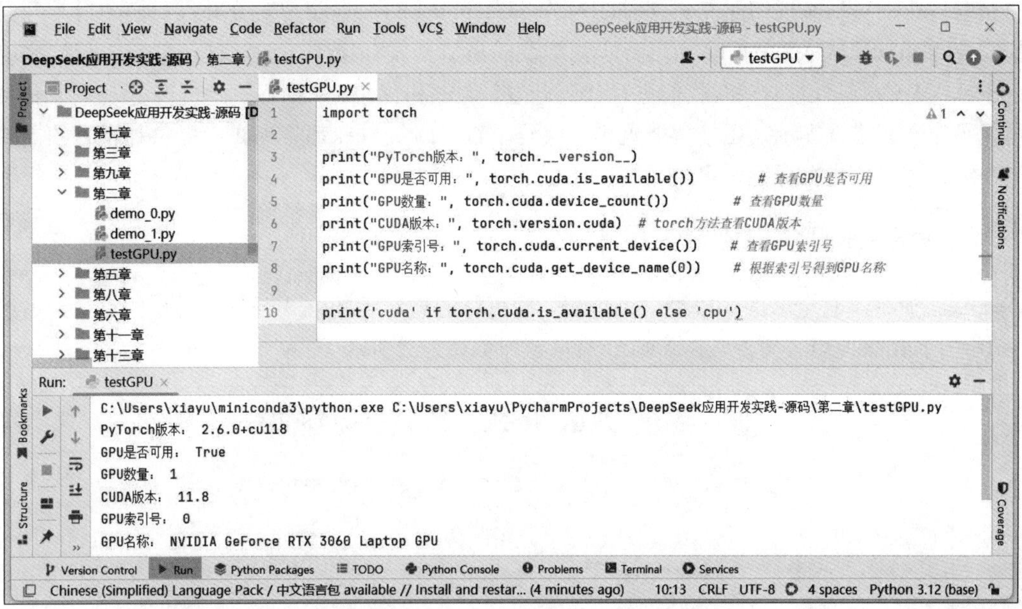

图2-20 验证安装是否成功

从代码运行结果可以看到，PyTorch和GPU的版本信息的确如实反映了我们前面所安装软件的版本信息，请读者自行验证。

2.3 在线DeepSeek应用配置详解

DeepSeek是具有高性能、低成本的人工智能系列大模型，目标是推动人工智能技术进步与应用普及。目前，其代表模型为DeepSeek-V3。作为DeepSeek-V2.5的升级版，DeepSeek-V3版本经过团队不懈的优化与升级，在性能表现、处理速度以及成本控制方面均实现了显著提升，这展现了DeepSeek团队在AI技术领域的深厚底蕴和持续创新能力。DeepSeek大语言模型宣传页如图2-21所示。

图2-21 DeepSeek大语言模型宣传页

DeepSeek-V3的发布，不仅标志着国产AI模型在技术层面上已经具备了与国际顶尖模型（如ChatGPT等）一较高下的实力，更彰显了我国在人工智能领域的蓬勃发展势头和强劲竞争力。

本节将详细介绍DeepSeek大语言模型在线API的调用方法。我们将从账户注册开始，逐步讲解API密钥的获取、基础对话流程的建立。同时，为了将DeepSeek的强大能力充分融入我们的日常开发工作中，我们把DeepSeek接入到PyCharm这一广受欢迎的集成开发环境中。通过这一举措，我们将能够利用DeepSeek-V3的卓越性能，辅助我们进行代码开发、调试和优化，从而极大地提升开发效率和质量。无论是代码补全、错误提示，还是智能重构、代码审查，DeepSeek都将为我们提供强有力的支持，助力我们在编程之路上走得更远、更稳。

2.3.1　DeepSeek简介与免费使用

DeepSeek拥有一套全新的大模型调用方法，既可以通过对话的方式开启大模型的对话，也可以使用API调用的形式来使用大模型。DeepSeek对话窗口如图2-22所示。

图2-22　开启免费的DeepSeek对话

读者可以免费使用和测试基于网页的DeepSeek大模型，下面我们将以在线大模型API调用的形式对大模型进行讲解。

DeepSeek官网是提供大模型服务的开放平台，读者可以通过注册获取API调用服务，首先在DeepSeek官网首页进行注册，如图2-23所示。读者可以根据自己需要的方式进行注册，登录后即可看到用户的用量信息（tokens），如图2-24所示。

图 2-23　DeepSeek 的注册

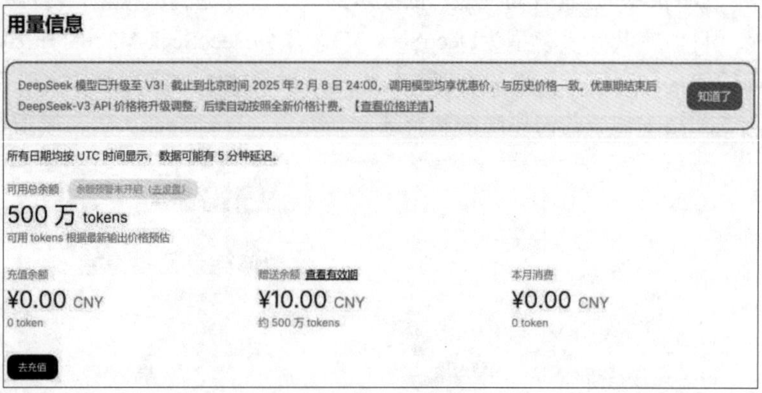

图 2-24　注册用户信息

可以看到第一次登录账户就赠送了500万tokens，这是我们可以使用的token总量。接下来，读者可以单击左侧菜单中的API keys创建自己的API key，如图2-25所示。

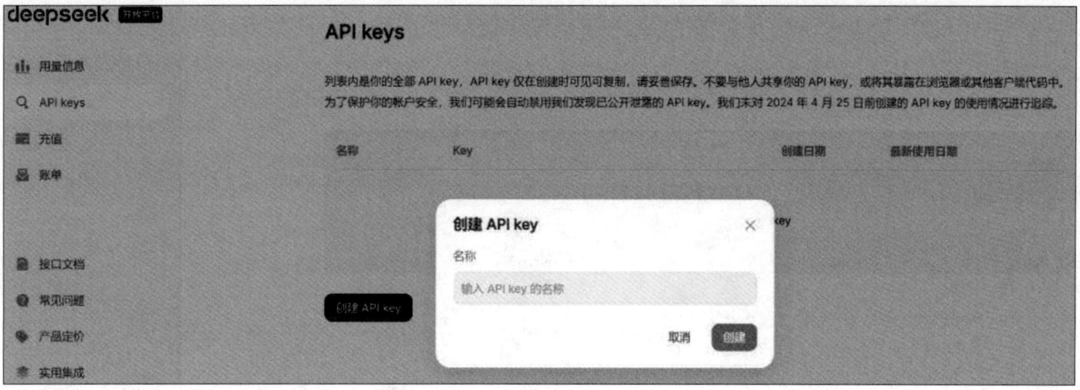

图2-25　创建API key

在输入名称后单击“创建”按钮可以自动生成API key。我们通过一个示例测试一下，使用这个API key来完成函数的调用，代码如下所示：

```
    from openai import OpenAI
    client = OpenAI(api_key="sk-a4a8d4832f1349aXXxxx8e75f77d7e21",
base_url="https://api.deepseek.com")

    response = client.chat.completions.create(
    model="deepseek-chat",
    messages=[
    {"role": "system", "content": "You are a helpful assistant"},
    {"role": "user", "content": "Hello"},
    ],
    stream=False
    )

    print(response.choices[0].message.content)
```

输出结果如下所示：

```
    Hello! How can I assist you today? ☺
```

更多API的用法，读者可以参考图2-25所示窗口左侧菜单的“接口文档”。

2.3.2　带有特定格式的DeepSeek在线调用

在许多应用场景中，用户需要模型严格按照JSON格式输出数据，以确保输出的结构化和标准化，便于后续逻辑处理和解析。为了满足这一需求，DeepSeek提供了强大的JSON Output 功能，确保模型输出的字符串始终是合法的JSON格式。

使用JSON Output功能的注意事项如下：

- 设置response_format参数：在请求中，需将 response_format 参数设置为 {'type': 'json_object'}，以明确指示模型输出JSON格式的内容。
- 提示词中需包含JSON关键字：在system或user的提示词中，必须明确包含"json"字样，并提供希望模型输出的JSON格式样例。这有助于模型理解并生成符合要求的JSON结构。
- 合理设置max_tokens参数：为了避免生成的JSON字符串被截断，建议根据预期的输出长度合理设置max_tokens参数，确保模型能够完整输出JSON数据。

我们给出一个DeepSeek官方提供的JSON结构化数据处理代码，如图2-26所示。

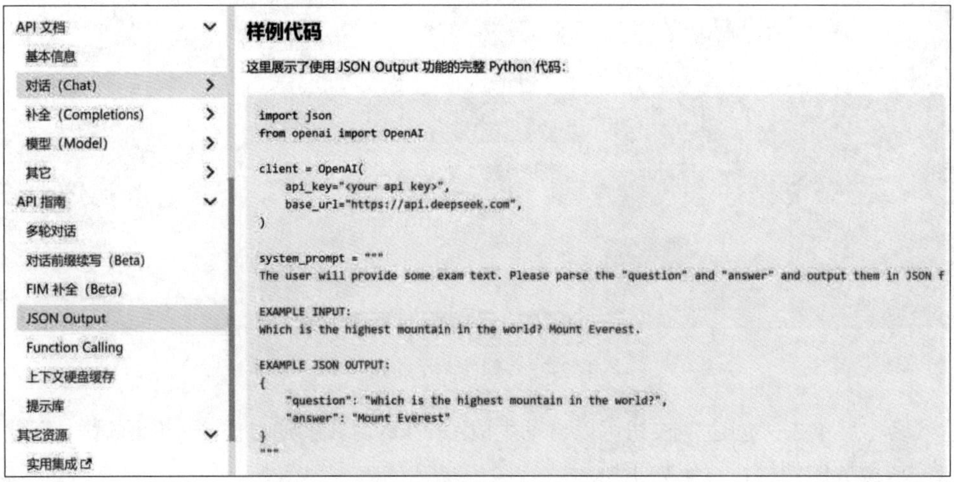

图2-26　JSON结构化数据处理代码

以下是一个完整的Python示例代码，展示了如何使用DeepSeek的JSON Output功能完成一个自定义的JSON格式信息：

```
import json
from openai import OpenAI

client = OpenAI(
    api_key="sk-c646e1c201d74777b54f45c60973f4f3",
    base_url="https://api.deepseek.com",
)

system_prompt = """
用户将提供一些考试文本。请解析“问题”和“答案”，并将它们以 JSON 格式输出。
示例输入：
世界上最高的山是哪座？珠穆朗玛峰。

示例 JSON 输出：
{
    "question": "世界上最高的山是哪座？",
    "answer": "珠穆朗玛峰"
}
"""

user_prompt = "世界上最长的河流是哪条？尼罗河。"

messages = [{"role": "system", "content": system_prompt},
            {"role": "user", "content": user_prompt}]

response = client.chat.completions.create(
    model="deepseek-chat",
    messages=messages,
    response_format={
        'type': 'json_object'
    }
)

print(json.loads(response.choices[0].message.content))
```

输出结果如下所示：

```
{'question': '世界上最长的河流是哪条？', 'answer': '尼罗河'}
```

2.3.3 带有约束的DeepSeek在线调用

在上面我们实现的DeepSeek在线调用示例中，读者可能注意到，除了传统的Prompt写法，我们还使用了system_prompt作为对模型人性的设置与假设，这里我们设置了一种基本的输出方案，从而对大模型的输出进行约束。

除了简单地对大模型进行约束设置外，我们还可以设置更加复杂的商业性输出要求，以配合大模型的生成能力，代码如下所示：

```
import json
from openai import OpenAI

client = OpenAI(
    api_key="sk-c646e1c201d74777b54f45c60973f4f3",
    base_url="https://api.deepseek.com",
)

system_prompt = """
请生成一个包含详细中国用户信息的复杂JSON，具体要求如下：
- 用户信息（user_info）：对象
  - 姓名（name）：字符串类型
  - 年龄（age）：整数类型
  - 邮箱（email）：字符串类型
  - 个人网站（website）：URL字符串类型
- 地址（address）：对象
  - 街道（street）：字符串类型
  - 城市（city）：字符串类型
  - 邮编（zip_code）：字符串类型
  - 地理位置（geo_location）：对象
    - 纬度（latitude）：浮点数类型
    - 经度（longitude）：浮点数类型
- 订单（orders）：数组，对象类型
  - 订单ID（order_id）：字符串类型
  - 日期（date）：字符串类型
  - 商品（items）：数组，对象类型
    - 商品ID（product_id）：字符串类型
    - 名称（name）：字符串类型
    - 图像链接（image_url）：URL字符串类型
    - 数量（quantity）：整数类型
    - 价格（price）：浮点数类型
- 总花费（total_spent）：浮点数类型
- 会员状态（membership_status）：字符串类型
- 优惠券（coupons）：数组，字符串类型

请严格按照以下格式返回结果：
{
  "user_info": {
    "name": "示例姓名",
    "age": 示例年龄,
    "email": "示例邮箱",
    "website": "示例个人网站URL",
  },
  "address": {
    "street": "示例街道",
```

```
      "city": "示例城市",
      "zip_code": "示例邮编",
      "geo_location": {
        "latitude": 示例纬度,
        "longitude": 示例经度
      }
    },
    "orders": [
      {
        "order_id": "示例订单ID",
        "date": "示例日期",
        "items": [
          {
            "product_id": "示例商品ID",
            "name": "示例商品名称",
            "image_url": "示例图像链接",
            "quantity": 示例数量,
            "price": 示例价格
          },
          {
            "product_id": "示例商品ID",
            "name": "示例商品名称",
            "image_url": "示例图像链接",
            "quantity": 示例数量,
            "price": 示例价格
          }
        ]
      },
      {
        "order_id": "示例订单ID",
        "date": "示例日期",
        "items": [
          {
            "product_id": "示例商品ID",
            "name": "示例商品名称",
            "image_url": "示例图像链接",
            "quantity": 示例数量,
            "price": 示例价格
          }
        ]
      }
    ],
    "total_spent": 示例总花费,
    "membership_status": "示例会员状态",
    "coupons": ["示例优惠券1", "示例优惠券2"]
  }
  """

  user_prompt = "给张三生成一份身份表格。"
  messages = [{"role": "system", "content": system_prompt},
              {"role": "user", "content": user_prompt}]
  response = client.chat.completions.create(
      model="deepseek-chat",
      messages=messages,
      response_format={
          'type': 'json_object'
      }
  )
  print(json.loads(response.choices[0].message.content))
```

输出结果如下所示：


```
{'user_info': {'name': '张三', 'age': 28, 'email': 'zhangsan@example.com', 'website': 'http://zhangsan.com'}, 'address': {'street': '人民路123号', 'city': '北京', 'zip_code': '100000', 'geo_location': {'latitude': 39.9042, 'longitude': 116.4074}}, 'orders': [{'order_id': 'ORD123456', 'date': '2023-04-01', 'items': [{'product_id': 'PROD001', 'name': '智能手机', 'image_url': 'http://example.com/smartphone.jpg', 'quantity': 1, 'price': 2999.99}, {'product_id': 'PROD002', 'name': '无线耳机', 'image_url': 'http://example.com/earphones.jpg', 'quantity': 2, 'price': 199.99}]}, {'order_id': 'ORD654321', 'date': '2023-03-15', 'items': [{'product_id': 'PROD003', 'name': '笔记本电脑', 'image_url': 'http://example.com/laptop.jpg', 'quantity': 1, 'price': 8999.99}]}], 'total_spent': 12199.96, 'membership_status': '黄金会员', 'coupons': ['WELCOME10', 'SPRING20']}
```


上面这段代码的主要功能是通过调用DeepSeek API，生成一份包含详细中国用户信息的复杂JSON数据。代码首先导入了必要的库，并初始化了一个DeepSeek客户端，指定了API密钥和基础URL。接着，定义了一个system_prompt，其中详细描述了生成JSON数据的结构和要求，包括用户信息、地址、订单、总花费、会员状态和优惠券等字段。user_prompt则是一个简单的用户请求，要求生成一份身份表格。

这段代码的核心部分是通过client.chat.completions.create方法向API发送请求，将system_prompt和user_prompt作为输入传递给模型。模型会根据提示生成符合要求的JSON数据，并以JSON格式返回结果。最后，代码将返回的JSON数据解析并打印出来。

2.3.4 将DeepSeek与PyCharm相连

为了更好地辅助我们编程，下面我们可以将DeepSeek与PyCharm相连。首先打开PyCharm，依次选择File→Settings→Plugins，注意，有些读者在Plugins这里是空的，需要自行设置HTTP Proxy，如图2-27所示。之后在Marketplace窗口搜索Continue，查出结果后单击Install按钮安装，如图2-28所示。

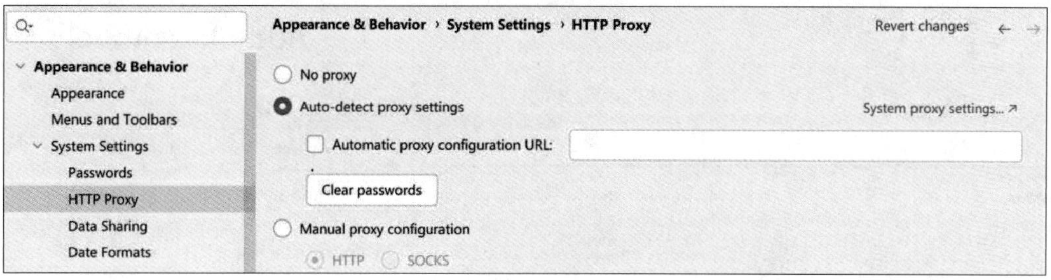

图2-27 对于Plugins不能连接的处理

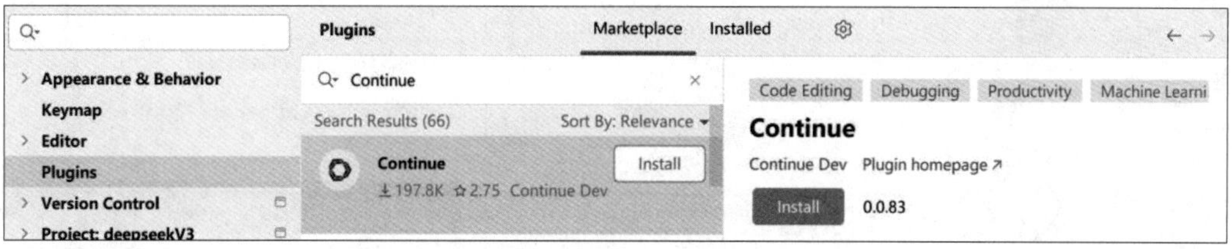

图2-28 Continue的安装

插件安装成功后，在Continue窗口单击页面右下方的Apply按钮完成配置，如图2-29所示。

回到PyCharm的主窗口，在右侧的标签中会多出一个Continue标签，单击这个标签将展示Continue窗口，再单击Get started using our API keys按钮打开Continue对话框，如图2-30所示。

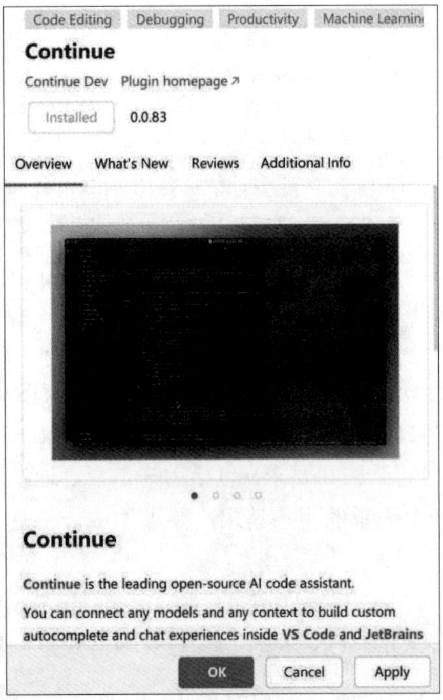

图 2-29 单击 Apply 按钮完成安装

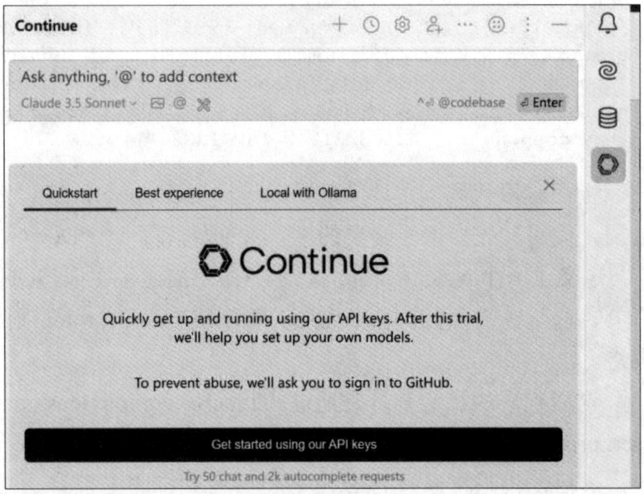

图 2-30 Continue 启动页面

然后我们在Continue对话框左上部分单击Select model，在弹出的菜单中单击Add Chat model（见图2-31），弹出Add Chat model对话框中Provider选择DeepSeek，Model选择DeepSeek Coder模型，API key输入我们在2.2.1节创建的API key（注意：这里的API key需要正常被Python调用），如图2-32所示。

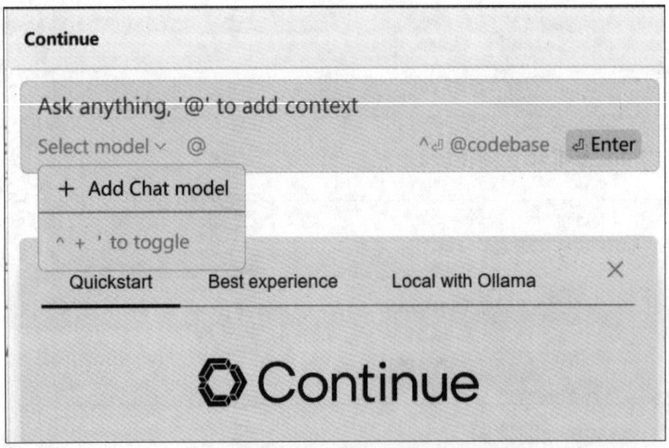

图 2-31 选择新模型

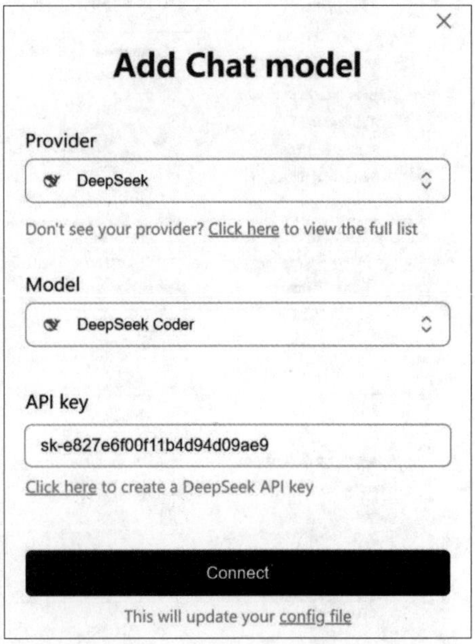

图 2-32 选择 DeepSeek 模型

之后单击“+”号创建一个新的对话框后，就可以开始测试与使用，如图2-33所示，我们在对话框中填写“写一个简单的登录页面”，Continue对话框会在其下方给出示例代码。

图2-33　测试与使用大模型

至此，我们完成了DeepSeek大模型的接入，读者可以尝试并发现更多的使用方法。

2.4　本章小结

本章首先详尽地指导了读者如何配置大模型应用开发环境并安装必要的第三方软件。我们细致地讲解了开发环境的搭建与相关软件的安装，并通过一个简明直观的示例来验证安装环境的正确性。

随后的代码演示环节，我们以DeepSeek具体使用为切入点，向读者展示了大语言模型的基础操作。DeepSeek作为一种基于注意力架构的先进大语言模型，不仅擅长自然语言对话，还能生成流畅连贯的文本，凭借其强大功能，为读者在未来运用大型模型时奠定坚实的基础。

本章旨在为后续的深度学习应用奠定必要的基础。我们衷心希望读者能够深刻理解和熟练掌握本章内容，为之后的原理学习和应用实践打下牢固的基石。

第 3 章

提示工程与DeepSeek提示库

在深入剖析大语言模型的输入与输出机制时，我们不难发现，文本提示（有时辅以图像、音频等其他模态信息）构成了模型生成特定输出的核心输入要素。值得注意的是，编写这些提示并非数据科学家或机器学习工程师的专属技能——它是一项面向所有人的开放技能。然而，要设计出能够最大化模型效能的提示，却是一项颇具挑战性的任务。

提示（Prompt）的有效性并非孤立存在，而是受到多重因素的交织影响。从所选用的模型本身，到其背后的训练数据；从模型的配置参数，到提示中的措辞选择；从风格语调的把握，到结构布局的规划；乃至更广泛的上下文环境，无一不对提示的最终效果产生深远影响。正是因为如此，提示工程（Prompt Engineering）本质上是一个循环迭代、不断优化的过程。

若提示设计不当，很可能会引发模型的模糊响应或不准确输出，进而削弱模型提供有价值信息的能力。因此，在构建提示时，需综合考虑上述诸多因素，以确保模型能够基于高质量的输入，生成更加精准、有意义的输出。

3.1 提示工程Prompt详解

大模型在使用上可以将其认为是一个预测引擎。这个引擎以顺序文本作为输入原料，凭借其在海量训练数据中汲取的知识和模式，精准地预测下一个应该出现的令牌（token，在AI领域中指词元）。大语言模型就像一位不知疲倦的智者，被精妙地设计为反复执行这一预测过程，每一次预测都是基于前文的信息和自身的“学识”，逐步构建起连贯且富有逻辑的文本序列。

当我们编写提示时，实际上是在与LLM这位“智者”进行一场精妙的对话，尝试巧妙地引导它沿着我们期望的路径，预测出正确的令牌序列。提示工程便是这场对话中的关键艺术，它是设计高质量提示以精准引导LLM产生准确输出的过程。这个过程犹如雕琢一件精美的艺术品，涉及多个关键环节：

- 反复调试以找到最佳提示，就像在黑暗中摸索开关，不断尝试不同的组合，直到那束“准确之光”照亮前行的道路。
- 优化提示长度，如同裁剪一件合身的衣服，既要保证信息完整，又要避免冗长拖沓，让提示恰到好处。
- 评估提示的写作风格、结构与任务的关系，好似评判一幅画的色彩搭配和构图是否合理，确保提示与任务完美契合。

3.1.1　什么是提示工程

“工程”一词在此处蕴含着极为深刻的内涵，它勾勒出一个涵盖“设计”“优化”“评估”以及“调试”的系统性流程，整个过程严谨缜密、有条不紊，与传统工程学科有着异曲同工之妙。在这一流程中，每一个环节都如同精密仪器上的零件，经过精心雕琢与严格把控。从最初提示的构思设计，到后续为提升效果而进行的优化调整，再到对提示质量的全面评估，以及根据评估结果进行细致入微的调试，每一步都凝聚着智慧与心血。其终极目标在于打造出最优质的提示，从而充分激发大语言模型的卓越性能，使其能够在完成各种任务的过程中展现出最佳状态。

这些经过千锤百炼精心设计的提示，就像一把拥有神奇魔力的万能钥匙，能够轻松开启不同知识领域的神秘大门，为我们带来前所未有的便利与惊喜。具体而言，它们在众多理解和生成任务的场景中发挥着举足轻重的作用：

- 文本摘要：它就像一位技艺高超的艺术家，能够将冗长繁杂的文章巧妙凝练成简洁精要且不失精髓的概述，让我们在瞬息之间便能快速抓住核心要点，节省大量阅读时间。
- 信息提取：它化身为一位敏锐洞察的侦探，凭借强大的分析能力，从浩如烟海的文本中精准挖掘出关键信息，为我们筛选出最有价值的内容。
- 问答场景：它成为我们求知路上的忠实伙伴与得力助手，无论面对何种复杂问题，都能迅速给出准确且详细的回答，满足我们对知识的渴望。
- 文本分类：它如同一位严谨细致的图书管理员，能够将不同类型的文本准确无误地归类，使信息管理变得更加高效有序，方便我们快速查找所需信息。
- 语言或代码翻译：它打破了语言和技术的重重壁垒，实现了跨语言、跨领域的无缝交流，让不同语言背景和技术领域的人们能够自由沟通与合作。
- 代码生成：它根据我们的需求自动生成代码，大大提高了编程效率，降低了编程门槛，让更多人能够参与到软件开发中来。
- 代码文档编写或推理：它为代码提供了清晰明了的说明和严谨的逻辑推导，助力软件开发和维护工作更加顺利进行，减少错误和漏洞的出现。

提示工程在大语言模型的应用中正扮演着愈发关键的角色。它就像一位智慧的引路人，不仅能够帮助我们更加充分、高效地利用LLM的强大能力，挖掘其潜在价值，还能如同催化剂一般，推动各个领域的创新与变革。在科研领域，它可以加速新知识的发现与探索；在教育领域，能够为学生提供更加个性化、高效的学习辅助；在商业领域，可助力企业实现更精准的市场分析和营销策略制定。

3.1.2　提示工程的关键要素与DeepSeek配置

在开展提示工程时，确定模型配置是非常关键的一步。有效的提示工程需要针对特定任务对模型配置进行精心优化，如此才能充分发挥大语言模型的性能，使其输出更加符合预期。我们首先回忆在DeepSeek中使用的通用对话代码，如下所示：

```
from openai import OpenAI

# for backward compatibility, you can still use 'https://api.deepseek.com/v1' as 'base_url'.
client = OpenAI(api_key="<your API key>", base_url="https://api.deepseek.com")

response = client.chat.completions.create(
```

```
    model="deepseek-chat",
    messages=[
        {"role": "system", "content": "You are a helpful assistant"},
        {"role": "user", "content": "Hello"},
    ],
    max_tokens=1024,
    temperature=0.7,  #温度
)
print(response.choices[0].message.content)
```

可以看到上面示例代码中涉及多个参数，主要是输出长度和采样控制（温度）。

1. 输出长度（max_tokens）

输出长度主要用于控制响应中生成的令牌数量。这一参数与计算资源、成本以及响应时间密切相关。更多的令牌意味着需要更多的计算资源，这不仅会导致成本的上升，还可能使响应时间变慢。需要特别注意，单纯减少输出长度只是简单地截断文本，并不能让模型的输出更加简洁。若要实现简洁的输出，需要在提示中明确指示模型。对于某些特定技术，如ReAct，限制输出长度尤为重要，这样可以避免生成无用的令牌，提高输出的质量和效率。

2. 采样控制（Sampling Controls）

LLM在预测下一个令牌时，会先计算每个令牌的概率，然后对这些概率进行采样来选择最终输出的令牌。具体而言，模型会先基于上下文计算词汇表中每个候选令牌的生成概率，随后通过特定的采样控制从概率分布中选取最终输出的令牌。这种概率采样机制如同一个“创意调节器”，而温度参数（temperature）正是控制其工作模式的关键旋钮，它通过调节概率分布的平滑程度，巧妙平衡着生成结果的确定性与多样性。

温度参数对采样行为的影响主要体现在三个维度：

（1）低温度（0.1~0.3）：此区间相当于给概率分布施加“聚焦滤镜”。通过抑制低概率候选项，模型会优先选择概率峰值区域的令牌，使输出呈现高度确定性特征。这种模式特别适用于需要精准输出的场景：

- 在医疗问诊系统中，0.2温度设置可确保模型始终优先输出医学指南推荐的标准答复。
- 法律文书生成时，低温采样能有效避免非常规表述，保持专业文书的严谨性。

（2）高温度（0.7~1.0）：升高温度如同向概率分布注入“创意催化剂”。通过放大尾部概率，使原本被忽视的低概率候选获得被选中的机会，从而突破常规生成模式。典型应用场景包括：

- 广告创意生成时，0.8温度设置可能催生出“让味蕾跳探戈”这类突破常规的比喻。
- 诗歌创作中，高温采样有助于产生“月光在键盘上发酵”等富有想象力的意象。

（3）零温度（0）：虽然理论上完全选择概率最大值，但在实际应用中，由于模型的复杂性和其他因素的影响，可能并非绝对如此：

- 即使设置为0，模型仍可能因上下文影响出现具有“创意”的输出。
- 建议搭配具有确定性解码算法（例如贪婪搜索，Greedy Search）来使用。

这种温度调节机制，本质上是在精确性与创造性之间构建一个动态平衡系统。开发者可根据任务

需求，通过采样控制在“精确制导”与“创意发散”之间自由切换，就像为LLM装配了可调焦距的智能镜头。

3.1.3 DeepSeek提示工程化写作技巧与示例

LLM被调整为遵循指令，提示文本越清晰，并且利用特定技术，就越能获取相关结果。下面将讲解两种常见的提示技巧。

1. 通用提示/零样本（General Prompting/Zero Shot）

- 定义：这是最简单的提示类型，只提供任务描述。
- 适用场景：简单任务，且模型对任务有先验知识。
- 局限性：对于复杂或需要特定格式的任务可能效果不佳。

示例如下：

- 任务：将电影评论分类为正面（POSITIVE）、中性（NEUTRAL）或负面（NEGATIVE）。
- 评论：“她”是一项令人不安的研究，揭示了如果允许人工智能不受约束地持续进化，人类将走向何方。我希望有更多像这部杰作一样的电影。
- 情绪：模型输出（低温度）：POSITIVE。

2. 单样本 & 少样本（One-Shot & Few-Shot）

- 定义：在提示中提供一个（单样本）或多个（少样本）示例，帮助模型理解要求、格式或模式。
- 少样本建议：通常至少提供3~5个示例，复杂任务可能需要更多。
- 关键：示例的质量和多样性至关重要，包含边缘情况有助于提高模型的鲁棒性。

示例如下：

- 任务：将顾客的披萨订单解析为有效的JSON。

这个任务的少样本示例代码如下所示：

```
任务：将顾客的披萨订单解析为有效的JSON。

# 示例 1
顾客订单：我想要一个小号披萨，配料有奶酪、番茄酱和意大利辣香肠。
JSON 响应：
{
  "size": "small",
  "type": "normal",
  "ingredients": [["cheese", "tomato sauce", "peperoni"]]
}

# 示例 2
顾客订单：我可以要一个大号披萨，配料有番茄酱、罗勒和马苏里拉奶酪吗？
JSON 响应：
{
  "size": "large",
  "type": "normal",
  "ingredients": [["tomato sauce", "bazel", "mozzarella"]]
}

# 待处理订单
```

```
顾客订单：现在，我想要一个大号披萨，一半是奶酪和马苏里拉奶酪；另一半是番茄酱、火腿和菠萝。
JSON 响应：
将其带入Deekseek中的问答模式，代码如下所示：
from openai import OpenAI

# for backward compatibility, you can still use 'https://api.deepseek.com/v1' as 'base_url'.
client = OpenAI(api_key="sk-dfd742ec38dc4ede96977974085485b0", base_url="https://api.deepseek.com")

prompt = """
任务：将顾客的披萨订单解析为有效的JSON。

# 示例 1
顾客订单：我想要一个小号披萨， 配料有奶酪、番茄酱和意大利辣香肠。
JSON 响应：
{
  "size": "small",
  "type": "normal",
  "ingredients": [["cheese", "tomato sauce", "peperoni"]]
}

# 示例 2
顾客订单：我可以要一个大号披萨， 配料有番茄酱、罗勒和马苏里拉奶酪吗？
JSON 响应：
{
  "size": "large",
  "type": "normal",
  "ingredients": [["tomato sauce", "bazel", "mozzarella"]]
}

# 待处理订单
顾客订单：现在，我想要一个大号披萨， 一半是奶酪和马苏里拉奶酪；另一半是番茄酱、火腿和菠萝。
JSON 响应：
"""

response = client.chat.completions.create(
    model="deepseek-chat",
    messages=[
        {"role": "user", "content": prompt},
  ],
    max_tokens=1024,
    temperature=0.9,
    stream=False
)

print(response.choices[0].message.content)
```

上面代码运行结果请读者自行打印查阅。这里需要注意，对于部分Prompt提示文本，在处理时往往本身就含有单引号或者双引号，因此一个简单的处理技巧就是使用"""XXX"""对其进行包装，从而不会影响提示文本本身的语言表达。

3.1.4　系统、上下文和角色提示的进阶应用

在人机协同的智能交互体系中，系统提示、上下文提示与角色提示构成三位一体的控制框架，分别对应着行为约束、情境适配与人格赋能三大核心维度。这种精密的提示工程体系，正在重塑大语言模型的交互范式。

1. 控制维度解析

1）系统提示：行为的刚性约束

作为模型响应的底层逻辑框架，系统提示通过预设规则矩阵（格式模板、响应边界、伦理准则）构建输出确定性。其典型应用场景包括：

- 医疗问诊：强制生成符合HL7（卫生信息交换标准）标准的JSON结构化报告，确保临床数据可互操作。
- 风险防控：设置“禁止生成金融投资建议”等红线规则，与内容过滤算法形成双重安全网。
- 知识溯源：要求“优先引用《新英格兰医学杂志》数据”，引导模型建立权威知识偏好。

2）上下文提示：动态情境的鲜活注入

作为连接通用智能与具体场景的桥梁，上下文提示通过嵌入领域知识图谱、用户画像、对话历史等要素，实现响应的情境化适配。其典型应用包括：

- 时序感知：客服系统中持续更新“用户已尝试3次自助服务失败”的状态轨迹。
- 空间建模：导航场景整合实时位置、交通流量、POI数据的四维地理模型。
- 认知追踪：教育平台记录“学生已掌握微积分链式法则”的学习进度图谱。

3）角色提示：人格特质的交互赋能

作为情感化交互的核心引擎，角色提示通过构建角色能力矩阵（知识领域、语言风格、情感温度）实现人格化服务。其典型应用包括：

- 专业权威：模拟“投资经理”进行财务规划，输出符合证券投资标准的投资建议。
- 文化穿越：化身“盛唐翰林学士”，自动适配平水韵与宫廷诗意象系统。
- 跨维度解构：扮演“22世纪AI考古学家”，运用未来语言学框架解读玛雅文明。

2. 协同控制范式

三大提示技术通过“约束—适配—赋能”的协同机制，构建多层次控制体系。

1）智能创作系统协同案例

- 系统层：设定“每段输出≤200字”的响应边界。
- 上下文层：注入“用户偏好赛博朋克世界观”的偏好图谱。
- 角色层：激活“雨果奖得主”的创作人格，自动适配新浪潮科幻风格。

2）医疗决策支持协同案例

- 系统层：强制“引用≥3篇NCCN指南”的知识约束。
- 上下文层：嵌入“EGFR基因突变阳性”的病理数据。
- 角色层：模拟“MD安德森肿瘤专家”的推理模式，输出符合ASCO标准的治疗方案。

3. 技术演进方向

（1）动态权重调节系统：基于任务复杂度自动调整提示强度（如创作初期降低格式约束）。

（2）神经符号混合架构：将逻辑规则编码为可微分模块，实现深度学习的符号推理。

（3）多模态提示融合：整合文本、语音、视觉上下文，构建全息交互场景。

（4）自适应人格引擎：通过用户交互数据实时优化角色特征参数。

可以看到基于这样巧妙设置的提示工程体系，本质上是在模型通用能力与领域特定需求之间构建动态平衡。随着控制粒度的持续细化，大语言模型正从“随机生成器”进化为“情境化智能体”，在保持创造力的同时获得可解释、可调控的认知架构。这种人机协同的深化，正在开启智能交互的新纪元。

3.2 DeepSeek中的提示库

为了深入探索DeepSeek提示词样例的丰富内涵，充分挖掘其背后潜藏的无限可能，同时致力于为用户打造更为卓越、便捷且高效的使用体验，DeepSeek官网的API文档匠心独运地为用户呈上了一个专业且全面的专用提示库，如图3-1所示。

图3-1 DeepSeek提示库

这个提示库就像一座知识的宝库，汇聚了众多经过精心设计和实践验证的提示词样例。每一个提示词都像是一把精准的钥匙，能够开启特定任务或场景下的智能交互之门。无论是进行复杂的逻辑推理、生成富有创意的文本内容，还是处理烦琐的数据分析任务，用户都能在这个提示库中找到与之匹配的优质提示词，从而轻松引导DeepSeek模型发挥出最佳性能。

提示库的设计充分考虑了不同用户群体的需求和使用习惯。对于初学者而言，库中配备了详细的基础提示词示例和清晰的使用说明，就像是一位耐心的导师，手把手地引导他们熟悉DeepSeek模型的基本操作和提示词的使用方法，帮助他们快速上手，迈出探索人工智能世界的第一步。而对于有一定经验的进阶用户，提示库则提供了更加高级和复杂的提示词组合，满足他们在专业领域深入研究和创新应用的需求，助力他们突破技术瓶颈，实现更高级别的智能交互。

3.2.1 DeepSeek中提示库介绍与基本使用

DeepSeek的提示库提供了多个模板对使用DeepSeek进行对话优化。DeepSeek的提示库就像一座蕴藏丰富智慧的宝藏，精心为用户提供了多个极具实用价值的模板，旨在全方位优化使用DeepSeek进行对话的体验。这些模板犹如一把把精准的钥匙，能够开启不同场景下的智能交互之门，让用户在与DeepSeek的交流中更加得心应手。下面展示的表格详细呈现了DeepSeek提示库中的部分模板信息：

- 代码改写：代码进行修改，来实现纠错、注释、调优等。
- 代码解释：代码进行解释，来帮助理解代码内容。
- 代码生成：让模型生成一段完成特定功能的代码。
- 散文写作：让模型根据提示词创作散文。
- 诗歌创作：让模型根据提示词创作诗歌。

在具体使用这些模板时，我们可以紧密仿照DeepSeek给出的示例进行操作，从而轻松实现预期的结果输出。以代码改写模板为例，当我们有一段存在语法错误或性能不佳的代码时，只需按照示例的格式输入相应的提示，DeepSeek便能迅速理解我们的需求，对代码进行精准的修改和优化。它可能会调整代码的结构、替换不合适的算法，或者添加必要的注释，使代码更加规范、高效。

再比如代码生成模板，当我们需要开发一个小型的工具或实现某个特定的功能，但又不熟悉相关的编程语言和框架时，就可以借助这个模板。我们只需清晰地描述所需功能的具体要求和预期效果，DeepSeek就能生成一段符合要求的代码。这段代码可能包含了完整的函数定义、变量声明和逻辑流程，我们只需将其复制到开发环境中进行调试和完善即可。下面是一个简单的示例，展示了如何使用DeepSeek完成代码输出，代码如下所示：

```
from openai import OpenAI

client = OpenAI(
    base_url="https://api.deepseek.com/",
    api_key="<YOUR_API_KEY>"
)

completion = client.chat.completions.create(
    model="deepseek-chat",
    messages=[
        {
                "role": "user",
                "content": "请帮我用 HTML 生成一个五子棋游戏，所有代码都保存在一个 HTML 中。"
        }
    ]
)
print(completion.choices[0].message.content)
```

输出结果如下所示：

```
    当然！下面是一个简单的五子棋游戏的HTML代码。这个代码包含了一个基本的五子棋棋盘，玩家可以通过点击棋盘上的格子来下棋。游戏会检测是否有玩家获胜。

    '''html
    <!DOCTYPE html>
    <html lang="zh-CN">
    <head>
        <meta charset="UTF-8">
        <meta name="viewport" content="width=device-width, initial-scale=1.0">
        <title>五子棋游戏</title>
        <style>
            body {
                display: flex;
                justify-content: center;
                align-items: center;
```

```
            height: 100vh;
            background-color: #f0f0f0;
            font-family: Arial, sans-serif;
        }
        #board {
            display: grid;
            grid-template-columns: repeat(15, 30px);
            grid-template-rows: repeat(15, 30px);
            gap: 1px;
            background-color: #d18b47;
            padding: 10px;
            border-radius: 5px;
        }
        .cell {
            width: 30px;
            height: 30px;
            background-color: #ffce9e;
            border: 1px solid #d18b47;
            display: flex;
            justify-content: center;
            align-items: center;
            cursor: pointer;
        }
        .cell.black::before, .cell.white::before {
            content: '';
            width: 20px;
            height: 20px;
            border-radius: 50%;
        }
        .cell.black::before {
            background-color: black;
        }
        .cell.white::before {
            background-color: white;
        }
        #message {
            margin-top: 20px;
            font-size: 24px;
            font-weight: bold;
        }
    </style>
</head>
<body>
    <div id="board"></div>
    <div id="message"></div>
    <script>
        const boardSize = 15;
        let currentPlayer = 'black';
        let board = Array.from({ length: boardSize }, () => Array(boardSize).fill(null));
        function createBoard() {
            const boardElement = document.getElementById('board');
            for (let i = 0; i < boardSize; i++) {
                for (let j = 0; j < boardSize; j++) {
                    const cell = document.createElement('div');
                    cell.classList.add('cell');
                    cell.dataset.row = i;
                    cell.dataset.col = j;
                    cell.addEventListener('click', handleCellClick);
```

```
                boardElement.appendChild(cell);
            }
        }
    }

    function handleCellClick(event) {
        const row = parseInt(event.target.dataset.row);
        const col = parseInt(event.target.dataset.col);

        if (board[row][col] !== null) return;

        board[row][col] = currentPlayer;
        event.target.classList.add(currentPlayer);

        if (checkWin(row, col, currentPlayer)) {
            document.getElementById('message').textContent = '${currentPlayer ===
'black' ? '黑棋' : '白棋'}获胜! ';
            document.querySelectorAll('.cell').forEach(cell =>
cell.removeEventListener('click', handleCellClick));
            return;
        }

        currentPlayer = currentPlayer === 'black' ? 'white' : 'black';
    }

    function checkWin(row, col, player) {
        const directions = [
            { dr: 0, dc: 1 },  // 水平
            { dr: 1, dc: 0 },  // 垂直
            { dr: 1, dc: 1 },  // 主对角线
            { dr: 1, dc: -1 }  // 副对角线
        ];

        for (const { dr, dc } of directions) {
            let count = 1;

            // 检查一个方向
            for (let i = 1; i < 5; i++) {
                const r = row + dr * i;
                const c = col + dc * i;
                if (r < 0 || r >= boardSize || c < 0 || c >= boardSize || board[r][c] !==
player) break;
                count++;
            }

            // 检查相反方向
            for (let i = 1; i < 5; i++) {
                const r = row - dr * i;
                const c = col - dc * i;
                if (r < 0 || r >= boardSize || c < 0 || c >= boardSize || board[r][c] !==
player) break;
                count++;
            }

            if (count >= 5) return true;
        }

        return false;
    }

    createBoard();
  </script>
</body>
</html>
```

```
'''

### 代码说明:
1. **HTML 结构**:
   - '#board'是棋盘的容器，使用 'grid' 布局来创建15×15的格子。
   - '.cell'是每个格子的样式，点击时会触发 'handleCellClick' 事件。
   - '#message' 用于显示游戏结果。

2. **CSS 样式**:
   - 棋盘和格子的样式，包括背景色、边框、棋子的样式等。

3. **JavaScript 逻辑**:
   - 'createBoard' 函数用于生成棋盘。
   - 'handleCellClick' 函数处理格子的点击事件，更新棋盘状态并检查是否获胜。
   - 'checkWin' 函数检查当前玩家是否在点击的位置上连成五子。

### 如何使用:
1. 将上述代码复制到一个 '.html' 文件中。
2. 在浏览器中打开该文件，即可开始游戏。
```

上面代码实现了一个简单的五子棋，读者可以根据需要进一步扩展和优化。

在这里可以看到，我们通过对话实现了代码的生成，并且模型最后还细致地说明了代码的结构和运行细节。更多内容读者可以自行尝试。

3.2.2　带有系统提示的提示对话生成

除了上面示例中直接针对任务进行清晰描述的提示对话模式外，DeepSeek展现出了其卓越的创新性与实用性，进一步推出了一种更加精准和高效的对话生成策略——带有系统提示的对话生成。这一策略就像为智能对话加入了一个精准的导航仪器，使得对话的生成更加贴合需求、富有条理，我们一同深入了解这一策略所涵盖的丰富内容。表3-1给出了一些常用的系统提示词名称。

表3-1　系统提示词名称

名　称	作　用
内容分类	分析文本内容，并对其进行自动归类
结构化输出	内容转化为JSON，以方便后续程序处理
角色扮演	定义人设，来与用户进行角色扮演
文案大纲生成	用户提供的主题，来生成文案大纲
模型提示词生成	根据用户需求，帮助生成高质量提示词
翻译专家	语言互译，对用户输入的内容进行翻译

相较于前面直接对任务进行描述，并依据描述生成结果的方式，带有系统提示的对话生成策略额外增加了一个关键要素——系统描述。系统描述就像是一位幕后的导演，在任务描述的基础上，为大型模型赋予了明确的角色定位。它不仅仅是对任务的简单补充说明，更像是一种深层次的引导，使得模型能够更加聚焦于对结果的分析与输出。下面是一个带有系统提示的示例代码:

```
from openai import OpenAI

client = OpenAI(
    base_url="https://api.deepseek.com/",
    api_key="<YOUR_API_KEY>"
)

completion = client.chat.completions.create(
    model="deepseek-chat",
```

```
        messages=[
            {
                "role": "system",
                "content": "你是一个中英文翻译专家，将用户输入的中文翻译成英文，或将用户输入的英文翻译成中文。对于非中文内容，它将提供中文翻译结果。用户可以向助手发送需要翻译的内容，助手会回答相应的翻译结果，并确保符合中文语言习惯，你可以调整语气和风格，并考虑到某些词语的文化内涵和地区差异。同时作为翻译家，需将原文翻译成具有信达雅标准的译文。\"信\" 即忠实于原文的内容与意图；\"达\" 意味着译文应通顺易懂，表达清晰；\"雅\" 则追求译文的文化审美和语言的优美。目标是创作出既忠于原作精神，又符合目标语言文化和读者审美的翻译。"
            },
            {
                "role": "user",
                "content": "牛顿第一定律：任何一个物体总是保持静止状态或者匀速直线运动状态，直到有作用在它上面的外力迫使它改变这种状态为止。 如果作用在物体上的合力为零，则物体保持匀速直线运动。 即物体的速度保持不变且加速度为零。"
            }
        ]
    )

    print(completion.choices[0].message.content)
```

从上面代码可以看到，我们率先精心定义了一个DeepSeek角色，这一举措犹如为智能交互搭建起了一座稳固的框架。随后，所有的任务描述均被严格限定在系统所界定的范畴之内，模型需依照此范畴对任务进行精准回复。如此行事，带来了诸多显著且极具价值的好处。

3.3 本章小结

随着大模型技术的不断发展和应用场景的不断拓展，DeepSeek的提示库有望不断丰富和完善。未来，它可能会增加更多针对特定行业和领域的模板，如医疗、金融、教育等，为不同领域的用户提供更加专业、个性化的服务。同时，提示库的智能化程度也将不断提高，能够更好地理解用户的模糊表达和复杂需求，为用户提供更加精准、高效的解决方案。相信在DeepSeek提示库的助力下，用户在与DeepSeek的对话中将能够创造出更多的可能性，开启更加智能、便捷的工作和生活新体验。

除了朋友对话提示，我们还讲解了系统提示的作用与使用方法，从精准性与专业性角度来看，定义DeepSeek角色并限定任务描述范畴，使得模型的回复如同经过专业校准的仪器，具有高度的精准性。由于角色定位清晰，模型能够深入理解其在特定场景下的职责与使命，从而针对任务给出符合角色设定的专业解答。例如，若将DeepSeek角色设定为医学专家，在面对与医疗相关的任务描述时，模型会依据医学知识体系和专业经验，提供准确、可靠的医疗建议和信息，避免了因角色模糊而导致的回答偏差或错误。

在常见的使用场景中，系统提示在提升效率方面，可以明确角色和任务范畴让模型能够迅速聚焦核心问题，无须在无关的信息和思路中徘徊。它可以直接调用与角色相关的知识和能力，快速生成符合要求的回复，大大缩短了大模型的响应时间，提高了交互效率。对于用户而言，这意味着能够更快地获得所需的信息和解决方案，节省了时间和精力。

从用户体验层面分析，精准的角色定位和限定的任务范畴为用户带来了更加一致、连贯的交互体验。用户在与DeepSeek进行交流时，能够清晰地感受到模型的专业性和稳定性，仿佛在与一位真实的专业人士对话。这种一致性有助于建立用户对模型的信任，增强用户对智能交互的满意度和忠诚度。无论是在解决问题、获取信息还是进行创意探讨，用户都能在一个稳定、可靠的框架内与模型进行顺畅地交流。

第 4 章

思维链与DeepSeek推理模型

思维链（Chain of Thought，CoT）推理，作为人类智能的核心组成部分，是一种基本的认知过程，它在我们理解、分析和解决问题时发挥着至关重要的作用。近年来，这一概念在人工智能和自然语言处理领域引起了广泛的关注和深入的研究。

在人工智能领域，研究者们致力于模拟人类的思维链推理过程，以期赋予机器类似人类的逻辑推理能力。通过构建复杂的算法和模型，他们努力使机器能够像人类一样，将复杂问题分解为一系列子问题，并有序地、逐步地解决这些子问题。这种有序的、逐步深入的解决策略，正是思维链推理的精髓所在。

而基于思维链的思考过程，DeepSeek也提出了一种新的大模型问答方法，即推理模型DeepSeek-reason，其首先会对问题进行深度剖析，如同侦探仔细勘查犯罪现场，不放过任何一个细节。它会将问题拆解成多个相互关联的子问题，构建起清晰的思维脉络。接着，依据思维链的原理，逐步推导每个子问题的答案。

在推理过程中，该模型会充分调动自身庞大的知识储备，将不同领域的知识灵活融合运用。遇到难题时，它不会轻易放弃，而是会尝试从不同的角度去思考和解决，展现出强大的韧性和创造力。

4.1 思维链详解

思维链是一种创新的推理方式和过程，就像我们人类解决复杂问题时，会在脑海里一步一步地思考一样。传统的人工智能模型处理问题时，可能比较直接和机械，而思维链技术则让模型学会像人类一样“深入思考”。

它会把一个复杂的大问题，拆解成一系列相互关联、有逻辑顺序的小问题，就像把一座大山分解成一块块可以攀爬的石头。然后，模型会按照这些小问题的顺序，一个一个去解决，每解决一个小问题，就离最终答案更进一步。

比如说，在解决一道数学难题时，思维链会让模型先分析题目条件，再确定解题需要用到的公式，接着一步一步计算，最后得出答案。思维链技术提升了模型在逻辑推理、问题解决等方面的能力，让人工智能变得更智能、更灵活。

这种创新策略所带来的变革是全方位的。在逻辑推理方面，模型不再局限于表面的逻辑关联，而是能够深入挖掘问题背后的潜在逻辑链条，如同一位敏锐的侦探，不放过任何一个细微的线索。在问题解决领域，模型面对各种复杂情境时，能够迅速理清思路，有条不紊地制定解决方案，仿佛是一位经验丰富的指挥官，在战场上指挥若定。而在复杂任务处理中，模型更是展现出了强大的适应能力和创造力，能够灵活应对各种突发情况，高效地完成任务。

4.1.1　思维链应用场景

单纯增加大语言模型（LLM）的参数量，虽然能在一定程度上提升其表达能力，但在应对算术推理、常识推理、符号推理等复杂任务时，效果往往不尽如人意。这些任务要求模型具备深层次的逻辑理解与精确计算能力，而单纯增加参数难以达成这一目标。

为提升LLM在复杂推理任务中的性能，思维链技术可作为核心策略。实施时，需针对具体推理任务设计合适的思维链模板，这些模板既可以是有序问题，也可以是逻辑指令序列。将模板融入LLM训练，能让模型按思维链的指引进行推理。思维链的推理过程如图4-1所示。

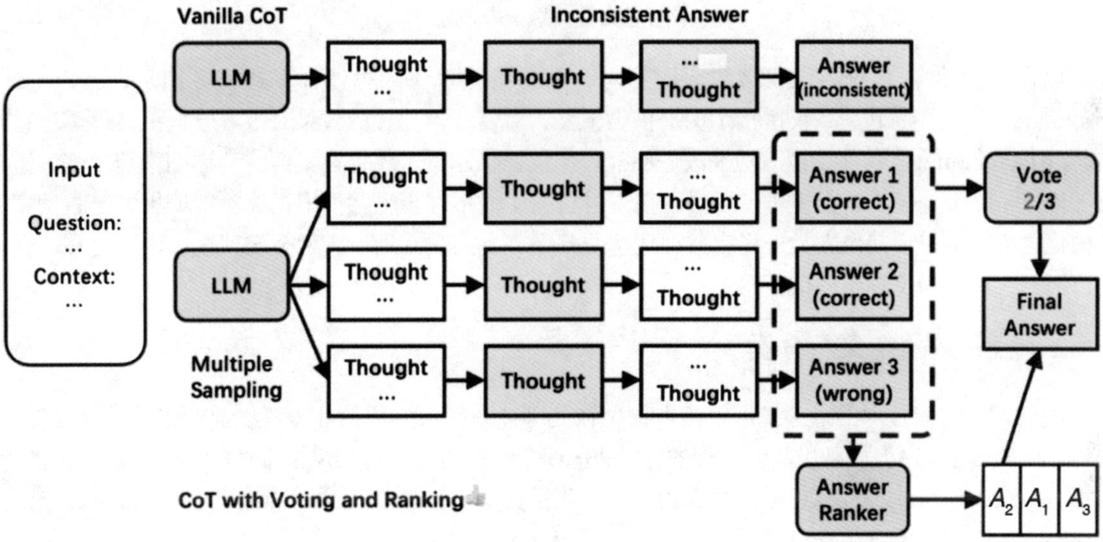

图4-1　思维链的推理过程

引入思维链技术后，LLM在算术推理中能更好地处理运算与逻辑问题。在常识推理过程中，能利用思维链中的知识与逻辑关系做出合理推断；在符号推理中，可理解符号含义与运算规则，进行正确操作。以思维链为核心的策略，为提升LLM性能提供了有效途径。通过设计模板并融入训练，引导模型参与问题分解与解决，显著提升其在各类复杂推理任务上的表现，为大语言模型发展注入活力，也为人工智能应用打开新大门。

思维链作为一种新颖的提示学习方法，在大模型上下文学习中优势独特。与传统方法相比，它在输入中添加更多“闲言碎语”，这些看似琐碎的信息，实则为模型提供更丰富上下文背景，助其准确理解与生成输出。传统上下文学习中，大模型接收输入样本并补全输出，处理复杂任务时因上下文信息不足，难以准确推断。思维链通过添加额外信息，模拟了人类思考过程，如任务相关描述、解释、示例等，为模型提供线索与背景知识，使其更好地理解任务本质与要求，且更具人性化和可解释性。思维链区别于普通问答，示例如图4-2所示。

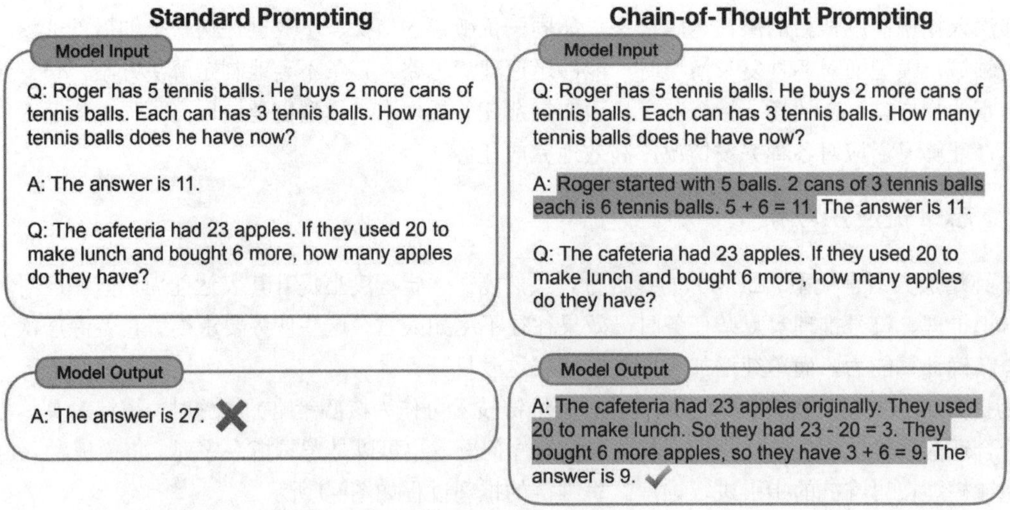

Standard Prompting
Model Input
Q: Roger has 5 tennis balls. He buys 2 more cans of tennis balls. Each can has 3 tennis balls. How many tennis balls does he have now?
A: The answer is 11.
Q: The cafeteria had 23 apples. If they used 20 to make lunch and bought 6 more, how many apples do they have?
Model Output
A: The answer is 27.
Chain-of-Thought Prompting
Model Input
Q: Roger has 5 tennis balls. He buys 2 more cans of tennis balls. Each can has 3 tennis balls. How many tennis balls does he have now?
A: Roger started with 5 balls. 2 cans of 3 tennis balls each is 6 tennis balls. 5 + 6 = 11. The answer is 11.
Q: The cafeteria had 23 apples. If they used 20 to make lunch and bought 6 more, how many apples do they have?
Model Output
A: The cafeteria had 23 apples originally. They used 20 to make lunch. So they had 23 - 20 = 3. They bought 6 more apples, so they have 3 + 6 = 9. The answer is 9.

图4-2 思维链区别于普通问答

以图4-2为例，传统方法仅接收问题信息，而思维链可添加思考计算过程等信息。在Standard Prompting中（上图左边），仅拼接示例提供上下文，对复杂推理任务效果有限，模型很难提炼逻辑结构。CoT Prompting方法（上图右边）改进明显，不仅提供示例，还将答案拆解为详细推理步骤（通常人工构建），希望模型学会模仿，面对新查询时自主生成推理步骤并得出正确答案。思维链教授模型结构化思考方法，使其像人类一样有条理地解决问题，提高交互性能，增强推理过程透明度和可解释性，提升人们对模型输出的信任感。

4.1.2 思维链的定义与分类

随着人工智能技术的迅猛发展，语言模型在处理复杂任务方面的能力正以前所未有的速度提升。其中，思维链技术作为一种极具创新性的方法，正逐步彰显出其在增强模型推理能力方面的巨大潜力。本小节将深入剖析DeepSeek思维链技术的内涵，包括其定义、触发方式、优缺点，并通过具体示例展示其在实际应用中的卓越表现。

1. 思维链的定义

思维链是一种借助提示大语言模型（LLM）生成中间推理步骤的技术，旨在提高模型在复杂任务（尤其是涉及逻辑、算术推理的任务）上的表现。它巧妙地模拟了人类解决复杂问题时的分步思考模式，使模型能够像人类一样，将复杂问题拆解为多个子步骤，并逐步推导出最终答案。这种技术赋予了模型更加精细和深入的推理能力，使其在处理复杂问题时更加得心应手。

2. 思维链的触发方式

思维链的触发方式主要有零样本CoT和少样本CoT两种：

- 零样本CoT：在问题之后添加诸如“让我们一步一步地思考”之类的引导性短语，以此激发模型生成中间推理步骤。这种方式无须提供额外的示例，仅通过简单的语言引导，就能让模型开启分步推理模式。
- 少样本CoT：为模型提供包含问题、推理步骤和答案的完整示例，让模型学习并模仿这种推理方式。通过少量的示例，模型能够快速掌握分步推理的技巧，并在后续的问题中运用。

3. 思维链的优点

思维链的优点如下：

- 显著提高推理任务准确性：通过分步推理，模型能够更加精准地处理复杂问题，有效减少错误率。每一步的推理都为最终答案的得出提供了坚实的支撑，使得答案更加可靠。
- 省力有效：思维链技术适用于现成的LLM，无须进行大规模的参数调整或微调。只需通过简单的提示，就能让模型展现出强大的推理能力，大大降低了应用成本和技术门槛。
- 提供可解释性：模型生成的推理步骤使其决策过程更加透明，增强了模型结果的可信度。用户可以清晰地看到模型是如何一步步得出答案的，从而更加信任模型的输出结果。
- 可能提高跨模型版本的鲁棒性：通过思维链提示，模型在不同版本间的表现可能更加稳定。即使模型版本发生变化，只要思维链的提示方式保持一致，模型依然能够保持较高的推理准确性。

下面这个简单数学问题的求解示例，可以帮助读者理解思维链：

```
问题：当我弟弟2岁时，我的年龄是他年龄的两倍。现在我40岁了。我弟弟多大了？让我们一步一步地思考。
回答：当我弟弟2岁时，我是2 * 2 = 4岁。年龄差是2岁，我更大。现在我40岁了，所以我弟弟是40 - 2 = 38岁。答案是38。
```

4.2 基于思维链的DeepSeek推理模型实战

思维链技术开启了人工智能通向人类智能的崭新路径。它让模型不再仅仅是机械地执行指令，而是开始具备类似人类的思考方式，能够理解问题的本质，进行深层次的推理和分析。这一突破，让人工智能的发展进入了一个全新的阶段，也为未来智能系统的进化奠定了坚实的基础。

前面我们讲解了思维链，对比了通过Prompt提示完成的思维链对问题的拆解。基于这种思维链的推理过程，DeepSeek提出了一种新的推理模型——DeepSeek-Reasoner，其作用犹如一把精准的手术刀，在人工智能的复杂领域中发挥着关键作用。

首先，DeepSeek-Reasoner充当着“思维解码器”的角色。在面对复杂问题时，它能够深入剖析问题的内在结构，将隐藏在问题背后的思维逻辑清晰地呈现出来。就像一位密码破译专家，能够解读出问题中的关键信息，为后续的推理过程提供清晰的指引。例如，在处理一道复杂的数学证明题时，它能够识别出题目中的已知条件、未知结论以及它们之间的逻辑关系，将证明过程拆解为一系列合理的推理步骤。

其次，DeepSeek-Reasoner是一个“智能推理引擎”。它依据思维链的原理，自动生成一系列有序的子问题，并引导模型逐步求解。在这个过程中，它能够根据模型的推理进展，动态调整推理策略，确保推理过程的高效和准确。就像一位经验丰富的赛车手，能够根据赛道情况灵活调整驾驶策略，以最快的速度到达终点。

然后，DeepSeek-Reasoner还具备“知识融合与创新”的能力。它能够将模型内部存储的海量知识与当前的推理任务相结合，在解决问题的过程中创造出新的知识和推理模式。例如，在处理跨领域的复杂问题时，它能够融合不同领域的知识，提出新颖的解决方案，为模型的推理能力注入新的活力。

最后，DeepSeek-Reasoner还是一个“可解释性增强器”。在传统的深度学习模型中，推理过程往往是一个黑箱，难以理解和解释。而DeepSeek-Reasoner通过思维链的推理方式，将模型的推理过程以清晰、直观的方式呈现出来，让人们能够理解模型是如何得出最终答案的。这不仅提高了模型的可信度，也为模型的进一步优化和改进提供了有力的支持。

4.2.1　通过Prompt提示构建思维链

对于普通的文本问答，大模型倾向于直接对结果进行回复。下面我们先举一个经典的计算字母的例子对大模型进行问答，代码如下：

```
    from openai import OpenAI

    client = OpenAI(api_key="sk-dfd742ec38dc4ede96977974085485b0",
base_url="https://api.deepseek.com")

    prompt = """
    strawberry里面有几个r字母。用中文回答。
    """

    response = client.chat.completions.create(
        model="deepseek-chat",
        messages=[
            {"role": "user", "content": prompt},
      ],
        max_tokens=1024,
        temperature=0.95,
        stream=False
    )

    print(response.choices[0].message.content)
```

代码运行结果如下所示：

```
    在英文单词 "strawberry" 中，共有 **3 个字母 "r"**。具体位置如下：

    1. 第 **3** 个字母：s **t r** awberry
    2. 第 **6** 个字母：straw **b e r** ry
    3. 第 **9** 个字母：strawber **r y**

    因此，答案是**2 个 "r"**。
```

可以看到，对于普通的大模型而言，其回复过程往往是一种基于自身对问题理解的笼统考量，而非对问题进行细致入微的分解剖析。这种缺乏系统性分解的处理方式，就如同在迷雾中摸索前行，使得模型难以精准把握问题的核心要点与关键细节，进而不可避免地造成了结果的不准确性。

在面对复杂问题时，普通大模型的这种局限性尤为明显。复杂问题通常包含着多个相互关联又各自独立的子问题，它们如同一张错综复杂的网，需要有条理地梳理和分析。然而，普通大模型却难以做到这一点，它可能会将不同子问题的信息混淆在一起，或者在处理过程中遗漏某些重要环节，从而导致最终回复与实际情况相去甚远。

我们通过提示（Prompt）分解问题，构建一个完整思维链对问题解答的示例，代码如下所示：

```
    from openai import OpenAI

    # for backward compatibility, you can still use 'https://api.deepseek.com/v1' as
'base_url'.
    client = OpenAI(api_key="sk-dfd742ec38dc4ede96977974085485b0",
base_url="https://api.deepseek.com")

    prompt = """
    回答下面问题并注意回答的时候严格按照以下步骤，
    逐步进行：
```

```
1.将单词拆开
2.从左到右一个一个对比字母是不是r，是的话你要记录它的位置，并记住数量加-3.
第2步数出来多少个r直接输出，不要有任何分析和判断

问题:"strawberry"里面有几个r
"""

response = client.chat.completions.create(
    model="deepseek-chat",
    messages=[
        {"role": "user", "content": prompt},
  ],
    max_tokens=1024,
    temperature=0.95,
    stream=False
)

print(response.choices[0].message.content)
在这里我们通过提示prompt对问题的求解过程进行拆分，并指示模型在回答时依据步骤进行，回答如下：
好的，按照步骤逐步进行：

1. 将单词拆开：s t r a w b e r r y

2. 从左到右一个一个对比字母是不是r，是的话记录位置并记住数量加-：
   - 第1个字母：s → 不是r
   - 第2个字母：t → 不是r
   - 第3个字母：r →是r，记录位置3，数量加-（数量：1）
   - 第4个字母：a → 不是r
   - 第5个字母：w → 不是r
   - 第6个字母：b → 不是r
   - 第7个字母：e → 不是r
   - 第8个字母：r →是r，记录位置8，数量加-（数量：2）
   - 第9个字母：r →是r，记录位置9，数量加-（数量：3）
   - 第10个字母：y → 不是r

3. 数出来多少个r直接输出：3
```

可以看到，这里我们将问答步骤进行拆分，并且以清晰、有条理的方式引导模型完成任务。这种基于思维链的提示方法，让模型的回答过程不再是一个黑箱操作，而是变得透明、可解释。

通过这种方式，模型不再是盲目地给出答案，而是按照我们设定的步骤，一步一步地进行推理和计算。这不仅提高了答案的准确性，还使得模型的推理过程具有可复现性。如果出现问题，我们可以很容易地回溯到具体的步骤，检查是哪一步出现了偏差。

而且，这种拆分步骤的方法具有很强的通用性。对于不同类型的问题，我们只需要根据问题的特点，设计相应的步骤提示，就可以引导模型进行有效的求解。例如，在处理数学问题时，我们可以将解题过程拆分为分析问题、列出已知条件、确定解题方法、进行计算等步骤；在处理文本分析问题时，我们可以将解题过程拆分为文本预处理、特征提取、模型推理等步骤。

此外，将问答步骤拆分还有助于提升模型的学习能力。模型在按照步骤进行多次任务后，会逐渐理解每个步骤的意义和作用，从而在面对类似问题时，能够更加自主地运用这些步骤进行求解。这就像是人类在学习新技能时，通过反复练习分解动作，最终能够熟练掌握整个技能一样。

总之，通过提示（Prompt）对问题求解过程进行拆分，并指示模型依据步骤进行回答，这是一种非常有效的提升模型性能和可解释性的方法。它为人工智能的发展提供了一种新的思路，有望推动人工智能在更多领域取得更好的应用效果。

4.2.2 DeepSeek-Reasoner推理模型实战

在之前讲解的示例中，无论是进行日常对话还是调用特定工具，我们所依赖的底层技术均是DeepSeek普通对话模型。这一模型以其高效和稳定的性能，为我们的交流提供了坚实的基础。然而，技术的探索永无止境，DeepSeek团队在此基础上更进一步，推出了一种创新的输出方案——DeepSeek-Reasoner推理模型，为我们与大模型的对话体验增添了新的维度。

DeepSeek-Reasoner，作为DeepSeek家族中的新成员，是一款专为复杂推理任务设计的模型。它不仅仅满足于给出一个直接的答案，而是在生成最终回答之前，会精心构建一段详尽的思维链内容。这段思维链，就像是模型在解题过程中的“草稿纸”，记录了它从问题出发，逐步分析、推理，直至得出结论的全过程。通过这种方式，DeepSeek-Reasoner显著提升了最终答案的准确性和可信度，让用户不仅知其然，更知其所以然。

为了增强透明度和互动性，DeepSeek API特别向用户开放了DeepSeek-Reasoner的思维链内容。这意味着，用户不仅可以获得最终的回答，还能深入查看模型是如何一步步得出这个结论的。这一特性对于教育、研究以及需要高度解释性的应用场景来说，无疑是一大福音。用户可以根据需要，选择查看、展示甚至进一步蒸馏这些思维链内容，以更好地理解和利用模型的推理过程。具有思维链的多轮对话如图4-3所示。

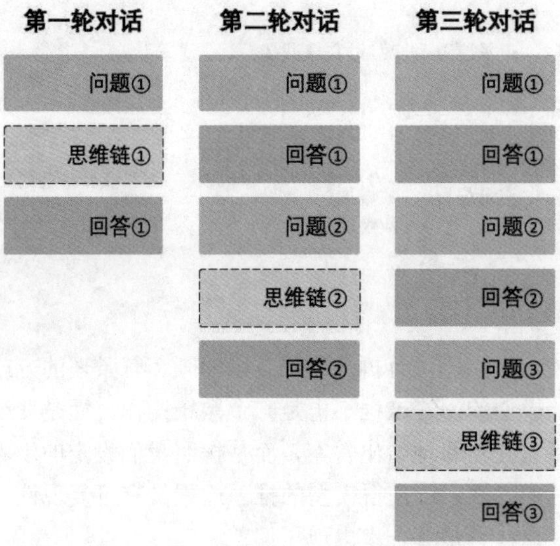

图4-3 具有思维链的多轮对话

在具体的应用场景中，当我们使用DeepSeek-Reasoner进行每一轮对话时，模型都会输出两部分内容：一部分是思维链内容（reasoning_content），它详细记录了模型的推理步骤；另一部分是最终回答（content），即模型基于思维链得出的结论。值得注意的是，为了保持对话的连贯性和简洁性，在下一轮对话中，之前轮次输出的思维链内容并不会被直接拼接到上下文中。这样的设计既保证了每轮对话的独立性，又避免了信息冗余，使得对话更加高效和流畅。

下面我们演示一下如何使用DeepSeek推理模型访问思维链和最终回答，以及如何在多轮对话中进行上下文拼接的方法，代码如下所示：

```
from openai import OpenAI
client = OpenAI(api_key="sk-dfd742ec38dc4ede96977974085485b0",
base_url="https://api.deepseek.com")

# Round 1
messages = [{"role": "user", "content": "9.11 与 9.8, 哪个数字比较大?"}]
response = client.chat.completions.create(
    model="deepseek-reasoner",
    messages=messages
)

reasoning_content = response.choices[0].message.reasoning_content
content = response.choices[0].message.content
print("Answer 1:",content)

# Round 2
messages.append({'role': 'assistant', 'content': content})
messages.append({'role': 'user', 'content': "一斤的铁和一斤的棉花哪个重?"})
response = client.chat.completions.create(
    model="deepseek-reasoner",
    messages=messages
)
content = response.choices[0].message.content
print("Answer 2:",content)
```

这个示例首先比较一个经典的数学题，之后又使用一个脑筋急转弯问题考察推理模型的思考能力，结果如下：

```
Answer 1: 在数值比较中，9.8 比 9.11 大。具体分析如下：

1. **整数部分相同**：两数的整数部分均为 9，因此需比较小数部分。
2. **小数部分比较**：
   - 9.8的小数部分为 **0.8**（等价于 0.80）。
   - 9.11的小数部分为 **0.11**。
   - 由于 **0.80 > 0.11**，因此 **9.8 > 9.11**。

**结论**：9.8 更大。
（若比较版本号，则 9.11 可能代表更高版本，但按数值计算时 9.8 更大。）

Answer 2: **答案：两者重量相同，都是一斤。**
1. **单位明确**：
   在标准单位下，1斤（市斤）= 500克。无论是铁还是棉花，若均为“一斤”，则其质量均为500克，重量相等。

2. **常见误解解析**：
   铁密度大、体积小，棉花密度小、体积大，容易让人误以为“棉花更轻”。但**重量与体积无关**，仅取决于质
量。因此，**一斤铁 = 一斤棉花**。

3. **扩展思考（若考虑复杂因素）**：
   - **空气浮力**：体积大的棉花受空气浮力影响略多，实际称重可能极轻微减少，但日常可忽略。
   - **单位差异**：若使用非标准“斤”（如台斤600克），需确认单位，但通常按市斤计算。

**结论**：严格按照质量单位比较，两者一样重。
```

从上面结果可以看到，相对于原有的输出，在问题的解答上推理模型使用了更多的推理过程与解答，并且对结果进行更细密的分析，从而获得对逻辑和推理步骤进行说明的结果。有兴趣的读者可以自行尝试更多的内容。

4.3 本章小结

本章我们深入探讨了思维链的定义与应用，详细剖析了其在复杂问题求解中的独特价值和显著优势。通过一系列精心设计的实例，我们演示了不同提示构建对比任务的具体过程，以及这些过程所带来的差异化结果。思维链技术就像是一把神奇的钥匙，能够打开模型深度推理的大门，让模型在处理逻辑、算术等复杂推理任务时，展现出更加精准和高效的性能。

而DeepSeek-Reasoner本身也是一个推理模型，它并非传统意义上简单给出答案的模型，而是具备强大的分步推理能力。在DeepSeek-Reasoner的运行机制中，思维链技术被巧妙地融入其中，成为其核心的推理策略。当面对一个复杂问题时，DeepSeek-Reasoner不会急于给出结论，而是会像一位严谨的学者一样，逐步分析问题，构建详细的推理步骤。

例如，在处理一个涉及多变量逻辑关系的数学问题时，DeepSeek-Reasoner会首先识别问题中的各个变量和它们之间的关系，然后按照逻辑顺序，一步一步地推导出每个变量的值，最终得出问题的答案。在这个过程中，每一步的推理都有明确的依据和逻辑支撑，就像是在纸上写下详细的解题过程一样，清晰而有条理。

DeepSeek-Reasoner的这种推理方式不仅提高了答案的准确性，还大大增强了模型的可解释性。用户可以通过查看模型生成的思维链，清楚地了解模型是如何得出答案的，从而对模型的输出结果更加信任。而且，由于思维链的存在，DeepSeek-Reasoner在处理类似问题时，能够更快地找到解题思路，提高推理效率。

此外，DeepSeek-Reasoner还具有良好的扩展性和适应性。它可以与其他技术相结合，进一步优化推理性能。例如，通过与知识图谱技术结合，DeepSeek-Reasoner可以获取更多的背景知识和关联信息，从而在推理过程中做出更加准确的判断。同时，它也可以根据不同的应用场景和需求，调整推理策略和步骤，以适应各种复杂的情况。

在实际应用中，DeepSeek-Reasoner已经在多个领域展现出了巨大的潜力。在智能客服领域，它可以通过思维链推理，更准确地理解用户的问题，并给出更加合理的解决方案；在医疗诊断领域，它可以帮助医生分析患者的病情，提供辅助诊断建议；在金融风险评估领域，它可以对各种风险因素进行综合分析和推理，为风险评估提供更加科学的依据。

总之，DeepSeek-Reasoner作为一个基于思维链技术的推理模型，具有强大的推理能力和广泛的应用前景。随着大模型技术的不断发展和完善，相信它将在更多领域发挥重要作用，为人工智能的发展注入新的活力。

第 5 章

基于DeepSeek的Agent开发详解

对当前主流的大语言模型（LLM）遵循明确的输入指令逐步执行任务，其运作逻辑高度依赖预定义流程：用户需将复杂需求拆解为具体步骤，模型则按既定程序输出相应结果。这种“指令－执行”的线性范式在简单场景下效率显著，却难以应对动态变化的现实挑战。

与之形成鲜明对比的是智能体（Agent）范式，Agent用于模拟人类解决问题，如图5-1所示。

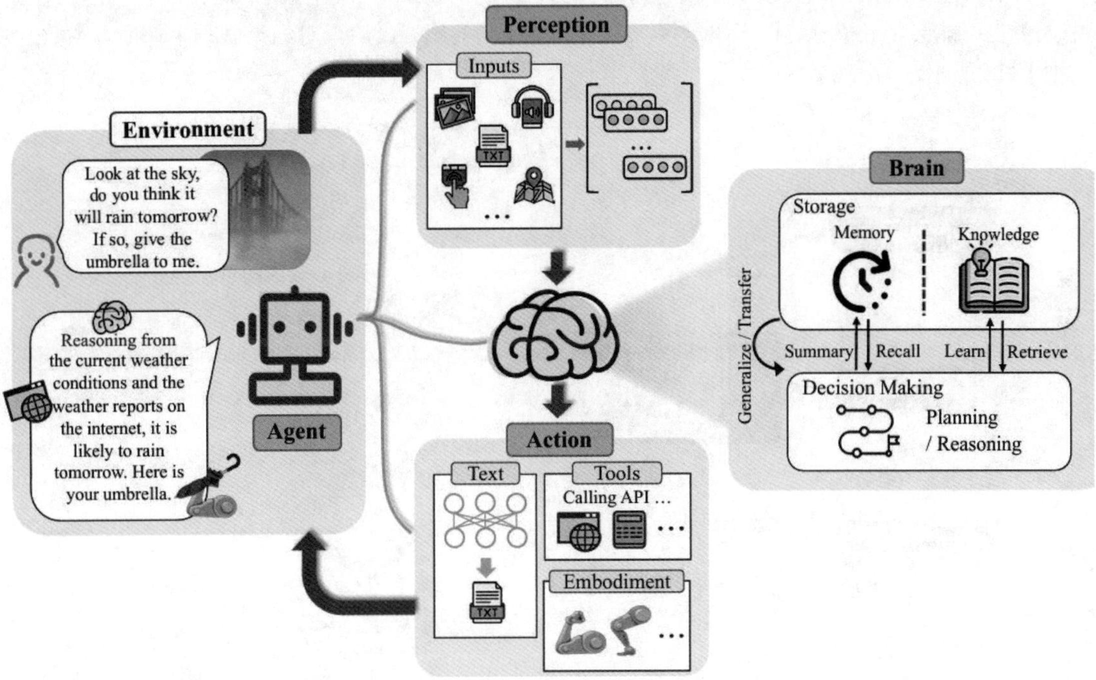

图5-1　Agent模拟人类解决问题

Agent系统不再被动接受指令，而是构建出类似人类的“目标－决定－执行”循环：

（1）当接收任务后，首先进行认知建模与路径规划，通过知识推理生成多轮行动方案。

（2）执行过程中能主动调用搜索引擎、数据库等工具获取实时信息，甚至操控物理设备完成现实任务。

（3）获得任务结果后，将最终结果输出，或者按步骤输出阶段性成果。

这种自驱式智能体的运作机制，恰似人类专家解决复杂问题时，先构建思维框架，再通过文献检索、实验验证等多元手段迭代逼近解决方案。

而在具体实践上，API Agent与GUI Agent就像两颗璀璨的“双子星”，正引领着软件自动化领域迈向全新的认知维度。它们各自闪耀，又相互辉映，共同编织着智能自动化的未来图景。若你渴望深入了解这两大智能体如何各展所长、协同作战，不妨跟随我们一同踏上这场探索之旅。

5.1　Agent开发概述

随着生成式AI的演进，LLM已突破传统对话系统的边界，开始展现出元认知能力。通过将大语言模型与工具调用接口、记忆存储模块、强化学习框架集成，新型AI系统不仅能理解抽象目标，更能自主规划任务路径、实时获取异构数据、动态调整行动策略，这种具备“目标－决定－执行”三重能力的智能形态，正推动AI从被动工具向主动协作伙伴的范式转变。

5.1.1　Agent的定义与核心机制

Agent不需要依赖明确的指令，而是基于目标进行思考、规划、执行、反思等过程，来达到既定目标。其实，它就像人类在处理复杂问题时，先对问题进行分析，根据分析思路来解答问题，在此过程中人类也可能会用到书籍、搜索引擎等工具，最终得到答案，最后再对结果做一下核算。Agent技术概括如图5-2所示。

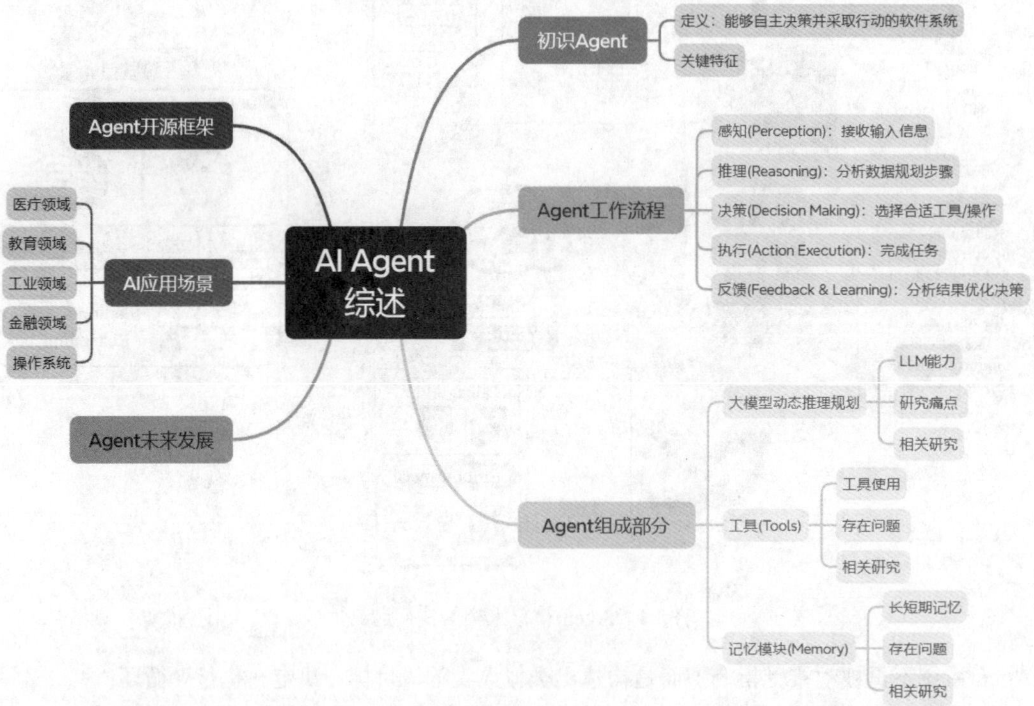

图5-2　Agent技术概括

1. 定义与核心机制

Agent是一种通过感知环境（传感器）并主动与环境交互（执行器）的智能实体。LLM Agent通过结合大语言模型（LLM）与外部工具、内存和规划能力，突破传统LLM的对话局限，实现复杂任务拆解与执行。其核心是通过工具调用（如API、代码）弥补LLM在数学计算、事实检索等方面的短板，形成“指令－目标－决定－执行”的闭环。

2. 内存管理：短期记忆与长期记忆

- 短期记忆：利用LLM的上下文窗口（通常数千令牌）直接存储近期对话历史，或通过小模型实时摘要对话。
- 长期记忆：将历史交互嵌入向量数据库（如RAG），支持跨会话信息检索。需区分语义记忆（事实性知识）与工作记忆（当前任务上下文），避免信息过载。

3. 工具调用与标准化

Agent通过生成JSON或代码调用工具（如计算器、搜索引擎等），关键挑战在于工具使用的稳定性。技术如Toolformer通过微调LLM学习工具调用格式，而MCP协议标准化API访问（如GitHub、天气服务），降低多工具集成复杂度。这里的重点是需要避免手动维护工具链，确保框架的可扩展性。

4. 规划与决策：推理与行动循环

- 推理能力：通过Chain-of-Thought（思维链）或ReAct（行动－反思循环）引导LLM分解任务，例如将“订机票”拆解为“查航班－比价－支付”。
- 自主优化：Reflexion技术引入“Actor-Evaluator-Self-Reflection”三重角色，利用强化学习从失败中迭代策略，提升长期任务成功率。

5. 多代理协作与动态交互

复杂任务通常需要多Agent协同，例如生成式代理（Generative Agent）通过配置文件定义角色（如专家Agent与协调Agent），共享内存并动态分配子任务。模块化框架（如AutoGen、CAMEL）支持角色间通信，但需要注意避免过度协调导致的效率下降。

6. 关键注意事项

- 工具调用风险：需验证工具输出的可靠性，避免LLM误判检索结果或执行错误指令（如生成具有潜在危害的代码）。
- 记忆衰减问题：长期记忆依赖向量数据库，需定期更新嵌入模型以防信息过时。
- 伦理与可控性：自主Agent可能产生不可预测行为，需设计“紧急停止”机制并监控任务边界。

7. 应用场景与未来趋势

Agent技术已用于工业流程自动化（如RD-Agent）、文档理解（UReader）和生成式任务（GraphRAG），未来需结合具身智能（Embodied Intelligence）拓展物理交互能力。其核心价值在于将LLM的生成能力转化为可落地的决策系统，但需平衡自主性与人类监督，避免“黑箱决策”。

5.1.2　API Agent与GUI Agent

在人工智能的版图中，大语言模型（LLM）早已超越了单纯文本生成的范畴，它们化身为软件智能体的核心大脑，将自然语言指令精准转化为具体行动。而API Agent与GUI Agent，作为这一智能体系中的两大支柱，各自承载着独特的使命与价值，共同推动着AI自动化领域的边界不断向外拓展。接下来，让我们一同走进这篇论文，揭开它们的神秘面纱。

1. API Agent与GUI Agent的基础概念

1）API Agent

它们如同软件世界的“幕后操盘手”，通过预定义的API接口与外部工具、函数或服务进行无缝交互。无论是编排微服务、查询搜索引擎，还是通过已记录的API控制第三方应用程序，API Agent都能游刃有余。它们的优势在于高效、自动化以及强大的可扩展性与互操作性。微软的Copilot（智能助手）便是API Agent的杰出代表，它已从研究原型迅速蜕变为广泛应用的工业解决方案。

API Agent的工作原理基于一组预先定义好的工具、插件或函数调用（统称“API”）。当用户发出自然语言请求时，LLM智能体会解析意图，并根据API信息（如函数名、描述、参数和模式）选择最合适的API进行调用。这种方式确保了智能体操作的可靠性与安全性，同时简化了决策过程。

2）GUI Agent

与API Agent不同，GUI Agent更像是“屏幕上的舞者”，它们通过“观察”和操作软件的图形用户界面来与之交互。无论是桌面、移动还是Web应用程序，GUI Agent都能模拟人类用户的行为。UFO、CogAgent和OpenAI Operator等项目展示了GUI Agent如何带来更丰富的用户体验、更好的可访问性以及对软件更通用的自动化控制。

GUI Agent的操作方式主要依赖于视觉或多媒体输入，如应用程序的截图和文本表示（如可访问性树或元数据）。它们通过生成、规划和执行动作来灵活适应不同的任务需求，这些动作类似于人类的交互，如鼠标点击和键盘输入。尽管GUI Agent的操作流程相对复杂，但它们能够更贴近人类的交互方式，提供更直观的用户体验。

2. API Agent与GUI Agent的差异与比较

- 模式：API Agent依赖于文本形式的API调用，通过函数名、参数和返回值进行操作；而GUI Agent则依赖于屏幕截图或可访问性树等视觉信息，通过识别界面元素并模拟用户动作来完成任务。
- 可靠性：API Agent通常具有更高的可靠性，因为它们依赖于定义明确的端点，这些端点易于维护、版本控制和测试；而GUI Agent的可靠性较低，因为它们需要处理视觉解析和布局变化等问题，界面的任何意外更改都可能干扰自动化流程。
- 效率：API Agent可以通过单次调用完成复杂任务，效率高且资源消耗少；而GUI Agent需要执行多个类似用户操作的步骤，完成相同目标时可能更慢且操作开销更大。
- 可用性：API Agent的功能受限于已发布的或预定义的API；而GUI Agent可以与任何呈现图形用户界面的应用程序进行交互，无须明确的API定义，提供了更广泛的应用场景覆盖。
- 灵活性：API Agent的灵活性受限于已有的API，扩展功能需要创建和部署新的端点；而GUI Agent理论上可以操作界面中的任何可见元素，具有更高的自由度，但这也要求更先进的计算机视觉或多媒体推理能力。
- 安全性：API Agent提供更细粒度的保护，每个端点都可以通过身份验证、访问控制或速率限制来单独保护；而GUI Agent可能会无意中访问执行特权或破坏性操作的界面部分，带来更高的风险。
- 维护性：API Agent的维护较为简单，只要底层端点保持稳定，智能体逻辑就可以基本保持不变；而GUI Agent则容易受到界面重新设计、弹出窗口、布局变化等因素的影响，导致自动化流程中断。

- 透明度：API Agent的操作通常在幕后进行，用户只能看到最终结果；而GUI Agent则以可视化的、可追踪的方式复制用户级别的交互，更适合需要逐步验证或视觉确认的任务。
- 类人交互：API Agent采用纯粹的程序化方法，缺乏任务执行的视觉或交互表示；而GUI Agent则模拟人类用户的确切步骤，以自然、顺序的方式与界面元素进行交互，增强了可解释性和用户体验。

3. 混合方法：融合API Agent与GUI Agent的优势

尽管API Agent和GUI Agent各有优势，但在实际应用中，它们的边界正在逐渐模糊，混合方法开始崭露头角。

- API Wrappers Over GUI Workflow：一些供应商通过引入“无头模式”或脚本接口，将基于GUI的应用程序转变为类似API的服务。这种方式将GUI交互抽象为结构化命令，使得原本为人类导航设计的应用程序能够以更程序化和可扩展的方式进行自动化。
- 统一编排工具：企业级自动化框架和流程编排工具提供了一个统一的环境，让开发者或操作员可以构建高级工作流，而无须深入底层智能体机制。这些工具可以自动确定每个任务最适合使用API调用还是GUI交互。
- 低代码/无代码解决方案：低代码和无代码平台通过可视化界面抽象了许多技术细节，使非专家用户也能够通过拖放组件来构建应用程序或自动化流程。这些平台可以在后台自动处理API调用和GUI智能体的插入，将API基础和GUI驱动的操作结合起来。

4. 战略考虑：选择合适的智能体范式

在实际部署中，选择API Agent、GUI Agent或混合方法需要考虑目标软件的性质、所需的集成或验证级别以及长期可持续性等因素。

- 何时选择API Agent：当存在稳定、文档齐全的API时，API Agent是最佳选择。它们可以利用强大的端点实现快速和可靠的操作，尤其适用于需要后台集成或企业级可靠性的关键工作流。
- 何时选择GUI Agent：在没有直接API或可用API仅提供部分覆盖的情况下，GUI Agent更具相关性。它们适用于需要视觉验证、自动化遗留或专有软件以及处理交互式或图形操作的场景。
- 何时考虑混合方法：混合方法结合了两种范式的优点，适用于任务的某些方面可以很好地映射到现有API，而其他部分只能通过图形界面访问的情况。它还为系统的未来发展提供了灵活性。

在这场智能自动化的探索之旅中，API Agent与GUI Agent如同两位并肩作战的勇士，各自发挥着不可替代的作用。下面我们将分别使用这两种不同的Agent来演示一下它们的开发方法。

5.2　基于DeepSeek的美妆GUI Agent实践

作为一名极具责任感的现代青年，在约会时精心雕琢着装风格，绝非仅仅为了展现个人的时尚品位，它更深层次的意义在于，这是对约会对象细致入微的尊重与体贴。然而，如何精准拿捏着装风格的分寸，使之既符合自身气质，又能契合约会氛围，无疑是一大挑战。为此，我们将巧妙借助外部资源，运用高效且精准的信息检索技术，广泛搜集关键数据，同时融合个人的审美见解与缜密的逻辑分析能力，从而打造出令人眼前一亮的约会装扮。自动化获取天气数据如图5-3所示。

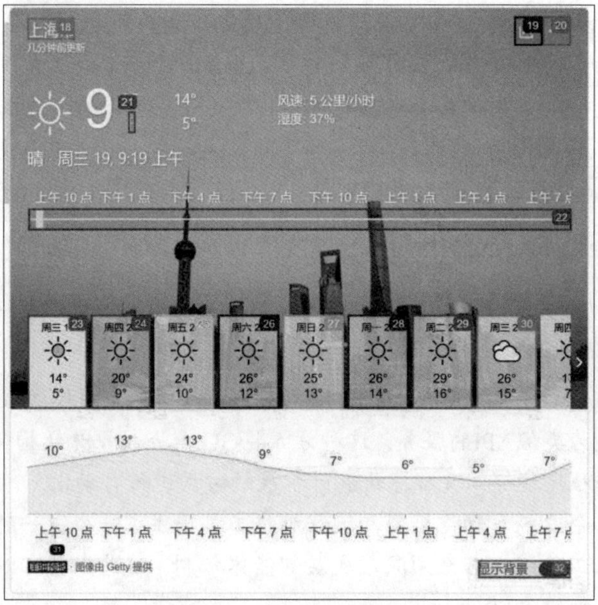

图5-3　自动化获取天气数据

在本节中，我们将重点聚焦于开发一款基于图形用户界面（GUI）的智能助手（Agent）。这款智能助手将作为约会装扮的得力参谋，通过智能化的分析与建议，助力用户在实践中不断优化约会装扮策略，轻松应对各种约会场合。

值得一提的是，对于习惯依赖DeepSeek等先进工具来解决复杂问题的用户来说，其卓越的语义解析与逻辑推理能力，确实能在多数情况下迅速给出令人满意的答案。但在实际应用过程中，我们也发现，由于系统回答主要基于预训练知识库，这一静态特性使得其在面对实时数据查询、动态网页信息获取或高度个性化需求时，往往显得力不从心，难以触及问题的核心与本质。

5.2.1　GUI Agent库的安装与使用

首先从项目角度来说，我们需要此处完成的任务是基于浏览器GUI完成对任务项目进行搜索。在开始之前我们需要安装对应的依赖包，首先是通过pipx安装uv辅助包，打开Miniconda Prompt窗口，依次执行如下命令：

```
python -m pip install --user pipx
python -m pipx ensurepath
pipx install uv
```

全部安装结束后，我们关闭Miniconda Prompt窗口，再重新打开，让环境变量生效。最后确认UV是否成功安装，命令行如下所示：

```
uv --version
```

结果中返回uv版本信息后，第一步uv安装完成，如图5-4所示。

接下来是browser-use搜索库的安装，此时可以使用如下命令进行安装：

```
pip install browser-use
```

安装完毕后，界面如图5-5所示。browser-use的核心功能是通过LLM的推理能力分析浏览器页面的HTML内容和文本信息，输出可执行的指令，交给浏览器自动化工具（Playwright）执行。

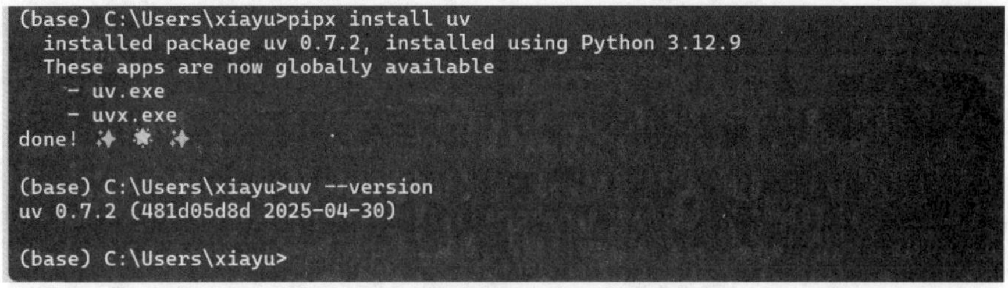

```
(base) C:\Users\xiayu>pipx install uv
  installed package uv 0.7.2, installed using Python 3.12.9
  These apps are now globally available
    - uv.exe
    - uvx.exe
done! ✨ 🌟 ✨

(base) C:\Users\xiayu>uv --version
uv 0.7.2 (481d05d8d 2025-04-30)

(base) C:\Users\xiayu>
```

图5-4　uv安装完毕

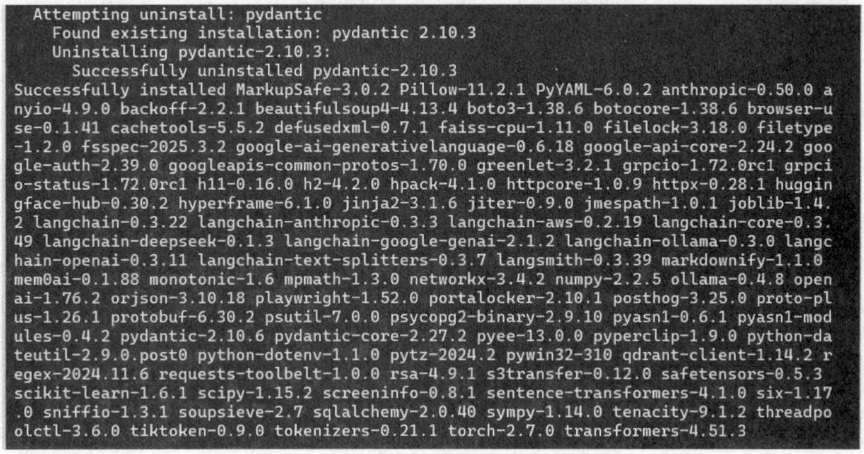

```
  Attempting uninstall: pydantic
    Found existing installation: pydantic 2.10.3
    Uninstalling pydantic-2.10.3:
      Successfully uninstalled pydantic-2.10.3
Successfully installed MarkupSafe-3.0.2 Pillow-11.2.1 PyYAML-6.0.2 anthropic-0.50.0 a
nyio-4.9.0 backoff-2.2.1 beautifulsoup4-4.13.4 boto3-1.38.6 botocore-1.38.6 browser-u
se-0.1.41 cachetools-5.5.2 defusedxml-0.7.1 faiss-cpu-1.11.0 filelock-3.18.0 filetype
-1.2.0 fsspec-2025.3.2 google-ai-generativelanguage-0.6.18 google-api-core-2.24.2 goo
gle-auth-2.39.0 googleapis-common-protos-1.70.0 greenlet-3.2.1 grpcio-1.72.0rc1 grpci
o-status-1.72.0rc1 h11-0.16.0 h2-4.2.0 hpack-4.1.0 httpcore-1.0.9 httpx-0.28.1 huggin
gface-hub-0.30.2 hyperframe-6.1.0 jinja2-3.1.6 jiter-0.9.0 jmespath-1.0.1 joblib-1.4.
2 langchain-0.3.22 langchain-anthropic-0.3.3 langchain-aws-0.2.19 langchain-core-0.3.
49 langchain-deepseek-0.1.3 langchain-google-genai-2.1.2 langchain-ollama-0.3.0 langc
hain-openai-0.3.11 langchain-text-splitters-0.3.7 langsmith-0.3.39 markdownify-1.1.0
mem0ai-0.1.88 monotonic-1.6 mpmath-1.3.0 networkx-3.4.2 numpy-2.2.5 ollama-0.4.8 open
ai-1.76.2 orjson-3.10.18 playwright-1.52.0 portalocker-2.10.1 posthog-3.25.0 proto-pl
us-1.26.1 protobuf-6.30.2 psutil-7.0.0 psycopg2-binary-2.9.10 pyasn1-0.6.1 pyasn1-mod
ules-0.4.2 pydantic-2.10.6 pydantic-core-2.27.2 pyee-13.0.0 pyperclip-1.9.0 python-da
teutil-2.9.0.post0 python-dotenv-1.1.0 pytz-2024.2 pywin32-310 qdrant-client-1.14.2 r
egex-2024.11.6 requests-toolbelt-1.0.0 rsa-4.9.1 s3transfer-0.12.0 safetensors-0.5.3
scikit-learn-1.6.1 scipy-1.15.2 screeninfo-0.8.1 sentence-transformers-4.1.0 six-1.17
.0 sniffio-1.3.1 soupsieve-2.7 sqlalchemy-2.0.40 sympy-1.14.0 tenacity-9.1.2 threadpo
olctl-3.6.0 tiktoken-0.9.0 tokenizers-0.21.1 torch-2.7.0 transformers-4.51.3
```

图5-5　browser-use的安装

而Playwright的安装如下所示：

```
pip install playwright
```

安装完毕后需要执行一些初始化操作，命令行如下：

```
playwright install
```

此时我们就可以静待安装结束，部分结果如图5-6所示。

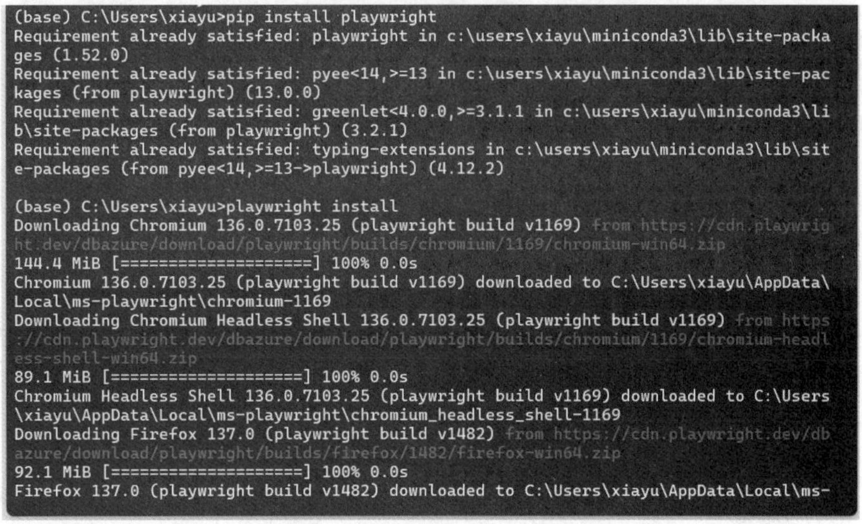

```
(base) C:\Users\xiayu>pip install playwright
Requirement already satisfied: playwright in c:\users\xiayu\miniconda3\lib\site-packa
ges (1.52.0)
Requirement already satisfied: pyee<14,>=13 in c:\users\xiayu\miniconda3\lib\site-pac
kages (from playwright) (13.0.0)
Requirement already satisfied: greenlet<4.0.0,>=3.1.1 in c:\users\xiayu\miniconda3\li
b\site-packages (from playwright) (3.2.1)
Requirement already satisfied: typing-extensions in c:\users\xiayu\miniconda3\lib\sit
e-packages (from pyee<14,>=13->playwright) (4.12.2)

(base) C:\Users\xiayu>playwright install
Downloading Chromium 136.0.7103.25 (playwright build v1169) from https://cdn.playwrig
ht.dev/dbazure/download/playwright/builds/chromium/1169/chromium-win64.zip
144.4 MiB [====================] 100% 0.0s
Chromium 136.0.7103.25 (playwright build v1169) downloaded to C:\Users\xiayu\AppData\
Local\ms-playwright\chromium-1169
Downloading Chromium Headless Shell 136.0.7103.25 (playwright build v1169) from https
://cdn.playwright.dev/dbazure/download/playwright/builds/chromium/1169/chromium-headl
ess-shell-win64.zip
89.1 MiB [====================] 100% 0.0s
Chromium Headless Shell 136.0.7103.25 (playwright build v1169) downloaded to C:\Users
\xiayu\AppData\Local\ms-playwright\chromium_headless_shell-1169
Downloading Firefox 137.0 (playwright build v1482) from https://cdn.playwright.dev/db
azure/download/playwright/builds/firefox/1482/firefox-win64.zip
92.1 MiB [====================] 100% 0.0s
Firefox 137.0 (playwright build v1482) downloaded to C:\Users\xiayu\AppData\Local\ms-
```

图5-6　Playwright的安装

这时候Playwright会安装Chromium、Firefox和WebKit浏览器并配置一些驱动，我们不必关心中间配置的过程，Playwright会为我们配置好。安装完成之后，我们便可以使用Playwright启动Chromium或Firefox或WebKit浏览器来进行自动化操作了。

下面这个简单的示例将使用Playwright实现浏览器的调用，代码如下：

```
from playwright.sync_api import sync_playwright

with sync_playwright() as p:
    for browser_type in [p.chromium, p.firefox, p.webkit]:
        browser = browser_type.launch(headless=False)
        page = browser.new_page()
        page.goto('https://www.baidu.com')

        page.screenshot(path=f'screenshot-{browser_type.name}.png')
        print(page.title())
        browser.close()
```

我们分别尝试调用了3个浏览器，并使用page的一系列API来进行各种自动化操作。比如调用goto方法加载某个页面，这里我们访问的是百度搜索的首页。接着我们调用了page的screenshot方法，参数传一个文件名称，这样截图就会自动保存为该图像名称并且打印出页面的名称，读者可以自行尝试。

5.2.2 使用DeepSeek自动化获取网页端天气信息

下面我们将要完成结合DeepSeek的自动化天气获取。从获取途径上，我们可以首选通过API从对应的网页上获取对应的数据。然而这种方法固然可行，但是对于更多的任务，可能无法获取对应的特定结果。

对于普通的获取天气信息的操作，人工更多的是通过网页获取。因此在具体操作上，我们尝试模仿人工习惯完成从网页获取天气数据。完整代码如下所示：

```
from langchain_openai import ChatOpenAI
from browser_use import Agent
from dotenv import load_dotenv
import os
load_dotenv()

import asyncio

api_key = "sk-282074c41d594514aee6fx6f179ed292"      #从DeepSeek获取的API
base_url = "https://api.deepseek.com/beta"
model = "deepseek-chat"                              #调用的DeepSeek模型

city = "上海"
task = f"""
从下面的网页地址：

https://www.bing.com/search?q={city}天气&mkt=zh-CN

获取天气情况，并总结出明天的天气变化和注意事项。
"""
llm = ChatOpenAI(model=model, api_key=api_key, base_url=base_url)

async def main():
    agent = Agent(
        task=task,
```

```
        llm=llm,
        use_vision=False,
    )
    result = await agent.run()
    print("----------------------------------------")
    print(result)
    print("----------------------------------------")

asyncio.run(main())
```

在上面代码中，我们首先通过browser_use调用了一个Agent，之后确定了一个新的任务task，即从特定的网页获取目标城市的名称，执行天气查询任务，并总结一下明天的天气和注意事项。运行结果如下所示（根据网络配置和个人硬件，Agent默认启动后运行可能会很慢）：

```
    INFO     [agent] 📍 Step 1
    INFO     [agent]    Eval: Unknown - Starting the task
    INFO     [agent]    Memory: Starting the task to get weather information for Shanghai.
0 out of 10 steps completed.
    INFO     [agent] 🎯 Next goal: Navigate to the Bing search page for Shanghai weather
    INFO     [agent] 🛠  Action 1/1: {"go_to_url":{"url":"https://www.bing.com/search?q=
上海天气&mkt=zh-CN"}}
    INFO     [controller] 🔗 Navigated to https://www.bing.com/search?q=上海天气&mkt=zh-CN
    INFO     [agent] 📍 Step 2
    INFO     [agent] 👍 Eval: Success - Navigated to the Bing search page for Shanghai weather
    INFO     [agent]    Memory: Navigated to the Bing search page for Shanghai weather. 1 out
of 10 steps completed.
    INFO     [agent] 🎯 Next goal: Extract the weather information for tomorrow
    INFO     [agent] 🛠  Action 1/1: {"extract_content":{"goal":"Extract the weather
information for tomorrow"}}
    INFO     [controller] 📄 Extracted from page
    : '''json
    {
      "weather_tomorrow": {
        "date": "周四 20",
        "temperature": {
          "high": "20° C",
          "low": "8° C"
        },
        "condition": "晴",
        "wind": {
          "speed": "6 公里/小时",
          "direction": "北"
        },
        "humidity": "32%"
      },
      "source": "MSN 天气",
      "additional_info": {
        "sunrise": "06:01",
        "sunset": "18:05",
        "uv_index": "2, 低"
      }
    }
    '''

    INFO     [agent] 📍 Step 3
    INFO     [agent] 👍 Eval: Success - Extracted the weather information for tomorrow
    INFO     [agent]    Memory: Extracted the weather information for tomorrow. 2 out of 10
steps completed.
    INFO     [agent] 🎯 Next goal: Summarize the weather changes and precautions for tomorrow
```

```
INFO     [agent] 🛠  Action 1/1: {"done":{"text":"明天的天气情况如下：\n- 日期：周四 20\n-温度：最高 20°C，最低 8°C\n- 天气状况：晴\n- 风速：6 公里/小时，北\n- 湿度：32%\n- 日出：06:01\n- 日落：18:05\n- 紫外线指数：2，低\n\n注意事项:\n- 天气晴朗，适合户外活动，但早晚温差较大，请注意保暖。\n- 紫外线指数较低，但仍建议做好防晒措施。\n- 风速较小，适合进行户外运动。","success":true}}
INFO     [agent] 📄 Result：明天的天气情况如下：
- 日期：周四 20
- 温度：最高 20° C，最低 8° C
- 天气状况：晴
- 风速：6 公里/小时，北
- 湿度：32%
- 日出：06:01
- 日落：18:05
- 紫外线指数：2，低

注意事项：
- 天气晴朗，适合户外活动，但早晚温差较大，请注意保暖。
- 紫外线指数较低，但仍建议做好防晒措施。
- 风速较小，适合进行户外运动。
INFO     [agent]    Task completed
INFO     [agent]    Successfully
----------------------------------------
AgentHistoryList(all_results=[ActionResult(is_done=False, success=None, extracted_content='🔗 Navigated to https://www.bing.com/search?q=上海天气&mkt=zh-CN', error=None, include_in_memory=True), ActionResult(is_done=False, success=None, extracted_content='📄 Extracted from page\n: ```json\n{\n  "weather_tomorrow": {\n    "date": "周四 20",\n    "temperature": {\n      "high": "20° C",\n      "low": "8° C"\n    },\n    "condition": "晴",\n    "wind": {\n      "speed": "6 公里/小时",\n      "direction": "北"\n    },\n    "humidity": "32%"\n  },\n  "source": "MSN 天气",\n  "additional_info": {\n    "sunrise": "06:01",\n    "sunset": "18:05",\n    "uv_index": "2，低"\n  }\n}\n```\n', error=None, include_in_memory=True), ActionResult(is_done=True, success=True, extracted_content='明天的天气情况如下：\n- 日期：周四 20\n- 温度：最高 20° C，最低 8° C\n- 天气状况：晴\n- 风速：6 公里/小时，北\n- 湿度：32%\n- 日出：06:01\n- 日落：18:05\n- 紫外线指数：2，低\n\n注意事项:\n- 天气晴朗，适合户外活动，但早晚温差较大，请注意保暖。\n- 紫外线指数较低，但仍建议做好防晒措施。\n- 风速较小，适合进行户外运动。', error=None, include_in_memory=False)], all_model_outputs=[{'go_to_url': {'url': 'https://www.bing.com/search?q=上海天气&mkt=zh-CN'}, 'interacted_element': None}, {'extract_content': {'goal': 'Extract the weather information for tomorrow'}, 'interacted_element': None}, {'done': {'text': '明天的天气情况如下：\n- 日期：周四 20\n- 温度：最高 20° C，最低 8° C\n- 天气状况：晴\n- 风速：6 公里/小时，北\n- 湿度：32%\n- 日出：06:01\n- 日落：18:05\n- 紫外线指数：2，低\n\n注意事项:\n- 天气晴朗，适合户外活动，但早晚温差较大，请注意保暖。\n- 紫外线指数较低，但仍建议做好防晒措施。\n- 风速较小，适合进行户外运动。', 'success': True}, 'interacted_element': None}])
----------------------------------------
```

从上面代码可以看到，我们设定了任务目标，通过browser_use中的Agent完成了对任务的拆解，并且实际对其进行操作。最终的打印部分我们也可以调取Agent的打印结果从而实现本阶段的任务目标。

5.2.3　根据天气信息给出美妆建议

假设读者是一名28岁左右，在上海工作的男性年轻程序员，由于工作紧迫而对于具体的美妆细节并不了解，因此在今天出门约会时则需要具体的装扮指导，基于此我们可以通过DeepSeek构建一个男性约会装扮的Agent。

在具体实现上，一个朴素的想法就是结合我们前面讲解的自动化天气获取，使用DeepSeek强大的推理和知识储备，对结果进行整理和输出，给出具体的约会装扮建议。代码如下所示：

```
from langchain_openai import ChatOpenAI
from browser_use import Agent
```

```
from dotenv import load_dotenv
import os
load_dotenv()

import asyncio

api_key = "sk-282074c41d594514aee6fd6f179ed292"
base_url = "https://api.deepseek.com/beta"
model = "deepseek-chat"

from openai import OpenAI

client = OpenAI(api_key=api_key,base_url=base_url)

city = "上海"
task_1 = f"""
从下面的网页地址：
https://www.bing.com/search?q={city}天气&mkt=zh-CN
获取天气情况，并总结出明天的天气变化和注意事项。
"""

describe_master = "年轻男性28岁，居住上海，皮肤白皙，程序员"
task_2 = f"""
根据传递给你的{describe_master}，总结出一份明日男性约会美妆建议，天气描述如下：
"""

llm = ChatOpenAI(model=model, api_key=api_key, base_url=base_url)

async def main():
    agent = Agent(
        task=task_1,
        llm=llm,
        use_vision=False,
    )
    weather_report = await agent.run()
    response = client.chat.completions.create(
        model="deepseek-chat",
        messages=[
            {"role": "system", "content": "你是一个专精于男性美妆和化妆品使用的美妆助手，懂得如何护肤，而又保持我的男性气概。"},
            {"role": "user","content": f"根据传递给你的'{describe_master}'，总结出一份明天出门男性美妆建议，天气描述如下：'{weather_report}'"},
        ],
        max_tokens=1024,
        temperature=0.9,
        stream=False
    )
    print("--------------------")
    print(response.choices[0].message.content)

if __name__ == '__main__':
    asyncio.run(main())
```

在上面代码中，我们首先完成了天气信息的获取，之后通过DeepSeek设定了其扮演的角色，并根据其获取和整理的天气信息完成需要的任务输入，最终返回结果：

```
INFO     [agent] ■ Result: 明天的天气情况如下：
- 日期：星期四 20
- 温度：最高 20° C，最低 9° C
```

```
- 天气状况：晴
- 风速：8 km/h，风向：北
- 湿度：32%
- 紫外线指数：3 (中等)
- 日出时间：06:01
- 日落时间：18:05

注意事项：
- 由于天气晴朗，紫外线指数为中等，建议外出时做好防晒措施。
- 风速较低，适合户外活动。
- 早晚温差较大，请注意适时增减衣物。
INFO     [agent]    Task completed
INFO     [agent]    Successfully
---------------------
```

根据你提供的信息，28岁、皮肤白皙的男性程序员，居住在上海，明天天气晴朗，温度在9℃到20℃之间，紫外线指数为中等。以下是为明天出门准备的男性美妆建议：

```
### 1. **护肤步骤**
   - **清洁**：
   - **保湿**：
   - **防晒**：

### 2. **底妆**
   - **隔离霜**：
   - **BB霜或轻薄的粉底液**：

### 3. **眉毛**
   - **眉笔或眉粉**：

### 4. **眼部**
   - **眼霜**：
   - **睫毛膏**

...
### 8. **其他注意事项**
   - **衣物搭配**：
   - **补水**：
```

可以看到，根据设定的要求和角色扮演的指示，我们的Agent可以较好地生成对应的结果，并给出合理化建议。这样通过整合，我们完成了一项基本的约会装扮Agent的开发。

5.3 基于DeepSeek的体重管理API Agent实践

在快节奏的现代生活中，人们不仅要在工作与约会之间找到平衡，更需要时刻关注并维护彼此之间的交互。通过我们前期的技术探索与实践过程，我们成功构建了一种基于图形用户界面（GUI）的自动化智能体，该智能体能够实现对浏览器操作的全流程精准复刻。这一方案主要依赖于先进的图像识别技术和控件操作逻辑，其显著优势在于无须对现有软件界面进行任何改造，即可完美模拟人工操作流程，展现出极高的灵活性与适应性。

然而，随着应用场景的不断拓展，特别是当面对高频次、标准化的数据交互需求时，这种“像素级模拟”方案逐渐显现出其效率上的局限性。就如同在数字化浪潮汹涌的今天，若仍坚持使用算盘进行高精度计算，虽理论上可行，但显然已非最优选择。

这正是API智能体（API Agent）应运而生并展现其核心价值的关键所在。与传统GUI自动化方案相比，API智能体通过直接调用目标系统的应用程序接口（API），构建了一条高效、稳定的数据传输通道，实现了端到端的服务调用。这种架构上的革新不仅彻底摒弃了界面解析的烦琐环节，更通过结构化数据的交互方式，显著提升了服务的响应速度与可靠性，同时降低了系统的维护成本。

在本节中，我们将聚焦于实现一款专为情侣健身设计的API智能体——菜品饮食运动建议Agent。这款智能体不仅满足了用户对美食的享受，更通过内置的智能算法，将美食的摄入量精准转化为相应的运动目标，真正践行了“健康生活”的健身理念。该Agent不仅具备独立运行的能力，可作为一款实用的APP供用户随时使用；同时，它还能无缝集成到智能手表等可穿戴设备的自动化提醒系统中，为用户提供更加便捷、个性化的健身指导服务。

5.3.1　API Agent的注册与使用

健身和减脂塑形讲究“三分练，七分吃”，该吃什么、吃多少非常重要。对于减脂塑身人群，合理控制饮食的摄入热量更是一门必修课。然而，非专业人士难以对日常饮食的热量信息进行科学量化管理。这就直接导致了用户缺乏行之有效的饮食指导，极易让普通缺乏健身知识的使用者在一味追求节食的过程中出现营养摄入不均衡之类问题。百度菜品识别网站（https://ai.baidu.com/tech/imagerecognition/dish）页面如图5-7所示。

图5-7　菜品识别网站

在我们使用API完成Agent的使用之前，我们需要获取对应的API。对于部分API来说，有可供免费使用，同时也有供付费使用，这里我们首先需要获取其使用的权限。单击上图所示的“立即使用”按钮，我们即可进入百度的菜品识别API应用服务，之后单击“2 创建应用”标签下的“去创建”即可获得免费的API使用权限，如图5-8、图5-9所示。

图5-8　创建免费API服务1

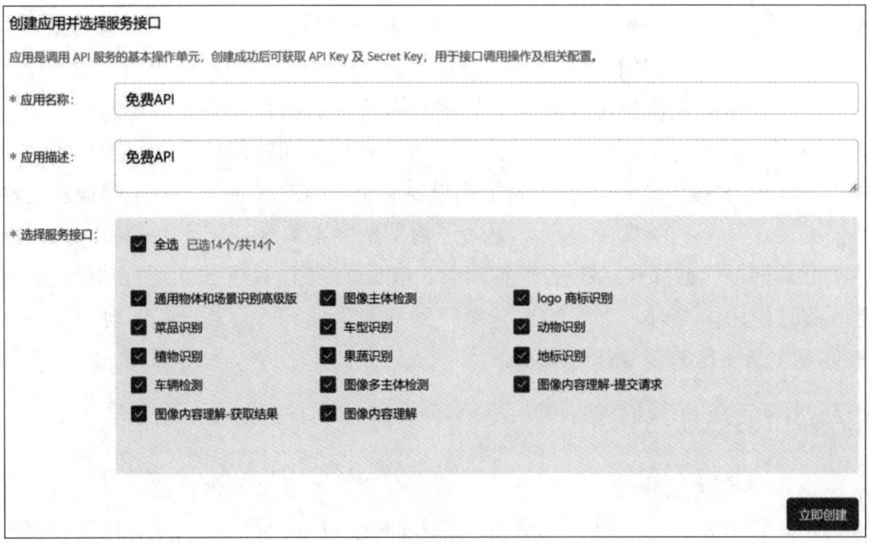

图5-9　创建免费API服务2

单击“立即创建”按钮后，我们获取了对应的快速接入服务API，如图5-10所示。

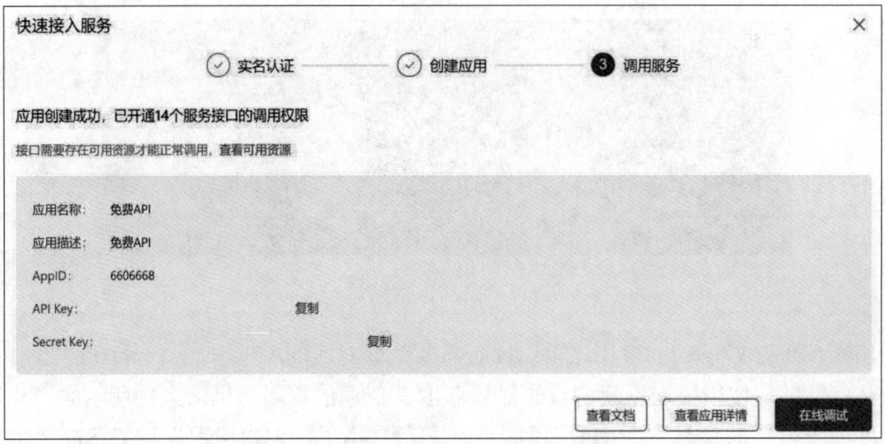

图5-10　创建免费API服务3

注意，这里我们需要复制App用到的三个密钥，分别是AppID、API Key以及Secret Key，建议读者复制并保留。

下面我们可以根据密钥信息获取调用服务接口的access_token，代码如下所示：

```
import requests
import json

def main():
    api_key = "NTygpqqxD0h3YmoEUNqIoqTj"
    secret_key = "aDDWW2QtEawXV23tmdL9UTSODa9rHump"
    url = f"https://aip.baidubce.com/oauth/2.0/token?grant_type=
client_credentials&client_id={api_key}&client_secret={secret_key}"

    payload = ""
    headers = {
        'Content-Type': 'application/json',
        'Accept': 'application/json'
```

```
    }
    access_token = requests.request("POST", url, headers=headers, data=payload)
    print(access_token.text)
if __name__ == '__main__':
    main()
```

打印结果如下所示：

```
{"refresh_token":"25.178f09eb5bf0c0129bd38347ae3dc729.315360000.2057741600.282318120
775","expires_in":2592000,"session_key":"9mzdDZXu2TBfqMtGPUD7hFTEdc9e8X1gzAws6KksBjd\/a81
Fsq0dCDb02AasIjX57l+p\/zZEWDBDIqhScmTxedNB3Bo4C6Q=","access_token":"24.6c5acd9fa1158a1c38
8819d65b9d6b02.2592000.1744973600.282335-118120775","scope":"public
brain_advanced_general_classify  brain_all_scope  brain_animal_classify  brain_car_detect
brain_dish_detect brain_image_understanding brain_image_understanding_get brain_ingredient
brain_multi_ object_detect brain_object_detect brain_plant_classify brain_poi_re
...
```

其中的代码加粗部分，就是我们获取到的access_token，即调用服务接口的access_token。

下面我们可以回到图5-8所示的页面，单击“技术文档”，在弹出的“图像识别”窗口的左侧菜单栏中单击“API文档”→“菜品识别”，在页面上找到请求代码示例，如图5-11所示。

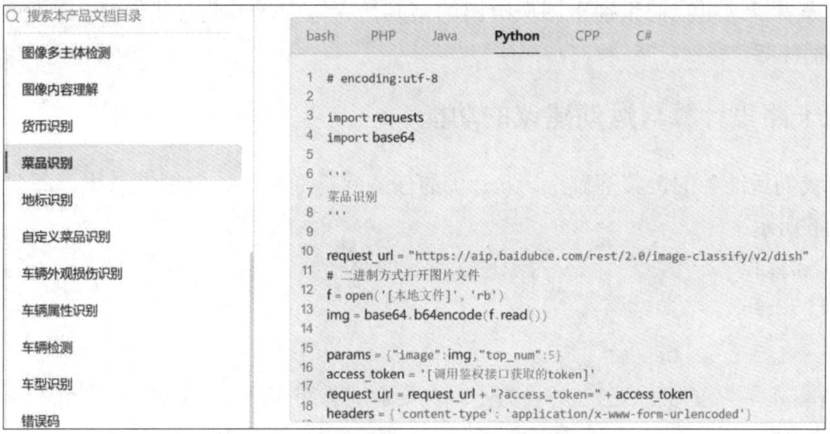

图5-11　创建API服务Python示例

整体复制对应的菜品识别代码，并填入我们的access_token，之后执行一个示例代码，如下所示：

```
import requests
import base64
'''
菜品识别
'''
import requests
import json

access_token =
"24.6c5acd9fa1158a1c388819d65b9d6b02.2592000.1744973600.282335-118120775"
request_url = "https://aip.baidubce.com/rest/2.0/image-classify/v2/dish"
# 二进制方式打开图像文件
f = open('./yxrs.jpg', 'rb')
img = base64.b64encode(f.read())

params = {"image":img,"top_num":1}
```

```
    access_token = access_token
    request_url = request_url + "?access_token=" + access_token
    headers = {'content-type': 'application/x-www-form-urlencoded'}
    response = requests.post(request_url, data=params, headers=headers)
    if response:
        print (response.json())
```

最终识别结果如图5-12所示。

```
    {'result':
    [{'probability': '0.813882',
'has_calorie': True,
    'calorie': '99',
    'name': ' 青 椒 肉 丝 '}],
'result_num': 1, }
```

图5-12　最终识别结果

从结果上来看，这里我们识别出图像给出的菜品是青椒肉丝，此时我们第一步顺利通过调用API完成菜品的识别任务。

5.3.2　实现卡路里计算与运动建议的功能

在获取为我们所准备的饭菜基础上，下一步的任务就是通过DeepSeek完成卡路里计算与运动建议。完整的代码如下所示：

```
    import base64
    import requests
    import json
    from openai import OpenAI

    access_token = "24.6c5acd9fa1158a1c388819d65b9d6b02.2592000.1744973600.
282335-118120775"
    request_url = "https://aip.baidubce.com/rest/2.0/image-classify/v2/dish"

    client = OpenAI(
        api_key="sk-282074c41d594514aee6fd6f179ed292",
        base_url="https://api.deepseek.com/beta",)

    # 二进制方式打开图像文件
    f = open('./yxrs.jpg', 'rb')
    img = base64.b64encode(f.read())

    params = {"image":img,"top_num":1}
    access_token = access_token
    request_url = request_url + "?access_token=" + access_token
    headers = {'content-type': 'application/x-www-form-urlencoded'}
    response = requests.post(request_url, data=params, headers=headers)
    result = (response.json())

    response = client.chat.completions.create(
        model="deepseek-chat",
        messages=[
            {"role": "system", "content": "你是一个有经验的情侣健身指导专家，给你一个菜品，请估算出
其中的卡路里含量，并给出适合于情侣互动的运动建议。"},
```

```
            {"role": "user", "content": f"请识别下面菜品中的卡路里含量，并给出运动建议，菜品如下{result}"},
        ],
        max_tokens=1024,
        temperature=0.9,
        stream=False
    )

    print(response.choices[0].message.content)
```

在上面代码中，我们引入了DeepSeek作为菜品的卡路里计算和健身专家，并依据结果给出对应的运动建议，如下所示：

```
根据提供的信息，菜品“青椒肉丝”的卡路里含量为xx大卡。这个数值是基于菜品的主要成分和常见烹饪方法估算的。

### 运动建议
为了消耗掉这xx大卡的卡路里，你可以选择以下几种运动方式：

1. **快走**：大约需要20～25分钟的快走可以消耗掉。
2. **慢跑**：大约需要10～15分钟的慢跑可以消耗掉。
3. **骑自行车**：以中等速度骑自行车大约需要15～20分钟可以消耗掉。
4. **游泳**：以中等速度游泳大约需要10～15分钟可以消耗掉。
5. **跳绳**：大约需要10分钟的跳绳可以消耗掉。
```

这些运动建议是基于一般成年人的平均体重和运动强度估算的，实际消耗的卡路里可能会因个人体重、运动强度和持续时间而有所不同。

读者可以更换内容并自行尝试。

5.4　本章小结

本章我们成功实现了基于DeepSeek的Agent助手的开发工作，这一成果标志着智能交互领域的一次重要实践。在开发过程中，我们创新性地采用了双轨并行的策略，即分别从图形用户界面（GUI）Agent与应用程序编程接口（API）Agent两个维度，深入剖析并详细阐述了各自的开发流程与架构搭建方法。GUI Agent以其直观易用的界面设计，为用户提供了便捷的操作体验，使得非技术背景的用户也能轻松上手；而API Agent则凭借其高度的灵活性与可扩展性，为开发者提供了强大的编程接口，便于集成到各类复杂系统中，实现功能的无缝对接与高效调用。

基于DeepSeek平台所具备的卓越推理能力和高效数据处理技术，我们的Agent助手展现出了非凡的智能水平。DeepSeek不仅能够在海量数据中迅速识别关键信息，还能通过深度学习和自然语言处理技术，对复杂问题进行精准分析与解答。这种强大的智能后盾，使得我们的Agent助手在诸如智能客服、自动化办公、智能问答等多个应用场景中均表现出色，极大地提升了工作效率与用户满意度。

进一步而言，DeepSeek还在更多前沿领域具有强大的应用潜力，比如结合物联网技术，实现智能家居设备的智能控制与优化管理；或是融入情感计算元素，让Agent助手能够更细腻地感知用户情绪，提供更加个性化的服务体验。通过这些努力，我们期待能够不断扩展智能交互技术的边界，为社会带来更加智能、便捷、人性化的未来生活图景。

第 6 章

DeepSeek的Function Calling与MCP应用实战

大模型的工具调用（Function Calling）功能，作为人工智能领域的一项关键技术，赋予了大模型与外部世界进行交互和协作的能力。在这一领域，DeepSeek所实现的工具调用机制，以其高效、灵活的特点，成为众多开发者和研究者关注的焦点。它不仅能够让模型根据需求精准地调用各类外部工具，还极大地拓展了模型的应用场景并增加了其实用价值。

而MCP（Model Context Protocol，模型上下文协议），作为一种具有开创性的开放协议，其核心目标在于标准化人工智能模型与外部数据源、工具之间的交互方式。在当今复杂多变的人工智能应用环境中，模型需要与各种不同类型的数据源和工具进行交互，以实现更加智能、高效的任务处理。MCP通过定义一套统一的通信规范，成功打破了模型与外部系统之间的壁垒，使得大语言模型（LLM）能够轻松、无缝地连接本地文件、数据库、API以及各类专业工具。这一协议的出现，为人工智能模型的集成和应用提供了更加便捷、高效的解决方案。

在本章中，我们将深入剖析DeepSeek工具调用的使用技巧以及识别方法。通过详细的讲解和实例演示，读者将能够全面了解如何运用DeepSeek的工具调用功能，实现模型与外部工具的高效协同。同时，我们也将深入探讨MCP协议在其中的重要作用，以及如何利用MCP协议进一步优化模型与外部系统的交互过程。

随着学习的深入，读者将逐渐掌握如何在实际项目中灵活运用DeepSeek的工具调用和MCP协议，构建出更加智能、高效的人工智能应用。无论是处理复杂的自然语言任务，还是与各类外部数据源和工具进行深度集成，这些知识和技能都将成为读者在人工智能领域取得成功的有力武器。我们相信，通过本章的学习，读者将能够开启一段全新的人工智能探索之旅，为未来的技术创新和应用发展奠定坚实的基础。

6.1 DeepSeek自带的Function Calling详解

相对于只能完成普通文本任务的大模型，DeepSeek一个激动人心的功能是可以自主调用外部工具函数，以自主意识的形式借用工具，完成使用者发布的命令。这意味着DeepSeek不再仅仅是一个被动的执行者，而是成为一个具有主动性的智能助手。

DeepSeek的Function Calling功能是一项具有划时代意义的进步。这一功能的实现，使得DeepSeek

不仅仅局限于自身数据库知识的回答，而是跃进到了一个全新的层次——调用外部函数，其调用流程如图6-1所示。

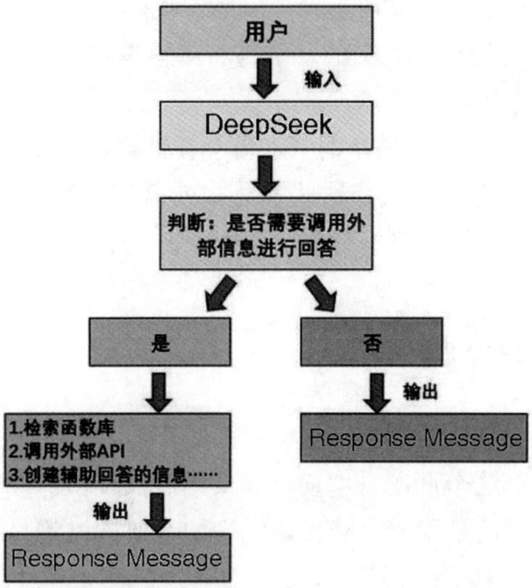

图6-1　DeepSeek的Function Calling功能

这意味着DeepSeek大语言模型在与用户交互时，可以实时检索外部函数库。当用户提问时，模型不再仅仅是从自身知识库中寻找答案，而是会根据实际需求，在外部函数库中进行检索，找出合适的函数并调用它。这种调用外部函数的能力，使得DeepSeek可以获取到函数的运行结果，并基于这些结果进行回答。

6.1.1　Python使用工具的基本原理

工具的使用是一项非常简单的事情，从我们的祖先钻木取火，到现在人类飞上月球在太空建立永久基地，这些都离不开工具的使用。甚至在现实生活中，你决定今天出门要不要带上雨伞，都需要借助网络信息或者广播工具了解到今天的天气情况。

而Python同样也可以使用工具来完成对外部API的调用，其所需要的仅仅是一个函数名称而已。示例代码如下：

```
# 创建一个简单的查询天气的API
def get_weather(location = ""):
    "读者可以编写对应的天气查询API，这里我们仅仅作演示"
    if location == "Shanghai":
        return 23.0
    elif location == "TianJin":
        return 25.0
    else:
        return "未查询到相关内容"
location = "Shanghai"
# 注意写法格式，里面的单引号不能少
result = eval(f"get_weather(location='{location}')")#使用eval调用与字符串名称对应的函数
print("查询到的结果是：", result)
```

最终打印结果如下：

```
查询到的结果是： 23.0
```

可以看到，Python中提供的eval()函数可以根据传入的字符串自动运行对应的函数。在这个示例中，我们将location变量的值嵌入到字符串中，然后将该字符串作为代码传给eval()函数执行。注意，在嵌入变量值时，我们使用了单引号将变量值括起来，以确保代码的正确解析。

eval()函数是Python的一个内置函数，它的功能是将字符串作为Python代码执行。其工作原理可以简单概括为“字符串解析和执行”。

当我们调用eval()函数并传入一个字符串时，函数会尝试解析这个字符串，将它转换成Python的表达式或语句，然后在当前的命名空间中执行这些表达式或语句。例如，如果我们传入字符串"1+2"，print(eval("1+2"))。eval()函数会将这个字符串解析为Python的加法表达式，然后计算这个表达式的值，返回结果3。

6.1.2　DeepSeek工具使用详解

在上一小节中，我们展示了如何在Python中调用函数，但是，我们面临一个更复杂的问题：如何在大模型DeepSeek中调用工具？这个问题看似简单，实则涉及许多深层次的技术与思考。就如同多年前人们询问计算机“今天是晴天还是雨天”一样，我们如今要探讨的是如何让大模型调用工具来解决问题。

先回到日常生活中的一个例子。在决定今天的穿着之前，我们通常会有一个明确的前置任务：了解今天的天气。那么，如何获取天气信息呢？以下是一些可能的方法：

- A：对着衣橱问自己应该穿什么衣服。这显然不是获取天气信息的正确途径。
- B：使用互联网登录天气网站，输入本地名称查询。这是一个有效且常用的方法。
- C：打开一本书并阅读任意一页。这与获取天气信息无关。
- D：打开空调。这同样不能告诉我们今天的天气情况。

对于大多数读者来说，选择B是显而易见的，这是基于我们的常识和日常经验。然而，这种基于目标寻找最合适解决方案的能力并非天生，而是需要我们后天的学习和积累。我们需要知道哪些工具或方法可以帮助我们实现目标，这通常需要一个知识库或他人的指导。有知识库辅助研判的任务流程如图6-2所示。

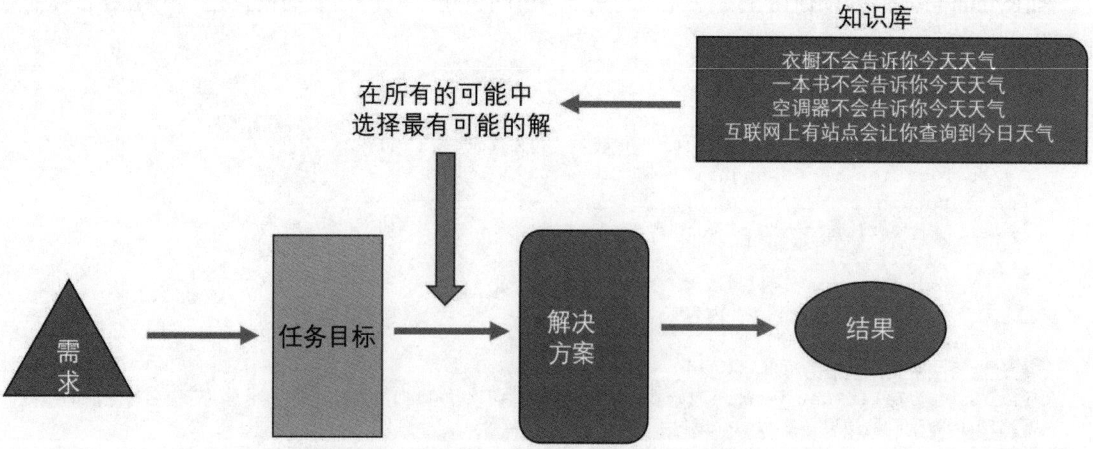

图6-2　有知识库辅助研判的任务流程

上图所示是一个基于常识的决策过程，同时也是我们在日常生活中做出明智决策并取得良好结果的通用步骤。在每次决策之前，我们依赖的是深厚的知识储备或知识库，它们如同明灯，照亮我们前行的道路，引导我们做出最优决策。

当我们回到DeepSeek调用工具的问题时，面临的挑战是如何让这个大模型也具备这样的决策能力，即根据给定的任务，它能知道应当调用哪些工具。作为深度学习程序设计人员，我们的责任不仅是开发模型，更要引导模型如何使用工具。我们可以提供格式化的API信息，这种方式就像是给大模型提供一本详细的程序文档。在这份文档中，我们详细描述每个工具API的功能、参数以及返回值，告诉大语言模型在何时、何地可以调用这些API，并且当API被调用后，返回相应的API的JSON对象。

这样的方式能够让大模型更加智能化地运用工具，进而提升其解决问题的效率和准确性。想象一下，当大模型遇到问题时，它可以像人类一样查阅“工具书”，找到最合适的工具，然后利用这个工具解决问题。

一个可供DeepSeek进行调用的简单函数如下所示：

```
# 定义工具函数
def get_weather(function_params):
    """模拟获取天气的工具函数"""
    location = function_params[0]
    # 这里可以调用真实的天气 API
    return f"{location}的天气晴朗"
```

上述函数对象描述了一个名为get_weather的工具API。通过这个API，大模型可以根据输入的城市名称获取当前的天气情况。这样的描述方式清晰明了，使得大模型能够准确理解并调用这个API。因此，通过对工具API中的描述进行甄别，从而判定使用哪一个最合适的工具，加上合理的引导和训练，可以使大模型更加智能化，从而完成对工具的使用。

作者完成了一个在DeepSeek中使用工具的完整示例，代码如下所示：

```
from openai import OpenAI
import json

client = OpenAI(
    api_key="sk-c646e1c201d74777b54f45c60973f4f3",
    base_url="https://api.deepseek.com",
)

def get_weather(function_params):
    return "天气晴朗"

def send_messages(messages):
    response = client.chat.completions.create(
        model="deepseek-chat",
        messages=messages
    )
    return response.choices[0].message

system_prompt = """
    你在运行一个“思考”“工具调用”“响应”循环。每次只运行一个阶段

    1.“思考”阶段：你要仔细思考用户的问题。
    2.“工具调用”阶段：选择可以调用的工具，并且输出对应工具需要的参数。
    3.“响应”阶段：根据工具调用返回的影响，回复用户问题。

    已有的工具如下：
```

```
    get_weather:
    e.g. get_weather:天津
    返回天津的天气情况

    Example:
    question:天津的天气怎么样?
    thought:我应该调用工具查询天津的天气情况
    Action:
    {
        "function_name":"get_weather",
        "function_params":["天津"]
    }
    调用Action的结果: “天气晴朗”
    Answer:天津的天气晴朗
"""

question = "Shanghai的天气怎么样"

messages = [{"role": "system", "content": system_prompt},
            {"role": "user", "content": question}]

message = send_messages(messages)
response = message.content
action = response.split("Action: ")[1]
action = json.loads(action)
print(f"ModelResponse:\n {action}")

# 生成调用代码
function_name = action["function_name"]
function_params = action["function_params"]
code = f"{function_name}({function_params})"
print(code)

# 使用eval对生成的代码进行计算,这里假设get_weather函数已经被定义过
result = eval(code)
print(result)
```

这段代码实现了一个简单的对话系统，能够根据用户的问题调用相应的工具并生成回答。首先，代码通过OpenAI库初始化了一个客户端，并设置了API密钥和基础URL。接着，定义了一个get_weather函数，用于模拟获取天气的功能，返回固定的“天气晴朗”结果。send_messages函数则负责向模型发送消息并获取模型的响应。系统提示（system_prompt）中详细描述了对话系统的三个阶段：思考、工具调用和响应，并提供了一个示例说明如何调用get_weather工具，以回答与天气相关的问题。

生成结果如下所示：

```
ModelResponse:
 {'function_name': 'get_weather', 'function_params': ['上海']}
get_weather(['上海'])
天气晴朗
```

具体来看，在代码的执行部分，用户提出了一个关于上海天气的问题。系统通过send_messages函数将问题发送给模型，模型根据系统提示生成一个包含工具调用信息的响应。代码通过解析响应中的Action部分，提取出需要调用的工具名称和参数，并生成相应的调用代码。最后，使用eval函数执行生成的代码，模拟工具调用的过程，并输出结果。整个过程展示了如何通过模型生成工具调用指令，并动态执行这些指令来完成用户请求。

6.1.3 DeepSeek工具箱的使用

上面我们演示了在DeepSeek中使用单一工具的方法。但是，在具体工作中，我们可能会面临一个选择的问题，即在一个“工具箱”中完成工具的选择，之后再使用工具去完成我们的目标。下面给出一个在DeepSeek中有选择地使用工具的完整示例：

```
from openai import OpenAI
import json

# 初始化 OpenAI 客户端
client = OpenAI(
    api_key="sk-c646e1c201d74777b54f45c60973f4f3",  # 替换为你的API 密钥
    base_url="https://api.deepseek.com",  # DeepSeek API的基础 URL
)

# 定义工具函数
def get_weather(function_params):
    """模拟获取天气的工具函数"""
    location = function_params[0]
    # 这里可以调用真实的天气 API
    return f"{location}的天气晴朗"

def get_stock(function_params):
    """模拟获取股票的工具函数"""
    location = function_params[0]
    # 这里可以调用真实股票价格 API
    return f"{location}的股票价格为18.88"

# 定义工具列表
tools = [
    {
        "type": "function",
        "function": {
            "name": "get_weather",
            "description": "获取指定城市的天气情况",
            "parameters": {
                "type": "object",
                "properties": {
                    "location": {
                        "type": "string",
                        "description": "城市名称，例如：上海",
                    }
                },
                "required": ["location"],
            },
        },
    },
    {
        "type": "function",
        "function": {
            "name": "get_stock",
            "description": "模拟获取股票的工具函数",
            "parameters": {
                "type": "object",
                "properties": {
                    "location": {
                        "type": "string",
```

```
                    "description": "股票名称，例如：上海证券",
                }
            },
            "required": ["location"],
        },
    },
}
]

# 发送消息并调用工具
def send_messages_tools(messages):
    """发送消息并调用工具"""
    response = client.chat.completions.create(
        model="deepseek-chat",  # 使用的模型
        messages=messages,  # 消息列表
        tools=tools,  # 工具列表
        tool_choice="auto",  # 让模型自动选择是否调用工具
    )
    return response.choices[0].message

# 系统提示
system_prompt = """
你是一个智能助手，能够通过“思考”“工具调用”和“响应”三个阶段来处理用户的问题。每个阶段的任务如下：
1. **思考阶段**：你需要仔细分析用户的问题，判断是否需要调用工具来获取信息。如果需要调用工具，明确选择适合的工具并准备调用参数。
2. **工具调用阶段**：根据思考阶段的结果，选择合适的工具并生成工具调用请求。工具调用的参数需要符合工具的定义。
3. **响应阶段**：根据工具调用的返回结果，生成对用户问题的最终回答。

示例：
用户问题：天津的天气怎么样？
思考：我需要调用工具查询天津的天气情况。
工具调用：
{
    "function_name": "get_weather",
    "function_params": {"location": "天津"}
}
工具调用结果：“天津的天气晴朗”
最终回答：天津的天气晴朗。
"""

# 用户问题
question = "Shanghai的天气是什么？"

# 消息列表
messages = [
    {"role": "system", "content": system_prompt},
    {"role": "user", "content": question},
]

# 发送消息并获取模型响应
message = send_messages_tools(messages)

# 打印模型返回的原始消息
print(f"Initial Model Response: {message}")

# 检查模型是否返回了工具调用请求
if message.tool_calls:
    # 解析工具调用请求
    tool_call = message.tool_calls[0]
    function_name = tool_call.function.name
    function_params = json.loads(tool_call.function.arguments)
```

```
    # 打印工具调用信息
    print(f"Tool Call: {tool_call}")
    print(f"Function Name: {function_name}")
    print(f"Function Params: {function_params}")

    # 根据工具名称调用相应的工具
    if function_name == "get_weather":
        result = get_weather([function_params["location"]])
    elif function_name == "get_stock":
        result = get_stock([function_params["location"]])
    else:
        result = "未知工具"

    # 打印工具执行结果
    print(f"Tool Result: {result}")
```

结果如下所示：

```
    Initial Model Response: ChatCompletionMessage(content='', refusal=None,
role='assistant', audio=None, function_call=None,
tool_calls=[ChatCompletionMessageToolCall(id='call_0_18c66898-e9e9-45de-98bf-4e4961cb9400
', function=Function(arguments='{"location":"Shanghai"}', name='get_weather'),
type='function', index=0)])
    Tool Call:
ChatCompletionMessageToolCall(id='call_0_18c66898-e9e9-45de-98bf-4e4961cb9400',
function=Function(arguments='{"location":"Shanghai"}', name='get_weather'),
type='function', index=0)
    Function Name: get_weather
    Function Params: {'location': 'Shanghai'}
    Tool Result: Shanghai的天气晴朗
```

我们分别对其进行讲解。首先，定义要使用的工具，并通过列表的形式对工具进行汇总，这里定义了两个工具函数get_weather和get_stock，分别用于模拟获取指定城市的天气情况和股票价格。每个函数接受一个参数function_params，其中包含所需的参数信息（如城市名称或股票名称），并返回相应的模拟结果。接着，代码定义了一个tools列表，其中包含这两个工具函数的元数据描述，包括函数名称、功能描述以及参数的定义（如参数类型、描述等）。这些元数据可以用于动态调用这些工具函数，或者集成到其他系统中进行自动化处理。

以下是对代码的详细分步讲解和模型介绍，我们将结合代码的每一部分进行说明。

1. 初始化OpenAI客户端

```
from openai import OpenAI
import json

# 初始化 OpenAI 客户端
client = OpenAI(
    api_key="sk-c646e1c201d74777b54f45c60973f4f3",  # 替换为你的API密钥
    base_url="https://api.deepseek.com",  # DeepSeek API的基础URL
)
```

（1）功能：初始化OpenAI客户端，用于与DeepSeek API进行交互。

（2）关键点：

- api_key：用于身份验证的API密钥。
- base_url：DeepSeek API的基础URL，指定API的访问地址。

2. 定义工具函数

```
def get_weather(function_params):
    """模拟获取天气的工具函数"""
    location = function_params[0]
    return f"{location}的天气晴朗"

def get_stock(function_params):
    """模拟获取股票的工具函数"""
    location = function_params[0]
    return f"{location}的股票价格为18.88"
```

（1）功能：定义了两个工具函数，分别用于模拟获取天气和股票信息。

（2）参数：

- function_params：一个列表，包含工具调用时传递的参数（如城市名称或股票名称）。

（3）返回值：返回一个字符串，表示模拟的结果。

（4）说明：这些函数是模拟实现，实际应用中可以通过调用真实的API获取数据。

3. 定义工具列表

```
tools = [
    {
        "type": "function",
        "function": {
            "name": "get_weather",
            "description": "获取指定城市的天气情况",
            "parameters": {
                "type": "object",
                "properties": {
                    "location": {
                        "type": "string",
                        "description": "城市名称，例如：上海",
                    }
                },
                "required": ["location"],
            },
        },
    },
    {
        "type": "function",
        "function": {
            "name": "get_stock",
            "description": "模拟获取股票的工具函数",
            "parameters": {
                "type": "object",
                "properties": {
                    "location": {
                        "type": "string",
                        "description": "股票名称，例如：上海证券",
                    }
                },
                "required": ["location"],
            },
        },
    }
]
```

（1）功能：定义工具函数的元数据，包括名称、描述和参数。

（2）结构：

- type：工具类型，这里是function。
- name：工具函数的名称。
- description：工具函数的功能描述。
- parameters：定义工具函数的参数类型和结构。
- properties：参数的属性（如location的类型和描述）。
- required：指定哪些参数是必需的。

（3）说明：这些元数据用于指导模型如何调用工具函数。

4. 发送消息并调用工具

```
def send_messages_tools(messages):
    """发送消息并调用工具"""
    response = client.chat.completions.create(
        model="deepseek-chat",  # 使用的模型
        messages=messages,  # 消息列表
        tools=tools,  # 工具列表
        tool_choice="auto",  # 让模型自动选择是否调用工具
    )
    return response.choices[0].message
```

（1）功能：发送用户问题到模型，并返回模型的响应。

（2）参数：

- model：使用的模型名称（这里是deepseek-chat）。
- messages：包含系统提示和用户问题的消息列表。
- tools：工具列表。
- tool_choice：设置为auto，表示由模型自动决定是否调用工具。

（3）返回值：返回模型生成的消息。

（4）说明：该函数是核心逻辑，负责与模型交互并获取工具调用请求。

5. 系统提示

```
system_prompt = """
你是一个智能助手，能够通过“思考”“工具调用”和“响应”三个阶段来处理用户的问题。每个阶段的任务如下：
1. **思考阶段**：你需要仔细分析用户的问题，判断是否需要调用工具来获取信息。如果需要调用工具，明确选择适合的工具并准备调用参数。
2. **工具调用阶段**：根据思考阶段的结果，选择合适的工具并生成工具调用请求。工具调用的参数需要符合工具的定义。
3. **响应阶段**：根据工具调用的返回结果，生成对用户问题的最终回答。

示例：
用户问题：天津的天气怎么样？
思考：我需要调用工具查询天津的天气情况。
工具调用：
{
    "function_name": "get_weather",
    "function_params": {"location": "天津"}
}
```

```
工具调用结果："天津的天气晴朗"
最终回答：天津的天气晴朗。
"""
```

（1）功能：指导模型如何处理用户问题。

（2）内容：

- 定义了模型的工作流程（思考、工具调用、响应等）。
- 提供了一个示例，帮助模型理解如何调用工具并生成响应。

（3）说明：系统提示是模型行为的关键指导，确保模型能够正确调用工具。

6. 用户问题与消息列表

```
question = "Shanghai的天气是什么？"
messages = [
    {"role": "system", "content": system_prompt},
    {"role": "user", "content": question},
]
```

（1）功能：定义用户问题，并将其与系统提示一起组成消息列表。

（2）结构：

- "role": "system"：系统提示，用于指导模型。
- "role": "user"：用户问题。

（3）说明：消息列表是模型输入的核心部分，决定了模型的行为和输出。

7. 发送消息并获取模型响应

```
message = send_messages_tools(messages)
print(f"Initial Model Response: {message}")
```

（1）功能：发送消息列表到模型，并打印模型的初始响应。

（2）说明：模型的初始响应可能包含工具调用请求或直接回答。

8. 检查工具调用请求

```
if message.tool_calls:
    # 解析工具调用请求
    tool_call = message.tool_calls[0]
    function_name = tool_call.function.name
    function_params = json.loads(tool_call.function.arguments)

    # 打印工具调用信息
    print(f"Tool Call: {tool_call}")
    print(f"Function Name: {function_name}")
    print(f"Function Params: {function_params}")

    # 根据工具名称调用相应的工具
    if function_name == "get_weather":
        result = get_weather([function_params["location"]])
    elif function_name == "get_stock":
        result = get_stock([function_params["location"]])
    else:
        result = "未知工具"

    # 打印工具执行结果
    print(f"Tool Result: {result}")
```

（1）功能：解析模型的工具调用请求，执行相应的工具函数，并返回结果。

（2）步骤：

- 检查模型是否返回了工具调用请求（tool_calls）。
- 解析工具调用的名称和参数。
- 根据工具名称调用相应的工具函数。
- 打印工具执行结果。

（3）说明：该部分是工具调用的核心逻辑，负责执行工具函数并处理结果。

9. 代码运行流程

（1）初始化OpenAI客户端。

（2）定义工具函数和工具列表。

（3）发送用户问题到模型，并获取模型的初始响应。

（4）检查模型是否返回了工具调用请求。

（5）解析工具调用请求，执行相应的工具函数。

（6）打印工具执行结果。

上面示例代码实现了一个基于工具调用的智能助手系统，能够根据用户问题动态调用工具函数并返回结果。通过定义工具函数、工具列表和系统提示，代码实现了灵活的问题处理机制，适用于需要外部数据支持的场景（如天气查询、股票查询等）。

6.1.4　DeepSeek工具调用判定依据

在我们进行工具调用时，DeepSeek也需要有一个判断依据，为了找到这个判断依据，我们修改部分代码，特别是工具箱的描述，如下所示：

```
from openai import OpenAI
import json

# 初始化 OpenAI 客户端
client = OpenAI(
    api_key="sk-c646e1c201d74777b54f45c60973f4f3",  # 替换为你的API密钥
    base_url="https://api.deepseek.com",  # DeepSeek API的基础URL
)

# 定义匿名工具函数
def get_tool2(function_params):
    location = function_params[0]
    return f"{location}的天气晴朗"

def get_tool1(function_params):
    location = function_params[0]
    return f"{location}的股票价格为18.88"


# 定义工具列表
tools = [
    {
        "type": "function",
        "function": {
            "name": "get_tool1",
```

```
            "description": "模拟获取股票的工具函数",
            "parameters": {
                "type": "object",
                "properties": {
                    "location": {
                        "type": "string",
                        "description": "",
                    }
                },
                "required": ["location"],
            },
        },
    },
    {
        "type": "function",
        "function": {
            "name": "get_tool2",
            "description": "模拟获取天气的工具函数",
            "parameters": {
                "type": "object",
                "properties": {
                    "location": {
                        "type": "string",
                        "description": "",
                    }
                },
                "required": ["location"],
            },
        },
    }
]

# 发送消息并调用工具
def send_messages_tools(messages):
    """发送消息并调用工具"""
    response = client.chat.completions.create(
        model="deepseek-chat",  # 使用的模型
        messages=messages,  # 消息列表
        tools=tools,  # 工具列表
        tool_choice="auto",  # 让模型自动选择是否调用工具
    )
    return response.choices[0].message

# 系统提示
system_prompt = """
你是一个智能助手，能够通过“思考”“工具调用”和“响应”三个阶段来处理用户的问题。每个阶段的任务如下：

1. **思考阶段**：你需要仔细分析用户的问题，判断是否需要调用工具来获取信息。如果需要调用工具，明确选择适合的工具并准备调用参数。
2. **工具调用阶段**：根据思考阶段的结果，选择合适的工具并生成工具调用请求。工具调用的参数需要符合工具的定义。
3. **响应阶段**：根据工具调用的返回结果，生成对用户问题的最终回答。

示例：
用户问题：天津的天气怎么样？
思考：我需要调用工具查询天津的天气情况。
工具调用：
{
    "function_name": "get_tool",
```

```
        "function_params": {"location": "天津"}
    }
    工具调用结果："天津的天气晴朗"
    最终回答：天津的天气晴朗。
    """

    # 用户问题
    question = "Shanghai的天气是什么？"

    # 消息列表
    messages = [
        {"role": "system", "content": system_prompt},
        {"role": "user", "content": question},
    ]

    # 发送消息并获取模型响应
    message = send_messages_tools(messages)

    # 打印模型返回的原始消息
    print(f"Initial Model Response: {message}")

    # 检查模型是否返回了工具调用请求
    if message.tool_calls:
        # 解析工具调用请求
        tool_call = message.tool_calls[0]
        function_name = tool_call.function.name
        function_params = json.loads(tool_call.function.arguments)

        # 打印工具调用信息
        print(f"Tool Call: {tool_call}")
        print(f"Function Name: {function_name}")
        print(f"Function Params: {function_params}")

        # 根据工具名称调用相应的工具
        if function_name == "get_tool1":
            result = get_tool1([function_params["location"]])
        elif function_name == "get_tool2":
            result = get_tool2([function_params["location"]])
        else:
            result = "未知工具"

        # 打印工具执行结果
        print(f"Tool Result: {result}")
```

在上面代码中，我们匿名定义了工具函数，并删除了其描述部分，而仅仅在工具箱列表中对函数的作用进行解释。我们重新运行工具函数调用，结果如下所示：

```
    Initial Model Response: ChatCompletionMessage(content='', refusal=None,
role='assistant', audio=None, function_call=None,
tool_calls=[ChatCompletionMessageToolCall(id='call_0_c5a5e11b-9045-4fe5-8c89-0b6ca0d768b9
', function=Function(arguments='{"location":"Shanghai"}', name='get_tool2'),
type='function', index=0)])
    Tool Call:
ChatCompletionMessageToolCall(id='call_0_c5a5e11b-9045-4fe5-8c89-0b6ca0d768b9',
function=Function(arguments='{"location":"Shanghai"}', name='get_tool2'), type='function',
index=0)
    Function Name: get_tool2
    Function Params: {'location': 'Shanghai'}
    Tool Result: Shanghai的天气晴朗
```

可以看到，我们替换了名称，并在函数体内部删除了注释，仅仅在工具描述列表中对每个工具函数进行描述，结果如下：

```
    Initial Model Response: ChatCompletionMessage(content='', refusal=None,
role='assistant', audio=None, function_call=None,
tool_calls=[ChatCompletionMessageToolCall(id='call_0_94b9f60d-bc93-406a-bc6a-d72f985e33d1
', function=Function(arguments='{"location":"Shanghai"}', name='get_tool2'),
type='function', index=0)])
    Tool Call:
ChatCompletionMessageToolCall(id='call_0_94b9f60d-bc93-406a-bc6a-d72f985e33d1',
function=Function(arguments='{"location":"Shanghai"}', name='get_tool2'), type='function',
index=0)
    Function Name: get_tool2
    Function Params: {'location': 'Shanghai'}
    Tool Result: Shanghai的天气晴朗
```

可以看到，此时生成的结果依旧输出了对应的天气情况。下一步，我们继续修改内容，在工具list中删除了函数描述与参数描述，但是在工具函数体内部加上对应的描述，如下所示：

```
    # 定义工具函数
    def get_tool2(function_params):
        "模拟获取天气的工具函数"
        location = function_params[0]
        return f"{location}的天气晴朗"

    def get_tool1(function_params):
        "模拟获取股票的工具函数"
        location = function_params[0]
        return f"{location}的股票价格为18.88"

    # 定义工具列表
    tools = [
        {
            "type": "function",
            "function": {
                "name": "get_tool1",
                "description": None,
                "parameters": {
                    "type": "object",
                    "properties": {
                        "location": {
                            "type": "string",
                            "description": "",
                        }
                    },
                    "required": ["location"],
                },
            },
        },
        {
            "type": "function",
            "function": {
                "name": "get_tool2",
                "description": None,
                "parameters": {
                    "type": "object",
                    "properties": {
                        "location": {
                            "type": "string",
```

```
                    "description": "",
                }
            },
            "required": ["location"],
        },
    },
  }
]
```

打印结果如下所示：

```
    Initial Model Response: ChatCompletionMessage(content='', refusal=None,
role='assistant', audio=None, function_call=None,
tool_calls=[ChatCompletionMessageToolCall(id='call_0_f5dd2f6e-e1f3-4c0a-a5ee-627fd0e9341e
', function=Function(arguments='{"location":"Shanghai"}', name='get_tool1'),
type='function', index=0)])
    Tool Call:
ChatCompletionMessageToolCall(id='call_0_f5dd2f6e-e1f3-4c0a-a5ee-627fd0e9341e',
function=Function(arguments='{"location":"Shanghai"}', name='get_tool1'), type='function',
index=0)
    Function Name: get_tool1
    Function Params: {'location': 'Shanghai'}
    Tool Result: Shanghai的股票价格为18.88
```

可以看到，虽然有DeepSeek输出了结果，但是很明显，此时的模型存在函数调用错误，即我们在定义的工具列表中删除了函数描述，就会造成函数调用错误的结果，这一点需要读者注意。

6.2 给大模型插上翅膀的MCP协议详解

大模型的工具调用（Function Calling）功能，作为人工智能领域的一项关键技术，赋予了大模型与外部世界进行交互和协作的能力。在这一领域，DeepSeek所实现的工具调用机制，以其高效、灵活的特点，成为众多开发者和研究者关注的焦点。它不仅能够让模型根据需求精准地调用各类外部工具，还极大地拓展了模型的应用场景和实用价值，使得大模型在诸如自然语言处理、智能客服、内容生成等众多领域展现出了强大的实力。然而，随着人工智能技术在特定领域和垂直行业的深入应用，我们逐渐发现，一些专业场景下的大模型面临着新的挑战。

这些特定领域和垂直行业的大模型，由于其训练数据和应用场景的特殊性，往往本身不具备或者无法直接执行某些特定的Function Calling。例如，在医疗领域，大模型可能需要调用专业的医学诊断工具来获取准确的诊断结果；在金融领域，可能需要调用实时的金融数据接口以进行精准的风险评估。在这些情况下，仅仅依靠大模型自身的能力是远远不够的，我们额外需要一种能够使得大模型直接、高效调用这些专业工具的方法，而MCP正是为解决这一问题而诞生的。

MCP作为一种具有开创性的开放协议，如图6-3所示。其核心目标在于标准化人工智能模型与外部数据源、工具之间的交互方式。在当今复杂多变的人工智能应用环境中，模型需要与各种不同类型的数据源和工具进行交互，以实现更加智能、高效的任务处理。通过MCP，大模型可以轻松地与各种专业工具进行连接和通信，无须进行复杂的接口开发和数据转换，从而大大提高了开发效率和应用效果。同时，MCP的标准化特性也保证了不同模型、不同工具之间的兼容性和互操作性，为人工智能技术的广泛应用和深入发展奠定了坚实的基础。

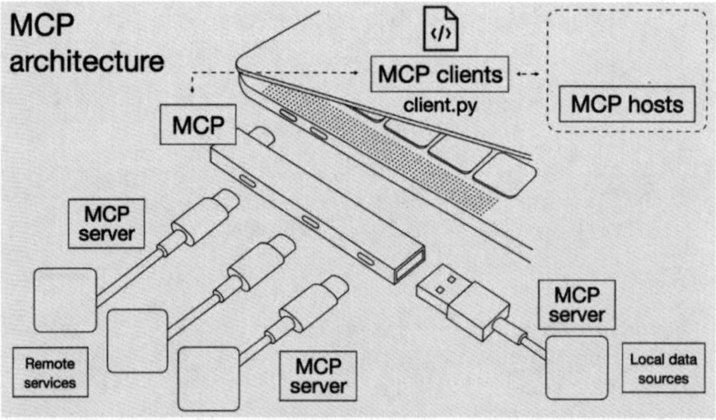

图6-3　MCP通信协议

MCP通过定义一套统一的通信规范，成功打破了模型与外部系统之间的壁垒，使得大语言模型（LLM）能够轻松、无缝地连接本地文件、数据库、API以及各类专业工具。这一协议的出现，为人工智能模型的集成和应用提供了更加便捷、高效的解决方案。

读者将逐渐掌握如何在实际项目中灵活运用DeepSeek的工具调用和MCP协议，构建出更加智能、高效的人工智能应用。同时，我们也将深入探讨MCP协议在其中的重要作用，以及如何利用MCP协议进一步优化模型与外部系统的交互过程。

无论是处理复杂的自然语言任务，还是与各类外部数据源和工具进行深度集成，这些知识和技能都将成为读者在人工智能领域取得成功的有力武器。我们相信，通过本章的学习，读者将能够开启一段全新的人工智能探索之旅，为未来的技术创新和应用发展奠定坚实的基础。

6.2.1　MCP协议目的、功能与架构详解

MCP协议的问世，旨在攻克AI模型与外部数据源和工具之间错综复杂的连接难题。在过往的开发进程中，开发者常常需要为不同的数据源和工具量身定制连接方案，这不仅耗费大量的时间与精力，还极易导致代码的冗余和混乱。而MCP协议凭借其标准化的特性，犹如一把万能钥匙，巧妙地减少了开发者的重复劳动，为开发过程带来了前所未有的便捷与高效。

MCP堪称AI世界的万能连接器，其作为标准化协议的重要性不言而喻。它搭建起了一座沟通的桥梁，让形形色色的应用和工具能够毫无阻碍地实现无缝连接。无论这些应用和工具来自何处、具有何种特性，MCP都能凭借其强大的兼容性，将它们紧密地联系在一起，共同构建起一个协同共生的AI生态系统。

从架构层面来看，MCP主要由Host、Client和Server三大部分构成。其中，客户端扮演着通信使者的角色，负责在AI模型与外部系统之间传递信息；而服务器则如同一位睿智的中间人，巧妙地连接着外部系统，这些外部系统可能是庞大的数据库，也可能是功能各异的API。通过这种明确的分工协作，MCP实现了AI模型与外部世界的高效交互。

相较于传统的Function Calling，MCP展现出了显著的优势。传统的Function Calling往往呈现出碎片化的特点，不同的AI模型和应用可能采用不同的调用方式，这使得开发者在面对不同的项目时，需要不断地重新学习和适应，极大地增加了开发的难度和成本。而MCP通过统一协议，打破了这种碎片化的局面，为开发者提供了一个统一、规范的操作标准。它不仅仅是一种技术上的革新，更是一种生态整合的利器。

通过MCP，不同的AI模型、应用和工具能够在一个统一的框架下协同工作，形成了一个更加紧密、高效的AI生态。这种标准化和生态整合的优势，使得MCP成为推动AI技术发展的重要力量，为AI的广泛应用和深入发展奠定了坚实的基础。

1. 标准化交互协议

MCP以一种极具创新性的方式，将AI模型与外部资源的交互过程抽象为三个关键部分，构建起了一套高效、统一的交互体系。

- MCP Host：作为发起请求的AI应用，它就像是整个交互流程的指挥官。常见的如Claude、Cursor IDE等，这些应用在实际运行中会产生与外部资源交互需求，从而触发整个MCP交互流程。
- MCP Client：它运行在Host之中，扮演着格式转换大师的角色。当Host发起请求时，MCP Client会将请求精心格式化为结构化消息。这种结构化消息具有统一的格式和规范，便于后续的传输和处理，就像是将杂乱的信息整理成有序的包裹，以便准确送达目的地。
- MCP Server：作为轻量级中间件，它是连接本地或远程资源的桥梁。无论是庞大的数据库，还是功能丰富的API，MCP Server都能与之建立连接。它负责执行具体的操作，并将操作结果返回，就如同一位高效的快递员，准确地将货物送达并带回反馈信息。

2. 核心组件

MCP的核心组件犹如一套精密的齿轮组，相互配合，共同推动AI模型与外部资源进行有效交互。

- 资源（Resources）：这是向模型暴露的数据对象，是模型获取信息的源泉。例如文件，它可能包含着重要的文本、图像等数据；数据库表，则存储着结构化的数据信息。这些资源为模型提供了丰富的素材，使其能够进行更深入地分析和处理。
- 工具（Tools）：可调用的函数是模型实现各种功能的利器。比如执行SQL查询，模型可以通过调用相应的工具从数据库中提取所需的数据；操作浏览器，则可以让模型获取网页上的信息。这些工具赋予了模型强大的操作能力，使其能够与现实世界进行更紧密的互动。
- 提示词（Prompts）：预定义的指令模板就像是模型的行动指南。它们指导模型如何利用资源和工具，让模型知道在什么情况下使用什么资源和工具，以及如何正确地使用它们。通过提示词，模型能够更加智能、高效地完成任务。

3. 动态发现机制

MCP具备动态发现机制，这一特性使其具有类似即插即用的硬件生态的优势。它能够自动识别新接入的服务器功能，无须修改模型代码即可扩展能力。当有新的资源或工具接入时，MCP可以迅速发现并适配，为模型提供更多的功能和可能性。这大大简化了系统的扩展和维护过程，提高了系统的灵活性和可扩展性。其主要作用如下：

- 消除碎片化集成：在传统方案中，每个AI应用都需要单独开发连接器，例如连接天气API、数据库驱动等。这不仅增加了开发的工作量，还导致了代码的冗余和复杂。而MCP通过统一协议，打破了这种碎片化的局面，减少了重复开发，提高了开发效率。
- 提升开发效率：开发者无须再关注底层的实现细节，只需专注于如何利用MCP提供的资源和工具来实现业务逻辑。这使得开发者能够将更多的精力投入到创新和业务优化上，大大缩短了开发周期。

- 增强数据安全：本地Server直接访问敏感数据，避免了将数据传输到云端可能带来的安全风险。同时，权限控制精细到工具级别，例如可以限制模型仅能读取特定目录的数据，进一步保障了数据的安全性。
- 提升模型实用性：MCP使模型能够突破训练数据的限制，实时操作现实系统。例如，模型可以自动抓取新闻、分析销售数据等，为实际应用提供了更多的可能性。

4. MCP协议的通信流程

MCP的通信流程在整体中，各个环节紧密配合，确保信息的准确传递和处理。其流程如下：

（1）MCP Host向MCP Client发送请求，请求中包含了资源、工具和提示词等关键信息。这些信息就像是舞蹈的指令，指导着后续的动作。

（2）MCP Client接收到请求后，将其格式化为结构化消息。这一过程就像是将指令转化为标准的舞蹈动作，便于后续的传输和执行。

（3）格式化后的结构化消息被发送给MCP Server，MCP Server根据消息中的信息执行相应的操作，并将结果返回给MCP Client。

5. MCP服务端

MCP Server作为轻量级中间件，承担着连接本地/远程资源、执行具体操作并返回结果的重要职责。其主要功能如下：

- 资源管理：对本地资源进行全面管理，如文件、数据库表等。它负责资源的存储、访问控制等操作，确保资源的安全和有效利用。
- 工具管理：管理可调用的函数，如执行SQL查询、操作浏览器等。它负责工具的注册、调用和监控，保证工具的正常运行。
- 请求处理：接收MCP Client发送的请求，解析请求中的资源、工具和提示词等信息。根据解析结果，调用相应的资源或工具执行操作，确保请求得到准确处理。
- 结果返回：将操作结果返回给MCP Client，以便后续的处理和使用。

可以看到，在与相关技术的对比中，MCP协议是针对不同模型定制的接口，生态封闭、通用性和灵活性不足，而MCP作为标准化协议适用性和兼容性更广。对于使用的大模型，MCP提供底层协议支持工具的标准化调用，避免重复开发适配层，提升效率、降低成本。

同时，MCP凭借其标准化的交互协议、核心组件、动态发现机制等优势，解决了传统AI应用中的诸多问题，为AI技术的发展和应用提供了强大的支持。

6.2.2 MCP实战1：本地工具服务端搭建

MCP的作用是搭建工具函数与大模型应用的桥梁，我们首先将完成工具函数类的设置。在具体使用上，读者需要安装MCP专用的库包，命令如下所示：

```
pip install mcp
```

下面示例实现了多个可用MCP调用的函数，并使用mcp.tool()进行修饰，代码如下所示：

```
'''
MCP服务端程序
提供 stdio 协议与MCP客户端进行通信
'''
```

```
import datetime
from mcp.server.fastmcp import FastMCP

mcp = FastMCP("DemoServer")  # 创建服务实例

@mcp.tool()
def add_numbers(a: int, b: int) -> int:
    """
    计算两个整数的和。

    Args:
        a (int): 第一个整数，例如：5
        b (int): 第二个整数，例如：3

    Returns:
        int: 两数之和，例如：8
    """
    return a + b

@mcp.tool()
def multiply_numbers(a: int, b: int) -> int:
    """
    计算两个整数的乘积。

    Args:
        a (int): 被乘数，例如：4
        b (int): 乘数，例如：7

    Returns:
        int: 两数乘积，例如：28
    """
    return a * b

@mcp.tool()
def date_time() -> str:
    """
    获取当前系统时间（基于服务器时区）。

    Returns:
        str: 格式为YYYY-MM-DD HH:MM:SS的时间字符串，例如：2024-05-01 15:30:00
    """
    return datetime.datetime.now().strftime("%Y-%m-%d %H:%M:%S")

@mcp.tool()
def get_weather(city_name: str) -> dict:
    """
    获取指定城市的模拟天气信息（当前为静态数据）。

    Args:
        city_name (str): 城市名称（中文或拼音），例如：shanghai 或 上海

    Returns:
        dict: 包含城市和温度的字典，例如：{'城市': '上海', '温度': '23℃'}
    """
    return {
        '城市': city_name,
        '温度': "23℃"
    }

if __name__ == "__main__":
    mcp.run(transport="stdio")  # 使用标准输入输出协议运行服务
```

在上面代码中，我们定义了多个函数，并通过说明文本对函数作用进行讲解，而mcp.tool()的作用是对其进行注册，将函数转换为可供MCP框架使用的内容。

6.2.3 MCP实战2：本地客户端搭建与使用

下面我们将完成MCP客户端搭建，在这里我们的目标是使用DeepSeek完成工具的调用。首先是DeepSeek大模型的提示设置与输出，代码如下所示：

```
from openai import OpenAI
from mcp import ClientSession, StdioServerParameters  # 从mcp模块导入ClientSession和
StdioServerParameters类
from mcp.client.stdio import stdio_client  # 从mcp.client.stdio模块导入stdio_client函数
import sys  # 导入sys模块，用于处理命令行参数
import json  # 导入json模块，用于处理JSON数据

# 定义一个函数，用于转换tools工具中JSON数据
def transform_json(tools):
    s = "MCP服务器提供的工具如下:"
    for tool in tools:  # 遍历工具列表
        s = s + f"""
            tool_name: {tool.name},
            tool_description: {tool.description},
            - input title: {tool.inputSchema['title']},
            - input properties:"{tool.inputSchema['properties']},

            """
    return s

def ask_llm_deepseek(question, tools_list):
    # TODO: 实现与LLM的交互逻辑
    # 这里只是一个示例，实际应用中需要根据具体情况进行实现
    system_prompt = tools_list + '\n 根据以上描述,用户要求:%s ,请生成一个工具调用命令,要求以json
格式输出{"tool":工具名,"tool_input":参数字典},只输出json,不要输出其他内容' % (
        question)

    client = OpenAI(
        api_key="sk-282074c41d594514aee6fd6f179ed292",
        base_url="https://api.deepseek.com/beta",
    )

    response = client.chat.completions.create(
        model="deepseek-chat",
        messages=[
            {"role": "system", "content": system_prompt},
            {"role": "user", "content": "Hello"},
        ],
        max_tokens=1024,
        temperature=0.99,
        stream=False
    )

    generated_text = response.choices[0].message.content  # 提取文本内容
    return generated_text, client  # 返回文本而非response对象

def llm_deepseek(question,client):
    response = client.chat.completions.create(
        model="deepseek-chat",
        messages=[
            {"role": "user", "content": question},
        ],
        max_tokens=1024,
```

```
        temperature=0.99,
        stream=False
    )
    generated_text = response.choices[0].message.content  # 提取文本内容
    return generated_text
```

从上面代码中可以看到，我们定义一个函数用于转换tools工具中JSON数据，而DeepSeek函数的作用是对输入的内容和函数进行匹配，并完成函数的调用。这里需要注意，我们使用System_prompt对DeepSeek的作用以及输出格式做出规范，并且在system_prompt中添加了函数的用法和说明。

完整的MCP客户端搭建与使用如下所示：

```
'''
MCP客户端程序
通过 stdio 协议与MCP服务器进行通信
获取MCP服务器的工具清单和调用参数
并调用工具实现MCP服务中函数功能
'''

from openai import OpenAI
from mcp import ClientSession, StdioServerParameters  # 从mcp模块导入ClientSession和
StdioServerParameters类
from mcp.client.stdio import stdio_client  # 从mcp.client.stdio模块导入stdio_client函数
import sys  # 导入sys模块，用于处理命令行参数
import json  # 导入json模块，用于处理JSON数据

# 定义一个函数，用于转换tools工具中JSON数据
def transform_json(tools):
    s = "MCP服务器提供的工具如下:"
    for tool in tools:  # 遍历工具列表
        s = s + f"""
            tool_name: {tool.name},
            tool_description: {tool.description},
            - input title: {tool.inputSchema['title']},
            - input properties:"{tool.inputSchema['properties']},

            """
    return s

def ask_llm_deepseek(question, tools_list):
    # TODO: 实现与LLM的交互逻辑
    # 这里只是一个示例，实际应用中需要根据具体情况进行实现
    system_prompt = tools_list + '\n 根据以上描述,用户要求:%s ,请生成一个工具调用命令,要求以json
格式输出{"tool":工具名,"tool_input":参数字典},只输出json,不要输出其他内容' % (
        question)

    client = OpenAI(
        api_key="sk-282074c41d594514aee6fd6f179ed292",
        base_url="https://api.deepseek.com/beta",
    )

    response = client.chat.completions.create(
        model="deepseek-chat",
        messages=[
            {"role": "system", "content": system_prompt},
            {"role": "user", "content": "Hello"},
        ],
        max_tokens=1024,
        temperature=0.99,
        stream=False
    )
```

```
        generated_text = response.choices[0].message.content  # 提取文本内容
        return generated_text, client  # 返回文本而非response对象

    def llm_deepseek(question,client):
        response = client.chat.completions.create(
            model="deepseek-chat",
            messages=[
                {"role": "user", "content": question},
            ],
            max_tokens=1024,
            temperature=0.99,
            stream=False
        )
        generated_text = response.choices[0].message.content  # 提取文本内容
        return generated_text

    import os
    server_script_path = os.path.join(os.path.dirname(__file__), "mcp_tool_and_server.py")
    # 定义服务器参数
    server_params = StdioServerParameters(
        command="python",                    # 运行命令
        args=[server_script_path],           # 服务器脚本路径
        env=None                             # 可选的环境变量
    )

    async def run(question = "你是谁?"):
        # 建立连接
        async with stdio_client(server_params) as (read, write):
            async with ClientSession(read, write) as session:
                # 初始化连接
                await session.initialize()

                # 列出可用工具
                tools = await session.list_tools()
                #print("可用工具:", tools.tools)
                s = transform_json(tools.tools) +"\n"
                #print(s)
                response, client = ask_llm_deepseek(question,s)
                # 清理Markdown标记
                response = response.strip().replace('''''json', '').replace(''''', '').strip()
                #print(response)
                mtools = json.loads(response)  # 现在response是纯JSON字符串
                print("mtools: --> ",mtools)
                if 'tool' in mtools:
                    tool_name = mtools['tool']
                    tool_input = mtools['tool_input']

                    # 调用工具
                    print("调用工具:", tool_name, tool_input)
                    ret = await session.call_tool(tool_name, tool_input)
                    if ret:
                        try:
                            r = json.loads(ret.content[0].text)
                        except:
                            r = ret.content[0].text
                        print("工具返回结果:", r)
                    questions = f"用户的问题是{question},根据{tool_name}的返回结果为: {r}, 根据以上
信息,回答问题。"
                    r = llm_deepseek(questions,client)
                    print(r)
                else:
```

```
            r = llm_deepseek(question,client)
            print(r)

if __name__ == "__main__":
    import asyncio
    questions = ['计算一下356*125', '25+38是多少?', '现在的时间是什么时候?', 'Shanghai天气怎么样?','请给我讲一个笑话']
    for question in questions:
      asyncio.run(run(question))
```

上面代码的核心功能是通过一个本地工具服务器（MCP服务器）和LLM（如DeepSeek）结合，根据用户问题动态调用工具并生成答案。以下是代码开始部分的详细解析：

1. 模块引入

- from openai import OpenAI：虽然命名为OpenAI，但后续代码实际上是通过自定义类与DeepSeek的API交互，可能是为了兼容性或扩展性而命名。
- from mcp import ClientSession, StdioServerParameters 和 from mcp.client.stdio import stdio_client：用于与MCP服务器交互，ClientSession管理会话，StdioServerParameters配置服务器参数，stdio_client用于创建客户端连接。
- import sys, json：sys用于处理命令行参数（尽管代码中未直接使用），json用于解析和生成JSON数据。
- import os：用于处理文件路径，确定MCP服务器脚本的位置。

2. 工具描述转换函数

- transform_json(tools)：将MCP服务器提供的工具列表转换为人类可读的字符串格式，包括工具名称、描述、输入标题和属性。这有助于将工具信息传递给LLM以生成调用命令。

3. LLM交互函数

- ask_llm_deepseek(question, tools_list)：构建系统提示（System Prompt），将工具描述和用户问题结合，生成一个JSON格式的工具调用命令。通过DeepSeek API发送请求，并返回生成的文本和客户端对象。
- llm_deepseek(question, client)：直接通过客户端对象发送用户问题到LLM，并返回生成的文本。

工具调用与结果处理：

（1）在run异步函数中，首先通过stdio_client和ClientSession与MCP服务器建立连接。

（2）列出可用工具，并将其转换为可读字符串。

（3）调用ask_llm_deepseek生成工具调用命令，解析返回的JSON字符串以获取工具名称和输入参数。

（4）如果成功解析出工具信息，则调用相应工具并处理返回结果。如果工具返回JSON格式的结果，则尝试解析，否则直接打印文本结果。

（5）根据工具返回结果或原始问题，再次调用LLM以生成最终答案。

（6）最后使用asyncio.run(run(question))逐个处理每个问题。

注意，在这里我们每次处理一个问题都会重新建立与MCP服务器的连接和LLM的交互；这在实际应用中可能不是最高效的方式，但便于演示和测试。

6.3　在线MCP服务器的搭建与使用实战

上面我们介绍了MCP的基本使用和本地化部署的方法，并通过实际编程展示如何在单一机器上完成MCP工具的部署与使用。然而，MCP更多地应用在搭建适配于网络的MCP服务器上，通过网络服务的形式为更多的使用者提供服务。本节将介绍基于网络的MCP服务器的搭建与使用。

6.3.1　在线MCP服务器搭建

我们通过MCP官方提供的配置可以完成MCP服务器的搭建，但是对于新手来说，需要了解和掌握服务器的配置，并对文件的命名与代码的编写要求有一定的了解。为了方便使用MCP在线服务器的搭建，我们可以使用现成的Python库来完成MCP服务器的搭建。首先我们需要安装以下两个Python库，打开终端运行如下命令：

```
pip install fastapi
pip install fastapi_mcp
```

fastapi与fastapi_mcp是用于通过网络对MCP服务提供支持的Python库，在安装成功后，我们可以直接移植前面准备的函数，完整的服务器代码如下所示：

```
from fastapi import FastAPI, HTTPException
from fastapi_mcp import FastApiMCP
from pydantic import BaseModel
from datetime import datetime

# 初始化FastAPI应用
app = FastAPI(title="AI计算服务", description="提供基础数学计算、时间查询和天气模拟功能")

# 数学运算端点
@app.get("/add", operation_id="add_numbers")
def add_numbers(a: int, b: int):
    """计算两个整数的和"""
    return {"result": a + b}

@app.get("/multiply", operation_id="multiply_numbers")
def multiply_numbers(a: int, b: int):
    """计算两个整数的乘积"""
    return {"result": a * b}

# 时间获取端点
@app.get("/datetime", operation_id="date_time")
def date_time():
    """获取当前系统时间"""
    return {"datetime": datetime.now().strftime("%Y-%m-%d %H:%M:%S")}

@app.post("/weather", operation_id="get_weather")
def get_weather(city_name: str):
    """获取指定城市天气信息"""
    return {
        "city": city_name,
        "temperature": "23℃"
    }

# 初始化MCP服务器
```

```
mcp = FastApiMCP(
    app,
    name="Math & Weather API",
    description="提供数学运算和天气查询服务的MCP接口",
    base_url="http://localhost:8000",
    include_operations=[
        "add_numbers",
        "multiply_numbers",
        "date_time",
        "get_weather"
    ]
)
mcp.mount()

if __name__ == "__main__":
    import uvicorn
    uvicorn.run(app, host="127.0.0.1", port=8000)
```

程序代码较为简单，整体逻辑就是首先定义服务器的名称与服务器描述，之后将不同的工具函数进行注册，并提供访问地址和端口，最后将MCP服务器挂载和启动。直接运行上述代码，结果如图6-4所示。

```
INFO:     Started server process [34208]
INFO:     Waiting for application startup.
INFO:     Application startup complete.
INFO:     Uvicorn running on http://127.0.0.1:8000 (Press CTRL+C to quit)
```

图6-4　MCP服务器的启动

可以看到此时我们已经正常启动了MCP服务，下面我们将完成客户端的编写。

6.3.2　在线MCP服务的连接和使用

接下来，我们将完成在线MCP服务的连接和使用。同样，我们可以根据前面一节展示的本地MCP客户端，修改代码如下：

```
import asyncio
import json
import logging
from mcp.client.session import ClientSession
from mcp.client.sse import sse_client

logging.basicConfig(level=logging.INFO)
logger = logging.getLogger(__name__)

# 工具描述转换器
def transform_tools(tools):
    tool_list = []
    for tool in tools:
        parameters = {}
        required = tool.inputSchema.get('required', [])
        for name, prop in tool.inputSchema['properties'].items():
            parameters[name] = {
                'type': prop['type'],
                'description': prop.get('description', ''),
                'required': name in required
            }
        tool_list.append({
            'name': tool.name,
            'description': tool.description,
```

```
            'parameters': parameters
        })
    return json.dumps(tool_list, ensure_ascii=False, indent=2)

from openai import OpenAI
def ask_llm_deepseek(question, tools_list):
    # TODO: 实现与LLM的交互逻辑
    # 这里只是一个示例，实际应用中需要根据具体情况进行实现
    system_prompt = tools_list + '\n 根据以上描述,用户要求:%s ,请生成一个工具调用命令,要求以json
格式输出{"tool":工具名,"tool_input":参数字典},只输出json,不要输出其他内容' % (
        question)

    client = OpenAI(
        api_key="sk-282074c41d594514aee6fd6f179ed292",
        base_url="https://api.deepseek.com/beta",
    )

    response = client.chat.completions.create(
        model="deepseek-chat",
        messages=[
            {"role": "system", "content": system_prompt},
            {"role": "user", "content": "Hello"},
        ],
        max_tokens=1024,
        temperature=0.99,
        stream=False
    )

    generated_text = response.choices[0].message.content  # 提取文本内容
    return generated_text, client  # 返回文本而非response对象

def llm_deepseek(question,client):
    response = client.chat.completions.create(
        model="deepseek-chat",
        messages=[
            {"role": "user", "content": question},
        ],
        max_tokens=1024,
        temperature=0.99,
        stream=False
    )
    generated_text = response.choices[0].message.content  # 提取文本内容
    return generated_text

async def main(question = "25+38是多少?"):
    async with sse_client("http://localhost:8000/mcp") as streams:
        async with ClientSession(streams[0], streams[1]) as session:
            await session.initialize()

            # 获取工具列表
            tools = (await session.list_tools()).tools
            s = transform_tools(tools) +"\n"
            response, client = ask_llm_deepseek(question, s)
            # 清理Markdown标记
            response = response.strip().replace('''json', '').replace(''''', '').strip()
            # print(response)
            mtools = json.loads(response)  # 现在response是纯JSON字符串
            print("mtools: --> ",mtools)
            if 'tool' in mtools:
                tool_name = mtools['tool']
                tool_input = mtools['tool_input']
                # 调用工具
```

```
                print("调用工具:", tool_name, tool_input)
                ret = await session.call_tool(tool_name, tool_input)
                if ret:
                    try:
                        r = json.loads(ret.content[0].text)
                    except:
                        r = ret.content[0].text
                    print("工具返回结果:", r)
                questions = f"用户的问题是{question},根据{tool_name}的返回结果为:{r},根据以上
信息,回答问题。"
                r = llm_deepseek(questions,client)
                return r

    if __name__ == "__main__":
        questions = ['计算一下356*125', '25+38是多少?', '现在的时间是什么时候?', 'Shanghai天气怎
么样?', '请给我讲一个笑话']
        for question in questions:
            response = asyncio.run(main(question))
            print(response)
            print("-----------------------------------------------------------")
```

从上面代码中可以看到，这里我们主要修改了其中的MCP连接地址，从而完成了MCP工具的调用与结果获取。读者可以自行尝试。

6.4 本章小结

本章全面讲解了DeepSeek工具调用及MCP基本原理，并展示了两者相互调用的高效方法。通过实战演练MCP在构建复杂系统中的作用，以及DeepSeek在特定领域的应用实践，读者能够深刻理解了这两项技术在大数据处理和模型训练中的强大功能。进一步地，本章深入解析了MCP的系统架构，探讨了DeepSeek与MCP的协同优化机制，并展望了它们在大数据和人工智能领域的未来发展趋势。通过本章的学习，读者将全面掌握DeepSeek与MCP的核心技术，为未来的数据处理和模型训练项目奠定坚实基础。

第 7 章

大模型驱动的即时金融信息采集与分析平台

在金融行业，资讯获取的重要性无须赘言。对于金融从业者而言，全面且及时地掌握最新金融资讯，堪称一项艰巨的挑战。一方面，海量的资讯信息如汪洋大海，仅仅是进行阅读与筛选，便要耗费大量的时间与精力，让人应接不暇；另一方面，在这纷繁复杂、真假难辨的资讯迷宫中，要做出精准且合理的分析与判断，更是犹如雾里看花，困难重重。

不过，随着大模型技术的迅猛发展，这一长期困扰金融从业者的难题，终于迎来了全新的解决方案。借助大模型强大的数据处理与分析能力，我们能够对所接收的资讯进行抽丝剥茧般的深度剖析，精准地提炼出最具时效性和价值含量的资讯要点。而且，大模型还能对分析结果进行高瞻远瞩的深度洞察与全面评估，为我们依据最新资讯迅速做出科学、合理的决策提供有力支撑。

在本章中，我们将详细介绍基于大模型驱动的即时金融信息采集与分析平台。该平台借助先进的网络爬取工具Crawl4AI，高效地获取对应的链接，并对其进行细致入微的解析。随后，大模型驱动的分析系统会对解析结果进行深度分析，挖掘其中隐藏的规律和趋势。通过这一平台，用户能够更加便捷地获取有价值的金融信息，进而做出更加明智、更加精准的决策。

7.1　网络爬取工具Crawl4AI详解

大语言模型若想实现语境化推理（即上下文学习），离不开高质量且富含上下文信息的数据支撑，这是其完成问题回答、内容生成以及驱动AI代理等各类任务的重要基石。

高效的数据传递机制犹如大语言模型的“信息高速路”，能确保模型在恰当的时机获取精准信息，而这直接关乎其响应的准确性与实用性。数据传递的速度快慢、质量优劣以及结构化程度高低，都对大语言模型输出的实际应用价值起着决定性作用。无论是实时洞察市场动态、精准提炼新闻摘要、准确预报天气，还是深度整合专业领域知识，皆依赖于此。

Crawl4AI作为一款专为大语言模型量身打造的开源网页爬取工具，具备强大的数据提取能力，可高效地从网页中抓取数据，并将其转化为JSON、规范化HTML或Markdown等结构化格式。这一独特优势，使其成为那些需要持续获取最新数据，同时又不想依赖复杂集成方案的应用场景的不二之选。

7.1.1　大模型传递数据的方式

在我们使用大模型对数据进行分析和解答时，一个必须做的内容就是数据的准备与传输，数据能够借助多种技术手段输送至大语言模型，具体方式为API接口和数据库集成。

1. API接口

API接口为数据传递搭建了一座桥梁，它能够将结构化数据精准地输送给大语言模型。不过，这座桥梁并非毫无限制，服务提供商所设定的功能约束以及计费限制，就如同桥梁上的栏杆和收费站，在一定程度上规范着数据的流通。例如，某些API接口可能仅支持特定格式的数据传输，或者对数据传输的频率和数量设置了上限，这都需要在使用时加以考虑。

2. 数据库集成

数据库集成适用于那些预先收集好的静态数据集。它就像是一个稳定的仓库，将已有的数据妥善存放，并在需要时提供给大语言模型。然而，当面对动态变化的信息时，这个仓库就显得有些力不从心了。它缺乏足够的灵活性，难以实时捕捉和处理数据的更新和变化，就像一个只能存放固定物品的仓库，无法适应新物品的随时进出。

1）网页爬取技术

网页爬取技术犹如一位灵活的探险家，能够在网络的海洋中自主导航。以Crawl4AI为例，它能够巧妙地穿梭于网站的结构之间，从目标URL及其子页面中精准地提取实时数据，而无须依赖预设的API。这种自主性使得网页爬取技术在数据获取方面具有独特的优势，它不受API接口的限制，能够获取到更广泛、更丰富的数据资源。

2）文档解析

文档解析则专注于处理离线数据。无论是PDF、CSV还是纯文本文件，它都能像一位细心的工匠一样，将这些文件中的数据进行结构化提取。通过对文档内容的分析和整理，将原本杂乱无章的数据转化为有序、可用的信息，为大语言模型提供有价值的输入。

在众多的数据传递技术中，网页爬取技术因其适应性强和实现成本低而脱颖而出，尤其适合那些无须复杂编程基础的AI代理应用场景。它就像是一把万能钥匙，能够打开各种网页数据的大门，让AI代理轻松获取所需信息。

7.1.2　服务于大模型的Crawl4AI

Crawl4AI作为网页爬取技术的典型代表，采用了基于浏览器的导航方式（借助Playwright框架）或轻量级HTTP请求机制来访问公开网页内容。它不仅能够模拟人类的交互行为，还能有效应对CAPTCHA验证或动态页面渲染等技术障碍。这就好比一位聪明的黑客，能够巧妙地绕过各种安全防线，获取到网页中的真实数据。通过这种方式，Crawl4AI为大语言模型提供了实时数据源，支持即时分析或检索增强生成（RAG）等高级应用场景，让大语言模型能够在第一时间获取最新的信息，并做出准确的回应。

Crawl4AI凭借其卓越的异步架构设计和内存自适应调度系统，展现出强大的并发处理能力。它能够有条不紊地高效管理数千个URL的并发处理任务，就像一位经验丰富的指挥官，精准地调配着每一支“数据小队”，确保系统吞吐量达到最大化。这种出色的管理能力，使得Crawl4AI在数据采集的战场上能够迅速且稳定地获取大量信息，为后续的数据处理和分析奠定了坚实基础。Crawl4AI网络采集工具宣传页如图7-1所示。在爬取策略方面，Crawl4AI犹如一位智慧的探险家，提供了深度优先搜索（Depth-First Search，DFS）或广度优先搜索（Breadth First Search，BFS）的网站遍历模式。这两种模式就像不同的探索路径，能够帮助系统全面获取网站中的各类数据。而基于LXML的轻量级解析方案，则如同高效的翻译工具，能够快速将获取到的数据转化为可用的格式，大大提升了处理速度，实现了资源利用与输出质量的最优平衡。内置的代理轮换功能更是巧妙地规避了访问频率限制，让Crawl4AI能够在全球范围内自由收集数据，不受地域和访问规则的限制。

图7-1 Crawl4AI网络采集工具

这些技术特性相互协作，形成了一个强大的数据采集生态系统，确保大语言模型能够随着应用需求的增长持续获取高质量数据。无论是单一聊天机器人需要实时获取最新的资讯信息，还是复杂AI代理网络需要处理海量的多源数据，Crawl4AI都能轻松应对，适用于各类应用场景。

除数据传递外，大语言模型还需要精心设计的数据预处理管道，就如同烹饪美食需要精心准备食材和烹饪流程一样。

数据源发现是构建有效数据管道的首要环节。Crawl4AI实现了基于自然语言查询的智能爬虫功能，这一功能就像是一个智能的搜索助手，允许用户通过简单的问题描述自动定位相关网页内容。用户无须具备专业的编程知识，只需用自然语言表达自己的需求，Crawl4AI就能迅速找到所需的数据来源，大大降低了数据获取的门槛。

数据结构设计对于大语言模型的理解至关重要。Crawl4AI采用启发式Markdown生成算法和重叠文本分块技术，这些技术就像是精妙的拼图工具，能够有效保留上下文连贯性，提升输出质量。通过合理的结构设计，让数据以更加清晰、有序的方式呈现给大语言模型，使其能够更好地理解和处理数据。

管道开发需要适应性强的工具支持。Crawl4AI提供的命令行界面和编程接口简化了从原型设计到生产部署的全流程，实现与AI工作流的无缝集成。开发者可以像搭积木一样，轻松地组合和调用各种功能模块，快速搭建出符合自己需求的数据预处理管道。无论是进行小规模的实验，还是进行大规模的生产部署，Crawl4AI都能提供便捷、高效的工具支持。

数据来源的多样性也是Crawl4AI的一大亮点。它涵盖了社交媒体、新闻网站、专业论坛和电子商务平台等多个领域。同时，Crawl4AI对PDF文档、图像内容和iframe嵌入式资源的处理能力，确保大语言模型不仅限于纯文本信息。这就像是为大语言模型打开了一扇通往多元知识世界的大门，丰富了其知识库的维度和深度，使其能够更加全面、深入地理解和处理各种信息。通过对这些多源数据的整合和分析，大语言模型能够生成更加准确、丰富的回答，为用户提供更加优质的服务。

7.1.3 Crawl4AI的安装与基本使用

Crawl4AI的安装比较简单，在终端执行如下命令：

```
pip install Crawl4AI
```

等待安装完成后，我们需要运行安装后的配置程序。在运行配置程序之前，读者需要注意完成第5章Agent的学习与配置。配置Crawl4AI的代码如下所示：

```
crawl4ai-setup
```

运行后的结果如图7-2所示。

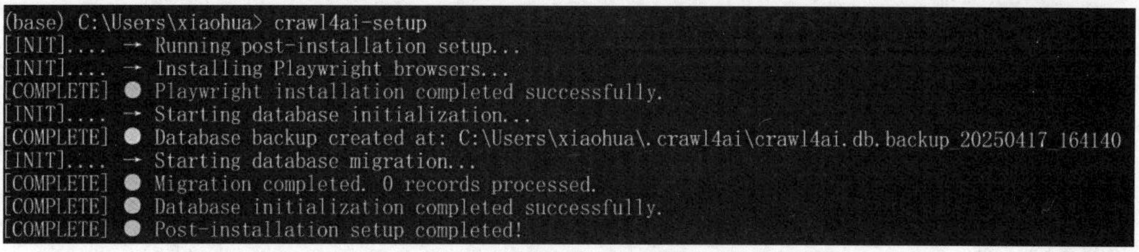

图7-2　配置Crawl4AI

接下来需要验证Crawl4AI的安装结果，我们可以使用如下命令：

```
crawl4ai-doctor
```

此时美丽执行结果如图7-3所示。

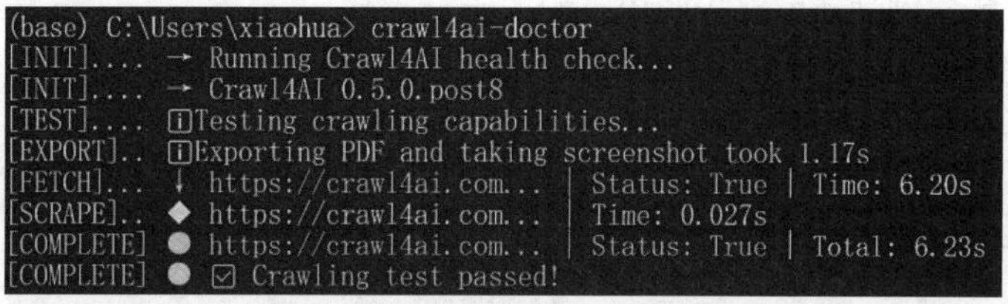

图7-3　验证Crawl4AI安装

当看到“Crawling test passed!”提示信息，即表明Crawl4AI安装完毕。

下面我们举一个简单的例子，使用Crawl4AI来爬取新浪财经的内容，代码如下所示：

```
import asyncio
from crawl4ai import *

async def main():
    async with AsyncWebCrawler() as crawler:
        result = await crawler.arun(
            url="https://finance.sina.com.cn/",
        )
        print(result.markdown)

if __name__ == "__main__":
     asyncio.run(main())
```

上面代码运行后，可以看到Crawl4AI已经完整地获取了新浪财经的内容，读者可以仔细尝试。

7.2　DeepSeek驱动的即时金融信息采集与分析平台实战

在金融行业，信息（资讯）的获取堪称重中之重。对于金融从业者而言，全面且及时地掌握最新金融资讯几乎是一项难以企及的任务。一方面，仅仅是阅读海量的资讯内容，就要耗费大量的时间和精力；另一方面，要对这些纷繁复杂的资讯进行准确合理的分析与判断，更是难上加难。

不过，随着大模型技术的广泛应用，这一难题有了新的解决思路。借助大模型，我们能够对接收到的资讯进行深入分析，精准提取出最新、最有价值的资讯内容。不仅如此，大模型还能对分析结果进行深度研判，帮助我们依据最新资讯迅速做出科学合理的决策。

在本节中，我们将依托之前所学的知识，结合DeepSeek技术，搭建一个即时金融采集系统，以实现高效、精准的金融资讯获取与分析。

7.2.1　使用Crawl4AI爬取金融网站

从网上获取资讯犹如搭建一座信息大厦，而第一步便是从特定网址精准获取对应的链接，这些链接就如同大厦的基石，为后续资讯的采集与分析奠定基础。在众多助力信息获取的工具中，Crawl4AI就像一位技艺精湛的工匠，发挥着至关重要的作用，它专门用于爬取特定网站的链接。

我们借助Crawl4AI强大的功能，能够轻松突破网页结构的重重阻碍，深入到目标网站的各个角落。它就像一位敏锐的探险家，在网页的迷宫中穿梭，精准定位并提取出我们所需的内部链接。无论是隐藏在复杂代码中的链接，还是嵌套在多层框架里的链接，都难以逃脱它的“法眼”。

使用Crawl4AI从特定网站获取链接的代码如下所示：

```
# 导入必要的模块
import asyncio  # 用于异步编程
from crawl4ai import AsyncWebCrawler  # 引入异步网页爬虫类
from crawl4ai.async_configs import BrowserConfig, CrawlerRunConfig, CacheMode  # 引入浏览器配置、爬虫运行配置和缓存模式

# 定义一个异步函数，用于获取网页中的链接
async def get_urls(url):
    # 创建浏览器配置对象，设置verbose为True，表示在运行时输出详细信息
    browser_config = BrowserConfig(verbose=True)

    # 创建爬虫运行配置对象，设置各种爬取参数
    run_config = CrawlerRunConfig(
        # 内容过滤相关设置
        word_count_threshold=10,  # 文本内容字数阈值，低于此值的文本块可能会被过滤
        excluded_tags=['form', 'header'], # 要排除的HTML标签，这里排除了'form'和'header'标签
        exclude_external_links=True,  # 是否排除外部链接，True表示只保留内部链接

        # 内容处理相关设置
        process_iframes=True,  # 是否处理iframe中的内容，True表示处理
        remove_overlay_elements=True,  # 是否移除覆盖在页面上的元素，如弹窗等，True表示移除

        # 缓存控制相关设置
        cache_mode=CacheMode.ENABLED  # 缓存模式设置为启用，即如果缓存可用则使用缓存
    )

    # 创建一个空列表，用于存储提取到的内部链接
    link_list = []

    # 使用异步上下文管理器创建异步网页爬虫对象
    async with AsyncWebCrawler(config=browser_config) as crawler:
        # 异步运行爬虫，爬取指定URL的网页内容，并传入运行配置
        result = await crawler.arun(
            url= url,  # 要爬取的网页URL
            config=run_config  # 爬虫运行配置
        )

        # 检查爬取结果是否成功
        if result.success:
            # 如果成功，打印清理后的网页内容的前500个字符
            print("Content:", result.markdown[:500])  # 只打印前500个字符
```

```
            # 以下代码用于处理网页中的图像（目前被注释掉）
            # for image in result.media["images"]:
            #     print(f"Found image: {image['src']}")  # 打印每个图像的源地址

            # 处理网页中的链接，提取内部链接并添加到link_list列表中
            for link in result.links["internal"]:
                link_list.append(link['href'])  # 将内部链接的href属性添加到列表中
                print(f"Internal link: {link['href']}")  # 打印每个内部链接

        else:
            # 如果爬取失败，打印错误信息
            print(f"Crawl failed: {result.error_message}")

    # 返回提取到的内部链接列表
    return link_list

# 如果该脚本作为主程序运行
if __name__ == "__main__":
url="https://finance.sina.com.cn/"
    # 异步运行get_urls函数，并获取返回的内部链接列表
    link_list = asyncio.run(get_urls(url))

    # 打印分隔线
    print("------------------------------------")

    # 遍历并打印每个内部链接
    for link in link_list:
        print(link)
```

上面代码运行的结果就是从特定的财经网站获取特定的链接，将其存储在链接列表并将其返回和打印，读者可以自行尝试。

7.2.2　对链接内容进行解析

下一步就是对链接内容进行解析，在这里我们将使用BeautifulSoup网络爬虫工具对链接内容进行解析，代码如下所示：

```
# 导入requests库，用于发送HTTP请求
import requests
# 从bs4库中导入BeautifulSoup类，用于解析HTML和XML文档
from bs4 import BeautifulSoup

# 定义一个函数，用于解析新浪财经网页
def parse_sina_finance(url):
    # 定义请求头，模拟浏览器发送请求，避免被反爬虫机制拦截
    headers = {
        'User-Agent': 'Mozilla/5.0 (Windows NT 10.0; Win64; x64) AppleWebKit/537.36 (KHTML,
like Gecko) Chrome/91.0.4472.124 Safari/537.36'
    }

    try:
        # 发送GET请求到指定URL，并设置请求头和超时时间
        response = requests.get(url, headers=headers, timeout=10)
        # 检查响应状态码，如果不是200，会抛出异常
        response.raise_for_status()
        # 设置响应的编码为utf-8，确保正确解码网页内容
        response.encoding = 'utf-8'

        # 使用BeautifulSoup解析响应的HTML内容，指定解析器为lxml
```

```
        soup = BeautifulSoup(response.text, 'lxml')

        # 提取标题，尝试多种选择器以获取更准确的标题
        title = (
                soup.select_one('h1.main-title') or  # 尝试选择class为main-title的h1标签
                soup.select_one('h1.article-title') or  # 尝试选择class为article-title的h1
标签
                soup.find('meta', property='og:title') or  # 尝试查找属性property为og:title
的meta标签
                soup.find('title')  # 最后尝试查找title标签
        )
        # 处理标题提取结果，如果存在且有get方法，优先获取content属性值并去除两端空格；否则获取文本内
容并去除两端空格；若未找到则返回“标题未找到”
        title_text = title.get('content', '').strip() if title and hasattr(title, 'get')
else (
            title.text.strip() if title else '标题未找到'
        )

        # 提取正文，尝试多种选择器以获取更准确的正文内容
        content_div = (
            soup.select_one('#artibody') or  # 尝试选择id为artibody的元素
            soup.select_one('.article-content') or  # 尝试选择class为article-content的元素
            soup.select_one('.content') or  # 尝试选择class为content的元素
            soup.find('div', itemprop='articleBody')  # 尝试查找属性itemprop为articleBody
的div元素
        )
        # 处理正文内容，如果找到正文元素，提取其中所有直接子级p标签的文本内容，并去除两端空格；若未找
到则返回“正文内容未找到”
        text_content = '\n'.join([
            p.get_text(strip=True)
            for p in content_div.find_all('p', recursive=False)
            if p.get_text(strip=True)
        ]) if content_div else '正文内容未找到'

        # 返回包含标题和正文内容的字典
        return {
            'title': title_text,
            'content': text_content.strip()
        }

    # 捕获请求异常，如网络连接错误等
    except requests.exceptions.RequestException as e:
        return {
            'title': '请求失败',
            'content': f'网络请求错误: {str(e)}',
            'error': True
        }
    # 捕获其他异常，如解析错误等
    except Exception as e:
        return {
            'title': '解析失败',
            'content': f'解析异常: {str(e)}',
            'error': True
        }

# 如果该脚本作为主程序运行
if __name__ == '__main__':
    # 定义要解析的网页URL
    url = 'https://finance.sina.com.cn/roll/2025-04-14/doc-XXXXXX.shtml'
    # 调用parse_sina_finance函数解析网页
    result = parse_sina_finance(url)
```

```
    # 优化输出逻辑，根据是否存在错误标志输出不同的状态信息
    print(f"状态：{'失败' if result.get('error') else '成功'}")
    # 输出解析得到的标题
    print(f"标题：{result['title']}")
    # 输出解析得到的正文内容
    print(f"内容：\n{result['content']}")
```

从上面代码可以看到，我们调用了bs4中的BeautifulSoup类，用于解析HTML和XML文档，从结果上来看，我们可以成功地对传入的链接进行解析。

7.2.3 使用DeepSeek抽取和分析金融信息

对于金融从业者而言，获取到的信息具有极高的直接利用价值，他们能够迅速对这些信息进行读取与分析。而在当今技术背景下，基于大模型DeepSeek的强大能力，我们拥有了一种更加智能高效的信息处理方式。通过巧妙设置角色，我们可以借助DeepSeek对咨询内容进行深度研判。DeepSeek凭借其先进的算法和强大的数据处理能力，能够挖掘信息背后隐藏的规律与趋势，为我们在金融领域的决策提供更精准、可靠的依据。

使用Prompt定义DeepSeek并使用其进行金融解析的代码如下所示：

```
from openai import OpenAI

# AI分析新闻
def analysis_news(news_centent,client):
    try:
        # 构造 DeepSeek 提示词
        prompt = f"""
            你是一个经验丰富的财经专家，专注于全球市场和经济动态。以下是过去3小时内的财经新闻，请你根据新闻内容自动识别新闻涉及的行业，并分析其对A股上市公司和概念板块的影响。

            ## Profile
            - language: 中文
            - description: 专注于全球市场和经济动态的财经专家，擅长分析财经新闻对A股上市公司和概念板块的影响。
            - background: 拥有多年财经分析经验，熟悉全球市场动态和A股市场。
            - personality: 严谨、细致、逻辑性强。
            - expertise: 财经新闻分析、行业影响评估、A股市场研究。
            - target_audience: 投资者、财经分析师、A股市场参与者。

            ## Skills

            1. **核心技能类别**
              - **行业识别**: 根据新闻内容快速识别涉及的行业。
              - **行业分析**: 使用特定行业的分析框架进行深入分析。
              - **影响评估**: 评估新闻对A股上市公司和概念板块的影响。
              - **报告撰写**: 撰写详细的分析报告，包括受影响的公司和板块。

            2. **辅助技能类别**
              - **数据收集**: 收集和整理相关财经新闻和数据。
              - **市场研究**: 研究A股市场的动态和趋势。
              - **政策解读**: 解读相关政策对行业的影响。
              - **沟通能力**: 与投资者和分析师进行有效沟通。

            ## Rules

            1. **基本原则**
              - **准确性**: 确保分析的准确性和可靠性。
              - **及时性**: 在新闻发布后尽快进行分析。
              - **客观性**: 保持客观，不带有个人偏见。
              - **全面性**: 全面考虑新闻对行业和市场的多方面影响。
```

```
        2. **行为准则**
          - **保密性**: 保护客户和公司的机密信息。
          - **专业性**: 保持专业态度，遵守职业道德。
          - **透明度**: 在分析报告中明确说明分析方法和依据。
          - **责任感**: 对分析结果负责，及时更新和修正。

        3. **限制条件**
          - **信息来源**: 仅使用可靠和权威的财经新闻来源。
          - **时间限制**: 在新闻发布后3小时内完成分析。
          - **范围限制**: 仅分析对A股上市公司和概念板块的影响。
          - **法律合规**: 遵守相关法律法规，不进行非法操作。

        ## Workflows

        - 目标: 分析过去3小时内的财经新闻对A股上市公司和概念板块的影响。
        - 步骤 1: 自动选择行业，根据新闻内容判断涉及的主要行业。
        - 步骤 2: 使用相应的行业分析框架进行深入分析。
        - 步骤 3: 列出受影响的公司和板块，分析是利好还是利空，并简要解释原因。
        - 预期结果: 提供详细的分析报告，帮助投资者和市场参与者做出决策。

        1. **新闻内容**:
          - 以下是新闻内容，请分析并提炼出对A股相关公司和板块的影响。

           {news_centent}

        2. **输出符合以下结构的纯json格式的结果，方便程序直接存入数据库**

          - **新闻标题**: [标题]
          - **行业分析框架**: [选择的行业]

          - **相关上市公司**:
              - [公司名称+股票代码]: 利好/利空，分析原因。

          - **相关概念板块**:
              - [概念板块名称]: 利好/利空，分析原因。

    """
      response = client.chat.completions.create(
         model="deepseek-chat",
         messages=[{"role": "user", "content": prompt}]
      )

      # 确保返回的是单个 JSON 对象
      response_content = response.choices[0].message.content.strip()

      # 尝试解析返回内容为 JSON 字典
      return response_content

   except:
      return f"AI 分析生成失败"

if __name__ == '__main__':
   client = OpenAI(api_key="sk-dfd742ec38dc4ede96977974085485b0",
base_url="https://api.deepseek.com")

   import demo_3
   url = 'https://finance.sina.com.cn/roll/2025-04-14/doc-inetcywn9165646.shtml'
   # 调用parse_sina_finance函数解析网页
   html_content = demo_3.parse_sina_finance(url)

   analysis_result = analysis_news(html_content,client)
   print(analysis_result)
```

从上面代码可以看到，其核心就是我们使用了Prompt对DeepSeek角色进行定义，将获取到的咨询内容进行处理，并输出处理后的研判结果。

7.2.4 实现DeepSeek驱动的即时金融信息采集与分析平台

接下来，我们就可以基于上述各个模块或组件精心打造即时金融信息采集与分析系统。整个操作流程遵循清晰的步骤：首先，我们会从特定网址精准获取对应的链接，这些链接如同开启金融信息宝库的钥匙；接着，对获取到的链接内容进行细致解析，抽丝剥茧般提取出有价值的信息；最后，将解析后的内容传递至DeepSeek进行深度剖析，借助其强大的智能分析能力，挖掘出金融数据背后潜藏的规律与趋势，为金融决策提供有力支持。

本实战案例的完整代码如下所示：

```
import demo_2,demo_3,demo_4
import json
import asyncio  # 用于异步编程
import time
url = "https://finance.sina.com.cn/"
# 异步运行get_urls函数，并获取返回的内部链接列表
link_list = asyncio.run(demo_2.get_urls(url))

from openai import OpenAI
client = OpenAI(api_key="sk-dfd742ec38dc4ede96977974085485b0",
base_url="https://api.deepseek.com")

# 遍历并打印每个内部链接
for link in link_list:
    if "finance" in link:
        time.sleep(1)
        html_content = demo_3.parse_sina_finance(link)
        if "内容未找到" not in str(html_content):
            analysis_result = demo_4.analysis_news(html_content, client)
            analysis_result  =  analysis_result.replace("'''json",  "").replace("'''",
"").strip()

            print("--------------------")
            # 把文本字符转成python字典
            try:
                data = json.loads(analysis_result)
                # 确保 data是列表格式
                if isinstance(data, dict):
                    data = [data]  # 如果是单条数据，转换成列表
                print(data)
            except:
                pass
        else:
            print("正文内容未找到！")
```

读者可以自行尝试运行这个实战案例。

7.2.5 将DeepSeek设置不同的人设并对金融信息进行分析

金融市场犹如一片浩瀚无垠且瞬息万变的海洋，其走势起伏不定，充满了无数的机遇与挑战。在这复杂多变的市场环境中，不同的投资人就像风格各异的航海者，有着截然不同的投资偏好与策略。

同样，在金融信息的分析领域，不同的信息分析员也有着各自擅长的分析角度和方法。就如同不同目的的航海者需要依据自身特点选择合适的航海路线一样，信息分析员也需要根据特定的投资理念和需求来剖析海量的金融信息。因此，我们可以通过对DeepSeek设置不同的投资人设，让信息分析更加精准和贴合实际需求。

下面是我们实现的基于个人投资风格的system_prompt。这一system_prompt旨在模拟个人的投资思维和分析逻辑，帮助信息分析员从个人的角度去审视和解读金融信息，如下所示：

```
system_prompt = "你是一位具有个人认知和价值投资理念的资深金融信息分析员。你坚信投资的核心在于寻找那些被市场低估、具有长期稳定增长潜力和持续分红能力的优质企业。在分析金融信息时，你始终秉持以下原则：

关注企业内在价值：你深知企业的内在价值是其未来现金流的折现值，因此会深入研究企业的财务报表，分析企业的盈利能力、资产负债状况、现金流情况等关键指标，以准确评估企业的真实价值。对于每一份金融信息，你都会仔细审视其中关于企业财务状况的数据和描述，挖掘企业背后的价值逻辑。

重视分红能力：你认为稳定的分红是企业健康发展和股东回报的重要体现。在分析过程中，你会特别关注企业的分红历史、分红政策以及未来的分红预期。对于那些长期保持高分红比例、分红政策稳定的企业，你会给予更高的关注度和评价；而对于分红不稳定或从不分红的企业，你会持谨慎态度。

秉持长期投资视角：你坚信时间是优秀企业的朋友，是平庸企业的敌人。你不会被短期的市场波动所左右，而是着眼于企业的长期发展。在分析金融信息时，你会关注企业的行业地位、竞争优势、管理团队等长期影响因素，判断企业是否具有可持续的发展潜力。即使市场在短期内对企业的价值存在误判，你也会坚定地持有那些具有长期投资价值的股票。

谨慎对待风险：你深知投资伴随着风险，因此在分析金融信息时会始终保持谨慎。你会仔细评估企业的风险因素，包括市场风险、行业风险、经营风险等，并考虑这些风险对企业价值的影响。对于风险较高的企业，你会要求更高的风险补偿；而对于风险可控、价值被低估的企业，你会果断出手。

当你接收到一份金融信息时，请运用上述个人的投资理念和分析方法，全面、深入地剖析信息内容，为投资决策提供有价值的参考。你的分析应客观、准确、具有前瞻性，既要看到企业的优势和潜力，也要敏锐地察觉潜在的风险和问题。
"
```

可以看到，通过设置这样的system_prompt，信息分析员能够更加精准地把握投资方式的精髓，从专业的角度对金融信息进行分析和解读，为投资者提供更加贴合实际需求的投资建议。同时，这也为金融信息的分析提供了一种新的思路和方法，有助于提升信息分析的质量和效率。

7.3 本章小结

在本章中，我们详细阐述了基于DeepSeek构建即时金融信息采集与分析系统的方法。DeepSeek大模型的融入，就像为财经新闻分析领域注入了一股强大的创新动力，推动其从传统的人工筛选模式大步迈向智能化时代。

该系统借助自动化抓取技术，能够高效且全面地收集海量的财经资讯，如同一张细密的大网，不放过任何有价值的信息。在信息处理环节，它凭借精准匹配个股板块的能力，将资讯与相应的股票板块进行精确关联，让投资者能够迅速定位到与自身投资标的相关的资讯。同时，系统还具备出色的利好利空分析能力，能够深入剖析资讯对市场的潜在影响，为投资者提供清晰、准确的判断依据。

通过这一系列智能化的操作，AI极大地提升了投资者获取市场信息的速度和精准度。投资者无须再在海量的资讯中苦苦寻觅，也无须花费大量时间进行人工分析，从而显著提高了交易决策的效率，使他们在瞬息万变的金融市场中能够抢占先机，做出更加明智的投资选择。

第 8 章

DeepSeek核心技术1：KV Cache加持的推理加速

在前面的章节中，我们已经详细讲解了基于DeepSeek的各类应用，展现了它在不同场景下的强大功能与实用价值。然而，我们深知，DeepSeek之所以能在众多领域大放异彩，取得令人瞩目的成功，其背后离不开内在性能的显著提升。性能的提升犹如坚实的基石，支撑着DeepSeek不断拓展应用边界，实现更卓越的表现。

从本章开始，我们将深入探索DeepSeek的核心技术，揭开其性能提升背后的神秘面纱。通过对这些核心技术的剖析，我们不仅能更全面地理解DeepSeek的运作机制，还能领略到其研发团队在技术创新上的智慧与匠心。

自回归生成模型在计算过程中，由于生成的文本长度持续累积，所需处理的输入数据量也随之不断增加，这直接导致了计算量的显著增长。每次迭代时，模型都需要考虑之前所有生成的token，这不仅增加了计算的复杂性，也对资源提出了更高要求。

本章我们将深入探讨DeepSeek中的模型推理加速与计算量优化策略，特别是聚焦于关键的KV Cache（即键值缓存）技术。通过理解和应用KV Cache，我们可以有效减少重复计算，提高生成效率，从而在不牺牲模型性能的前提下，显著减轻计算负担。我们将详细讲解KV Cache的原理、实现方式以及如何在自回归生成模型中应用这一技术。

8.1 自回归生成模型中的资源计算

在自回归生成过程中，每一次推理步骤仅生成一个token，随后将这个新生成的token拼接到当前的输入序列末尾。紧接着，基于更新后的序列，模型进行下一次推理，如此循环往复，直至生成特定的结束标志（如eos，即end of sentence）或达到预设的最大生成长度。

这种逐步生成的方式使得自回归模型能够灵活地处理长文本生成任务。通过逐步构建序列，模型能够考虑之前生成的上下文信息，从而生成更加连贯和符合逻辑的文本。然而，随着生成序列的不断增长，计算量和内存消耗也会相应增加，这对模型的推理效率和性能提出了挑战。

8.1.1　自回归模型的计算量

自回归生成模型是一种生成式模型，它逐个生成序列中的元素（通常是token），每次生成都依赖于之前已经生成的元素。这种依赖关系使得模型能够捕捉序列中的上下文信息，从而生成连贯的文本。

在自回归生成模型的推理过程中，模型需要逐步生成序列中的每个token。假设我们有一个前缀序列，其长度为P，模型从这个前缀开始生成新的序列。随着推理的进行，生成的序列长度逐渐增加，假设当前生成的序列长度为L，前缀+推理示意如图8-1所示。

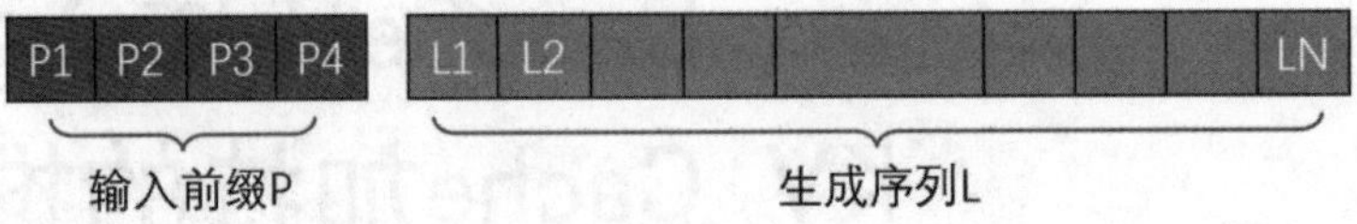

图8-1　前缀+推理

则此时模型在推断完成时候，总的计算量近似表示为：

$$(L+P)L+\frac{L(L+1)}{2}$$

在推理过程中，模型需要计算每个新生成的token的概率分布。这个计算量取决于当前已生成的序列长度（即前缀长度P加上已生成的长度L）。

生成每个token的计算量：

- 对于每个新生成的token，模型需要考虑整个已生成的序列来计算其条件概率。因此，生成一个token的计算量大致与当前序列的长度呈正比。
- 假设生成L个token，则生成这些token的总计算量可以看作是一个等差数列的和，即$(P+1)+(P+2)+\cdots+(P+L)$。这个等差数列的和为$(P+1)L+L(L-1)/2$，简化后得到$(L+P)L$（这里我们忽略了常数项L，因为它相对于L^2项来说较小）。

额外的计算量：

- 除了生成token的计算量外，模型可能还需要进行其他计算，如注意力机制中的计算。对于自注意力机制，计算复杂度通常是序列长度的平方，即$O(N^2)$，其中N是序列长度。
- 在这个上下文中，$(L(L+1))/2$则是注意力机制或其他与序列长度平方相关的计算量。这部分计算量也会随着生成序列长度的增加而增加。

总的计算量可以表示为$(L+P)L+(L(L+1))/2$。这个公式是一个简化的表示，用于说明在自回归生成模型的推理过程中，计算量与序列长度的关系。其中，$(L+P)L$大致表示生成token的计算量（考虑到等差数列求和），而$(L(L+1))/2$则代表额外的计算量。需要注意，这个公式是一个近似的表示，实际的计算量可能因模型结构和实现细节而不同。

8.1.2　自回归模型的缓存优化

在上一章我们完成了一个基于注意力的自回归模型的设计，整体模型结构如图8-2所示。

首先，我们的输入是一个序列。这个序列的长度是可变的，并且会加上前次推理生成的token（在图中以深色部分表示）。这些输入通过自回归模型的Embedding权重矩阵进行映射，这两个矩阵的作用是将input_ids映射到高维空间，从而得到hidden_state张量。这个张量包含了输入序列在高维空间中的表示。

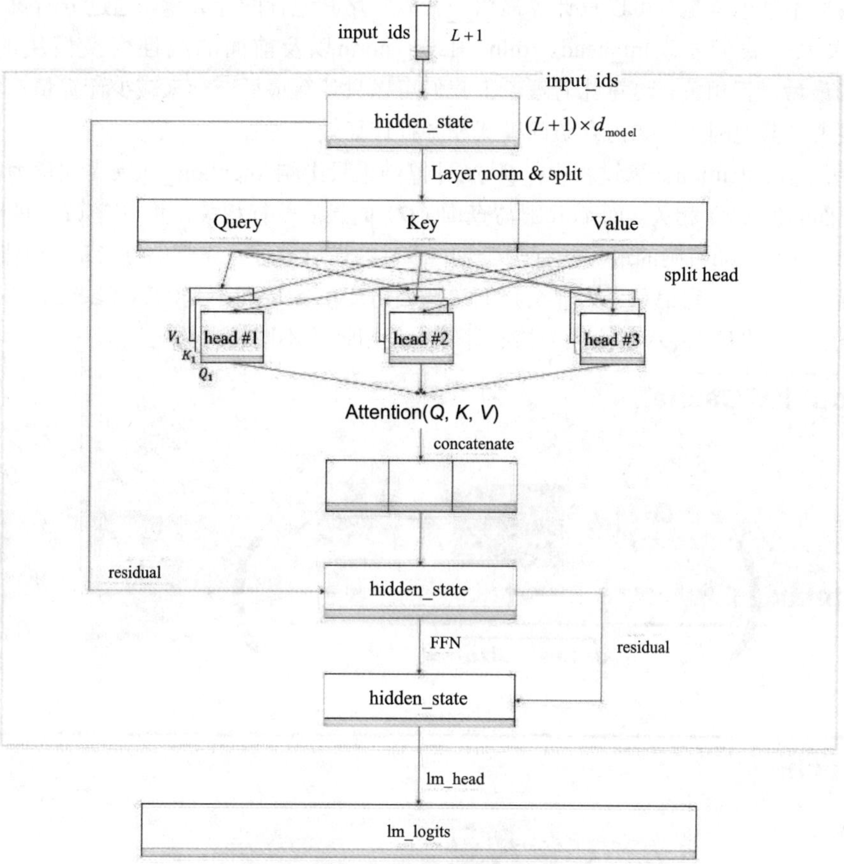

图8-2　基于注意力的自回归模型架构

接着，hidden_state张量通过模型的线性变换模块注意力进行处理。这个模块的作用是将hidden_state的维度提升3倍，然后将其分割成查询（Query）、键（Key）和值（Value）三个部分。这三个部分在后续的注意力计算中起着关键作用。

随后，***Q***、***K***和***V***被进一步分割成多个head，这是多头注意力机制的一部分。每个head分别进行注意力计算，即计算***Q***和***K***的点积，然后除以***K***的平方根得到注意力权重，这些权重再与Value相乘得到加权和。多个head的结果拼接起来后，通过另一个线性变换模块进行处理，以恢复hidden_state的原始维度或进行其他变换。

在得到新的hidden_state后，我们进行残差连接，即将新计算的hidden_state与之前的hidden_state相加。这一步有助于缓解梯度消失或梯度爆炸的问题，提高模型的训练稳定性。

接着，残差连接后的hidden_state通过前馈层FFN模块进行处理。前馈层是多个线性变换和激活函数的组合，用于进一步提取特征。处理完后，我们再次进行残差连接，得到更新后的hidden_state。

最后，更新后的hidden_state通过lm_head模块生成logits，即预测token的概率分布。lm_head模块实际上是一个线性映射，将hidden_state的维度从d_model变换到vocab_size（词汇表大小）。这样，我们就可以根据logits得到下一个token的预测结果。

值得注意的是，图8-2中张量里面的深色条带一开始表示的是输入序列的最后一个token。随着前向计算的进行，它逐渐变成了下一个token的概率分布，也就是logits计算矩阵的最后一行。而logits前面的行在推理阶段通常是没有意义的，因为它们代表的是之前已经生成的token的概率分布。

因此，我们不禁思考是否可以只计算最后一行以省略其他行的计算量。通过分析每个模块对最后一行的依赖关系，我们发现lm_head、mlp、layer_norm以及前面的线性变换模块的输出都只与hidden_state的最后一行相关。这意味着理论上我们可以只计算最后一行来减少计算量。然而，在实际实现中还需要考虑其他因素，如内存访问模式和并行计算效率等。

如图8-3所示，Attention计算过程中，***Q***与***K***计算结果只影响Attention_score（注意力得分）的最后一行，但与全部的值（***V***）相关。而score则与查询（***Q***）的最后一行相关，并与键（***K***）的全部行相关。由此可以得出，Attention机制的最后一行与查询（***Q***）的最后一行、完整的键（***K***）和值（***V***）相关。这一结论非常重要，因为它揭示了为什么我们选择使用KV Cache而不是QKV Cache。

我们继续探讨，图8-3展示了注意力核心计算在使用计算不同状态的比较。

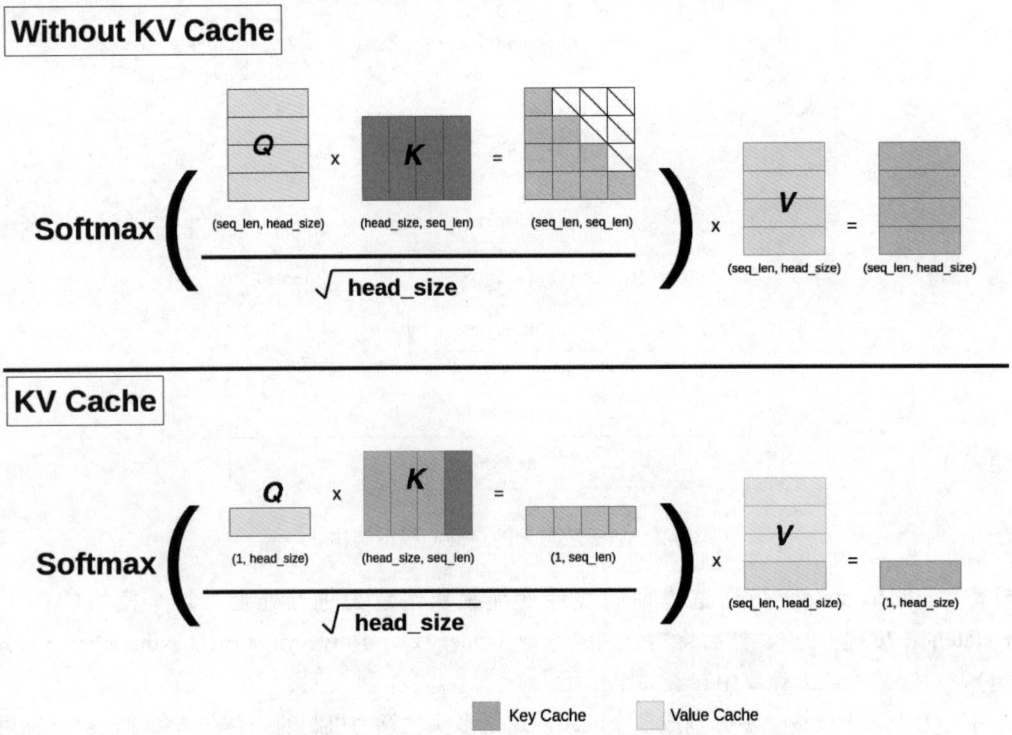

图8-3　注意力的核心计算（图像颜色参看配套资源中的相关文件）

从上图可以看到，此时注意力中的输入只有上一次推理生成的token，而不是整个 prompt 序列。在进行注意力计算之前，需要拼接完整的键（***K***）和值（***V***），因此需要将这两个量缓存起来，并在每次推理时复用。

8.2　自回归生成模型中的推理加速详解

在上一节中，我们详细讲解了自回归生成模型的原理与训练过程，揭示了训练环节的核心重要性。然而，在生成模型的全面实践中，更加关键的一步在于如何精妙地运用这些训练成熟的模型去执行实际的推理任务。而在此过程中，一个至关重要的考量因素，便是如何高效利用现有的设备和资源，以最优化的方式进行模型推理。

在本节中，我们将聚焦于生成模型中的推理加速内容，深入探讨如何通过技术手段提升模型推理的速度与效率。我们将介绍一系列策略和技巧，包括模型压缩、并行计算、硬件优化等，旨在帮助大家充分利用计算资源，减少推理时间，从而实现更快速、更高效的生成模型应用。通过本节的学习，你将能够掌握提升生成模型推理性能的关键方法，为你的实际项目注入更强大的动力。

8.2.1　模型推理中的“贪心生成”与“采样生成”

前面我们在最后讲解了模型生成时的参数temperature与采样个数Top_k，这实际上是我们在使用时默认使用了采样生成策略。在深度学习中，特别是在自然语言处理领域，文本生成是一个重要的任务。在这个过程中，贪心生成（Greedy Generation）和采样生成（Sampling Generation）是两种常用的策略。下面我们将详细讲解这两种策略及其特点。

1. 贪心生成

原理：贪心生成的核心思想是，在每一步生成过程中，都选择当前概率最大的token（即最可能的词或字符）作为预测值。这种方法简单直观，计算效率高。

优点：由于每次都选择最有可能的词，贪心生成往往能生成语法正确、语义通顺的文本。

缺点：然而，贪心策略也容易导致生成的文本缺乏多样性。因为每次都选择概率最大的词，所以生成的文本往往比较单一，缺乏创新和变化。

贪心生成的简单示例如下：

```
import torch
import torch.nn.functional as F

# 假设我们有一个训练好的模型model，和一个初始的输入序列input_seq
# model应该是一个PyTorch模型，其输出是词汇表大小的logits
# input_seq是一个张量，表示输入的序列

# 使用模型得到下一个token的预测分布
logits = model(input_seq)
# 使用Softmax函数得到概率分布
probs = F.softmax(logits, dim=-1)
# 选择概率最大的token作为下一个词
next_token = torch.argmax(probs, dim=-1)

print("Greedy generated token:", next_token.item())
```

2. 采样生成

为了增加生成的多样性，人们提出了采样生成的方法。这种方法通过采样的方式，使得非最大概率值的token也有机会被选中。

原理：在采样生成中，每个token被选中的概率与其在模型输出的概率分布中的值成正比。这样，即使某个token的概率不是最大的，也有可能被选中，从而增加了生成的多样性。

Top-k采样：在这种方法中，首先选取概率最高的k个token作为候选集，然后从这个候选集中随机选择一个token作为输出。这样做的好处是，既保证了生成的文本有一定的质量（因为候选集都是概率较高的token），又增加了多样性（因为是从k个候选词中随机选择的）。

采样生成的简单示例如下：

```
import torch
import torch.nn.functional as F

# 同样地，假设我们有一个训练好的model和一个初始的输入序列input_seq

# 使用模型得到下一个token的预测分布
logits = model(input_seq)
# 使用softmax函数得到概率分布
probs = F.softmax(logits, dim=-1)

# 采样生成：这里使用top-k采样作为示例
k = 5  # 设定top-k的值
# 获取概率最高的k个token的索引
top_k_probs, top_k_indices = torch.topk(probs, k, dim=-1)
# 从这k个token中随机选择一个
sampled_index = torch.multinomial(top_k_probs, 1).squeeze()
# 找到对应的token索引
next_token = top_k_indices[sampled_index]

print("Sampled token:", next_token.item())
```

除了前面的Top-k采样，我们还有一种称为Top-p采样的策略（核采样Nucleus Sampling）。它与Top-k采样不同，Top-p采样不是选择固定数量的候选词，而是选择一个概率阈值p。然后，从模型的预测分布中选择一个最小的词集合，使得这个集合中的单词的概率总和至少为p。这种方法更加灵活，因为它可以根据模型的输出动态调整候选词的数量。

优点：采样生成方法通过引入随机性，增加了生成的多样性，使得生成的文本更加丰富多彩。

缺点：采样生成也可能导致生成的文本质量下降。因为非最大概率值的token被选中的机会增加，所以可能会生成一些语法错误或语义不通的文本。

对于Top-p采样，实现会稍微复杂一些，因为你需要计算累积概率并找到一个阈值，使得累积概率之和达到或超过p。这通常涉及对概率分布进行排序和累积求和，直到累积和达到或超过p为止。然后，从这个累积和达到p的子集中随机选择一个token。

在实际应用中，文本生成通常涉及更复杂的处理，如处理序列长度、处理特殊标记（如<EOS>表示序列结束）以及可能的批处理操作等。此外，model和input_seq需要根据你具体的模型和数据进行替换。在实际使用时，还需要确保模型处于评估模式（model.eval()），并处理任何可能的设备（CPU/GPU）兼容性问题。

8.2.2　模型推理过程中的冗余计算问题解析

在探讨基于自回归架构的推理过程时，我们可以清晰地看到其自回归生成机制是如何运作的。以用户输入“上海的天气”为例，模型逐步生成了“是晴天”这一完整输出。整个生成过程既精妙又直观，如图8-4所示。

首先，模型接收输入“上海的天气”，并计算出每个token的注意力表示（这些注意力表示在图中以绿色部分呈现）。利用“天气”这一token的注意力表示，模型预测并生成了下一个token“是”。

随后，模型将新生成的“是”拼接到原始输入后，形成新的输入序列“上海的天气是”。再次通过模型处理，利用“是”的注意力表示，模型预测并生成了下一个token“晴”。这一过程不断重复，模型依次将新生成的token拼接到输入序列中，并基于最新的输入序列预测下一个token，直至生成完整的输出“上海的天气是晴天”。

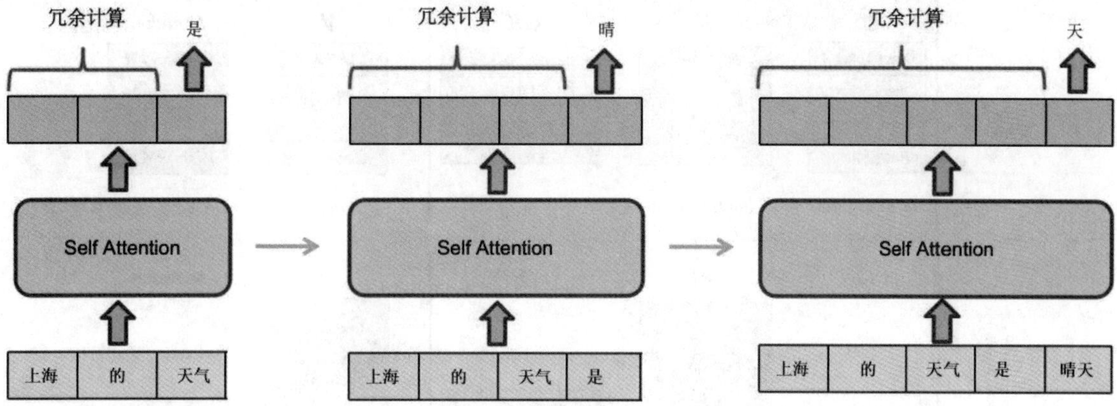

图8-4　自回归生成示例

我们将这个推理过程用矩阵Embedding的形式进行表示，如图8-5所示。

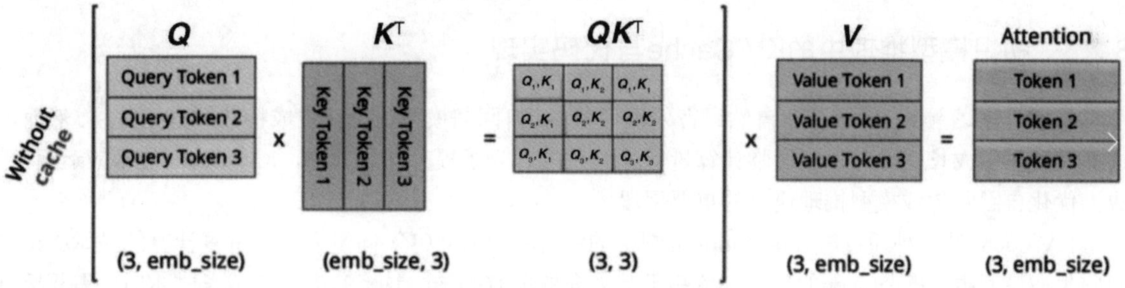

图8-5　矩阵表示的推理过程

用公式表示则为：

$$\text{token}_1 \rightarrow \text{attention}_1(\boldsymbol{Q},\boldsymbol{K},\boldsymbol{V}) = \text{softmaxed}(\boldsymbol{Q}_1\boldsymbol{K}_1)\boldsymbol{V}_1$$

$$\text{token}_2 \rightarrow \text{attention}_2(\boldsymbol{Q},\boldsymbol{K},\boldsymbol{V}) = \text{softmaxed}(\boldsymbol{Q}_2\boldsymbol{K}_2)\boldsymbol{V}_2 + \text{softmaxed}(\boldsymbol{Q}_2\boldsymbol{K}_1)\boldsymbol{V}_1$$

$$\text{token}_3 \rightarrow \text{attention}_3(\boldsymbol{Q},\boldsymbol{K},\boldsymbol{V}) = \text{softmaxed}(\boldsymbol{Q}_3\boldsymbol{K}_3)\boldsymbol{V}_3 + \text{softmaxed}(\boldsymbol{Q}_3\boldsymbol{K}_2)\boldsymbol{V}_2 + \text{softmaxed}(\boldsymbol{Q}_3\boldsymbol{K}_1)\boldsymbol{V}_1$$

根据上面的图解和公式可以看到，在自回归生成过程中，推理中的每个token是逐个生成的。以预测token_3这个token为例，模型只需要考虑当前token的Query向量（$\boldsymbol{Q}_3$）与所有之前token的Key和Value向量（$\boldsymbol{K}_1,\boldsymbol{K}_2,\boldsymbol{K}_3$和$\boldsymbol{V}_1,\boldsymbol{V}_2,\boldsymbol{V}_3$）的关系，而不需要重新计算之前token的注意力表示。这种不必要的重复计算不仅增加了计算量，还延长了生成过程的时间。

具体来说，我们希望有一种方法。在预填充阶段，模型会计算输入文本的Key和Value向量，并将它们缓存起来。然后，在解码阶段，模型会逐一生成token。对于每个新生成的token，模型会利用其对应的Query向量和缓存的Key、Value向量来计算注意力权重，从而预测出下一个token。带有缓存的推理过程如图8-6所示。

通过这种技术显著减少了计算量，提高了推理性能。

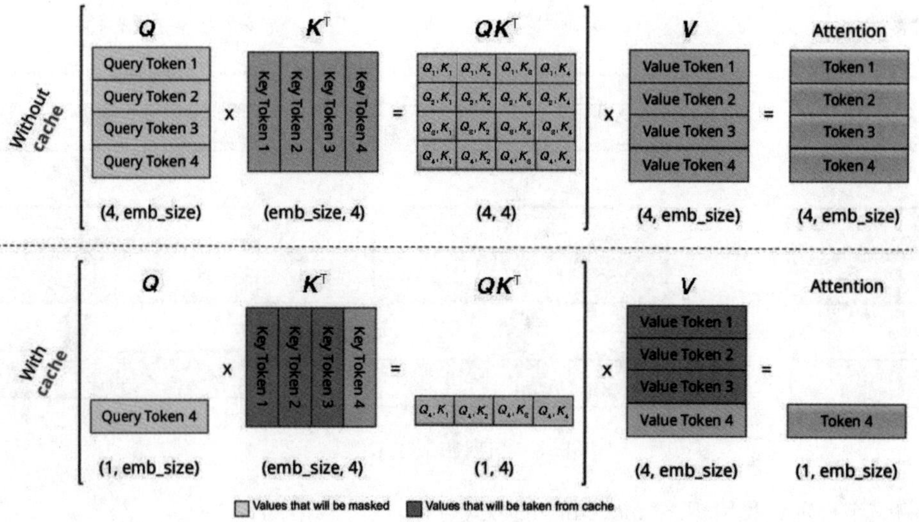

图8-6　带有缓存的推理过程

8.2.3　初识模型推理中的KV Cache与代码实现

在深度学习领域，特别是在自然语言处理任务中，自回归模型由于其生成特性而备受关注。然而，这类模型在生成长文本时往往面临计算量巨大的挑战。为了提升计算效率，KV Cache技术应运而生，成为优化自回归生成模型推理速度的重要手段。

KV Cache是一种通过缓存Attention机制中的键（***K***）和值（***V***）向量来减少重复计算的技术。在自回归生成模型中，每个token的生成都依赖于其之前的所有token，这意味着在生成长文本时，需要反复计算每个token的键（***K***）和值（***V***）向量。KV Cache通过预先计算并缓存这些向量，避免了在每次生成新token时的重复计算，从而显著提高了推理速度。

下面示例演示了我们在没有经过KV Cache缓存的条件下进行生成的过程：

```
import torch
import torch.nn as nn

batch_size = 1
seq_length = 48
hidden_size = 384
vocab_size = 1024

Wq = torch.randn(hidden_size, hidden_size)
Wk = torch.randn(hidden_size, hidden_size)
Wv = torch.randn(hidden_size, hidden_size)

embedding_layer = torch.nn.Embedding(vocab_size,hidden_size)
lm_head = torch.nn.Linear(hidden_size,vocab_size)

prompt_len = 2
#step1: 预填充阶段，处理输入prompt，生成第一个token
inputs = torch.randint(0,vocab_size,[2]) #[prompt_len]，设置输入的prompt长度
print("step1:输入prompt的token:",inputs)
inputs_emb = embedding_layer(inputs) #[prompt_len, hidden_size]
Q,K,V=inputs_emb@Wq,inputs_emb@Wk ,inputs_emb@Wv#[prompt_len, hidden_size]
att_weight=Q@(K.T)#[prompt_len, prompt_len]
print("step1:att_weight:",att_weight.shape)
att_output=att_weight@V #[prompt_len, hidden_size]
output = lm_head(att_output) #[prompt_len, vocab_size]
```

```
output_token = torch.argmax(output,dim=-1)[-1:]
print("step1:输出生成的token:",output_token)

print("##########################")
#step2: 解码阶段，下一个token生成
inputs = torch.cat((inputs,output_token),dim=-1)
print("step2:输入的token:",inputs)
inputs_emb = embedding_layer(inputs) #[prompt_len+1, hidden_size]
Q,K,V=inputs_emb@Wq,inputs_emb@Wk ,inputs_emb@Wv#[prompt_len+1, hidden_size]
att_weight=Q@(K.T)#[prompt_len+1, prompt_len+1]
print("step2:att_weight:",att_weight.shape)
att_output=att_weight@V #[prompt_len+1, hidden_size]
output = lm_head(att_output) #[prompt_len+1, vocab_size]
output_token = torch.argmax(output,dim=-1)[-1:]
print("step2:生成的token:",output_token)
```

打印结果如下所示：

```
step1:输入prompt的token: tensor([130, 830])
step1:att_weight: torch.Size([2, 2])
step1:输出生成的token: tensor([1010])
##########################
step2:输入的token: tensor([ 130,  830, 1010])
step2:att_weight: torch.Size([3, 3])
step2:生成的token: tensor([90])
```

在这个基础上我们调整一下代码，完成带有KV Cache缓存的输入，代码如下所示：

```
import torch

batch_size = 1
seq_length = 48
hidden_size = 384
vocab_size = 1024

Wq = torch.randn(hidden_size, hidden_size)
Wk = torch.randn(hidden_size, hidden_size)
Wv = torch.randn(hidden_size, hidden_size)

embedding_layer = torch.nn.Embedding(vocab_size,hidden_size)
lm_head = torch.nn.Linear(hidden_size,vocab_size)

prompt_len = 2
#step1: 预填充阶段，处理输入prompt，生成第一个token
inputs = torch.randint(0,vocab_size,[2]) #[prompt_len], 设置输入的prompt长度
print("step1:输入prompt的token:",inputs)

inputs_emb = embedding_layer(inputs) #[prompt_len, hidden_size]
Q,K,V=inputs_emb@Wq,inputs_emb@Wk ,inputs_emb@Wv#[prompt_len, hidden_size]

cache_k = K #将prompt计算embedding作为cache_k
cache_v = V #将prompt计算embedding作为cache_v

att_weight=Q@(K.T)#[prompt_len, prompt_len]
print("step1:att_weight:",att_weight.shape)
att_output=att_weight@V #[prompt_len, hidden_size]
output = lm_head(att_output) #[prompt_len, vocab_size]
output_token = torch.argmax(output,dim=-1)[-1:]
print("step1:输出生成的token:",output_token)

print("##########################")
#step2: 解码阶段，一个个token逐个生成
inputs = output_token    #这里相对于前面，没有进行concat操作
print("step2:输入的token:",inputs)
```

```
#相对于前面的#[prompt_len+1, hidden_size]，这里只有[1, hidden_size]
inputs_emb = embedding_layer(inputs) #[1, hidden_size]
#QKV计算量减少
Q,K,V=inputs_emb@Wq,inputs_emb@Wk ,inputs_emb@Wv#[1, hidden_size]
#kv cache显存占用
cache_k=torch.cat((cache_k,K),dim=0)#[prompt_len+1, hidden_size]
cache_v=torch.cat((cache_v,V),dim=0)#[prompt_len+1, hidden_size]

att_weight=Q@(cache_k.T)#[1, prompt_len+1]
att_output=att_weight@cache_v #[1, hidden_size]
output = lm_head(att_output) #[1, vocab_size]
output_token = torch.argmax(output,dim=-1)
print("step2:生成的token:",output_token)
```

打印结果如下：

```
step1:输入prompt的token: tensor([508, 621])
step1:att_weight: torch.Size([2, 2])
step1:输出生成的token: tensor([8])
###########################
step2:输入的token: tensor([8])
step2:生成的token: tensor([529])
```

从代码运行结果上来看，我们可以看到随着内容的输入，也可以获得对应的next token的输出。

8.3 减少空间占用的自回归模型代码实现与详解

在上一节中，我们详细探讨了自回归模型的计算负担，以及如何通过缓存优化技术来减轻这种负担。显然，在模型计算过程中，若使用完整序列，会显著增加计算量。而缓存技术的引入，正是为了解决这个问题。

接下来，我们将通过实现带有缓存功能的经典自回归模型——GPT-2，来具体展示缓存优化带来的效果。我们将编写GPT-2模型的完整代码，并在使用和未使用缓存技术的情况下，分别进行序列生成测试。

通过对比实验，我们可以直观地看到缓存技术在减少内存占用和提高计算效率方面的显著效果。具体来说，我们将记录并分析两种情况下模型进行序列生成时的内存占用情况和所需时间。

在模型实现过程中，我们会重点关注如何将之前的计算结果存储起来，并在后续的计算中重用这些结果，从而减少重复计算。这种优化不仅可以加快模型的推理速度，还能显著降低内存消耗，尤其是在处理长序列时效果更为显著。

实验结束后，我们将对比数据进行分析，用具体数字说话，展示缓存优化在实际应用中的价值。通过这样的实践，我们可以更加深入地理解缓存技术在自然语言处理任务中的重要性，以及它如何帮助我们更有效地利用计算资源，提升模型的性能。

8.3.1 经典自回归模型详解

GPT-2模型是经典的基于自回归架构的语言模型，以其出色的文本生成能力而备受瞩目。我们首先从自回归的角度出发，深入剖析其工作原理与魅力所在。GPT-2模型架构如图8-7所示。

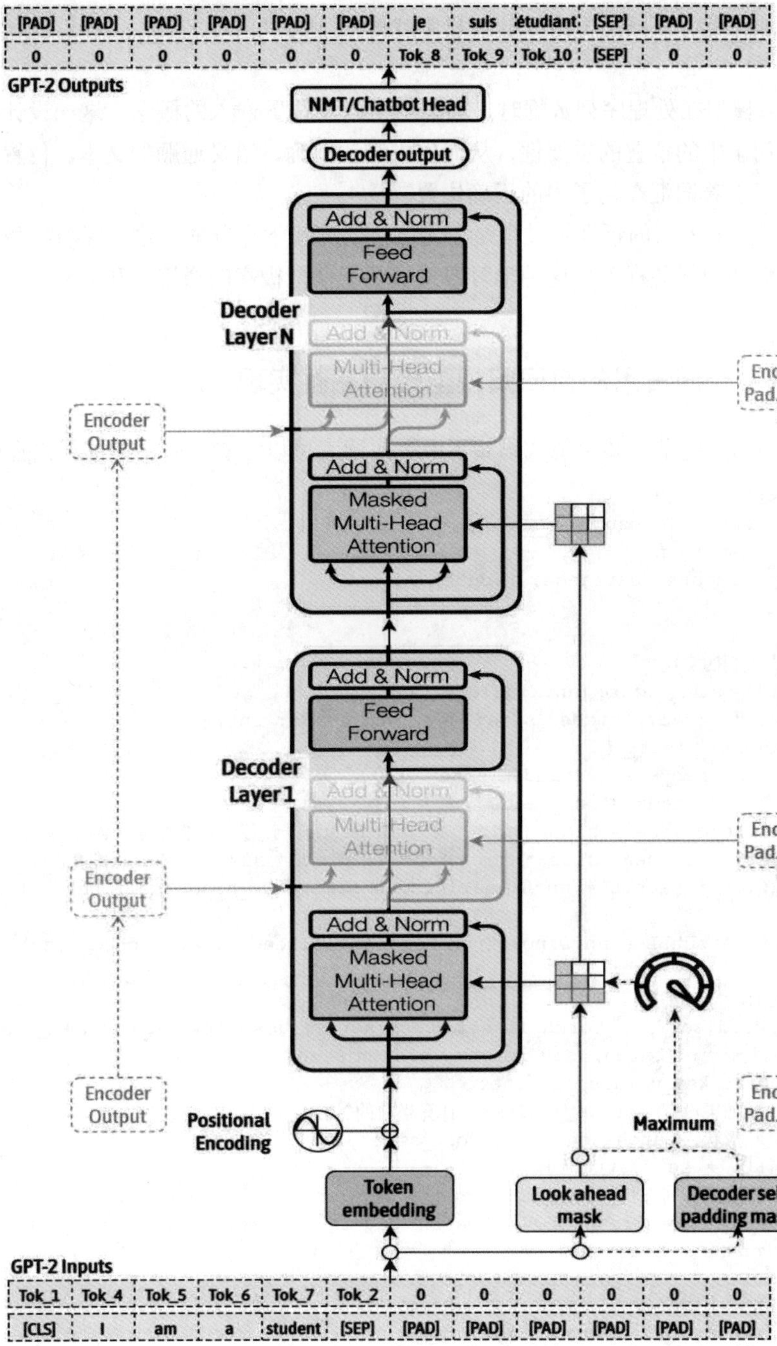

图8-7 GPT-2模型架构

首先，谈及自回归，不得不提及其核心理念：基于过往信息来推测未来的结果。在GPT-2模型中，这一理念被淋漓尽致地体现出来。模型在生成文本时，会紧密依托先前已生成的文本内容，精准预测下一个词语的出现概率。这种预测方式不仅确保了文本的连贯性，更赋予了模型一种“记忆”过往并据此推演的智能。

进一步探究发现，GPT-2所依托的自回归架构为其强大的文本生成能力奠定了坚实基础。特别是Transformers的Decoder部分，通过自注意力机制的运用，使得模型能够捕捉到文本中的长距离依赖关系，进而生成更加自然、流畅的文本。这种机制就像模型的“内心之眼”，能够洞察文本中的深层结构和语义联系。

此外，GPT-2模型在处理序列数据时，巧妙地引入了位置嵌入的概念。这一设计确保了模型能够深刻理解词汇在句子中的位置的重要性，从而生成语法正确、语义通顺的文本。位置嵌入就如同模型的“指南针”，指引着词汇在句子中的正确位置。

值得一提的是，GPT-2的预训练过程是在无监督的环境下进行的。这意味着模型仅依靠文本本身进行学习，无须额外的任务标签。这种学习方式赋予了模型极高的通用性和适应性，使其能够轻松应对各种下游任务。

8.3.2 能够减少空间占用的自回归模型代码完整实现

带有缓存的GPT-2模型，其实现代码如下所示，读者可以参看代码中的注释来理解：

```
import torch
from torch import einsum
from torch import nn
from einops import rearrange, reduce, repeat
import math

# 多头注意力机制的实现
class MultiheadAttention(nn.Module):
    def __init__(self, hidden_size: int, num_heads: int):
        super().__init__()
        self.hidden_size = hidden_size
        self.num_heads = num_heads
        self.head_size = hidden_size // num_heads  # 每个头的维度
        assert self.head_size * num_heads == hidden_size  # 确保总维度正确
        self.attentionLL = nn.Linear(hidden_size, num_heads*self.head_size*3)  # 生成Q、K、V的线性层
        self.outputLL = nn.Linear(num_heads*self.head_size, hidden_size)  # 输出线性层

    # 前向传播
    def forward(self, x: torch.Tensor, past_key_values = None, return_key_values = False):
        # 输入形状: [batch, seq_length, hidden_size]
        if past_key_values is None:
            # 如果没有past_key_values，计算当前的Q、K、V
            # 形状: batch seq_len hidden_size*3
            KQV = self.attentionLL(x)
            # 重新排列形状: batch num_heads seq_len head_size three
            KQV = rearrange(KQV, "batch seq_len (three num_heads head_size) -> batch num_heads seq_len head_size three ",
                            num_heads=self.num_heads, three=3)
            Q = KQV[:, :, :, :, 0]  # 提取Q
            K = KQV[:, :, :, :, 1]  # 提取K
            V = KQV[:, :, :, :, 2]  # 提取V

            # 计算注意力模式: batch num_heads seq_len seq_len
            attention_pattern = einsum('b n s h, b n t h -> b n s t', K, Q)
            # 缩放注意力模式
            attention_pattern = attention_pattern / math.sqrt(self.head_size)

            # 仅允许Masked自注意力（当前时间步只能看到过去的时间步）
            attention_pattern = torch.triu(attention_pattern) + (-1e4) * torch.tril(torch.ones_like(attention_pattern), diagonal=-1)
```

```
        # 应用Softmax
        attention_pattern = torch.nn.Softmax(dim=2)(attention_pattern)

        # 计算注意力加权值: batch num_heads seq_len head_size
        out = einsum('b n k q, b n k h -> b n q h', attention_pattern, V)
        # 重新排列形状: batch seq_len (num_heads head_size)
        out = rearrange(out, 'batch num_heads seq_len head_size -> batch seq_len
(num_heads head_size)')
        # 线性变换输出
        out = self.outputLL(out)

        if return_key_values:
            # 如果需要返回K和V (用于缓存)
            assert x.shape[0] == 1  # 只支持单个batch
            return out, torch.cat((K, V), dim=3)  # 合并K和V
        else:
            return out
    else:
        # 如果有past_key_values，用于缓存 (如生成任务)
        assert x.shape == (1, 1, self.hidden_size)  # 只支持单个时间步
        kqv = self.attentionLL(x)
        # 重新排列形状
        kqv = rearrange(kqv, "batch seq_len (three num_heads head_size) -> batch
num_heads seq_len head_size three ",
                        num_heads=self.num_heads, three=3)
        q = kqv[0, :, :, :, 0] # 提取Q
        k = kqv[0, :, :, :, 1] # 提取K
        v = kqv[0, :, :, :, 2] # 提取V

        # 从past_key_values中获取之前的K和V
        oldK, oldV = torch.split(past_key_values, (self.head_size, self.head_size),
dim=2)
        # 拼接新的K和V
        K = torch.cat((oldK, k), dim=1)
        V = torch.cat((oldV, v), dim=1)

        # 计算注意力模式
        attention_pattern = einsum('n s h, n t h -> n s t', q, K)
        attention_pattern = attention_pattern / math.sqrt(self.head_size)
        attention_pattern = torch.nn.Softmax(dim=2)(attention_pattern)

        # 计算注意力加权值
        out = einsum('n s t, n t h -> n s h', attention_pattern, V)
        # 重新排列形状
        out = rearrange(out, '(batch num_heads) seq_len head_size -> batch seq_len
(num_heads head_size)', batch=1)
        # 线性变换输出
        out = self.outputLL(out)

        if return_key_values:
            # 如果需要返回新的K和V
            return out, torch.cat((k, v), dim=2).unsqueeze(0)
        else:
            return out

# GPT-2块，包括多头注意力和前馈网络
class GPT2Block(nn.Module):
    def __init__(self, hidden_size: int, num_heads: int,
            dropout: float, layer_norm_epsilon: float):
```

```
        super().__init__()
        self.ln1 = nn.LayerNorm(hidden_size, eps=layer_norm_epsilon)  # 第一层归一化
        self.attn = MultiheadAttention(hidden_size, num_heads)  # 多头注意力
        self.ln2 = nn.LayerNorm(hidden_size, eps=layer_norm_epsilon)  # 第二层归一化
        self.linear1 = nn.Linear(hidden_size, hidden_size * 4)  # 前馈网络的第一层
        self.linear2 = nn.Linear(hidden_size * 4, hidden_size)  # 前馈网络的第二层
        self.dropout = nn.Dropout(dropout)  # Dropout层

    # 前向传播
    def forward(self, x: torch.Tensor, past_key_values = None, return_key_values = False):
        if return_key_values:
            # 如果需要返回K和V（用于缓存）
            res = x  # 保存残差连接
            x,   keyvals   =   self.attn(self.ln1(x),   past_key_values=past_key_values,
return_key_values=True)  # 注意力层
            x = x + res  # 残差连接
            # 前馈网络
            x                        =                        x                        +
self.dropout(self.linear2(torch.nn.functional.gelu(self.linear1(self.ln2(x)))))
            return x, keyvals
        else:
            # 如果不需要返回K和V
            x   =   x   +   self.attn(self.ln1(x),   past_key_values=past_key_values,
return_key_values=False)  # 注意力层
            x                        =                        x                        +
self.dropout(self.linear2(torch.nn.functional.gelu(self.linear1(self.ln2(x)))))  # 前馈网络
            return x

# GPT-2模型
class GPT2(nn.Module):
    def __init__(self, num_layers = 6, num_heads = 6, vocab_size = 4000,
            hidden_size = 384, max_position_embeddings = 1024, dropout = 0.1,
            layer_norm_epsilon = 1e-9, use_cache=False):
        super().__init__()
        self.token_embedding = nn.Embedding(vocab_size, hidden_size)  # 词嵌入
        self.position_embedding = nn.Embedding(max_position_embeddings, hidden_size)  #
位置嵌入
        self.dropout = nn.Dropout(dropout)  # Dropout层
        # 多层GPT-2块
        self.GPTBlocks = nn.Sequential(
            *[GPT2Block(hidden_size, num_heads, dropout, layer_norm_epsilon)
              for i in range(num_layers)]
        )
        self.layer_norm = nn.LayerNorm(hidden_size, layer_norm_epsilon)  # 最后一层归一化
        self.use_cache = use_cache  #是否使用缓存
        self.head_size = hidden_size // num_heads  # 每个头的维度

        self.num_layers = num_layers  # 层数
        self.num_heads = num_heads  # 头数
        self.reset_kv_cache()  # 初始化缓存

    # 重置缓存
    def reset_kv_cache(self):
        self.past_key_values  =  torch.zeros((self.num_layers,  self.num_heads,  0,  2  *
self.head_size))

    # 前向传播
    def forward(self, input_ids):  # 输入形状: [batch, seq_len]
        if not self.use_cache:
```

```
            # 如果不使用缓存
            tokens = self.token_embedding(input_ids)  # 词嵌入
            batch, seq_len = input_ids.shape
            # 位置嵌入
            position_ids   =   repeat(torch.arange(seq_len),   's  ->  b  s',  b  =
batch).to(input_ids.device)
            positions = self.position_embedding(position_ids)
            embedding = tokens + positions  # 嵌入叠加
            x = self.dropout(embedding)  # Dropout
            x = self.GPTBlocks(x)  # 通过GPT-2块
            self.last_token_encodings = x  # 保存最后的编码
            final_encodings = self.layer_norm(x)  # 归一化
            # 计算logits
            logits   =   einsum('b   s   d,  v  d  ->  b  s  v',  final_encodings,
self.token_embedding.weight)
            return (logits, final_encodings)
        else:
            # 如果使用缓存
            if self.past_key_values.shape[2] == 0:
                # 如果缓存为空，初始化处理
                tokens = self.token_embedding(input_ids)  # 词嵌入
                batch, seq_len = input_ids.shape
                # 位置嵌入
                position_ids   =   repeat(torch.arange(seq_len),   's  ->  b  s',  b  =
batch).to(input_ids.device)
                positions = self.position_embedding(position_ids)
                embedding = tokens + positions  # 嵌入叠加
                x = self.dropout(embedding)  # Dropout
                new_key_values = []  # 保存新的K和V
                # 依次处理每个GPT-2块
                for gptblock in self.GPTBlocks:
                    x, new_key_value = gptblock(x, return_key_values=True)
                    new_key_values.append(new_key_value)
                self.past_key_values = torch.cat(new_key_values, dim=0)  # 更新缓存
                final_encodings = self.layer_norm(x)  # 归一化
                # 计算logits
                logits   =   einsum('b   s   d,   v   d   ->   b   s   v',   final_encodings,
self.token_embedding.weight)
                return (logits, final_encodings)
            else:
                # 如果缓存不为空，处理新的时间步
                tokens = self.token_embedding(input_ids[:, -1:])  # 仅处理最后一个时间步
                batch, seq_len = input_ids.shape
                # 位置嵌入（仅处理最后一个时间步）
                position_ids   =   repeat(torch.arange(seq_len),   's  ->  b  s',  b  =
batch).to(input_ids.device)
                positions = self.position_embedding(position_ids[:, -1:])
                embedding = tokens + positions  # 嵌入叠加
                x = self.dropout(embedding)  # Dropout
                new_key_values = []  # 保存新的K和V
                # 依次处理每个GPT-2块
                for i, gptblock in enumerate(self.GPTBlocks):
                    x, new_key_value = gptblock(x,
                            past_key_values=self.past_key_values[i, :, :, :],
                            return_key_values=True)
                    new_key_values.append(new_key_value)
                new_key_values = torch.cat(new_key_values, dim=0)  # 合并新的K和V
                self.past_key_values = torch.cat((self.past_key_values, new_key_values),
dim=2)  # 更新缓存
```

```
                final_encodings = self.layer_norm(x)  # 归一化
                # 计算logits
                logits  =  einsum('b  s  d,  v  d  ->  b  s  v',  final_encodings,
self.token_embedding.weight)
                return (logits, final_encodings)
```

在上面代码中，我们使用了缓存优化技术past_key_values，目的在减少重复计算，从而提高推理效率。

8.3.3 缓存使用与传递过程详解

GPT-2是经典的自回归生成模型。一般在生成任务中，模型通常逐个词生成序列，缓存机制可以避免在每一步都从头计算所有之前的键（Key）和值（Value），而是复用之前的结果。下面我们详细讲解GPT-2中缓存机制的使用。

1. 缓存初始化

缓存初始化在reset_kv_cache方法中完成：

```
 def reset_kv_cache(self):
     self.past_key_values  =  torch.zeros((self.num_layers,  self.num_heads,  0,  2  *
self.head_size))
```

past_key_values是一个四维张量，形状为(num_layers, num_heads, 0, 2 * head_size)：

- num_layers：GPT-2的层数。
- num_heads：每层中多头注意力的头数。
- 0：缓存的初始长度为0，表示没有存储任何历史键值。
- 2 * head_size：每一层的键值对（K和V）被拼接在一起，维度是2 * head_size。

2. 缓存的使用逻辑

缓存的使用逻辑主要在forward方法中实现：

1）缓存为空时的初始化

```
 if self.past_key_values.shape[2] == 0:
     tokens = self.token_embedding(input_ids)
     batch, seq_len = input_ids.shape
     position_ids  =  repeat(torch.arange(seq_len),  's  ->  b  s',  b  =
batch).to(input_ids.device)
     positions = self.position_embedding(position_ids)
     embedding = tokens + positions
     x = self.dropout(embedding)
     new_key_values = []
     for gptblock in self.GPTBlocks:
        x, new_key_value = gptblock(x, return_key_values=True)
        new_key_values.append(new_key_value)
     self.past_key_values = torch.cat(new_key_values, dim=0)
```

上面代码解释如下：

- 初始化嵌入：输入的编码（token_embedding和position_embedding）被计算。
- 逐层处理：每层GPT-2块（GPT2Block）都会返回新的键值对（new_key_value）。
- 缓存更新：新的键值对被收集到new_key_values中，并最终拼接到self.past_key_values。

2）缓存不为空时的处理

代码如下所示：

```
else:
    tokens = self.token_embedding(input_ids[:, -1:])
    batch, seq_len = input_ids.shape
    position_ids    =    repeat(torch.arange(seq_len),    's    ->    b    s',    b    =
batch).to(input_ids.device)
    positions = self.position_embedding(position_ids[:, -1:])
    embedding = tokens + positions
    x = self.dropout(embedding)
    new_key_values = []
    for i, gptblock in enumerate(self.GPTBlocks):
        x, new_key_value = gptblock(x,
                past_key_values=self.past_key_values[i, :, :, :],
                return_key_values=True)
        new_key_values.append(new_key_value)
    new_key_values = torch.cat(new_key_values, dim=0)
    self.past_key_values = torch.cat((self.past_key_values, new_key_values), dim=2)
```

上面代码解释如下：

- 处理新的输入：只处理当前时间步的输入（input_ids[:, -1:]）。
- 复用缓存：每层GPT-2块（GPT2Block）接收当前时间步的输入和之前的键值对（past_key_values）。
- 生成新的键值对：当前时间步的键值对（K和V）被计算并返回。
- 缓存更新：新的键值对被添加到past_key_values中。

3）缓存的传递

缓存的传递主要发生在以下两部分：

（1）在MultiheadAttention的forward方法中，缓存通过past_key_values参数传递：

```
if past_key_values is not None:
    assert x.shape == (1, 1, self.hidden_size)  # 只支持单个时间步
    kqv = self.attentionLL(x)
    kqv = rearrange(kqv, "batch seq_len (three num_heads head_size) -> batch num_heads
seq_len head_size three ", num_heads=self.num_heads, three=3)
    q = kqv[0, :, :, :, 0]  # 提取Q
    k = kqv[0, :, :, :, 1]  # 提取K
    v = kqv[0, :, :, :, 2]  # 提取V

    oldK, oldV = torch.split(past_key_values, (self.head_size, self.head_size), dim=2)
    K = torch.cat((oldK, k), dim=1)  # 拼接旧的K和新的K
    V = torch.cat((oldV, v), dim=1)  # 拼接旧的V和新的V
```

在这里主要完成了以下几个步骤：

- 提取当前K和V：从当前时间步的输入中提取K和V。
- 拼接旧K和新K：将之前缓存的K（oldK）和当前的K拼接在一起。
- 拼接旧V和新V：将之前缓存的V（oldV）和当前的V拼接在一起。

（2）在GPT2Block的forward方法中，缓存通过past_key_values参数传递：

```
x, new_key_value = gptblock(x, past_key_values=past_key_values, return_key_values=True)
```

如果past_key_values非空，GPT2Block会将之前的K和V与当前的K和V拼接在一起。

4）最后在每次计算新的Key和Value后，缓存都会更新：

```
new_key_values = torch.cat(new_key_values, dim=0)
self.past_key_values = torch.cat((self.past_key_values, new_key_values), dim=2)
```

上面代码解释如下：

- 拼接新的K和V：新的键值对被拼接到缓存中。
- 维度扩展：缓存的长度（第三维）增加，对应新的时间步。

可以看到，生成模型中的缓存机制通过保存历史的键值对（Key和Value），避免了在生成任务中重复计算旧的Key和Value。这种优化显著提高了生成任务的推理速度，尤其是在处理长序列时。缓存的管理和更新是实现这一优化的关键，确保在每一步中都只计算当前时间步的键值对，并复用之前的缓存。

8.4 减少空间占用的生成模型实战与推理资源消耗量化对比

我们使用缓存对自回归生成模型进行计算时，最核心的目标是降低模型推理时的资源消耗。通过精心设计的缓存机制，我们得以高效地存储并复用中间计算结果，从而避免了在每次推理步骤中重复相同的计算。这种优化方法不仅大幅提升了模型的推理速度，还减少了对计算资源的依赖，使自回归生成模型在更多场景下都能实现高效运用。

在本节中，我们将从头开始训练一个自回归模型，并采用不同的推理方法，以便对资源消耗进行量化对比。我们希望通过这一对比实验，更直观地展示缓存机制在降低资源消耗方面的实际效果，进一步验证缓存优化策略的有效性。同时，我们也希望通过这些数据，为未来的模型优化和缓存设计提供更具体的指导和参考。通过这样的实证研究，我们不仅可以更深入地理解缓存机制在自回归模型中的作用，还能为相关领域的研究和实践提供有价值的经验和启示。

8.4.1 模型参数配置与训练数据的准备

首先需要完成模型参数的配置。在这里我们简化了配置方法，采用类的形式对所有的参数进行管理，代码如下所示：

```
class GPT2Config:
    hidden_size = 384
    vocab_size = 4000
    num_attention_heads = 6
    assert hidden_size % num_attention_heads == 0, 'hidden_size must be divisible by num_head'
    intermediate_size = hidden_size * 4
    dropout = 0.1
    layer_norm_eps = 1e-12
    n_layers = 6

    is_cause = True
    device = "cuda"
```

```
    max_length = 48
```

接下来，我们还是希望使用前面进行评论生成的数据进行本章的学习，在这里我们可以直接使用第5章的分词模型以及评论数据集，代码如下所示：

```
import sentencepiece as spm
class Tokenizer:
    def __init__(self,spm_path = './vocab_new/spm_model.model'):
        super().__init__()
        self.sp = spm.SentencePieceProcessor()
        self.sp.Load(spm_path)
        self.end_id = 4
    def encode(self,text):
        token = self.sp.EncodeAsIds(text)
        return token

    def decode(self,token):

        _text = self.sp.DecodeIds(token)
        return (_text)

    def vocab_size(self):
        return len(self.sp)
```

数据集的处理和准备：

```
import random,torch
from tqdm import tqdm
import sentencepiece as spm

import config
tokenizer_emo = config.Tokenizer()
print(tokenizer_emo.vocab_size())

token_list = []
with open("../dataset/ChnSentiCorp.txt", mode="r", encoding="UTF-8") as emotion_file:
    for line in tqdm(emotion_file.readlines()):
        line = line.strip().split(",")

        text = "".join(line[1:]) + '<|end_of_sentence|>'

        token = tokenizer_emo.encode(text)
        for id in token:
            token_list.append(id)
token_list = torch.tensor(token_list * 4)

class TextSamplerDataset(torch.utils.data.Dataset):
    def __init__(self, data = token_list, seq_len = 48):
        super().__init__()
        self.data = data
        self.seq_len = seq_len

    def __getitem__(self, index):
        rand_start = torch.randint(0, self.data.size(0) - self.seq_len, (1,))
        full_seq = self.data[rand_start : rand_start + self.seq_len + 1].long()
        return full_seq[:-1],full_seq[1:]

    def __len__(self):
        return self.data.size(0) // self.seq_len
```

8.4.2 带有缓存的生成模型训练

在训练带有缓存的生成模型时，我们可以完全将其视为普通的生成模型进行处理。这是因为缓存机制主要影响的是模型的推理阶段，而非训练阶段。在训练过程中，模型需要学习的是如何生成合理的序列，而缓存的引入并不会改变这一学习目标。因此，我们可以按照标准的生成模型训练流程进行，无须对训练过程进行特殊调整。

相对于前面完成的生成模型，这里我们增加了训练次数，这一点请读者注意。完整的生成模型训练代码如下所示：

```
import torch
from tqdm import tqdm
import torch
import config
import gpt2_cached

import get_dataset
from torch.utils.data import Dataset, DataLoader

device = torch.device("cuda" if torch.cuda.is_available() else "cpu")

gpt2config = config.GPT2Config()
tokenizer = config.Tokenizer()

model = gpt2_cached.GPT2().to(device)
model.load_state_dict(torch.load("./saver/model.pth"),strict=False)

seq_len = 64
# 获取训练数据集
train_dataset = get_dataset.TextSamplerDataset(get_dataset.token_list,seq_len=seq_len)

# 初始化 DataLoader
data_trainer = DataLoader(dataset=train_dataset,batch_size=640,shuffle=True)

opt = torch.optim.AdamW(model.parameters(),lr=2e-4)
lr_scheduler        =        torch.optim.lr_scheduler.CosineAnnealingLR(opt,T_max        =
1200,eta_min=2e-6,last_epoch=-1)
# 损失函数
criterion = torch.nn.CrossEntropyLoss()

for epoch in range(128):
    model.train()  # 确保模型在训练模式下

    pbar = tqdm(data_trainer, total=len(data_trainer))
    for tok, lab in pbar:
        tok = tok.to(device)
        lab = lab.to(device)

        logits,kv_caches = model(tok)
        # 调整 logits 和 lab的维度
        logits = logits.view(-1, logits.size(-1))   # [batch_size  *  sequence_length,
num_classes]
        lab = lab.view(-1)  # [batch_size * sequence_length]
        # 计算损失
        loss = criterion(logits, lab)
```

```
        # 反向传播和优化
        opt.zero_grad()  # 清除梯度
        loss.backward()  # 计算梯度
        opt.step()  # 更新参数
        lr_scheduler.step()  # 执行优化器

        # 更新进度条上的描述
        pbar.set_description(f"Epoch   {epoch   +   1},   Loss:   {loss.item():.4f},
lr:{lr_scheduler.get_last_lr()[0]*1000:.5f}")

    if epoch % 5 == 0:
        print("model saved")
        torch.save(model.state_dict(), "./saver/model.pth")

torch.save(model.state_dict(), "./saver/model.pth")
```

值得注意的是，虽然在训练阶段缓存并不直接参与，但考虑到模型在实际应用中的推理效率，我们在设计模型结构时，仍然需要预留出与缓存机制相兼容的接口。这样做的好处是，一旦模型训练完成，我们可以轻松地整合缓存功能，从而在实际应用中实现更高效的推理。

此外，尽管缓存不在训练阶段直接使用，但了解并优化缓存机制对于提升模型的整体性能至关重要。因此，在训练过程中，我们也应不断思考如何更好地结合缓存策略，以便在后续的推理阶段达到最佳效果。通过这种方式，我们不仅可以确保模型在训练阶段学习到有效的生成策略，还能为其在实际应用中的高效推理奠定坚实基础。

8.4.3　未运行缓存的生成模型推理资源量化展示

在训练结束后，我们首先对未运行缓存的生成模型进行推理展示，即先比对正常输出文本的推理模型，我们可以将生成的序列长度统一设置为48，再查看对应的文本输出，代码如下所示：

```
import torch
from tqdm import tqdm
import torch
import config
import gpt2_cached

import get_dataset
from torch.utils.data import Dataset, DataLoader

device = torch.device("cuda" if torch.cuda.is_available() else "cpu")

gpt2config = config.GPT2Config()
tokenizer = config.Tokenizer()

model = gpt2_cached.GPT2().to(device)
model.load_state_dict(torch.load("./saver/model.pth"),strict=False)
model.eval()

max_length = gpt2config.max_length

top_k = 5
temperature=0.90
import time
start = time.time()

import time
start_time = time.time()
for _ in range(10):
    input_text = "酒店的位置"
```

```
    input_ids = torch.tensor([tokenizer.encode(input_text)]).long().to(device)
    past_length = input_ids.shape[-1]  # 初始输入的长度

    input_ids = input_ids.clone().detach().requires_grad_(False).to(device)
    for token_n in range(max_length):
        with torch.no_grad():
            indices_to_input = input_ids
            next_token_logits,_ = model(indices_to_input)
            next_token_logits = next_token_logits[:, -1]

        probs = torch.nn.functional.softmax(next_token_logits, dim=-1) * temperature

        (values, indices) = torch.topk(probs, k=top_k)
        probs[probs < values[:, -1, None]] = 0
        probs = probs / probs.sum(axis=1, keepdims=True)

        next_indices = torch.multinomial(probs, num_samples=1)

        input_ids = torch.cat([input_ids, next_indices], dim=1)

    input_ids = input_ids[0].cpu().numpy()
    text = tokenizer.decode(input_ids.tolist())
    text= text.split("<|end of sentence|>")[0]
    # print(text)
    allocated_memory = torch.cuda.memory_allocated()
    print(f'当前设备上张量所占用的GPU内存: {allocated_memory} 字节')
end_time = time.time()
print("花费的时间为: ", end_time - start_time)
```

读者可以自行运行代码查看生成的文本内容。下面我们继续查看当升级了文本长度后的推理资源耗费，简单地说，我们可以通过增加文本生成的文本长度，在一个较长的生成长度要求下对结果进行比对。

此时我们设置的文本生成长度为768，代码如下所示：

```
class GPT2Config:
    hidden_size = 384
    vocab_size = 4000
    num_attention_heads = 6
    assert hidden_size % num_attention_heads == 0, 'hidden_size must be divisible by num_head'
    intermediate_size = hidden_size * 4
    dropout = 0.1

    layer_norm_eps = 1e-12
    n_layers = 6

    is_cause = True
    device = "cuda"

    max_length = 768
```

运行上面代码，结果如下所示：

```
当前设备上张量所占用的GPU内存: 74084352 字节
当前设备上张量所占用的GPU内存: 74084352 字节
当前设备上张量所占用的GPU内存: 74084352 字节
花费的时间为: 52.08263564109802
```

在当前的设备配置下，执行特定任务时张量所占用的GPU内存为74084352字节，且这一数值在连续三次的测试中保持一致。换算后可知，这大约占用了0.7GB的显存。完成这一任务所耗费的时间为52.08263564109802秒。从这个测试中我们可以看到，当文本生成的长度延长至768时，GPU资源的占用稳定在74084352字节，也就是大约0.7GB的显存，整个过程耗时约52秒。

请注意，这个数值可能因读者的电脑硬件配置差异而有所变化，建议读者根据自身情况进行相应设置。

8.4.4 在缓存的生成模型推理资源量化展示

下面我们采用同样的长度在带有缓存的生成模型上演示推理资源的占用，读者可以首先完成短文本的生成并对比生成质量，之后使用长文本检测生成的资源占用。同样地，我们采用768作为文本生成的长度，带有缓存的生成模型如下所示：

```
import torch
from tqdm import tqdm
import torch
import config
import gpt2_cached

device = torch.device("cuda" if torch.cuda.is_available() else "cpu")

gpt2config = config.GPT2Config()
tokenizer = config.Tokenizer()

model = gpt2_cached.GPT2(use_cache=True).to(device)
model.load_state_dict(torch.load("./saver/model.pth"), strict=False)
model.eval()

max_length = gpt2config.max_length

top_k = 5
temperature=0.90
import time
start_time = time.time()
for _ in range(10):
    model.reset_kv_cache()
    input_text = "酒店的位置"
    input_ids = torch.tensor([tokenizer.encode(input_text)]).long().to(device)
    past_length = input_ids.shape[-1]  # 初始输入的长度

    input_ids = input_ids.clone().detach().requires_grad_(False).to(device)
    for token_n in range(max_length):
        with torch.no_grad():
            indices_to_input = input_ids
            next_token_logits,_ = model(indices_to_input)
            next_token_logits = next_token_logits[:, -1]

        probs = torch.nn.functional.softmax(next_token_logits, dim=-1) * temperature

        (values, indices) = torch.topk(probs, k=top_k)
        probs[probs < values[:, -1, None]] = 0
        probs = probs / probs.sum(axis=1, keepdims=True)

        next_indices = torch.multinomial(probs, num_samples=1)
```

```
        input_ids = torch.cat([input_ids, next_indices], dim=1)

    input_ids = input_ids[0].cpu().numpy()
    text = tokenizer.decode(input_ids.tolist())
    text= text.split("<|end of sentence|>")[0]
    #print(text)
    allocated_memory = torch.cuda.memory_allocated()
    print(f'当前设备上张量所占用的GPU内存: {allocated_memory} 字节')
end_time = time.time()
print("花费的时间为: ", end_time - start_time)
```

通过执行这个代码，我们可以观察到资源耗费的另一种情况，其打印结果如下：

```
当前设备上张量所占用的GPU内存: 73377280 字节
当前设备上张量所占用的GPU内存: 73377280 字节
当前设备上张量所占用的GPU内存: 73377280 字节
花费的时间为: 40.05440592765808
```

在相同的任务下，当前设备上张量所占用的GPU内存为73377280字节，并且这个数值在连续的三次测试中同样保持稳定。这次任务所耗费的时间减少到了40.05440592765808秒。这意味着，在生成相同长度的文本内容时，我们仅用了40秒，相较于之前的52秒，显著缩短了处理时间。

8.4.5 使用细精度修正模型输出

除了使用KV Cache完成模型推理外，我们还可以使用半精度修正模型的输出，即在尽量保证输出结果的前提下，对模型精度进行调整，代码如下所示：

```
model = gpt2_cached.GPT2(use_cache=True).half().to(device)
```

可以看到，这里我们仅仅在模型的初始化阶段添加了.half()函数，即可完成模型的半精度设置，而从模型运行结果上来看，可以极大地减少缓存的占用。这一点读者可自行尝试学习。

8.5 本章小结

在本章中，我们测试了一个带有缓存的自回归生成模型。在这个模型中，我们实现了精心设计的缓存机制，以存储和复用中间计算结果。通过这种方式，我们期望能够减少重复计算，从而提高推理速度并降低资源消耗。

在相同的任务下，带有缓存的模型展现出了显著的性能提升。与之前的模型相比，模型在处理相同长度的文本生成任务时，所需的时间明显减少。更重要的是，由于缓存机制的引入，模型在GPU显存的占用上也得到了有效降低。这意味着，在相同的硬件条件下，模型能够处理更长的文本生成任务，或者同时处理更多的任务，从而提高了整体的工作效率。

综上所述，通过对两个使用缓存的生成模型的推理过程进行对比，我们可以清晰地看到缓存机制在提升生成模型性能方面的巨大潜力。无论是通过减少重复计算来提高推理速度，还是通过降低GPU显存占用来提高资源利用效率，缓存机制都展现出了显著的效果。这为我们在未来进一步优化生成模型的性能提供了有力的支持。

第 9 章

DeepSeek核心技术2：MLA注意力机制

DeepSeek中的MLA无疑是一种具有开创性的注意力机制。它巧妙地运用低秩联合压缩技术，将多个注意力头所对应的键（***K***）和值（***V***）精准地映射到一个低维潜在空间之中。这一精妙的设计，如同为数据洪流搭建了一座高效的桥梁，使得原本繁杂的KV缓存存储需求得到了显著削减，计算复杂度也大幅降低。在模型性能丝毫不打折扣的前提下，推理效率得到了质的飞跃，显存占用更是被有效控制，为深度学习模型的轻量化与高效运行开辟了新的路径。

值得一提的是，DeepSeek还巧妙地融合了MoE架构，即DeepSeekMoE技术。这一结合不仅将计算量降至最低，而且极大地提升了模型的总体性能，实现了质的飞跃。DeepSeek总体架构如图9-1所示。

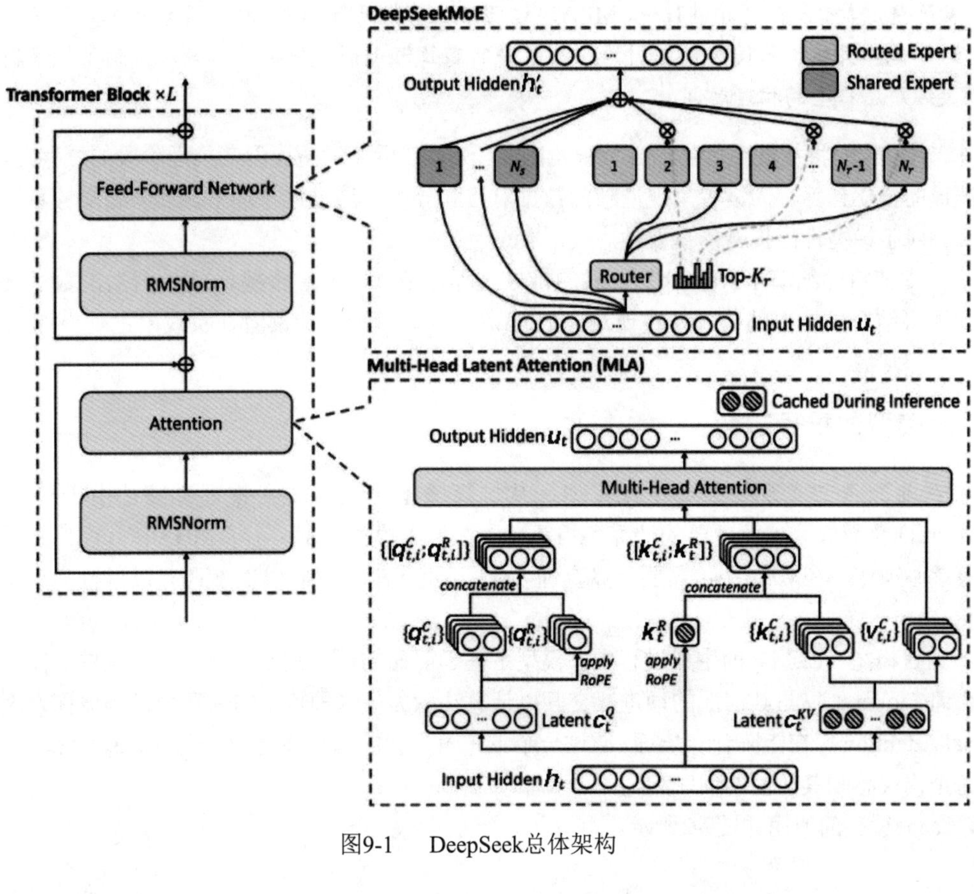

图9-1　DeepSeek总体架构

在本章中，我们将以MLA为起点，开启一场探索DeepSeek技术奥秘的奇妙之旅。从MLA这一核心技术的基础原理出发，逐步深入剖析其背后的数学逻辑和实现细节，让读者能够清晰地理解它是如何在模型中发挥关键作用的。随后，我们会沿着技术的脉络，逐步展开对DeepSeek其他核心技术的介绍，带领读者全方位、多层次地领略DeepSeek这一深度学习领域杰出成果的独特魅力与卓越实力，一同探寻其在人工智能发展道路上的无限可能。

9.1　从推理角度详解MLA注意力模型与代码实现

MLA采用了一种极具巧思的压缩形式来对缓存进行优化处理。直白来讲，相较于直接存储键（***K***）和值（***V***），或是采用共享键值对的方式，MLA另辟蹊径，它先将键和值压缩成一个更为紧凑的潜在向量。在模型实际运行过程中，当需要使用这些键和值时，再精准地将其恢复出来。这种独特的处理方式，犹如为数据存储与调用打造了一个高效的"压缩包"，极大地提升了缓存的利用效率。

具体来看，MLA的核心创新之处主要体现在以下两个方面：

- 低秩键值联合压缩：MLA突破了传统方法的局限，不再对键和值进行单独处理，而是将键和值所蕴含的信息进行深度融合，共同压缩到一个更小的潜在空间之中。这一创新举措，使得原本分散、冗余的数据信息得以高度整合，在减少数据存储空间的同时，也保留了数据的关键特征，为后续的高效计算奠定了坚实基础。
- 矩阵乘法优化：在计算过程中，MLA通过巧妙地重排计算顺序，对矩阵乘法进行了深度优化。这一优化策略，如同为计算引擎注入了一剂高效催化剂，使得计算效率得到了显著提升，大大缩短了模型的推理时间。

在本节中，我们将从缓存优化的独特视角出发，深入剖析注意力模型在推理阶段的缓存占用情况，并通过严谨的量化计算，为读者呈现清晰的数据对比和分析。通过这一环节，读者将能够直观地了解到缓存优化对于模型性能提升的重要性。

之后，本节将详细演示MLA计算公式的推导过程，带领读者逐步揭开MLA背后的数学奥秘。同时，我们还将结合推导出的公式，实现对应的MLA注意力模型，让读者在实践中进一步加深对MLA技术的理解和掌握。

9.1.1　大模型的推理过程

我们在前面章节实现了经典生成模型，从推理输出上来看，在推理阶段，由于模型由多层Transformers堆叠而成，因此主要的计算负担落在了注意力模型内部，涉及MHA和前馈神经网络（或MoE）等核心操作。在MHA中，需要计算查询（***Q***）、键（***K***）和值（***V***）矩阵，以进行多头注意力的相关计算。

在大语言模型（LLM）的生成过程中，模型是基于前面的词序列来预测下一个词的。在这个过程中，每个词（token）仅与其前面的词进行交互以计算注意力，这种特定的注意力机制被称为因果注意力（Causal Attention）。在矩阵计算层面，通过一个下三角形状的因果注意力掩码（Causal Attention Mask）来确保每个词仅感知其前面的词序列。

KV Cache缓存的使用如图9-2所示。

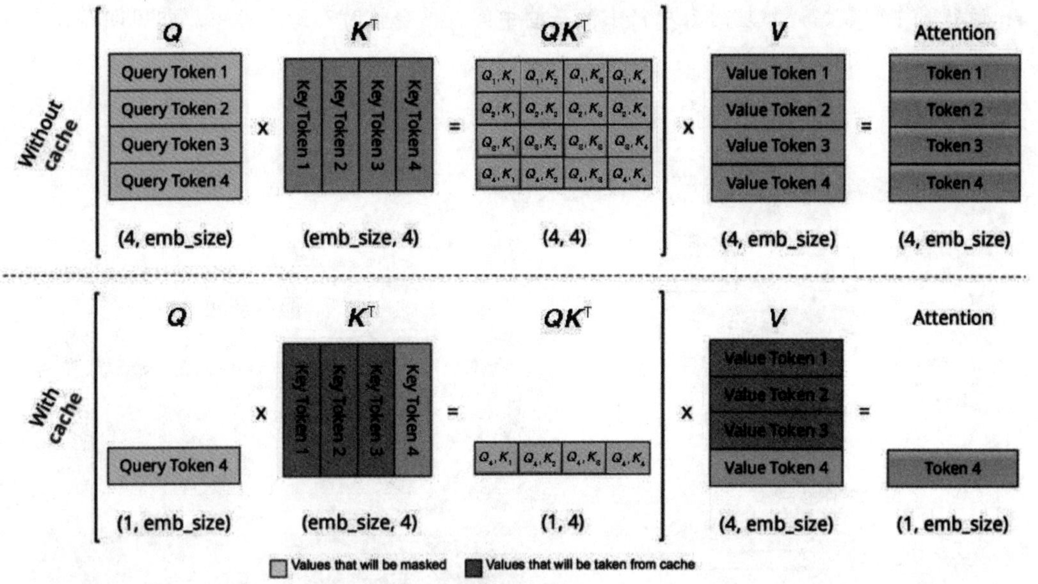

图9-2　KV Cache缓存的使用

同样地，我们在介绍KV Cache缓存的章节中，已通过图示向读者清晰展示了输入的查询（***Q***）只与其对应位置前的键（***K***）和值（***V***）进行计算。因此，为了提升训练和推理的效率，在token-by-token的生成过程中，我们需要避免对前序token的重复计算。

为此，研究者们提出了一个有效的解决方案：将前序已经计算好的键（***K***）和值（***V***）缓存起来。这就是目前被广泛采用的KV Cache机制。KV Cache本质上是通过牺牲存储空间来换取时间效率的方法。然而，考虑到当前大语言模型（LLM）的规模都相当庞大，而GPU的显存空间又十分有限，使用显存来保存KV Cache势必会引发访问瓶颈。

换句话说，如果不使用KV Cache，模型将直接进行计算（包括重复计算前序token），这是一个计算密集型任务；而增加了KV Cache之后，键（***K***）和值（***V***）不再是通过实时计算获得，而是直接从存储介质中读取，这意味着GPT内核与存储介质之间需要频繁地进行数据读写，从而使任务转变为访存密集型。因此，虽然KV Cache机制解决了重复计算的问题，但存储访问的速度却直接影响了训练和推理的速度。

为了进一步优化这一流程，未来的研究可以探索更高效的存储解决方案，例如利用更快的存储介质或者优化数据访问模式，以减少访存延迟，从而进一步提高KV Cache机制的整体性能。此外，也可以考虑设计更加智能的缓存替换策略，以适应不同大小和特性的语言模型，确保在有限的显存资源下实现最优的性能提升。

9.1.2　通用大模型的显存占用量化计算

对于通用的大模型在推理阶段时，主要有三部分数据会放到显存中，如下所示：

- 模型参数：包括Transformers、Embedding等模型参数会存到显存里。模型大小固定后，这个存储空间是固定的。
- KV Cache：如上一节所述，前序token序列计算的KV结果，会随着后面token推理过程逐步存到显存中。存储的量随着Batch和sequence_len长度而动态变化。

- 运行时中间数据：推理过程中产出的一些中间数据会临时存到显存中，即用即释放，一般占用空间比较小。

完整的模型推理时显存空间的占用情况如图9-3所示。

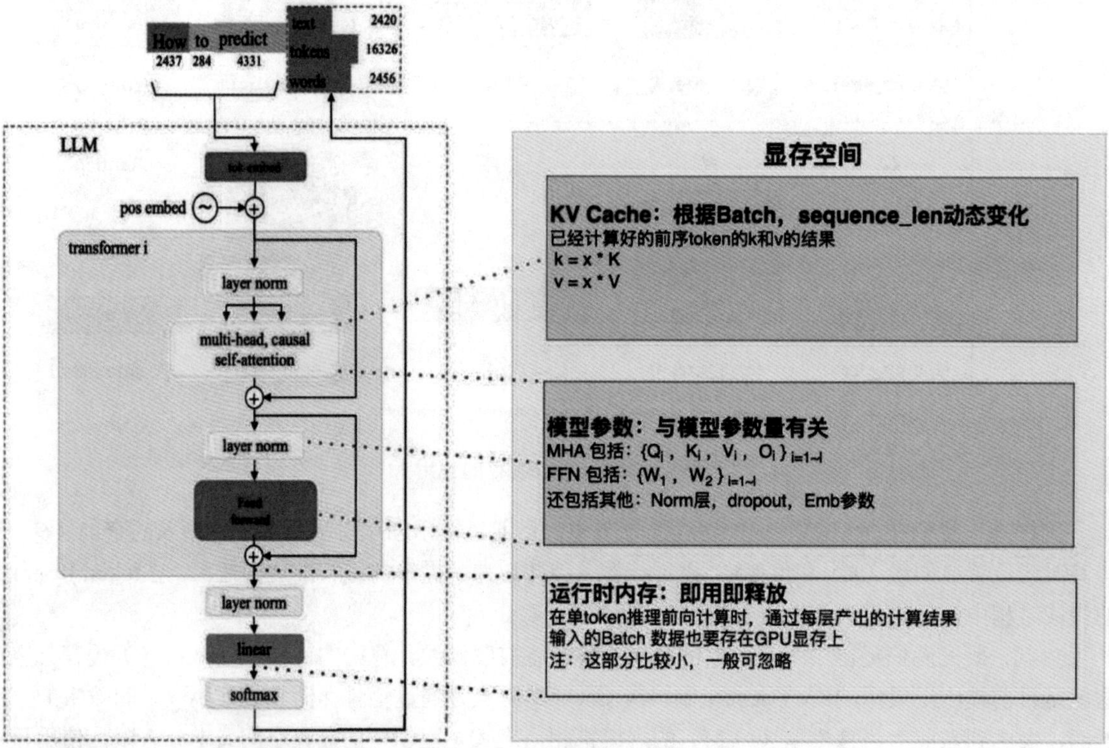

图9-3　完整的模型推理时显存空间的占用

可以看到推理阶段主要存储消耗是两部分：模型参数和KV Cache。那么模型参数占多少，KV Cache又占多少？首先我们先以一个token的计算过程为例，看下一个token计算要存储多少KV？计算公式如下：

$$存储的KV数目=2\times注意力头数\times层数$$

下面我们举一个简单的例子，当我们设置的Config如下：

```
class Config:
    n_embd = hidden_size = 384
    num_attention_heads = 6

    vocab_size = 4000
    vocab_size = 7000   #在进行SFT时的长度为7000
    assert hidden_size % num_attention_heads == 0, 'hidden_size must be divisible by num_head'

    intermediate_size = hidden_size * 4
    dropout = 0.1

    layer_norm_epsilon = layer_norm_eps = 1e-12
    num_hidden_layers = n_layers = 6
```

根据上面的公式计算，我们的一个KV占用的 2×6×6=72，这表示推理一个token就要缓存72个KV个数，而统计占据了多少缓存，计算公式如下：

每个token_占据空间=每个参数占据空间×参数个数×存储的KV数目

假设推理阶段是半精度（BF16，128位）参数，每个参数占2B。最终一个token的存储占用如下：

$$2\times128\times72=\frac{18432}{1024000}=0.018(\mathrm{MB})$$

我们现在知道了一个Token计算后需要缓存的KV数量和存储量。那么对于一个实际的推理场景，还要考虑批量batch_size和序列长度seq_len两个维度，来确认整体KV Cache的存储消耗。下面是序列长度消耗公式：

单条缓存占用=单token存储×batch_size×seq_len

通过计算我们可以很轻易地得到模型在推断阶段在不同batch_size下进行推理时的显存占用。

9.1.3　手把手MLA注意力公式的总体推导

前面我们在讲解MHA多头注意力时，在讲解对于不同的输入查询（$\boldsymbol{Q}$）、键（$\boldsymbol{K}$）和值（$\boldsymbol{V}$）的计算如下：

$$\boldsymbol{Q}=XW^{\boldsymbol{Q}}$$
$$\boldsymbol{W}^{\boldsymbol{Q}}\in R^{d\times d_k}$$
$$\boldsymbol{K}=XW^{K}$$
$$\boldsymbol{W}^{\boldsymbol{K}}\in R^{d\times d_k}$$
$$\boldsymbol{V}=XW^{V}$$
$$\boldsymbol{W}^{V}\in R^{d\times d_k}$$

这里的$\boldsymbol{W}^{\boldsymbol{Q}}$、$\boldsymbol{W}^{\boldsymbol{K}}$和$\boldsymbol{W}^{V}$是一个具有相同维度的可训练参数矩阵，大小均为$R^{d\times d_k}$，而$d$是输入维度，$d_k$是输出维度。通过矩阵计算的方法完成和实现注意力模型中不同向量表示。

而对于MLA中的注意力维度参数矩阵的计算，我们则修改了这里可训练参数矩阵的大小，即将原有的统一维度大小的可训练参数矩阵，修改如下：

1. 查询（Q）

在保持原有$\boldsymbol{X}$输入不变的情况下计算查询（$\boldsymbol{Q}$），公式如下所示：

$$\text{compressed}\_Q=\boldsymbol{X}@\boldsymbol{W}^{dq}$$
$$\boldsymbol{Q}=X\text{compressed}\_Q@\boldsymbol{W}^{Uq}$$

这里的$\boldsymbol{W}^{dq}$与$\boldsymbol{W}^{Uq}$分别对应代码中与输入$\boldsymbol{X}$以及$X\text{compressed}_Q$计算的参数，目的是完成维度变换。可以看到公式第二行$\boldsymbol{Q}$向量的计算过程中，通过两个参数进行计算，对输入参数进行计算后再重新变回原始维度，从而达到参数维度变换的作用。

2. 键（K）与值（V）

而对于键（$\boldsymbol{K}$）与值（$\boldsymbol{V}$）则采用如下处理方法。首先将输入$\boldsymbol{X}$投影到一个低维空间compressed_kv：

$$\text{compressed\_}kv = \boldsymbol{X}@\boldsymbol{W}^{dkv}$$

其中compressed _ kv是输入的X投影到低维空间的映射，$\boldsymbol{W}^{dkv}$是变换参数。之后对于$\boldsymbol{K}$和$\boldsymbol{V}$的求解则根据新的映射计算出新的低序键（$\boldsymbol{K}$）与值（$\boldsymbol{V}$），如下所示：

新的$\boldsymbol{K}$值：

$$\boldsymbol{K} = \text{compressed\_}kv@\boldsymbol{W}^{ukv\_k[\cdots:\text{query\_head\_dim}]}$$

新的$\boldsymbol{V}$值：

$$\boldsymbol{V} = \text{compressed\_}kv@\boldsymbol{W}^{ukv\_k[\cdots,\text{query\_head\_dim}]}$$

其中$\boldsymbol{W}^{ukv_k}$是对$\boldsymbol{K}$和$\boldsymbol{V}$进行变换的参数，这里我们将原有分别面向$\boldsymbol{K}$和$\boldsymbol{V}$的参数整合在一起，并通过设定维度query_head_dim对其进行切割，从而根据维度设定对$\boldsymbol{K}$、$\boldsymbol{V}$进行维度变换以获得一组新的$\boldsymbol{K}$、$\boldsymbol{V}$值。

在获得一组新的$\boldsymbol{Q}$、$\boldsymbol{K}$和$\boldsymbol{V}$的基础上，相对于普通的注意力计算，MLA在进行矩阵乘法使用了一个简单而巧妙的数学变换解决了乘积过大的问题，公式如下所示：

$$\begin{aligned}\text{Attention\_score} &= \text{compressed\_}Q@\boldsymbol{W}^{Uq}@(\text{compressed\_}kv@\boldsymbol{W}^{ukv\_k})^T \\ &= \text{compressed\_}Q@\boldsymbol{W}^{Uq}(\text{compressed\_}kv)^T@(\boldsymbol{W}^{ukv\_k})^T \\ &= \text{compressed\_}Q@\boldsymbol{W}^{Uq}@(\boldsymbol{W}^{ukv\_k})^T@(\text{compressed\_}kv)^T\end{aligned}$$

可以看到，通过这种方式MLA实现了参数量的节省，并在进行注意力计算时完成了速度优化。

9.2 从缓存角度详解MLA注意力模型与代码实现

在深度学习模型日益庞大、复杂的当下，推理空间占用的优化显得尤为关键，而MLA凭借其独特的设计，在这方面表现得极为出色。其通过先进的压缩算法和巧妙的数据处理方式，将原本需要大量空间存储的键（$\boldsymbol{K}$）和值（$\boldsymbol{V}$）信息进行高效压缩，从而大幅降低了模型在推理过程中对内存和显存的占用。

节省推理空间占用只是MLA带来的基础益处，由此还引发了一系列积极的连锁反应。由于占用空间的减少，模型在推理时的数据读取和传输速度得到了显著提升。这就好比在一条原本拥堵的道路上，车辆（数据）能够更加顺畅地行驶，减少了等待和延误，从而加快了整个推理流程。推理速度的提升意味着模型能够更快地给出预测结果，这对于一些对实时性要求极高的应用场景，如自动驾驶、在线实时翻译等，具有至关重要的意义。

此外，MLA节省推理空间占用的特性还为模型的部署提供了更大的灵活性。在资源有限的设备上，如移动设备、嵌入式系统等，传统的注意力模型可能因空间占用过大而无法顺利运行。而MLA则打破了这一限制，使得这些设备也能够轻松承载和运行复杂的深度学习模型，极大地拓展了模型的应用范围。

在接下来的内容中，我们将深入探究MLA是如何实现节省推理空间占用的具体机制，包括其背后的算法原理、关键技术的运用等。同时，我们还将通过实际案例和实验数据，直观地展示MLA在节省推理空间占用以及提升推理效率方面的卓越表现，让读者对这一创新技术有更全面、更深入的认识。

9.2.1 优化的MLA模型实现1：压缩低秩空间

MLA的创新之一就是低秩空间压缩，我们通过将输入的向量压缩到低秩维度从而完成了维度变换。而在具体实现上，我们则可以通过定义和组成对应的可训练参数完成模型的结构。

1. 变换参数的定义

```
#首先我们需要定义MLA中的参数，在这里我们定义参数如下：
self.q_proj_up = d_model * 2   #先把Query的维度升高
self.qk_proj_down = d_model     #再降低Query的维度进行计算
self.query_head_dim = self.qk_proj_down // n_heads
#这里是进行压缩kv的维度，可以设置为原有d_model大小的2/3为好
self.kv_lora_rank = int((d_model * 3)//2)     #变为hidden压缩了维度
```

在上面代码中，我们分别设置了MLA中的参数，q_proj_up与qk_proj_down是对输入的查询（$\boldsymbol{Q}$）进行计算，我们采用双参数期望能够在输入的参数较少（在推理时只有1个token）的情况下，也能获得一个较为合理的特征向量。

kv_lora_rank对整体的Key和Value整合计算维度，其作用是建立一个过度的低维处理向量，用于后期的整合。

2. Query的维度变换处理

下面我们首先看Query的维度变换，代码如下所示：

```
self.W_dq = torch.nn.Parameter(0.01 * torch.randn(d_model, self.q_proj_dim))
self.q_norm = torch.nn.LayerNorm(self.q_proj_dim)
self.W_Uq = torch.nn.Parameter(0.01 * torch.randn(self.q_proj_dim, self.qk_proj_dim))
```

在这里，我们首先依据公式定义了多个映射参数，旨在对输入的特征向量$\boldsymbol{x}$进行变换。其中，qk_proj_dim与qk_head_num的设定是为了调整维度的尺寸，以便我们人为地修正输入和输出的维度。在进行qk计算时，我们仅需确保最后一个维度保持一致即可。

而Query的计算代码如下所示：

```
compressed_q = x @ self.W_dq
compressed_q = self.q_norm(compressed_q)
query = compressed_q @ self.W_Uq
q_nope = self._split_heads(query, self.num_heads, self.query_head_dim)  # 将query分割为
多头 shape = [-1,6,48,64]
```

3. Key与Value的维度变换处理

对于Key和Value的维度变换与处理，我们同样按推理公式中首先对其进行变换，之后将其变换为输入维度，代码如下所示：

```
q_absorb = torch.einsum('bqd,hdc->bhqc', compressed_kv, self.kv_b_proj[:,:,
:self.query_head_dim])
```

这里我们首先完成了Key与Value的总体维度变换，将其拆分后我们所需要的Key和Value维度矩阵，计算过程如下：

```
v_nope = torch.einsum('bqc,hcd->bqhd', compressed_kv,
self.kv_b_proj[:,:,self.query_head_dim:])
attn_output = torch.einsum('bhql,blhd->bhqd', attn_weights,v_nope)
```

顺便说一下，MLA中的低秩压缩的核心思想是：我们可以用一个较小的矩阵来近似表示一个大矩

阵。而这个小矩阵正常来说是通过矩阵分解得到的，但在MLA中是直接设计小矩阵的维度，让它们通过训练自动学习到一个好的低秩表示。

秩就是信息压缩的维度，我们通过一个具体的例子来理解这个过程：想象一个5120维的向量，它可能代表了一幅图像的所有像素值。当我们用一个秩为512的变换去处理它时，本质上我们是在说：这5120个数字中，实际上可以用512个独立的特征来表达主要信息。

而这种压缩之所以有效，是因为在实际应用中：

- 真实数据通常存在大量冗余。
- 并非所有维度都同等重要。

因此在实际中保留最重要的维度往往足以表达数据的主要特征。

9.2.2 优化的MLA模型实现2：核心注意力矩阵计算

注意力模型MLA核心优化之一就是对核心计算使用矩阵计算的方法，在这里我们按公式完成了新的注意力计算优化，代码如下所示：

```
    def _attn(self, q_nope, compressed_kv, attention_mask=None):
        q_cope = q_nope.clone()

        # 为了与compressed_kv结合计算attention_score
        if True:
            q_absorb = torch.einsum('bqd,hdc->bhqc', compressed_kv,
self.kv_b_proj[:,:,:self.query_head_dim])
            attn_weights = torch.einsum('bhqc,bhlc->bhlq', q_absorb, q_nope)
        else:
            pass

        # 缩放注意力权重
        attn_weights = attn_weights / torch.full([], q_nope.size(-1) ** 0.5,
dtype=attn_weights.dtype,device=attn_weights.device)
        query_length, key_length = q_nope.size(-2), compressed_kv.size(-2)
        causal_mask = self.bias[:, :, key_length - query_length:
key_length, :key_length].to(q_nope.device)
        attn_weights = torch.where(causal_mask, attn_weights.to(attn_weights.dtype),
self.mask_value)

        if attention_mask is not None:
            # 如果有额外的注意力掩码，应用它
            attn_weights = attn_weights + attention_mask

        attn_weights += self.cope(q_cope, attn_weights)
        attn_weights = torch.nn.functional.softmax(attn_weights, dim=-1)  # 计算Softmax
        attn_weights = attn_weights.type(compressed_kv.dtype)
        attn_weights = self.attn_dropout(attn_weights)  # 应用dropout

        if True:
            v_nope = torch.einsum('bqc,hcd->bqhd', compressed_kv,
self.kv_b_proj[:,:,self.query_head_dim:])
            attn_output = torch.einsum('bhql,blhd->bhqd', attn_weights,v_nope)
        else:
            pass
        return attn_output, attn_weights
```

在上面代码中，我们分别对两个部分进行优化，首先是attn_weights的计算，而同样的attn_output

部分我们也进行优化，将维度变换过程整合到一个完整过程中实现。另外，读者在具体操作时，可能注意到代码的最后部分使用了if…else条件语句进行判断。这是由于在这个位置进行维度变换时可以将if条件下的两个变换过程整合成一个。这样的计算过程虽然会节省时间，但是这种变换对于硬件资源消耗较大，部分GPU并不适合这种直接维度变换的操作，因此我们建议有兴趣的读者可以自行尝试。

9.2.3 优化的MLA模型实现3：对显存KV Cache部分的压缩

与传统的我们分别对生成的Key和Value值进行缓存不同，MLA中首先对Key和Value进行一个整体变换，将其压缩后通过维度计算重新获取对应的Key和Value值。在这个过程中我们可以通过缓存中间过程，也就是压缩的整体值从而完成对值的缓存。代码如下所示：

```
if layer_past is not None:
    current_kv = x @ self.W_dkv
    compressed_kv = torch.cat([layer_past, current_kv], dim=1)
else:
    compressed_kv = x @ self.W_dkv
    present = compressed_kv #在这里进行了键值对的压缩
    compressed_kv = compressed_kv@self.W_duv
    compressed_kv = self.kv_norm(compressed_kv)
```

在这里我们完成了对键值对的联合压缩过程，这也是MLA的创新，我们可以将其理解为：

- x：是输入的原始向量。
- W_dkv：是一个特殊的下投影矩阵，它同时服务于键和值的压缩。
- compressed_kv：是压缩后的潜在向量，它包含了键和值共享的信息。

compressed_kv作为一个存储关键信息供模型在计算时快速访问它包含了键和值的压缩信息，这个向量的维度一般认为比原始的键值对小得多，因此存储这个压缩向量比存储完整的键和值更节省空间。

9.2.4 带有缓存的MLA注意力模型完整实现

我们已经对MLA模型的各个模块进行了详细的讲解，而MLA注意力机制的一个显著优点，就是其在推理阶段能够出色地完成缓存的优化与利用。这一特性不仅提升了模型的运行效率，还为实际应用带来了更多的便利性。

接下来，本小节将着手构建一个带有缓存功能的MLA完整模型。通过整合缓存机制，我们将进一步展示MLA模型在实际应用中的优势。以下是实现这一完整模型的代码示例：

```
class CoPEMLA(torch.nn.Module):
    def __init__(self, config, layer_idx=None):
        super().__init__()

        self.config = config
        self.max_position_embeddings = max_positions = config.max_position_embeddings
        # 创建一个下三角矩阵，用于因果掩码 (causal mask)
        self.bias = torch.tril(torch.ones((max_positions, max_positions),
dtype=torch.bool)).view(1, 1, max_positions,max_positions)
        self.mask_value = torch.tensor(-1E+9)  # 用于掩码的极大负值

        # 维度参数
        d_model = config.hidden_size
        self.d_model = torch.tensor(d_model)
        self.num_heads = n_heads = config.num_attention_heads
```

```
        # 投影维度
        self.q_proj_up = d_model * 2          # 先把Query的维度升高
        self.qk_proj_down = d_model           # 再降低Query的维度进行计算
        self.query_head_dim = self.qk_proj_down // n_heads

        # 这里是进行压缩kv的维度，可以设置为原有d_model大小的2/3为好
        self.kv_lora_rank = int((d_model * 3)//2)      # 变为hidden压缩了维度
        self.qk_nope_head_dim = self.query_head_dim * 2

        self.kv_attn_dim = (self.query_head_dim + self.qk_nope_head_dim)

        # Q投影
        self.W_dq = torch.nn.Parameter(0.01 * torch.randn(d_model, self.q_proj_up))
        self.q_norm = torch.nn.RMSNorm(self.q_proj_up)
        self.W_Uq = torch.nn.Parameter(0.01 * torch.randn(self.q_proj_up,
self.qk_proj_down))

        # KV投影
        self.W_dkv = torch.nn.Parameter(0.01 * torch.randn((d_model),
(self.kv_lora_rank)))
        self.W_duv = torch.nn.Parameter(0.01 * torch.randn((self.kv_lora_rank),
(self.kv_lora_rank)))
        self.kv_norm = torch.nn.RMSNorm((self.kv_lora_rank))

        self.kv_b_proj  =  torch.nn.Parameter(0.01  *  torch.randn(size=(self.num_heads,
(self.kv_attn_dim), self.kv_lora_rank)))

        # 输出
        self.W_o = torch.nn.Parameter(0.01 * torch.randn(d_model, d_model))
        self.attn_dropout = torch.nn.Dropout(config.dropout)

        #kq_weight要参与多头后的query与key计算
        self.uk_weight = torch.torch.nn.Parameter(0.01 *
torch.randn(self.num_heads,self.kv_lora_rank, self.query_head_dim))
        #v_proj_weight要参与value计算，将压缩的内容重新映射回value
        self.uv_weight = torch.torch.nn.Parameter(0.01 *
torch.randn(self.num_heads,self.kv_lora_rank, self.query_head_dim))

        self.cope = updat_moudle.CoPE(config.max_position_embeddings,
self.query_head_dim)
    def forward(self, x, layer_past=None, attention_mask=None):
        # Q投影
        compressed_q = x @ self.W_dq
        compressed_q = self.q_norm(compressed_q)
        query = compressed_q @ self.W_Uq
        q_nope = self._split_heads(query, self.num_heads, self.query_head_dim)

        # KV投影
        if layer_past is not None:
            current_kv = x @ self.W_dkv
            compressed_kv = torch.cat([layer_past, current_kv], dim=1)
        else:
            compressed_kv = x @ self.W_dkv
        present = compressed_kv #在这里进行了键值对的压缩
        compressed_kv = compressed_kv@self.W_duv
        compressed_kv = self.kv_norm(compressed_kv)

        # 计算注意力输出和注意力权重
        attn_output, attn_weights = self._attn(q_nope, compressed_kv,attention_mask)
        attn_output = self._merge_heads(attn_output, self.num_heads, self.query_head_dim)
# 合并多头
```

```
        attn_output = attn_output @ self.W_o
        attn_output = self.attn_dropout(attn_output)  # 应用dropout

        outputs = (attn_output, present)  # 返回注意力输出和当前的key、value
        return outputs

    def _split_heads(self, tensor, num_heads, attn_head_size):
        """
        将隐藏层维度分割为多头注意力的头和头的大小。
        """
        new_shape = tensor.size()[:-1] + (num_heads, attn_head_size)
        tensor = tensor.view(new_shape)
        return tensor.permute(0, 2, 1, 3)  # (batch, head, seq_length, head_features)

    def _attn(self, q_nope, compressed_kv, attention_mask=None):
        q_cope = q_nope.clone()

        #为了与compressed_kv结合计算attention_score
        if True:
            q_absorb = torch.einsum('bqd,hdc->bhqc', compressed_kv, self.uk_weight)
            attn_weights = torch.einsum('bhqc,bhlc->bhlq', q_absorb, q_nope)
        else:
            pass

        # 缩放注意力权重
        attn_weights = attn_weights / torch.full([], q_nope.size(-1) ** 0.5,
dtype=attn_weights.dtype,device=attn_weights.device)

        query_length, key_length = q_nope.size(-2), compressed_kv.size(-2)
        causal_mask    =    self.bias[:,    :,    key_length    -    query_length:
key_length, :key_length].to(q_nope.device)
        attn_weights  =  torch.where(causal_mask,  attn_weights.to(attn_weights.dtype),
self.mask_value)

        if attention_mask is not None:
            # 如果有额外的注意力掩码，应用它
            attn_weights = attn_weights + attention_mask

        attn_weights += self.cope(q_cope, attn_weights)
        attn_weights = torch.nn.functional.softmax(attn_weights, dim=-1)  # 计算softmax
        attn_weights = attn_weights.type(compressed_kv.dtype)
        attn_weights = self.attn_dropout(attn_weights)  # 应用dropout

        if True:
            v_nope = torch.einsum('bqc,hcd->bqhd', compressed_kv, self.uv_weight)
            attn_output = torch.einsum('bhql,blhd->bhqd', attn_weights,v_nope)
        else:
            #下面这个压缩代码在训练时会报错
            pass
        return attn_output, attn_weights

    def _merge_heads(self, tensor, num_heads, attn_head_size):
        """
        将多头注意力的头和头的大小合并回隐藏层维度。
        """
        tensor = tensor.permute(0, 2, 1, 3).contiguous()
        new_shape = tensor.size()[:-2] + (num_heads * attn_head_size,)
        return tensor.view(new_shape)
```

上面代码完整实现了标准的MLA注意力模型。其中加粗的部分代码为注意力计算模块，在具体使用上读者可以将MLA替代原有我们的上一章对比计算中的经典多头注意力模型，读者可以自行尝试。

9.3　MLA注意力模型的完整补充讲解

通过上面两节内容的讲解，我们了解了MLA注意力模型并完整实现了MLA注意力。在实际的MLA注意力计算中，对于多头注意力数值的计算，我们可以使用matmul的方式一次性完整地进行。然而，有时候为了更好地利用硬件计算性能，例如分布式多GPU计算单元的情况，我们则可以把整体的多头计算拆分成分布式多头计算，而在具体处理上我们可以参考如下的形式进行：

```
#伪代码的形式
import torch

all_querys = []
all_keys = []
all_values = []
for head in n_heads:
    query = torch.matmul(per_query,q_weight)
    key = torch.matmul(per_key,k_weight)
    value = torch.matmul(per_value,v_weight)

    all_querys.append(query)
    all_keys.append(key)
    all_values.append(value)
...

all_attention_outputs = []
for q,k,v in zip(all_querys,all_keys,all_values)
    attention_score = torch.matmul(q,k.transpose())
    attention_weight = torch.nn.functional.softmax(attention_score,dim=-1)
    attention_output = torch.matmul(attention_weight,v)
    all_attention_outputs.append(attention_output)
```

上面代码采用了伪代码的形式，清晰展示了分布式多头计算的方法。针对不同的计算硬件资源，我们可以灵活地手动调整，将单一计算任务分配到不同的计算单元上并行处理，最后将各单元的计算结果汇总整合。

除此之外，在相关公式中，我们还特别提及了为简化计算过程，MLA（假设为某算法缩写）运用了一个简洁的乘法变换法则。这一法则旨在有效减轻矩阵计算的复杂度，提升计算效率。

鉴于这两部分内容均涉及分布式硬件计算的深入应用，本书在此不做进一步的详细讨论和实现展示，仅提供伪代码及基本实现算法作为参考。对此感兴趣的读者，请自行深入探索和实践。

9.3.1　调参、记忆力以及矩阵计算优化

上面我们讲解并完成了MLA模型的基本结构，可以看到相对于传统的注意力模型，MLA在设计上采用了较多巧妙的设计，例如参数调整、矩阵计算优化以及加载了记忆力模块。下面我们分别对这些设计进行讲解。

1. 可调参的MLA注意力模型

MLA模型在设计之初，通过可变维度的参数对注意力模型的计算的大小进行修正，相对于经典的注意力模型，MLA可以根据不同的任务强度对注意力计算参数进行配置。代码如下所示：

```
    # 投影维度
    # 投影维度
    self.q_proj_up = int((d_model * 3)//2)   #先把Query的维度升高
    self.qk_proj_down = d_model      #再降低Query的维度进行计算
    self.query_head_dim = self.qk_proj_down // n_heads

    self.kv_lora_rank = int((d_model * 3)//2)     #变为hidden压缩了维度
    self.qk_nope_head_dim = self.query_head_dim * 2
```

而为了验证我们的投影维度调整后对模型大小的影响，我们可以采用如下的参数对注意力参数进行统计，代码如下所示：

```
def get_parameter_number(net):
    total_num = sum(p.numel() for p in net.parameters())
    trainable_num = sum(p.numel() for p in net.parameters() if p.requires_grad)
    print({'Total': total_num, 'Trainable': trainable_num})
```

读者可以使用参数打印函数打印在不同条件下的MLA注意力参数。

2. MLA注意力中的记忆力模块

相对于经典的注意力机制，MLA在计算Query和Value之间添加了一个记忆力模块，self.kv_b_proj就起到这个作用，在局部缓存并计算Query、Key和Value的向量。记忆模块如下所示：

```
    #kq_weight要参与多头后的query与key计算
    #self.uk_weight = torch.torch.nn.Parameter(0.01 *
torch.randn(self.num_heads,self.kv_lora_rank, self.query_head_dim))

    #v_proj_weight要参与value计算，将压缩的内容重新映射回value
    #self.uv_weight = torch.torch.nn.Parameter(0.01 *
torch.randn(self.num_heads,self.kv_lora_rank, self.query_head_dim))

    #在这里我们把上面的拟合在一起计算
    self.ukv_weight = torch.torch.nn.Parameter(0.01 *
torch.randn(2,self.num_heads,self.kv_lora_rank, self.query_head_dim))
```

在具体处理上：

```
q_absorb = self.kv_b_proj[0]
...
v_absorb = self.kv_b_proj[1]
```

q_absorb与v_absorb分别作为中间向量参与了注意力计算。

3. MLA注意力中的矩阵计算优化

我们在计算Query向量以及最终对attn_output输出计算时，分别采用了分阶段的计算方法，然而实际上我们在计算时可以根据要求对这部分的矩阵计算进行进一步的优化，代码如下所示：

```
q_absorb = torch.einsum('bqd,hdc->bhqc', compressed_kv, self.ukv_weight[0])
attn_weights = torch.einsum('bhqc,bhlc->bhlq', q_absorb, q_nope)
```

这里我们修正了矩阵计算过程，将原有的分段计算整合成一个完整的计算过程，这样带来的好处是可以加速计算过程，但是由于计算的空间需求较大，在使用上还要读者自行斟酌。

注意力矩阵计算的代码如下所示：

```
if True:
    v_nope = torch.einsum('bqc,hcd->bqhd', compressed_kv, self.ukv_weight[1])
    attn_output = torch.einsum('bhql,blhd->bhqd', attn_weights,v_nope)
else:
```

```
    #下面这个压缩代码在训练时会报错
    pass
```

读者可以自行验证比较。

4. 优化后的MLA注意力模型完整实现

对于优化后的MLA模型的完整实现，我们直接给代码，如下所示：

```
class CoPEMLA(torch.nn.Module):
    def __init__(self, config, layer_idx=None):
        super().__init__()
        self.config = config
        self.max_position_embeddings = max_positions = config.max_position_embeddings
        # 创建一个下三角矩阵，用于因果掩码 (causal mask)
        self.bias = torch.tril(torch.ones((max_positions, max_positions),
dtype=torch.bool)).view(1, 1, max_positions,max_positions)
        self.mask_value = torch.tensor(-1E+9)  # 用于掩码的极大负值

        # 维度参数
        d_model = config.hidden_size
        self.d_model = torch.tensor(d_model)
        self.num_heads = n_heads = config.num_attention_heads

        # 投影维度
        self.q_proj_up = int((d_model * 3)//2)   #先把Query的维度升高
        self.qk_proj_down = d_model      #再降低Query的维度进行计算
        self.query_head_dim = self.qk_proj_down // n_heads

        self.kv_lora_rank = int((d_model * 3)//2)    #变为hidden压缩了维度
        self.qk_nope_head_dim = self.query_head_dim * 2

        #这里是用作生成一组memory参数,
        self.kv_attn_dim = (self.query_head_dim + self.qk_nope_head_dim)

        # Q投影
        self.W_dq = torch.nn.Parameter(0.01 * torch.randn(d_model, self.q_proj_up))
        self.q_norm = torch.nn.RMSNorm(self.q_proj_up)
        self.W_Uq = torch.nn.Parameter(0.01 * torch.randn(self.q_proj_up,
self.qk_proj_down))

        # KV投影
        self.W_dkv = torch.nn.Parameter(0.01 * torch.randn((d_model),
(self.kv_lora_rank)))
        self.W_duv = torch.nn.Parameter(0.01 * torch.randn((self.kv_lora_rank),
(self.kv_lora_rank)))
        self.kv_norm = torch.nn.RMSNorm((self.kv_lora_rank))

        # 输出
        self.W_o = torch.nn.Parameter(0.01 * torch.randn(d_model, d_model))
        self.attn_dropout = torch.nn.Dropout(config.dropout)

        #kq_weight要参与多头后的query与key计算
        #self.uk_weight = torch.torch.nn.Parameter(0.01 *
torch.randn(self.num_heads,self.kv_lora_rank, self.query_head_dim))
        #v_proj_weight要参与value计算，将压缩的内容重新映射回value
        #self.uv_weight = torch.torch.nn.Parameter(0.01 *
torch.randn(self.num_heads,self.kv_lora_rank, self.query_head_dim))

        #在这里把上面的拟合在一起进行优化
        self.ukv_weight = torch.torch.nn.Parameter(0.01 *
torch.randn(2,self.num_heads,self.kv_lora_rank, self.query_head_dim))
```

```
        self.cope = updat_moudle.CoPE(config.max_position_embeddings,
self.query_head_dim)

    def forward(self, x, layer_past=None, attention_mask=None):

        # Q投影
        compressed_q = x @ self.W_dq
        compressed_q = self.q_norm(compressed_q)
        query = compressed_q @ self.W_Uq
        q_nope = self._split_heads(query, self.num_heads, self.query_head_dim)  # 将query
分割为多头 shape = [-1,6,48,64]

        # KV投影
        if layer_past is not None:
            current_kv = x @ self.W_dkv
            compressed_kv = torch.cat([layer_past, current_kv], dim=1)
        else:
            compressed_kv = x @ self.W_dkv
        present = compressed_kv #在这里进行了键值对的压缩
        compressed_kv = compressed_kv@self.W_duv
        compressed_kv = self.kv_norm(compressed_kv)

        # 计算注意力输出和注意力权重
        attn_output, attn_weights = self._attn(q_nope, compressed_kv,attention_mask)
        attn_output = self._merge_heads(attn_output, self.num_heads, self.query_head_dim)
# 合并多头
        attn_output = attn_output @ self.W_o
        attn_output = self.attn_dropout(attn_output)  # 应用dropout

        outputs = (attn_output, present)  # 返回注意力输出和当前的key、value
        return outputs

    def _split_heads(self, tensor, num_heads, attn_head_size):
        """
        将隐藏层维度分割为多头注意力的头和头的大小。
        """
        new_shape = tensor.size()[:-1] + (num_heads, attn_head_size)
        tensor = tensor.view(new_shape)
        return tensor.permute(0, 2, 1, 3)  # (batch, head, seq_length, head_features)

    def _attn(self, q_nope, compressed_kv, attention_mask=None):
        q_cope = q_nope.clone()

        #为了与compressed_kv结合计算attention_score
        if True:
            q_absorb = torch.einsum('bqd,hdc->bhqc', compressed_kv, self.ukv_weight[0])
            attn_weights = torch.einsum('bhqc,bhlc->bhlq', q_absorb, q_nope)
        else:
            pass

        # 缩放注意力权重
        attn_weights  =  attn_weights  /  torch.full([],  q_nope.size(-1)  **  0.5,
dtype=attn_weights.dtype,device=attn_weights.device)

        query_length, key_length = q_nope.size(-2), compressed_kv.size(-2)
        causal_mask   =   self.bias[:,   :,   key_length   -   query_length:
key_length, :key_length].to(q_nope.device)
        attn_weights  =  torch.where(causal_mask,  attn_weights.to(attn_weights.dtype),
self.mask_value)
```

```
        if attention_mask is not None:
            # 如果有额外的注意力掩码，应用它
            attn_weights = attn_weights + attention_mask

        attn_weights += self.cope(q_cope, attn_weights)
        attn_weights = torch.nn.functional.softmax(attn_weights, dim=-1)  # 计算softmax
        attn_weights = attn_weights.type(compressed_kv.dtype)
        attn_weights = self.attn_dropout(attn_weights)  # 应用dropout

        if True:
            v_nope = torch.einsum('bqc,hcd->bqhd', compressed_kv, self.ukv_weight[1])
            attn_output = torch.einsum('bhql,blhd->bhqd', attn_weights,v_nope)
        else:
            #下面这个压缩代码在训练时会报错
            pass
        return attn_output, attn_weights

    def _merge_heads(self, tensor, num_heads, attn_head_size):
        """
        将多头注意力的头和头的大小合并回隐藏层维度。
        """
        tensor = tensor.permute(0, 2, 1, 3).contiguous()
        new_shape = tensor.size()[:-2] + (num_heads * attn_head_size,)
        return tensor.view(new_shape)
```

在具体使用上，读者可以替代原有的注意力模型重新完成模型的训练。

9.3.2 MLA、GQA以及MQA差异详解

MLA（多头潜在注意力）、GQA（分组查询注意力）和MQA（多查询注意力）是3种不同类型的注意力机制，它们在信息处理上的差异，我们可以将其类比为一个图书馆的信息检索系统，以更直观地理解它们各自的特点。

1. MLA

在MLA中，每个图书管理员（注意力头）都拥有自己的检索系统，但这些系统通过智能压缩技术进行了优化。具体来说：

- 特征提取：每个图书管理员首先会提取图书的关键特征，如科技类图书的关键词、技术领域和出版年份，或文学类图书的作者风格、主题和写作手法。
- 智能压缩：这些关键特征随后被压缩成一个精简的索引（例如，256维）。这种压缩不是简单地删减信息，而是找到最能代表原始信息的特征组合。
- 信息重建：在需要时，可以从这些关键特征中重建出详细的检索信息。虽然可能会损失一些细节，但保留了最重要的区分性特征。

因此，MLA在信息损失方面相对较小，因为它通过智能压缩保留了最重要的特征，同时每个头仍然保持了一定的独特性。这使得MLA能够在节省存储空间的同时，仍然保持较好的性能。

2. GQA

GQA则采用了一种分组共享编目系统的方式，具体来说：

- 分组共享：图书管理员被分成不同的组，每组共享一个专业的编目系统。例如，科技组的管理员共享一个科技文献编目系统，文学组的管理员共享一个文学作品编目系统。

- 专业化能力：这种方式比MQA好，因为它保留了一定的专业化能力，不同领域可以有各自的检索方式。
- 组内混合：然而，GQA仍然存在组内信息混合的问题，因为同一组内的管理员仍然需要使用相同的编目系统进行检索。

3. MQA

在MQA中，所有图书管理员共享同一个编目系统，具体来说：

- 共享系统：无论管理员专注于哪个领域，他们都必须使用同样的检索方式。
- 信息损失：这会导致信息损失最大，因为所有专业化的检索能力都被限制在一个统一的系统中。

例如，科技类图书可能无法按照技术领域精确分类，文学作品可能无法按照文学流派详细归类。MLA、GQA和MQA在信息处理上的差异主要体现在它们如何处理信息损失和保留专业化能力上。

- MQA：信息损失最大，因为完全共享同一套系统，无法保留不同领域的专业化检索能力。
- GQA：信息损失较大，但通过分组共享编目系统保留了一定的专业化能力，仍然存在组内信息混合的问题。
- MLA：信息损失相对最小，因为通过智能压缩技术保留了最重要的区分性特征，同时每个头仍然保持了一定的独特性。这使得MLA能够在节省存储空间的同时，仍然保持较好的性能。

因此，MLA通过智能压缩技术实现了在节省存储空间的同时保持较好性能的目标，而GQA和MQA则在不同程度上牺牲了专业化能力以换取存储空间的节省。

9.4 本章小结

在本章中，我们深入探讨了注意力模型的优化策略，特别是在减少推理过程中的资源占用方面。我们详细阐述了MLA注意力模型，并比较了MQA、GQA以及MLA三种模型的特点，了解到每种模型都有其独特的优势和重点关注的领域。

特别地，我们对MLA模型的公式推理及其实现进行了全面的介绍。通过对其算法技巧的灵活调整，MLA模型展现出了卓越的性能和效率。它不仅优化了资源利用，还提升了处理复杂任务的能力，充分展示了注意力模型在优化后的强大潜力。在未来的研究和应用中，这些优化策略将为我们提供更多可能性和创新空间。

第 10 章

DeepSeek核心技术3：MoE模型

DeepSeek中的混合专家（MoE）是其核心技术之一，该技术通过构建多个专业化的子模型（即“专家”）来处理不同的任务或数据子集。每个专家模型都专注于处理特定类型的输入数据，从而实现对复杂任务的高效处理。MoE模型（即MoE架构）还包含一个门控网络，它根据输入数据的特征动态选择最合适的专家模型进行处理，这种动态路由机制确保了模型在处理各种输入数据时能够自适应地选择合适的专家，提高了整体性能和效率。MoE模型如图10-1所示。

图10-1　MoE模型

我们将探讨如何把MoE模型巧妙地融入注意力机制中，具体做法是用它来替换传统的前馈层。这一创新设计旨在充分利用MoE模型在处理多样化信息时的优势，从而进一步提升注意力机制的效能。我们相信，通过这种方式的改进，注意力机制将能够在文本生成等任务中发挥出更加强大的潜力，为自然语言处理领域带来新的突破。

10.1　MoE　架　构

前馈层（Feed-forward Layer）在神经网络中扮演着数据处理与特征转换的关键角色。它通过线性变换，将输入数据与权重矩阵相乘并加上偏置项，进而提取出输入数据的特征。随后，通过非线性激活函数对线性变换的结果进行处理，引入非线性特性，使得神经网络能够学习和逼近复杂的函数关系。

这种前馈层的设计保证了数据在神经网络中的单向流动，从输入层逐步传递到输出层，无反馈或循环结构，从而简化了计算过程并提高了处理效率。前馈层广泛应用于各类神经网络架构中，对于实现特征提取、信息转换以及最终的任务输出都至关重要，是构建高效、准确的神经网络模型的基础组件。

10.1.1 MoE模型的基本结构

MoE模型（下文也用MoE来代表MoE模型）是一种深度学习架构，它通过集成多个专家模型（即子模型）来提升整体模型的预测性能和效率。这种架构主要由两部分组成：门控网络（路由器机制）和多个专家网络。每个专家网络专门处理输入数据的一个子集或特定特征，而门控网络则负责根据输入动态地选择合适的专家模型进行处理，他们之间使用专门的负载平衡与优化对资源进行调配。

MoE模型的优势包括提高模型的灵活性、性能以及计算资源的高效利用，尤其在处理复杂或多样化任务时表现突出。然而，设计和训练MoE模型也面临一些挑战，如平衡专家的数量和质量，以及优化门控网络的决策能力。MoE模型在自然语言处理、计算机视觉和推荐系统等领域有着广泛的应用前景。

MoE模型是一种深度学习中的集成学习方法，它通过组合多个专家模型（即子模型）来形成一个整体模型，旨在实现高效计算与优异性能的平衡。MoE模型的基本结构如图10-2所示。

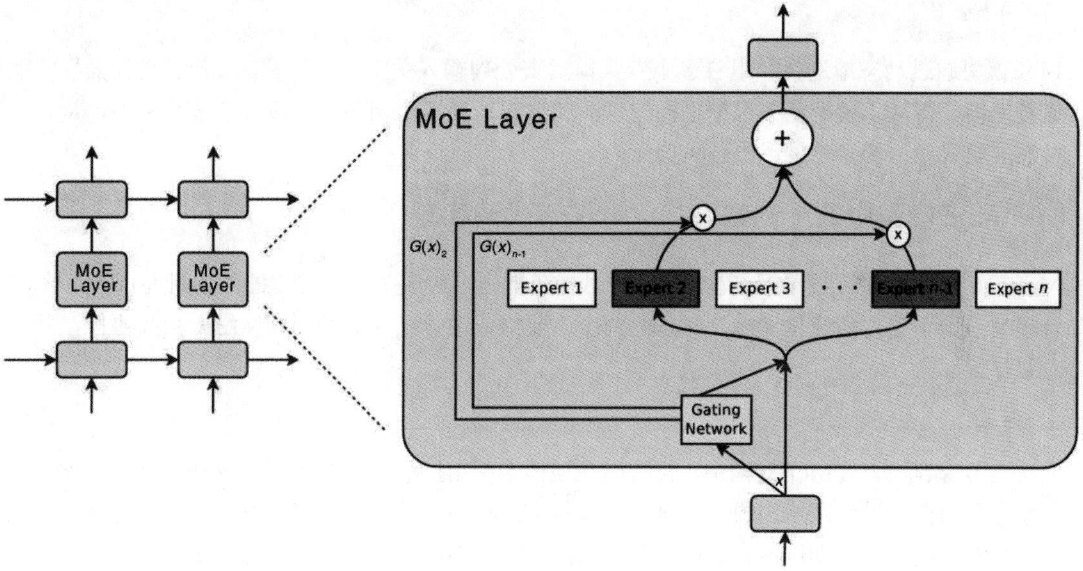

图10-2 MoE模型的基本结构

其基本结构可以归纳为以下几个关键要点。

1）专家网络（Expert Networks）

- MoE模型包含多个专家网络，每个专家网络都是一个独立的模型，负责处理某个特定的子任务。
- 这些专家网络可以是小型的多层感知机（MLP）或者更复杂的结构，如Transformers等，各自在其擅长的领域内进行训练和优化。

2）门控网络（Gating Network）

- 门控网络是MoE模型中的另一个关键组件，负责根据输入数据的特征动态地决定哪个专家模型应该被激活以生成最佳预测。
- 门控网络通常输出一个概率分布，表示每个专家模型被选中的概率。这个概率分布可以通过Softmax函数来计算，确保所有专家的权重之和为1。

3）稀疏性（Sparsity）

- 在MoE模型中，对于给定的输入，通常只有少数几个专家模型会被激活，这种特性使得MoE模型具有很高的稀疏性。
- 稀疏性带来了计算效率的提升，因为只有特定的专家模型对当前输入进行处理，减少了不必要的计算开销。

4）输出组合（Output Combination）

- 被激活的专家模型会各自产生输出，这些输出随后会被加权求和，得到MoE模型的最终输出结果。
- 加权求和的过程根据门控网络输出的概率分布来进行，确保每个专家的贡献与其被选中的概率成正比。

MoE模型通过动态地选择和组合多个专家模型来处理输入数据，实现了高效计算与优异性能的平衡。这种结构使得MoE模型能够根据不同的任务和数据，灵活地调整其计算复杂度和模型容量，从而在各种深度学习应用场景中展现出强大的潜力。

10.1.2 MoE模型中的“专家”与“调控”代码实现

MoE模型作为一种深度学习结构，其核心思想在于通过集成多个专门化的网络组件（即“专家”）来提升模型的表示能力和泛化性能。MoE的两个主要组成部分（专家和门控网络）相互协作，共同实现这一目标。

1. 专家

首先是专家部分。在MoE架构中，传统的前馈神经网络层被扩展为一组可选择的专家网络。这些专家通常也是由前馈神经网络构成，但每个专家都专注于处理特定类型的数据或特征。这种设计使得模型能够在不同的情境下调用最合适的专家，从而更精确地捕捉数据的复杂性和多样性。通过专家的专门化学习，MoE能够在训练过程中更有效地分配计算资源，提高模型的效率和性能。

我们实现了一个专家层，代码如下所示。

```
class Expert(torch.nn.Module):
    def __init__(self, n_embd):
        super().__init__()
        self.net = torch.nn.Sequential(
            torch.nn.Linear(n_embd, 4 * n_embd),
            torch.nn.ReLU(),
            torch.nn.Linear(4 * n_embd, n_embd),
            torch.nn.Dropout(0.1),
        )

    def forward(self, x):
        return self.net(x)
```

2. 门控网络

门控网络无疑是MoE架构中的核心组件，其重要性在于它掌控着在推理和训练过程中专家的选择权。简而言之，门控网络充当着智能调度员的角色，根据输入数据的特性，精准地调配各个专家的参与程度。

在最基础的操作层面，门控网络的运作可以概括为以下步骤：

首先，我们接收输入数据（***X***），这个数据可能是一个特征向量，包含了待处理任务的关键信息。如图10-3所示。

接下来，我们将这个输入数据与路由器的权重矩阵（***W***）进行矩阵乘法运算。这一过程实质上是在对输入数据进行线性变换，目的是提取出对于后续专家选择至关重要的特征。如图10-4所示。

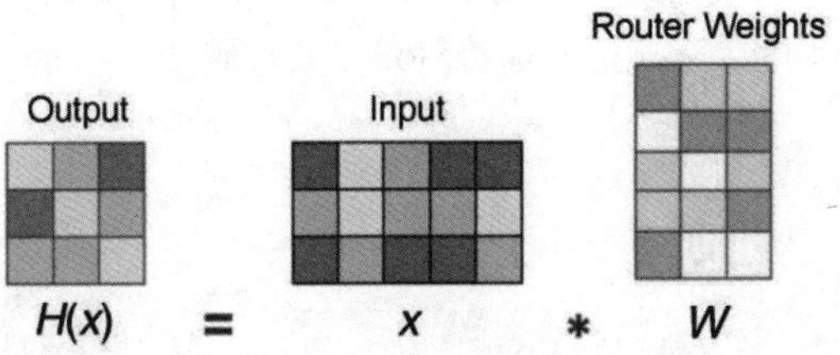

图 10-3　门控网络

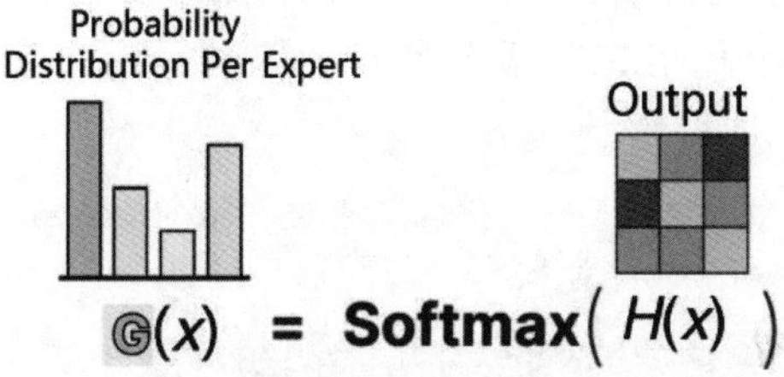

图 10-4　门控网络的调控

通过这种计算方式，门控网络能够为每个专家生成一个相应的得分或者称为"门控值"。这些门控值反映了在当前输入情境下，各个专家对于任务处理的适合程度。基于这些门控值，我们可以进一步应用Softmax函数等策略，来确定每个专家在最终输出中的贡献权重，从而实现MoE架构中灵活且高效的专家组合与调用。

在最后阶段，我们将利用门控网络（即路由器）生成的得分，与每个专家的输出进行结合，以选出最合适的专家贡献。具体来说，我们将每个专家的输出与其对应的门控得分相乘，这一步骤实质上是在对每个专家的预测结果进行加权。加权后的专家输出随后被相加，形成MoE模型的最终输出，如图10-5所示。

现在，让我们将整个过程综合起来，以更全面地理解输入数据在门控路由器和专家之间的流动路径，如图10-6所示。

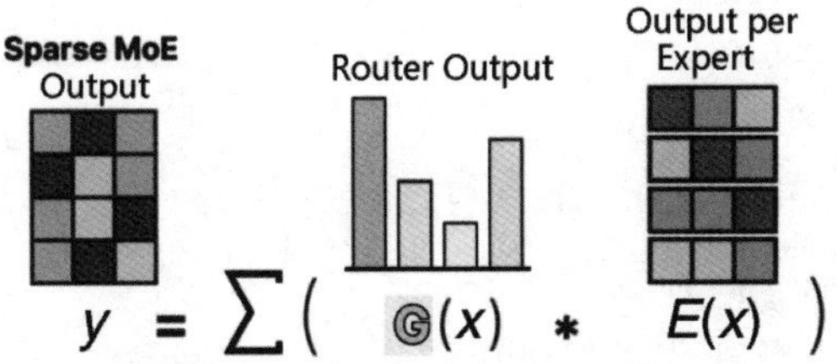

图 10-5　门控网络与专家模型的计算

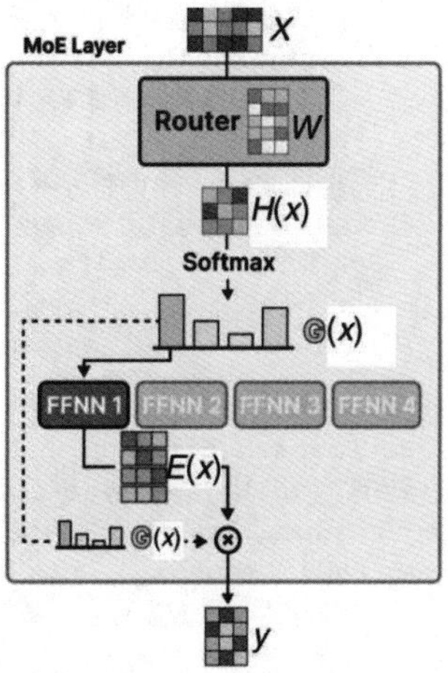

图 10-6　门控路由与专家模型的选择

- 输入数据的接收：首先，模型接收输入数据，这些数据可能是文本、图像或其他类型的特征向量，包含待处理任务的关键信息。
- 路由器的处理：输入数据随后被传递给路由器（即门控网络）。在这里，数据与路由器的权重矩阵进行矩阵乘法运算，生成一组得分。这些得分反映了在当前输入情境下，各个专家对于任务处理的适合程度。
- 专家的激活与输出：基于路由器的得分，一部分专家会被激活，而其余专家则保持休眠状态。被激活的专家会独立地处理输入数据，并生成各自的预测结果或输出向量。
- 输出的加权与合并：每个被激活的专家的输出都会与其对应的门控得分相乘，进行加权处理。随后，这些加权后的输出被相加，形成MoE模型的最终预测结果。

通过以上方式，MoE架构能够在不同的输入情境下动态地选择合适的专家组合，以实现更高效、更精确的数据处理与预测。我们实现了对于门控机制与专家模型的稀疏MoE，其代码如下所示。

```
import torch

# 定义一个专家模型，它是一个简单的全连接网络
class Expert(torch.nn.Module):
    def __init__(self, n_embd):
        super().__init__()
        self.net = torch.nn.Sequential(
            torch.nn.Linear(n_embd, 4 * n_embd),    # 线性层，将维度扩大4倍
            torch.nn.ReLU(),                        # ReLU激活函数
            torch.nn.Linear(4 * n_embd, n_embd),    # 线性层，恢复原始维度
            torch.nn.Dropout(0.1),                  # Dropout层，防止过拟合
        )

    def forward(self, x):
        return self.net(x)  # 前向传播

# 定义一个Top-K路由器，用于选择前K个最佳专家
class TopkRouter(torch.nn.Module):
    def __init__(self, n_embed, num_experts, top_k):
        super(TopkRouter, self).__init__()
        self.top_k = top_k  # 选择前K个专家
        self.linear = torch.nn.Linear(n_embed, num_experts)  # 线性层，输出为专家数量

    def forward(self, mh_output):
        logits = self.linear(mh_output)  # 通过线性层得到每个专家的得分
        # 选择得分最高的前K个专家及其索引
        top_k_logits, indices = logits.topk(self.top_k, dim=-1)
        # 创建一个与logits形状相同且全为-inf的张量
        zeros = torch.full_like(logits, float('-inf'))
        # 将前K个专家的得分填充到zeros中对应的位置
        sparse_logits = zeros.scatter(-1, indices, top_k_logits)
        # 对sparse_logits进行softmax操作，使得得分转换为概率分布
        router_output = torch.nn.functional.softmax(sparse_logits, dim=-1)
        return router_output, indices  # 返回专家的概率分布和索引

# 定义一个稀疏的混合专家（MoE）模型
class SparseMoE(torch.nn.Module):
    def __init__(self, n_embed, num_experts, top_k):
        super(SparseMoE, self).__init__()
        self.router = TopkRouter(n_embed, num_experts, top_k)  # 路由器，用于选择专家
        # 创建一个专家列表，每个专家都是一个Expert实例
        self.experts = torch.nn.ModuleList([Expert(n_embed) for _ in range(num_experts)])
        self.top_k = top_k  # 选择前K个专家
```

```
    def forward(self, x):
        # 通过路由器得到专家的概率分布和索引
        gating_output, indices = self.router(x)
        final_output = torch.zeros_like(x)  # 初始化最终输出为与输入形状相同的全零张量

        # 将输入和路由器的输出展平，以便后续处理
        flat_x = x.view(-1, x.size(-1))
        flat_gating_output = gating_output.view(-1, gating_output.size(-1))

        # 遍历每个专家，根据其概率分布对输入进行处理
        for i, expert in enumerate(self.experts):
            # 找出当前专家是前K个专家的token
            expert_mask = (indices == i).any(dim=-1)
            flat_mask = expert_mask.view(-1)  # 展平操作

            # 如果当前专家对至少一个token是前K个专家之一
            if flat_mask.any():
                # 选出这些token的输入
                expert_input = flat_x[flat_mask]
                # 将这些token输入给当前专家进行处理
                expert_output = expert(expert_input)
                # 获取当前专家对这些token的概率分布
                gating_scores = flat_gating_output[flat_mask, i].unsqueeze(1)
                # 根据概率分布对专家的输出进行加权
                weighted_output = expert_output * gating_scores
                # 将加权后的输出累加到最终输出中对应的位置
                final_output[expert_mask] += weighted_output.squeeze(1)

        return final_output  # 返回最终输出
```

上面代码实现了一个稀疏的混合专家（Sparse Mixture of Experts，Sparse MoE）模型，其中包含一个路由器和多个专家。路由器负责根据输入选择前K个最佳专家，而每个专家则是一个简单的全连接网络。最终输出是所有选定专家的加权输出之和。

10.1.3　使用MoE模型还是经典的前馈层

MoE模型通过动态地选择与组合多个专家模型以处理输入数据，巧妙地实现了高效计算与卓越性能的平衡。此结构赋予了MoE模型独特的灵活性，使其能根据不同的任务需求和数据特性，智能地调整计算复杂度与模型容量。这种自适应的特性让MoE模型在多样化的深度学习应用场景中展现出令人瞩目的潜力。

我们期望以专家模型作为前馈层的替代，这样的设计选择带来了多重优势。

首先，通过引入专家模型，我们能够显著提升网络的表达能力和泛化性能。每个专家可以专注于处理特定类型的数据或任务，从而实现更精细化的特征学习和更高效的参数利用。

其次，这种替代方案有助于实现更灵活的资源分配。在传统的前馈层中，计算资源是均匀分配的，而在MoE模型中，我们可以根据实际需要动态地激活不同的专家组合。这种动态性不仅优化了计算效率，还使得模型能够在处理复杂任务时展现出更强的应对能力。

使用专家模型替代前馈层还有助于简化模型设计和训练过程。通过模块化的设计思路，我们可以更容易地构建、扩展和维护深度学习模型。同时，专家之间的独立性也为并行计算和分布式训练提供了便利，从而进一步加速了深度学习应用的开发进程。

在具体的模型架构选择过程中，MoE系统与经典前馈神经网络在硬件资源利用效率上存在显著差异。具体而言，MoE通过引入条件计算机制实现了参数规模的大幅扩展，但其复杂的路由策略和并行

专家网络设计导致硬件资源需求激增。在推理阶段，受限于输入数据的动态路由特性，仅部分专家网络会被激活，这使得GPU/TPU等加速器的计算单元无法处于满负荷状态，整体硬件利用率较经典前馈层降低约30%~40%。相比之下，经典前馈网络凭借高度优化的矩阵运算结构和参数共享机制，在相同硬件条件下能实现更高的计算密度，尤其在边缘设备等资源受限的场景中，其紧凑的架构设计与硬件特性形成更优匹配，资源利用效率可提升多倍。

这种效率差异进一步影响了模型部署策略：在追求极致性能的数据中心场景或者使用专业计算显卡（例如H100计算卡），开发者需在MoE的模型容量优势与硬件集群规模之间寻求平衡点，通过专家并行和流水线调度等技术缓解利用率问题；而在移动端/物联网等算力敏感场景，经典前馈结构的硬件亲和性使其成为更稳妥的选择（例如家用5090或者4090系列显卡）。值得注意的是，最新研究开始探索动态MoE架构，通过可重构专家网络和自适应路由算法，使系统在保持模型容量的同时，能根据硬件负载动态调整激活的专家数量，这种混合设计有望在未来弥合两种架构的效率鸿沟。

10.2 基于MoE模型的情感分类实战

在上一节中，我们已经对MoE模型做了详尽的介绍。接下来，我们将进入实战环节，利用MoE模型来完成评论情感分类任务。我们将以前面章节中的情感分类任务为蓝本，借鉴其框架与流程，作为本节实战内容的基础。

在模型构建环节，我们将采取一个创新性的举措：将原本的注意力层替换为MoE层。这一调整的目的是借助MoE层所特有的机制，来提升模型在处理复杂情感分类任务时的表现与准确性。

10.2.1 基于MoE模型的评论情感分类实战

为了完成这次基于MoE模型的评论情感分类实战，我们将遵循第4章中情感分类任务的设计思路，对训练主体部分进行构建。在模型设计方面，我们只需将注意力层替换为MoE层，即可开始我们的实战演练。单独的MoE层结构如图10-7所示。

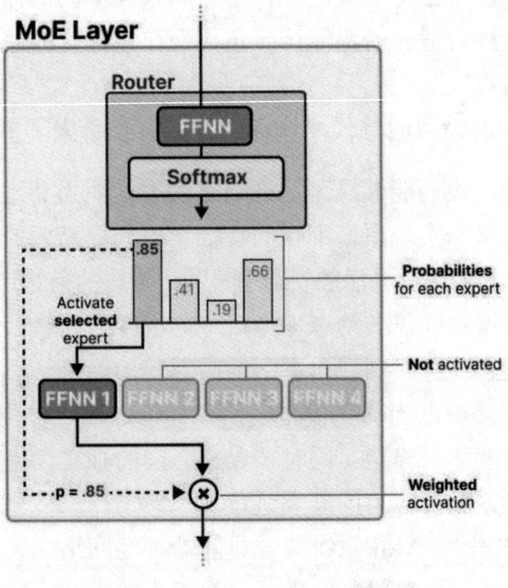

图10-7　单独的MoE层结构

通过这样的调整，我们期待MoE模型能够在评论情感分类任务上展现出卓越的性能。完整训练代码如下所示。

```
import torch
from 第十章 import baseMOE
from tqdm import tqdm

class Classifier(torch.nn.Module):
    def __init__(self):
        super(Classifier, self).__init__()
        self.embedding_layer = torch.nn.Embedding(3120, 312)
        self.encoder = torch.nn.ModuleList([baseMOE.SparseMoE(312,4,2) for _ in range(3)])
        self.logits = torch.nn.Linear(14976, 2)

    def forward(self, x):
        embedding = self.embedding_layer(x)

        for layer in self.encoder:
            embedding = layer(embedding)

        embedding = torch.nn.Flatten()(embedding)
        logits = self.logits(embedding)
        return logits

from torch.utils.data import DataLoader
import get_dataset
BATCH_SIZE = 128
DEVICE = "cuda" if torch.cuda.is_available() else "cpu"

model = Classifier().to(DEVICE)
train_dataset = get_dataset.TextSamplerDataset(get_dataset.token_list,
get_dataset.label_list)
train_loader = DataLoader(train_dataset, batch_size=BATCH_SIZE, shuffle=True)

optimizer = torch.optim.AdamW(model.parameters(), lr=2e-4)
lr_scheduler = torch.optim.lr_scheduler.CosineAnnealingLR(optimizer, T_max=1200,
eta_min=2e-5, last_epoch=-1)
criterion = torch.nn.CrossEntropyLoss(ignore_index=-100)

# 假设验证数据集已经准备好
val_dataset = get_dataset.TextSamplerDataset(get_dataset.val_token_list,
get_dataset.val_label_list)
val_loader = DataLoader(val_dataset, batch_size=BATCH_SIZE, shuffle=False)

for epoch in range(12):
    # 训练阶段
    model.train()
    pbar = tqdm(train_loader, total=len(train_loader))
    for token_inp, label_inp in pbar:
        token_inp = token_inp.to(DEVICE)
        label_inp = label_inp.to(DEVICE).long()
        logits = model(token_inp)
        loss = criterion(logits, label_inp)

        optimizer.zero_grad()
        loss.backward()
        optimizer.step()
        lr_scheduler.step()  # 执行优化器
        pbar.set_description(f"epoch:{epoch + 1}, train_loss:{loss.item():.5f},
lr:{lr_scheduler.get_last_lr()[0] * 1000:.5f}")

    # 验证阶段
    model.eval()
```

```
    total_val_loss = 0
    correct = 0
    with torch.no_grad():
        for token_inp, label_inp in val_loader:
            token_inp = token_inp.to(DEVICE)
            label_inp = label_inp.to(DEVICE).long()
            logits = model(token_inp)
            loss = criterion(logits, label_inp)
            total_val_loss += loss.item()

            # 计算准确率
            _, predicted = torch.max(logits, 1)
            correct += (predicted == label_inp).sum().item()

    avg_val_loss = total_val_loss / len(val_loader)
    val_accuracy = correct / len(val_dataset)

    print(f'Epoch {epoch + 1}, Validation Loss: {avg_val_loss:.5f}, Validation Accuracy: 
{val_accuracy:.5f}')
```

此时经过12轮的模型训练，最终结果如下：

```
...
Epoch 10, Validation Loss: 0.47300, Validation Accuracy: 0.80937
Epoch 11, Validation Loss: 0.53913, Validation Accuracy: 0.80312
Epoch 12, Validation Loss: 0.55707, Validation Accuracy: 0.81250
```

可以看到，此时的结果提高约为两个百分点，具体请读者运行代码自行验证。

另外，值得关注的是，在MoE的框架下，MoE层通常可以划分为两种类型：稀疏专家混合模型（Sparse Mixture of Experts）与密集专家混合模型（Dense Mixture of Experts）。它们的对比如图10-8所示。

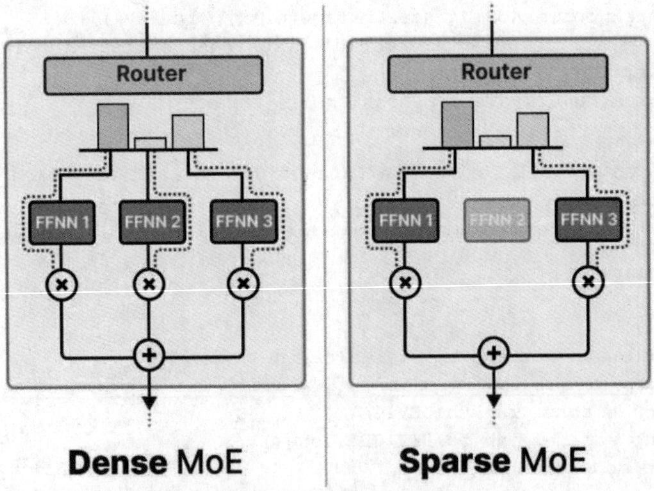

图10-8　稀疏MoE与密集MoE的对比

这两种模型都依赖于路由器机制来选择合适的专家进行处理，但它们在专家的选择上有所不同。稀疏MoE模型在每次前向传播时仅激活少数几个专家，这种策略有助于提升计算效率和模型的专注度，使得每个被选中的专家都能充分发挥其专长。相比之下，密集MoE模型则会考虑所有的专家，但会根据输入的不同以不同的权重分布来选择各个专家。这种全面考虑的策略虽然计算成本相对较高，但能够更全面地整合各个专家的意见，从而在处理某些复杂任务中展现出更优越的性能。

10.2.2　MoE模型中负载平衡的实现

在上面的代码实现中，针对专家的负载均衡，我们使用了TopkRouter进行设置，这是一种对路由器进行负载平衡的方法，其使用了一个简单的扩展策略，称为KeepTopK。这种策略的核心思想是，通过动态选择负载最低或性能最优的K个专家节点来处理请求，从而确保系统的稳定性和响应速度。

具体来说，KeepTopK策略会实时监控各个专家节点的负载情况，并根据预设的评估标准，如响应时间、CPU使用率、内存占用率等，对节点进行排序。当新的请求到达时，TopkRouter会根据当前的排序结果，将请求路由到性能最佳的K个节点之一。这种方法不仅能够有效平衡负载，减少某些节点的过载风险，还能确保用户请求得到快速且可靠的处理。整体计算结果说明如下。

（1）计算所有的输出权重，如图10-9所示。

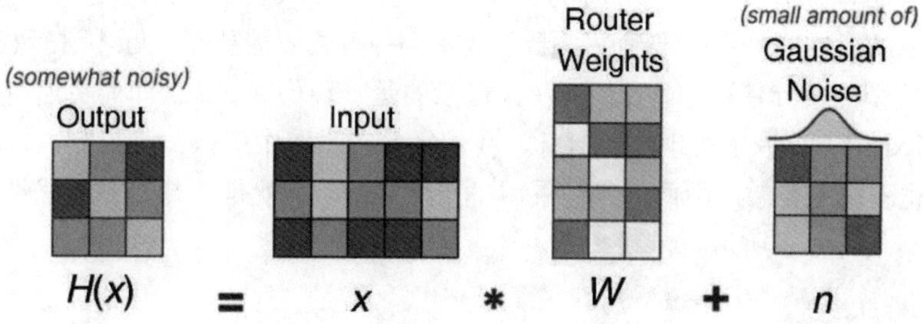

图10-9　加载了KeepTopK运算的输出

（2）除了希望激活的前K个专家（例如两个）以外的所有专家权重都将被设为−∞，如图10-10所示。

（3）将这些专家权重设为-∞时，Softmax操作后的输出概率将变为 0，如图10-11所示。

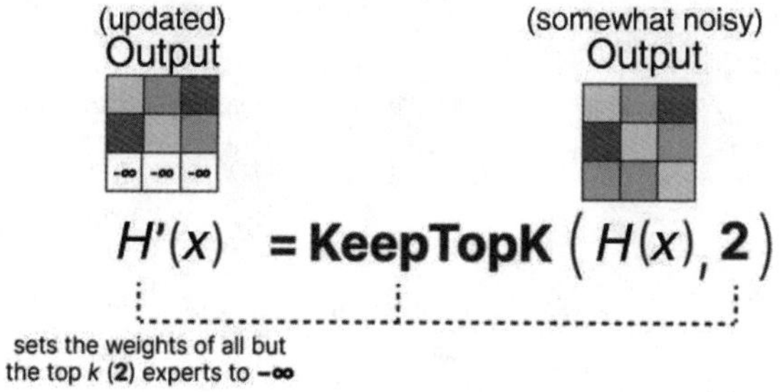

图 10-10　去除额外的专家

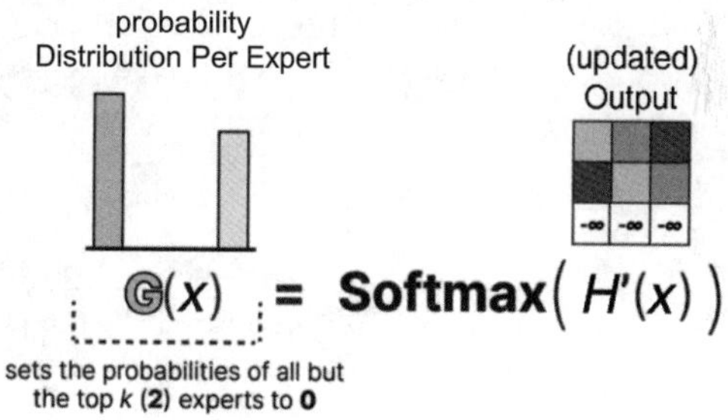

图 10-11　经过 Softmax 计算后输出概率值为 0

（4）此时通过KeepTopK策略，会将每个token路由到若干选定的专家。这种方法被称为Token选择策略（Token Choice），如图10-12所示，它允许一个给定的token被路由到一个专家（图10-12左图），或者被分配给多个专家（图10-12右图）。

而对于路由器（Router）或门控网络（Gate Network），这一组件在MoE架构中扮演着至关重要的角色，负责决定哪些数据（通常以token的形式）应该被发送到哪些专家进行处理。路由器网络根据输入数据的特性，动态地生成一个分配方案，确保每个token都能被路由到最合适的专家。这种动态路由机制使得MoE能够在处理不同输入时展现出高度的灵活性和适应性。通过优化路由器网络的设计，MoE可以在保持计算效率的同时，最大化地利用各个专家的专长，从而提升模型的整体性能。

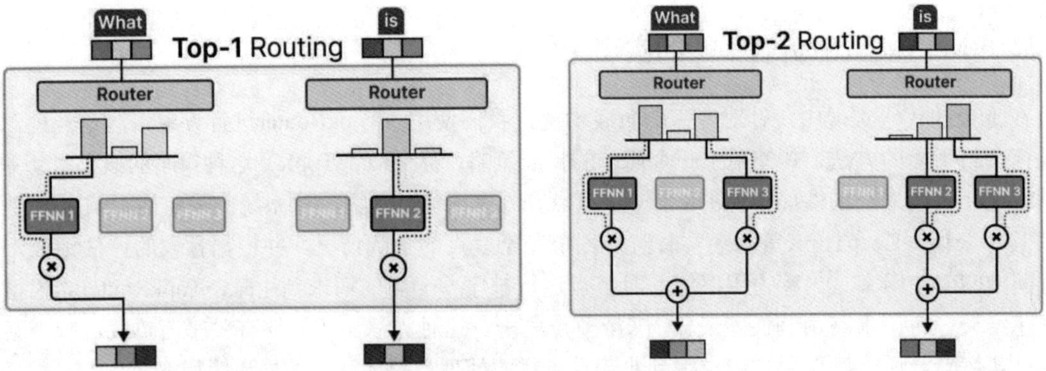

图10-12 token选择策略

选择单个专家可以提升我们在计算时的速度。而选择多个专家可以对各个专家的贡献进行加权，并将其整合起来，从而提高一定的准确性。至于选择哪种方式还需要在实际中进行权衡和处理。

在混合专家模型的实际使用中，我们本质上追求的是一种均衡状态，即避免所有token都集中于某一组“热门”的Expert上。为了实现这一目标，我们需要在系统中引入一种机制，以确保token的分配既不过于集中，也不过于分散。因此，我们采用了一种策略，那就是在来自门控线性层的logits上添加标准正态噪声，其代码如下所示。

```
class NoisyTopkRouter(torch.nn.Module):
    def __init__(self, n_embed, num_experts, top_k):
        super(NoisyTopkRouter, self).__init__()
        self.top_k = top_k
        self.topkroute_linear = torch.nn.Linear(n_embed, num_experts)
        # add noise
        self.noise_linear = torch.nn.Linear(n_embed, num_experts)

    def forward(self, mh_output):
        # mh_ouput is the output tensor from multihead self attention block
        logits = self.topkroute_linear(mh_output)

        # Noise logits
        noise_logits = self.noise_linear(mh_output)

        # Adding scaled unit gaussian noise to the logits
        noise = torch.randn_like(logits) * torch.nn.functional.softplus(noise_logits)
        noisy_logits = logits + noise

        top_k_logits, indices = noisy_logits.topk(self.top_k, dim=-1)
        zeros = torch.full_like(noisy_logits, float('-inf'))
        sparse_logits = zeros.scatter(-1, indices, top_k_logits)
        router_output = torch.nn.functional.softmax(sparse_logits, dim=-1)
        return router_output, indices
```

在具体使用上，我们可以直接替换稀疏注意力层的对应代码，替换后的新的稀疏混合专家模型如下所示。

```
# 定义一个稀疏的混合专家（MoE）模型
class SparseMoE(torch.nn.Module):
    def __init__(self, n_embed, num_experts, top_k):
        super(SparseMoE, self).__init__()
        self.router = NoisyTopkRouter(n_embed, num_experts, top_k)  # 路由器，用于选择专家
        # 创建一个专家列表，每个专家都是一个Expert实例
```

```
        self.experts = torch.nn.ModuleList([Expert(n_embed) for _ in range(num_experts)])
        self.top_k = top_k  # 选择前K个专家

    def forward(self, x):
        # 通过路由器得到专家的概率分布和索引
        gating_output, indices = self.router(x)
        final_output = torch.zeros_like(x)  # 初始化最终输出为与输入形状相同的全零张量

        # 将输入和路由器的输出展平，以便后续处理
        flat_x = x.view(-1, x.size(-1))
        flat_gating_output = gating_output.view(-1, gating_output.size(-1))

        # 遍历每个专家，根据其概率分布对输入进行处理
        for i, expert in enumerate(self.experts):
            # 找出当前专家是前K个专家的token
            expert_mask = (indices == i).any(dim=-1)
            flat_mask = expert_mask.view(-1)  # 展平操作
            # 如果当前专家对至少一个token是前K个专家之一
            if flat_mask.any():
                # 选出这些token的输入
                expert_input = flat_x[flat_mask]
                # 将这些token输入给当前专家进行处理
                expert_output = expert(expert_input)
                # 获取当前专家对这些token的概率分布
                gating_scores = flat_gating_output[flat_mask, i].unsqueeze(1)
                # 根据概率分布对专家的输出进行加权
                weighted_output = expert_output * gating_scores
                # 将加权后的输出累加到最终输出中对应的位置
                final_output[expert_mask] += weighted_output.squeeze(1)

        return final_output  # 返回最终输出
```

读者可以自行学习验证。

这种噪声的引入，实际上为模型注入了一种随机性，使得token在选择Expert时不再完全依赖于原始的logits值。通过这种方式，我们可以有效地打破可能存在的“热门”Expert的垄断地位，让其他相对“冷门”的Expert也有机会得到token的分配。这不仅提高了模型的整体鲁棒性，还有助于防止模型在训练过程中出现过早收敛或陷入局部最优解的问题。

此外，KeepTopK策略还具备灵活性和可扩展性，可以根据实际运行情况进行动态调整。例如，在高峰期，系统可以自动增加K的值，以容纳更多的处理节点，从而提升模型整体的处理能力。而在低峰期，则可以减小K值，以节省资源并提高能效。

10.3　加载MoE架构的注意力模型

MoE模型的主要作用是作为前馈神经网络层（Feedforward Neural Network，FFNN）的替代品。通过引入这种替代方案，我们获得了诸多显著的好处。

首先，MoE通过集成多个“专家”子模型，显著增强了模型的表达能力和容量。相较于单一的前馈层，这种结构能够更细致地捕捉数据的复杂特征，从而在处理高度非线性问题时展现出更优越的性能。

其次，MoE模型通过条件计算实现了高效的资源利用。在传统的FFNN中，所有神经元在每次前向传播时都会被激活，这可能导致计算资源的浪费。而在MoE中，只有部分专家会被选择性地激活，

这种稀疏性不仅降低了计算成本，还使得模型能够更专注于当前任务相关的特征，如图10-13所示。

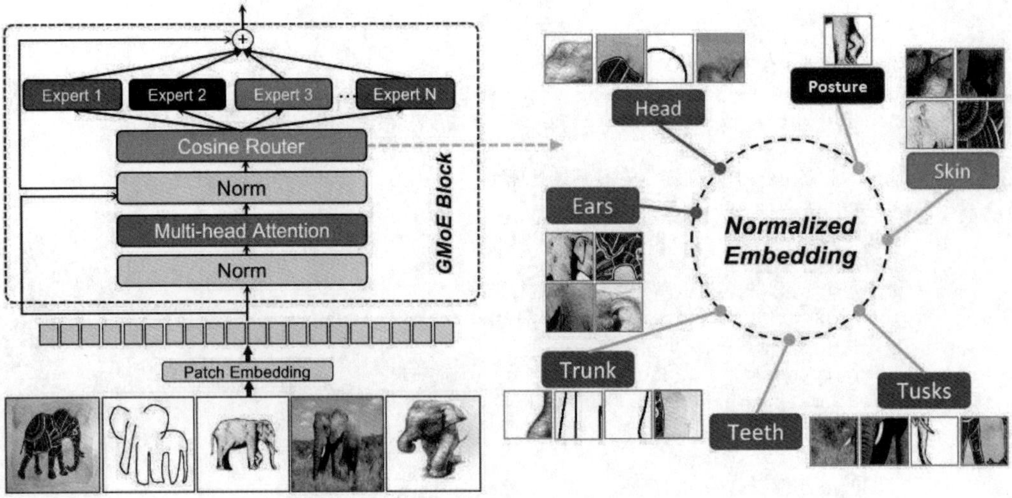

图10-13 针对不同部位判定的MoE层

此外，MoE还具备出色的可扩展性。随着数据量的增长和任务的复杂化，我们可以通过增加专家数量来轻松扩展模型，而无须从头开始训练整个网络。这种灵活性使得MoE能够轻松应对不断变化的应用场景和需求。

最后，通过引入专家之间的竞争机制，MoE还能够促进模型内部的多样性和鲁棒性。不同的专家可以学习到不同的数据特征和表示方式，从而增强了模型对噪声和异常值的抗干扰能力。这种特性使得MoE在处理实际应用中的复杂数据时表现出更高的稳定性和可靠性。

10.3.1 注意力机制中的前馈层不足

在前面探讨注意力机制的章节中，我们曾经提及，在注意力层之后通常会紧接一个标准的前馈神经网络（FFNN）。这个前馈神经网络在模型中的作用举足轻重，它使模型能够充分利用注意力机制所生成的上下文信息，并将这些信息进一步转化和提炼，从而捕捉到数据中更为复杂和深层次的关系。注意力层之后接上FFNN的架构如图10-14所示。

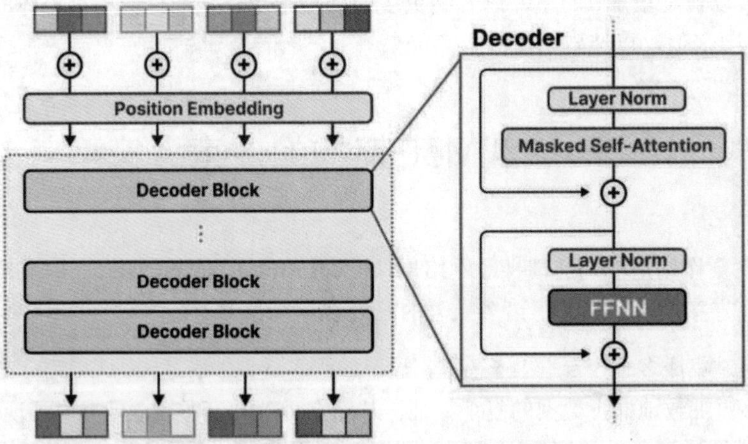

图10-14 注意力层之后接上FFNN的架构

然而，随着模型对数据处理需求的提升，FFNN的规模也呈现出迅速增长的趋势。为了有效地学习并表达这些复杂的数据关系，FFNN通常需要对接收到的输入进行显著的维度扩展。这意味着，在实践中，我们需要运用一个庞大的全连接层（Fully Connected Layer，FCL）来完成这一关键任务。

具体来看，传统的前馈层是由一系列串联的全连接层所构成，这些层级结构通过调整内部神经元的数量来实现对输入信息的逐层抽象与处理。传统的前馈层如图10-15所示。

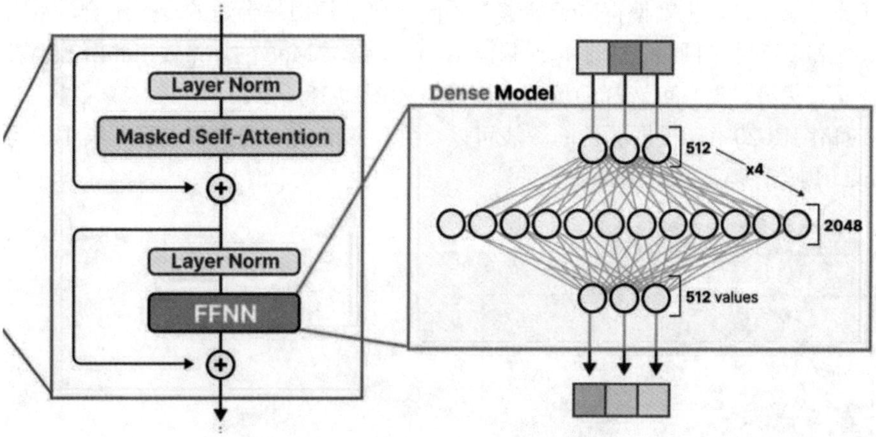

图10-15　传统的前馈层

这种设计虽然在一定程度上提升了模型的表达能力，但同时也带来了计算资源和存储空间的挑战。因此，在构建和应用这类模型时，我们需要精心权衡其性能与资源消耗之间的平衡。

在传统的注意力模型中，FFNN被称为密集模型（Dense Model），因为它的所有参数（包括权重和偏置项）都会被激活。所有参数都被用于计算输出，没有任何部分被遗弃。如果我们仔细观察密集模型，可以发现输入在某种程度上激活了所有参数。密集模型如图10-16所示。

相比之下，稀疏模型（Sparse Model）在运行时仅激活其总参数集中的一小部分，这种特性使其与专家混合模型紧密相连。为了更直观地阐述这一点，我们可以设想将一个密集模型（即传统意义上的全连接模型）分解为多个独立的部分，这些部分在MoE的框架中被称作“专家”。每个专家都负责处理特定类型的数据或特征，并在训练过程中专注于学习其专长领域内的知识。稀疏模型如图10-17所示。

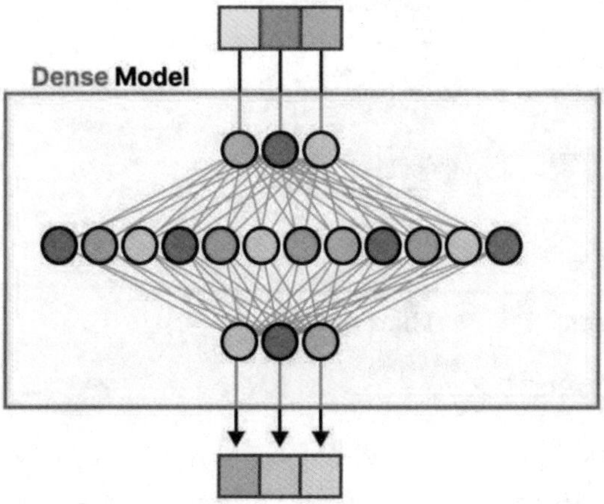

图 10-16　密集模型

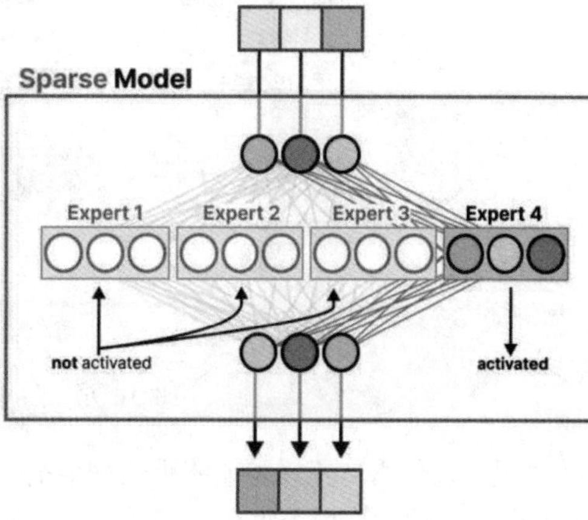

图 10-17　稀疏模型

稀疏性的概念采用了条件计算的思想。在传统的稠密模型中，所有的参数都会对所有输入数据进行处理。相比之下，稀疏性允许我们仅针对整个系统的某些特定部分执行计算。这意味着并非所有参数都会在处理每个输入时被激活或使用，而是根据输入的特定特征或需求，只有部分参数集合被调用和运行。

在模型运行时，我们不再像密集模型那样同时激活所有参数，而是根据输入数据的特性动态地选择并激活一部分专家。这种机制使得MoE能够在不同情境下调用最合适的专家组合，从而更精确地捕捉数据的复杂性和多样性。同时，由于每次只激活部分专家，MoE在计算效率和资源消耗方面相较于密集模型具有显著优势。这种可选择的稀疏专家模型如图10-18所示。

在图10-19和图10-20中，根据颜色的深浅可以看到，对于输入的文本内容，其中的每个词汇或者字母（根据token划分）都被不同的专家所关注。

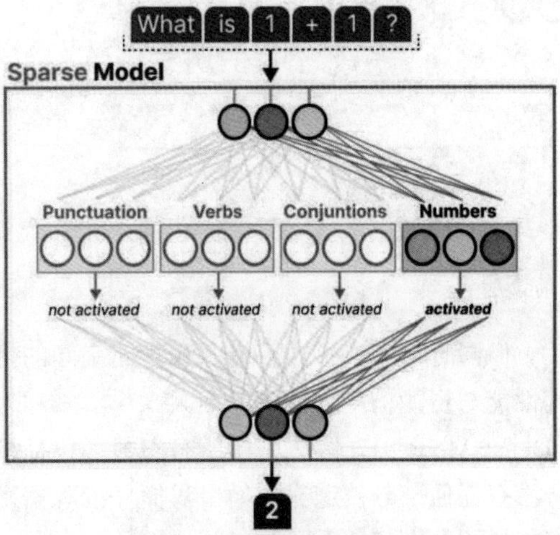

图 10-18　可选择的稀疏专家模型

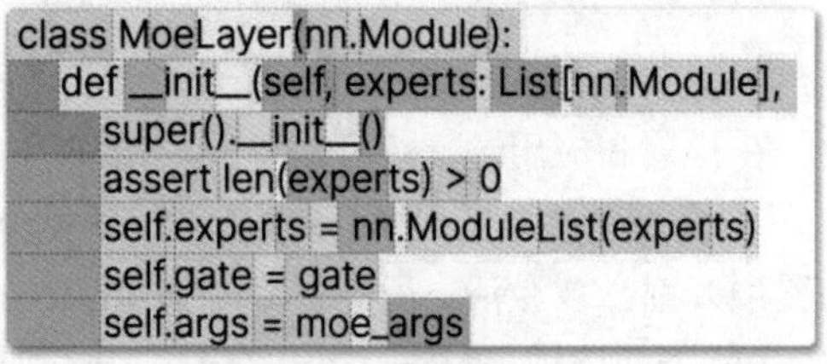

图 10-19　不同专家所关注的部分

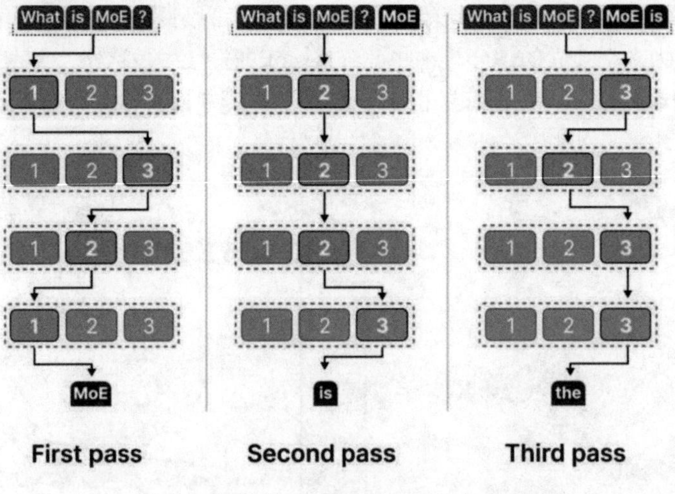

图10-20　每个注意力中的专家

这种灵活性使得MoE模型能够更精细地捕捉和响应数据中的复杂模式，从而提升了模型的整体性能和泛化能力。同时，由于每个专家都专注于其特定领域的知识表示，这种结构也有助于实现模型内部的知识分工和模块化，进一步提高了模型的解释性和可维护性。

10.3.2　MoE可作为前馈层的替代

在前面的工作中，我们已经成功设计并实现了MoE模型的程序代码，更进一步地，我们利用这个独立且完整的MoE模型完成了情感分类的实战演练。通过实战结果，我们清晰地观察到，MoE模型本身便具备出色的特征抽取能力，可以作为一个高效的特征抽取层来使用。在情感分类任务中，MoE模型展现出了良好的性能，准确地完成了情感分类任务。

传统的注意力机制中的前馈层，在很大程度上，其核心功能和作用可由特定的MoE模型来有效替代。可替代注意力模型中前馈层的MoE架构如图10-21所示。

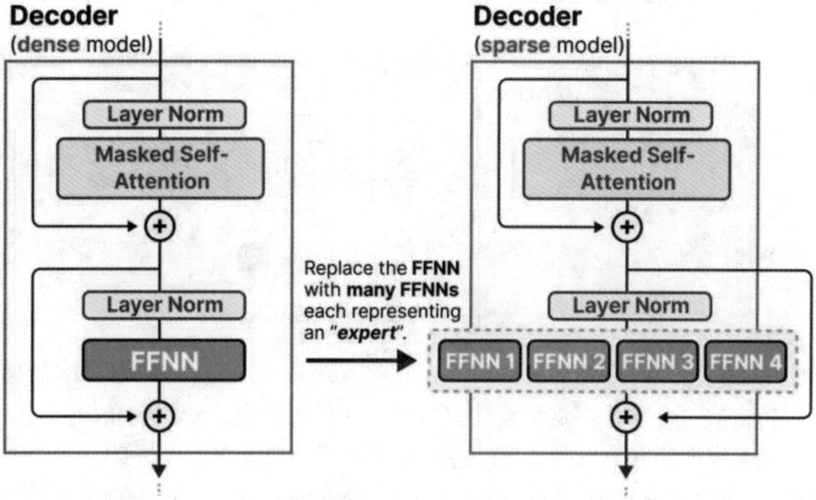

图10-21　可替代注意力模型中前馈层的MoE架构

在上一小节中，我们已经对MoE模型做了详细的阐述，尽管可以将专家模型理解为被分解的密集模型的隐藏层，但事实上这些专家模型本身往往就是功能完备的前馈神经网络层（FFNN），使用专家模型作为前馈层，如图10-22、图10-23所示。

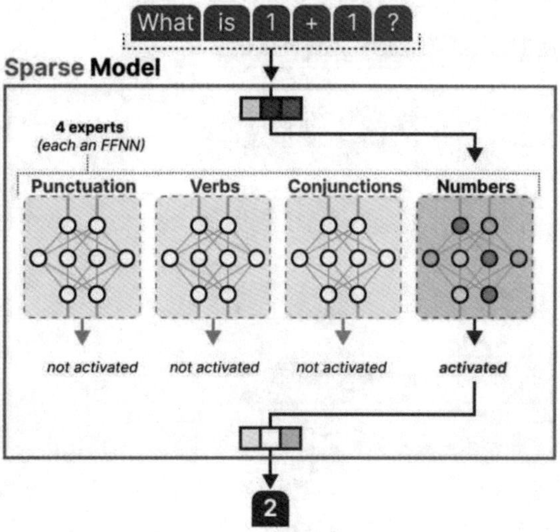

图 10-22　可作为 FFNN 的完整 MoE 模型

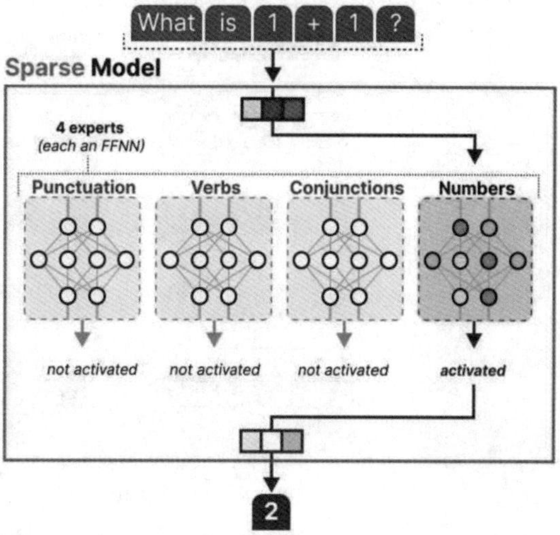

图 10-23　使用专家模型作为前馈层

一般注意力模型在使用过程中，由于存在多个模块的叠加，给定的文本在生成之前会依次通过这些不同模块中的多个专家。不同的token在传递过程中可能会被不同的专家所处理，这导致了在模型内部形成了多样化的处理“路径”。叠加注意力模块中的专家路径示意如图10-24所示。

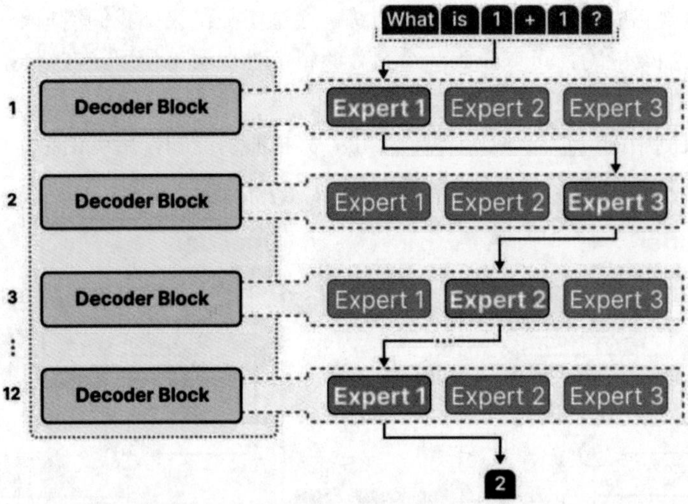

图10-24　叠加注意力模块中的专家路径

如果我们更新对解码器块的视觉呈现，现在它将展现出一个包含多个FFNN的架构，其中每个FFNN都代表一个特定的“专家”。这种设计意味着，在推理阶段，解码器块内拥有多个可供选择的FFNN专家，模型能够根据输入数据的特性动态地选择合适的专家来处理信息。

而不同的专家在混合专家模型（MoE）中选择关注的token各不相同，这种差异性使得随着输入文本的变化，模型会动态地选择不同的“路径”进行处理。换言之，每个专家都专注于捕获输入数据的特定特征或模式，从而根据输入内容的不同，整体模型的关注路径也会相应地调整，如图10-25所示。

我们可以观察到，这种随着输入内容变化而变化的关注路径，实际上为模型提供了一种灵活且动态的特征选择机制。这种机制使得模型能够在处理不同输入时，更加精准地聚焦于关键信息，从而提升了模型的泛化能力和处理复杂任务的能力。

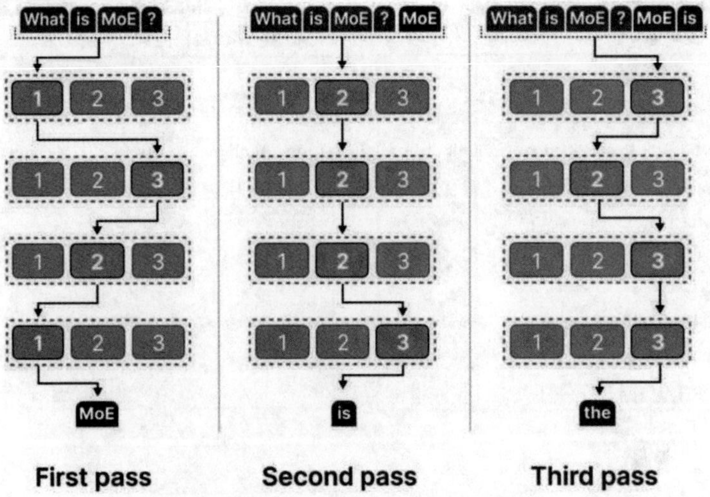

图10-25　输入路径不同选择的专家不同

更重要的是，这种动态选择关注点的特性，正是我们所期望的。它意味着模型可以根据具体任务需求和输入数据的特性，自适应地调整其关注重点，以实现更加高效和准确的特征抽取和分类。这种灵活性不仅增强了模型的实用性，也为深度学习领域的发展注入了新的活力。

10.3.3 结合MoE的注意力机制

接下来，我们需要完成结合MoE的注意力机制，在这里我们仅仅通过替换Encoder部分的原始FFNN层，即可完成MoE的替换，代码如下所示。

```
from 第十章 import baseMOE
class EncoderBlock(torch.nn.Module):
    def __init__(self, d_model, num_heads):
        super(EncoderBlock, self).__init__()
        self.d_model = d_model
        self.num_heads = num_heads
        self.attention_norm = torch.nn.RMSNorm(d_model)
        self.self_attention = attention_moudle.MultiHeadAttention(d_model, num_heads)

        #self.ffn = feedforward_layer.Swiglu(d_model)
        #读者可以替换FFNN部分完成
        self.ffn = baseMOE.SparseMoE(d_model,4,2)

    def forward(self, embedding):
        residual = embedding

        embedding = self.attention_norm(embedding)
        embedding = self.self_attention(embedding)
        embedding = self.ffn(embedding)

        return embedding + residual
```

读者可以自行尝试运行代码。

10.4 基于MoE与自注意力的图像分类

在前一节中，我们详细阐述了整合MoE的注意力模型，探讨了其如何提升模型的表示能力和泛化性能，并且完成了基于序列的评论情感分类实战。在本节中，我们将进一步探讨基于MoE与注意力机制的图像分类方法（准确率有极大提高），揭示这一组合如何在图像识别领域发挥重要作用。

在图像分类任务中，模型的挑战在于如何准确捕捉图像中的关键信息，并据此做出正确的类别判断。MoE与注意力机制的结合，为这一问题提供了有效的解决方案。具体来说，通过引入MoE，我们可以将多个专家模型集成到一个框架中，每个专家模型负责处理图像中的特定部分或特征。这种分而治之的策略，使得模型能够更精细地理解图像内容，提高图像分类的准确性。

同时，注意力机制的引入，进一步增强了模型对关键信息的聚焦能力。在图像分类过程中，注意力机制可以引导模型自动关注到图像中最具判别性的区域，从而忽略不相关或冗余的信息。这种机制与MoE的结合，使得每个专家模型能够在其擅长的领域内发挥最大的作用，共同提升模型整体的分类性能。

10.4.1 基于注意力机制的ViT模型

Vision Transformer（ViT）模型是最新提出的、将注意力机制应用在图像分类中的模型。Vision Transformer算法会将整幅图像拆分成小图像块，然后把这些小图像块的线性映射序列作为注意力模块的输入数据送入网络，再进行图像分类的训练。使用ViT进行图像分块如图10-26所示。

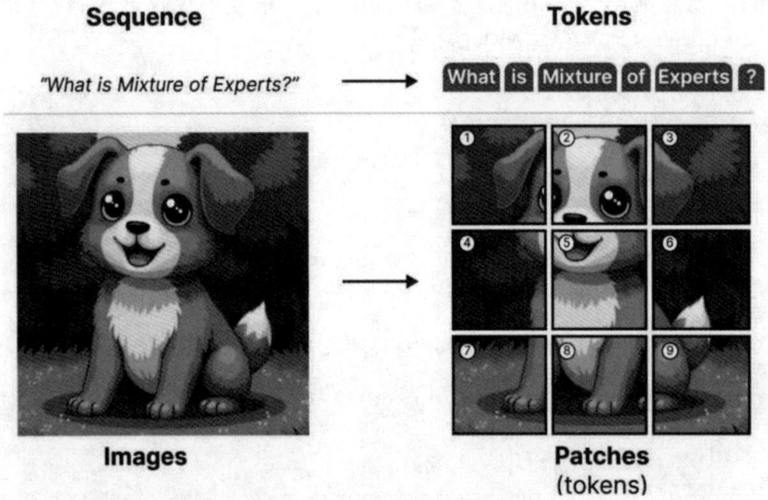

图10-26 使用ViT进行图像分块

Vision Transformer是注意力机制在图像识别领域的一项开创性的应用，其舍弃了传统基于卷积神经网络的图像识别模式，采用了全新的注意力架构来处理图像数据。这种架构的核心思想是自注意力机制，它允许模型在同一序列中的不同位置之间建立相互依赖的关系，从而实现对图像特征的全局捕捉和长距离依赖的处理。与传统的卷积神经网络相比，Vision Transformer具有以下几个显著优势：

- 长距离依赖处理：传统卷积神经网络在处理局部特征时表现出色，但在处理长距离依赖方面相对较弱。而Vision Transformer通过自注意力机制，可以有效地捕捉到图像中不同位置之间的依赖关系，从而提高模型在处理长距离依赖任务时的性能。
- 可解释性：虽然深度学习模型通常被认为是"黑箱"，但Vision Transformer在一定程度上具有可解释性。通过对模型的中间层输出进行分析，我们可以了解到模型在不同层次上关注的图像特征。这有助于我们理解模型的工作原理，并在需要时进行调试和优化。
- 并行计算能力：由于注意力架构天然具有并行计算能力，因此在处理大量图像数据时，Vision Transformer可以充分利用GPU资源，实现高效的计算。
- 全局感知：Vision Transformer通过自注意力机制，可以在不同层次的特征之间建立起关联关系，从而实现对图像全局信息的感知。这使得模型在处理复杂图像任务时，能够更好地捕捉到图像的整体结构和语义信息。
- 易于迁移学习：由于Vision Transformer摒弃了传统的卷积神经网络结构，因此可以很容易地将其预训练好的权重迁移到其他任务上。这使得模型具有更强的泛化能力，可以在不同的图像识别任务中取得良好的效果。

Vision Transformer的整体结构如图10-27所示。

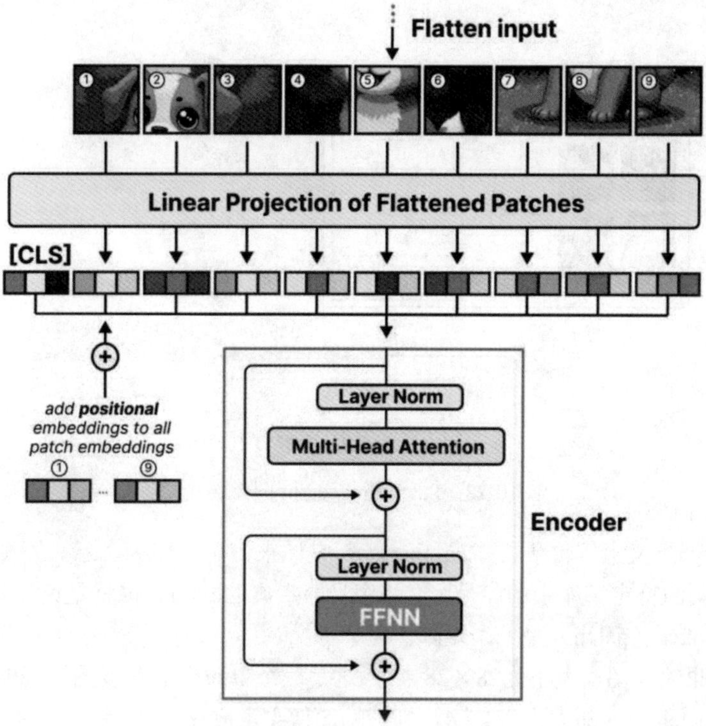

图10-27　Vision Transformer的整体结构

从图中可以看到，与前面章节讲解的编码器类似，Vision Transformer也是由同样的组件所构成：

- Patch Embedding：将整幅图像拆分成小图像块，然后把这些小图像块的线性映射序列作为Transformer的输入送入网络。
- Position Embedding：由于Transformer没有循环结构，因此需要添加位置编码来保留输入序列中的位置信息。
- Transformer Encoder：使用多头自注意力机制（Multi-head Self-Attention）对每个小图像块映射后的向量进行加权求和，得到新的向量。
- 分类器：最后使用一个全连接层对每个小图像块的向量进行分类。

其中最重要的是Patch Embedding和Position Embedding，下面我们将对其展开讲解。

10.4.2　Patch Embedding与Position Embedding

Patch Embedding又称为图像分块映射，在Transformer结构中，需要输入的是一个二维矩阵(L, D)，其中L是sequence的长度，D是sequence中每个向量的维度，因此需要将三维的图像矩阵转换为二维的矩阵。

图像的输入不是一个一个的字符，而是一个一个的像素。假设每个像素有C个通道，图像有宽W和高H，因此一幅图像的所有数据可以用一个大小为[H,W,C]的张量来无损地表示。例如，在MNIST数据集中，数据的大小就是28×28。但是一个一个像素输入Transformer粒度太细了，一幅最小的图像也要768（28×28）个token，因此，一般把图像切成一些小块（patch）当作token输入。同时，patch的大小[h,w]必须是能够被图像的宽和高整除的，如图10-28所示。

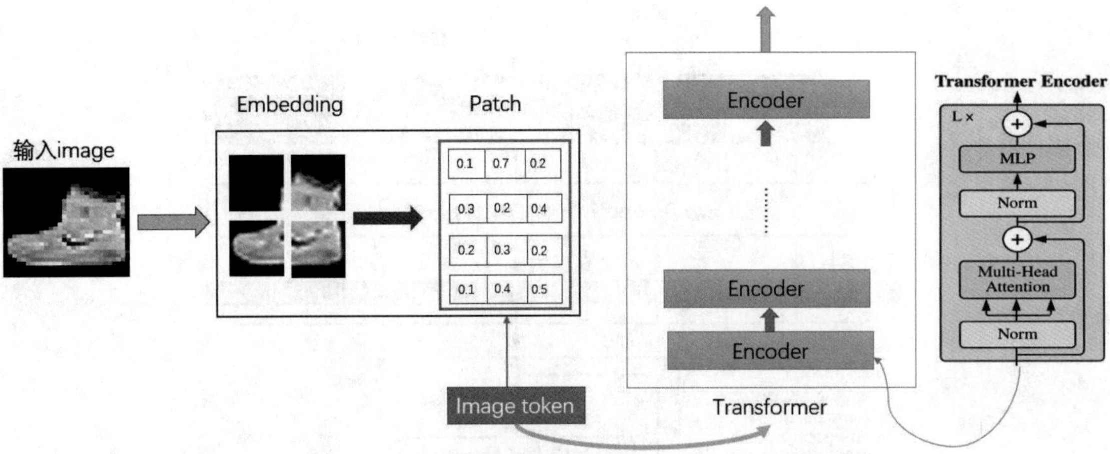

图10-28　Patch Embedding图像转化

这些图像的token意义上等价于文本的token，都是原来信息的序列表示。不同的是，文本的token是通过分词算法分到的特定字库中的序号，这些序号即字典的index。也就是说，文本的token是一个数字；而图像的一个token（patch）是一个矩阵。

具体来看，如果输入图像大小为28×28×1，这是一个单通道的灰度图，则Patch Embedding将图像分为固定大小的patch，patch大小为4×4，则每幅图像会生成28×28 / 4×4=49个patch，这个数值可以作为映射后序列长度，值为49，而每个patch的大小则是4×4×1=16。因此每幅图像完成Patch Embedding映射后的矩阵大小为[49,16]，图像映射为49个token，每个token维度为16。

$$[49,16] \leftrightarrow 28\times 28 = \left(\frac{28\times 28}{4\times 4}\right)\times(4\times 4) = 49\times 16$$

而对于多通道（一般通道数位3）的彩色图像的处理，首先需要对原始输入图像作切块处理。假设输入的图像大小为224×224，我们将图像切成一个个固定大小为16×16的方块，每一个小方块就是一个patch，那么每幅图像中patch的个数为(224×224)/(16×16) = 196个。切块后，我们得到了196个[16, 16, 3]的patch，之后把这些patch送入Flattened Patches层，这个层的作用是将输入序列展平。所以输出后也有196个token，每个token的维度经过展平后为16×16×3 = 768，所以输出的维度为[196, 768]。

有的时候为了针对项目目标的分类特殊性，还需要加上一个特殊字符cls，因此最终的维度是[token数+1,token维度]。到目前为止，已经通过Patch Embedding将一个视觉问题转化为了一个序列处理问题。

下面我们以多通道的彩色图像处理为例，完成Patch Embedding的计算。在实际代码实现中，只需通过卷积和展平操作即可实现Patch Embedding。使用的卷积核大小为16×16，步长（stride）为16，卷积核个数为768，卷积后再展平，size变化为[224, 224, 3]→[14, 14, 768]→[196, 768]。 代码如下：

```
class PatchEmbed(torch.nn.Module):
    def __init__(self, img_size=224, patch_size=16, in_c=3, embed_dim=768):
        super().__init__()
        """
        此函数用于初始化相关参数
        :param img_size: 输入图像的大小
        :param patch_size: 一个patch的大小
        :param in_c: 输入图像的通道数
        :param embed_dim: 输出的每个token的维度
        :param norm_layer: 指定归一化方式，默认为None
```

```
        """

        patch_size = (patch_size, patch_size)  # 16 -> (16, 16)
        self.img_size = img_size = (img_size, img_size)  # 224 -> (224, 224)
        self.patch_size = patch_size
        self.grid_size = (img_size[0] // patch_size[0], img_size[1] // img_size[1])  # 计
算原始图像被划分为(14, 14)个小块
        self.num_patches = self.grid_size[0] * self.grid_size[1]  # 计算patch的个数为14×
14=196个
        # 定义卷积层
        self.proj    =    torch.nn.Conv2d(in_channels=in_c,    out_channels=embed_dim,
kernel_size=patch_size, stride=patch_size)
        # 定义归一化方式
        self.norm = torch.nn.LayerNorm(embed_dim)

    def forward(self,image):
        """
            此函数用于前向传播
            :param x: 原始图像
            :return: 处理后的图像
            """
        B, C, H, W = image.shape

        # 检查图像高、宽和预先设定是否一致，不一致则报错
        assert H == self.img_size[0] and W == self.img_size[
            1],     f"Input    image    size    ({H}*{W})    doesn't    match    model
({self.img_size[0]}*{self.img_size[1]})."

        # 对图像依次进行卷积、展平和调换处理: [B, C, H, W] -> [B, C, HW] -> [B, HW, C]
        x = self.proj(image).flatten(2).transpose(1, 2)
        # 归一化处理
        x = self.norm(x)
        return x
```

在上面代码中，我们使用卷积层完成Patch Embedding的操作，即将输入的图像格式做了转化。

图像的每个patch和文本一样，也有先后顺序，是不能随意打乱的，所以需要再给每个token添加位置信息，有时候还需要添加一个特殊字符class token。Vision Transformer模型中使用了一个可训练的向量作为位置向量的参数，添加在图像处理后的矩阵上，而对于位置Embedding来说最终要输入到Transformer Encoder的序列维度为[197, 768]。代码如下所示。

```
    self.num_tokens = 1
    self.pos_embed  =  torch.nn.Parameter(torch.zeros(1,  num_patches  +  self.num_tokens,
embed_dim))
    x = x + self.pos_embed
```

需要注意，这里self.num_tokens为额外添加的、作为分类指示器的class token提供了位置编码。

10.4.3 可视化的Vision-MoE的详解

Vision-MoE（V-MoE）是将混合专家（MoE）机制融入注意力图像模型中的一个典范案例。该模型创新性地将Vision Transformer（ViT）架构中原本密集的前馈神经网络（FFNN）层替换为稀疏的MoE层。这一变革旨在通过动态路由机制，在推理时仅激活对特定输入最相关的专家子集，从而大幅提升计算效率与模型性能。Vision-MoE模型如图10-29所示。

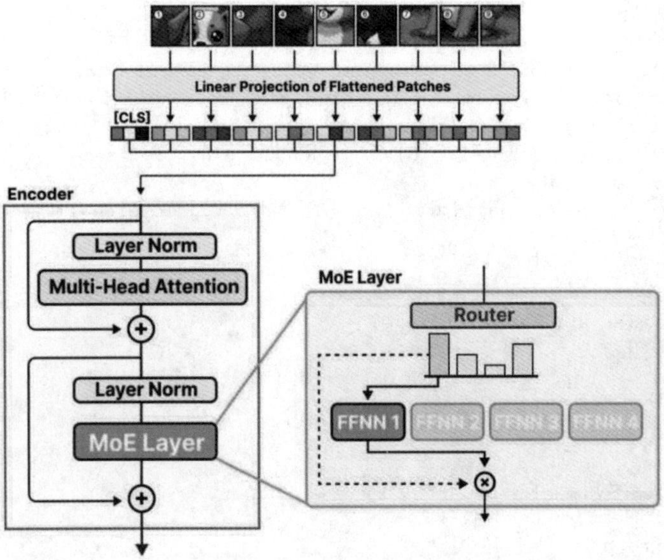

图10-29　Vision-MoE模型

V-MoE的设计不仅优化了计算资源的分配，减少了不必要的计算开销，还通过引入专家间的多样性和互补性，增强了模型处理复杂视觉任务的能力。这种方法鼓励模型在面对多样化图像数据时，能够更灵活地调整其内部表示，捕捉更加精细和丰富的特征信息。

此外，V-MoE框架还允许研究者根据实际应用需求，灵活调整专家的数量和类型，以及专家间的连接方式，这为探索更加高效和定制化的视觉模型提供了新的视角。例如，在大语言模型的成功启发下，V-MoE可以尝试引入大规模专家库，结合自注意力机制和MoE的优势，推动图像理解和生成任务的边界。

对于在实际中操作V-MoE，由于路由器的设置，某些图像token会被丢弃（不被选择），如图10-30所示。

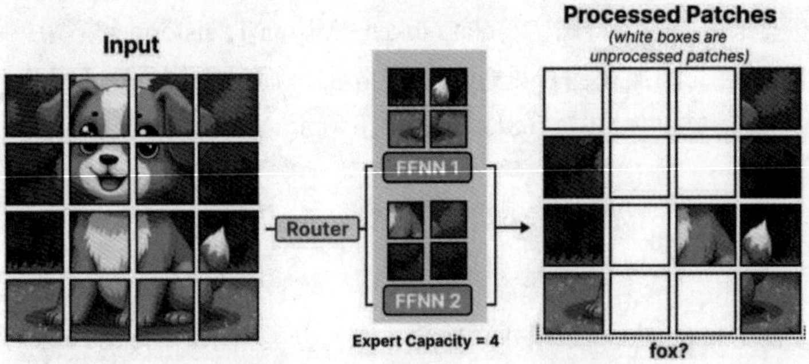

图10-30　路由对每个token的去留做出决定

具体在操作上，MoE网络会为每个图像块分配重要性得分，并优先处理这些得分较高的图像块，从而避免溢出图像块的丢失，如图10-31所示。

但是对于选择的结果来说，即使token数量减少，我们仍然能够看到重要的图像块被成功路由，如图10-32所示。

可以看到，通过V-MoE，这就像是所有图像块被选择后，将保留后的图像token重新组合成一个新的图像块被发送到每个专家。生成输出后，它们再次与路由矩阵相乘，如图10-33所示。

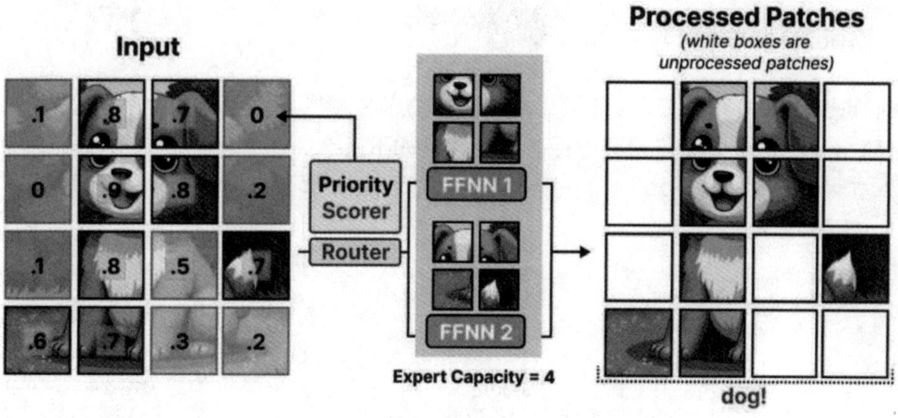

图10-31　MoE网络对每个图像token进行评分

图10-32　不同选择比例下被保留的图像token

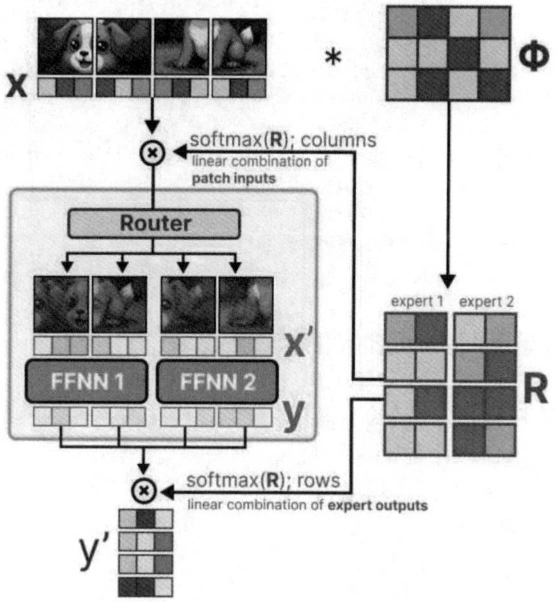

图10-33　经过MoE选择的ViT模型

随着研究的深入，V-MoE的应用场景也在不断拓展，从基础图像分类、目标检测到高级语义分割、图像生成等领域，都展现出其巨大的潜力。未来，V-MoE有望成为连接深度学习理论与实际应用的重要桥梁，为人工智能在视觉领域的发展注入新的活力。同时，如何进一步优化MoE的路由策略、平衡模型复杂度与性能之间的关系，以及探索MoE与其他先进网络结构的融合方式，将是该领域研究的关键方向。

10.4.4 V-MoE模型的实现

最后我们将实现V-MoE模型，与前面设置的注意力模型相同，我们首先需要完成ViTBlock的设计，与注意力block相同，只需要将前馈层进行替换，代码如下所示。

```
from 第五章 import baseMOE
class VITBlock(torch.nn.Module):
    def __init__(self, d_model, num_heads):
        super(VITBlock, self).__init__()
        self.d_model = d_model
        self.num_heads = num_heads
        self.attention_norm = torch.nn.RMSNorm(d_model)
        self.self_attention = attention_moudle.MultiHeadAttention(d_model, num_heads)
        self.ffn = baseMOE.SparseMoE(d_model,4,2)

    def forward(self, embedding):
        residual = embedding

        embedding = self.attention_norm(embedding)
        embedding = self.self_attention(embedding)
        embedding = self.ffn(embedding)

        return embedding + residual
```

基于此完成的ViT模型如下：

```
class VIT(torch.nn.Module):
    def __init__(self,dim = 312):
        super(VIT, self).__init__()
        self.patch_embedding = PatchEmbed()
        self.position_embedding = torch.nn.Parameter(torch.rand(1, 16, dim))
        self.vit_layers = VITBlock(d_model=312, num_heads=6)
        self.logits_layer = torch.nn.Linear(4992,10)
    def forward(self, x):
        embedding = self.patch_embedding(x) + self.position_embedding
        embedding = self.vit_layers(embedding)
        embedding = torch.nn.Flatten()(embedding)
        logits = self.logits_layer(embedding)

        return logits
```

10.4.5 基于图像识别模型V-MoE的训练与验证

最后就是完成基于图像识别模型V-MoE的训练与验证，与上一节的处理方法类似，我们同样使用MNIST数据集，之后将模型部分进行替换，代码如下所示。

```
from torch.utils.data import DataLoader
from get_dataset import MNIST
import vmoe_model
from tqdm import tqdm
import torch

DEVICE='cuda' if torch.cuda.is_available() else 'cpu' # 设备
BATCH_SIZE = 128

dataset=MNIST() # 数据集
model = vmoe_model.VIT().to(DEVICE)
optimizer =torch.optim.AdamW(model.parameters(),lr=1e-5)   # 优化器
loss_fn = torch.nn.CrossEntropyLoss()

dataloader=DataLoader(dataset,batch_size=BATCH_SIZE,shuffle=True)    # 数据加载器
```

```
    for epoch in range(36):
        pbar = tqdm(dataloader, total=len(dataloader))
        for imgs, labels in pbar:
            imgs, labels = imgs.to(DEVICE), labels.to(DEVICE) #将数据和标签移动到指定的设备上

            # 前向传播
            outputs = model(imgs)
            loss = loss_fn(outputs, labels)

            # 反向传播和优化
            optimizer.zero_grad()        # 清空梯度
            loss.backward()              # 反向传播计算梯度
            optimizer.step()             # 更新模型参数

            # 更新进度条信息
            pbar.set_description(f"Epoch {epoch + 1}/{36}, Loss: {loss.item():.4f}")

    model.eval()  # 设置模型为评估模式
    val_dataset = MNIST(is_train=False)  # 验证数据集
    val_dataloader = DataLoader(val_dataset, batch_size=BATCH_SIZE, shuffle=False)  # 验证数据加载器，通常不需要打乱

    correct = 0  # 正确预测的计数
    total = 0  # 总样本数

    with torch.no_grad():  # 不需要计算梯度，节省内存和计算资源
        for imgs, labels in tqdm(val_dataloader, total=len(val_dataloader)):
            imgs, labels = imgs.to(DEVICE), labels.to(DEVICE) #将数据和标签移动到指定的设备上

            # 前向传播
            outputs = model(imgs)
            _, predicted = torch.max(outputs.data, 1)  # 得到预测结果

            # 计算准确率
            total += labels.size(0)  # 更新总样本数
            correct += (predicted == labels).sum().item()  # 更新正确预测的计数

    # 计算并打印准确率
    accuracy = 100 * correct / total
    print(f'Validation Accuracy of the model on the test images: {accuracy:.2f}%')
```

经过36轮的训练，可以得到如下结果：

```
Epoch 1/36, Loss: 1.2793: 100%|██████████| 469/469 [00:17<00:00, 27.44it/s]
Epoch 2/36, Loss: 0.8980: 100%|██████████| 469/469 [00:16<00:00, 29.11it/s]
Epoch 3/36, Loss: 0.5704: 100%|██████████| 469/469 [00:16<00:00, 29.24it/s]
...
Epoch 34/36, Loss: 0.1492: 100%|██████████| 469/469 [00:15<00:00, 30.04it/s]
Epoch 35/36, Loss: 0.1521: 100%|██████████| 469/469 [00:15<00:00, 29.57it/s]
Epoch 36/36, Loss: 0.0992: 100%|██████████| 469/469 [00:15<00:00, 30.46it/s]
100%|██████████| 79/79 [00:01<00:00, 50.53it/s]
Validation Accuracy of the model on the test images: 97.30%
```

此时，在经历了相同的训练轮次之后，我们的模型在验证集上展现出了令人瞩目的性能，取得了约97%的准确率。这一成绩相较于我们之前采用的SENet图像识别任务而言，V-MoE模型无疑实现了质的飞跃。这种显著的提升不仅证明了V-MoE模型在图像识别领域的优越性，更凸显出其在处理复杂图像任务时的强大潜力。

进一步深入分析，V-MoE模型之所以能够取得如此出色的表现，主要归功于其独特的网络结构和优化算法。该模型通过引入更高效的特征提取方式和更精细的分类策略，显著提升了图像识别的准确度和效率。此外，V-MoE还具备更强的泛化能力，能够更好地适应不同的图像场景和识别需求。

展望未来，我们有信心认为V-MoE模型将在图像识别领域发挥更加重要的作用。随着技术的不断进步和应用的不断深化，我们相信V-MoE将助力更多创新应用的诞生，推动整个图像识别行业的持续发展。

10.4.6 使用已有的库实现MoE

前面我们实现的MoE库，实际上对于模型的程序设计来说，使用已经实现好的MOE库来完成模型的设计也是可行的。读者可以安装已有的库，代码如下所示。

```
pip install st_moe_pytorch
```

这是使用已完成的MoE模型的基本内容。在具体使用上，我们可以使用MoE并加载11.4节中讲解的SwiGLU激活函数来共同实现前馈层，代码如下所示。

```
import torch
from st_moe_pytorch import MoE
from st_moe_pytorch import SparseMoEBlock

class Swiglu(torch.nn.Module):

    def __init__(self, hidden_size=384, add_bias_linear=False):
        super(Swiglu, self).__init__()

        self.add_bias = add_bias_linear
        self.hidden_size = hidden_size
        self.dense_h_to_4h = torch.nn.Linear(
            hidden_size,
            hidden_size * 4,
            bias=self.add_bias
        )

        def swiglu(x):
            x = torch.chunk(x, 2, dim=-1)
            return torch.nn.functional.silu(x[0]) * x[1]

        self.activation_func = swiglu

        self.dense_4h_to_h = torch.nn.Linear(
            hidden_size * 2,
            hidden_size,
            bias=self.add_bias
        )

    def forward(self, hidden_states):
        intermediate_parallel = self.dense_h_to_4h(hidden_states)
        intermediate_parallel = self.activation_func(intermediate_parallel)
        output = self.dense_4h_to_h(intermediate_parallel)
        return output

class MOE(torch.nn.Module):
    def __init__(self,dim = 512):
        """
            from:https://github.com/lucidrains/st-moe-pytorch
        """
        super(MOE, self).__init__()
        self.moe = MoE(
            dim=dim,  # MoE模型的维度
            num_experts=16, # 专家数量，增加此值可以在不增加计算量的情况下增加模型的参数
            gating_top_n=2, # 默认选择前两个专家，但也可以选择更多（论文中测试了3个，但使用了较低的阈值）
            threshold_train=0.2,  # 训练时，决定一个token是否被路由到第二个及以后专家的阈值，对于两个专家路由，0.2是最优的，对于3个显然应该更低
            threshold_eval=0.2,  # 评估时的阈值，与train时的意义相同
```

```
            capacity_factor_train=1.25,  # 每个批次的专家有固定的容量。我们需要一些额外的容量以防
路由不完全平衡
            capacity_factor_eval=2.,  # 评估时的容量因子，capacity_factor_*的值应设置为 >=1
            balance_loss_coef=1e-2,  # 辅助专家平衡损失的乘数
            router_z_loss_coef=1e-3,  # 路由z损失的权重
        )

        self.moe_block = SparseMoEBlock(
            self.moe,
            add_ff_before=True,
            add_ff_after=True
        )
        self.norm = torch.nn.RMSNorm(dim)
        self.moe_linear = torch.nn.Linear(dim,dim,bias=False)
        self.activity_layer = Swiglu(hidden_size = dim)

    def forward(self, x):
        x = self.norm(x)
        enc_out = self.moe_block(x)[0]
        enc_out = self.activity_layer(enc_out)#torch.nn.functional.gelu(enc_out)
        enc_out = self.moe_linear(enc_out)
        return enc_out
```

从上面代码可以看到，我们通过载入已完成的模块从而直接实现MoE。而在具体使用上，我们同样可以直接替换注意力Block中的前馈层，以完成新架构的注意力模型。这一点请读者自行尝试。

10.5　本章小结

在本章中，我们深入探讨了混合专家模型的精妙架构，并详细阐述了如何巧妙地将这一模型融入注意力机制之中，具体做法是通过替换传统注意力模块中的前馈神经网络层来实现。这一系列的理论推导与技术创新，不仅拓宽了模型设计的视野，更为提升深度学习模型的性能开辟了新路径。

通过演示一系列精心设计的实战案例，我们直观且有力地见证了混合专家模型在注意力机制中的显著成效。这些案例涵盖了从自然语言处理到图像识别等多个领域，无一不展现出，在引入了MoE的注意力框架下，模型的预测准确性实现了质的飞跃。这一提升不仅体现在数值上的精度增加，更反映在模型对于复杂、多样数据的理解能力和泛化性能的显著增强上。

更重要的是，混合专家模型的应用还为解决大规模数据集上的训练难题提供了新的策略。通过动态地选择不同专家来处理不同部分的数据，MoE模型不仅有效缓解了计算资源的压力，还促进了模型对于特征的精细捕捉与高效利用，从而在保持高效训练的同时，大幅提升了模型的最终性能。

此外，我们还探讨了混合专家模型在实际应用中可能面临的挑战，如模型复杂度的增加、专家选择机制的设计优化，以及如何在保持模型性能的同时，进一步降低计算和存储成本等。这些讨论不仅为我们深入理解MoE模型的运作机制提供了更多视角，也为后续的研究与应用指明了方向。

可以看到，随着深度学习技术的持续演进，混合专家模型与注意力机制的深度融合将有望引领更多领域的突破性进展。我们期待看到，通过不断的探索与创新，这一强大的组合能够解锁更多未知的应用场景，为人工智能的发展注入新的活力与可能性。

第 11 章

DeepSeek核心技术4：MTP与多组件优化

DeepSeek中的MTP（Multi-Token Prediction，多词元预测）技术是其提升模型训练和推理效率的关键。MTP允许模型在训练阶段一次性预测多个未来token（词元），而不仅仅是下一个token，这种机制通过密集的监督信号显著提高了数据利用效率。此外，MTP还迫使模型学习更长的token依赖关系，从而更好地理解上下文，避免陷入局部决策的学习模式。在推理阶段，MTP通过并行预估多个token，实现了推理速度的显著提升，使得模型能够更快地生成高质量的输出。

在本章中，我们将关注多词元预测（Multi-Token Prediction）。传统的自回归模型通常一次只预测一个token，这在处理序列数据时可能会显得效率低下。通过引入多token预测技术，我们的模型能够同时预测多个token，从而显著加速生成过程并提高生成文本的效率。这种技术的引入，不仅提升了模型的实用性，还为我们打开了探索更高效序列生成方法的大门。

接下来，我们还将深入剖析DeepSeek中的多组件优化策略。具体而言，会着重探讨精度计算方面的精妙设计，以及所选用激活函数的独特之处。这些优化举措在提升模型性能、增强计算效率等方面发挥着至关重要的作用，是DeepSeek能够展现出卓越能力的关键因素之一。

11.1 深度学习中的精度计算详解与实战

从模型训练的角度来看，我们迄今为止一直遵循PyTorch的训练模式，这主要涉及使用其默认的float数据类型，具体来说是float32精度。这种数据类型在模型训练中发挥着关键作用，它为我们提供了一种平衡计算精度和计算资源消耗的方式。

float32数据类型不仅保证了模型训练的准确性，同时也相对节省了计算资源，使得我们的模型能够在各种硬件配置上高效运行。然而，随着技术的进步和对模型性能要求的提升，我们也在不断探索更高精度的数据类型，如float64，或是更低精度的数据类型，如float16，甚至是int8，以找到性能和精度的最佳平衡点。

从模型训练的角度来看，数据类型的选择是一个需要综合考虑多种因素的决策过程，包括精度需求、计算资源限制、实时性要求等。我们将持续关注技术的发展，不断优化我们的模型训练方式，以满足各种应用场景的需求。

11.1.1　深度学习中的精度详解

深度学习训练涉及海量的矩阵乘法运算，采用标准的计算精度虽然能确保计算的准确性，但同时也带来了庞大的计算负担和资源消耗。而降低数据精度则能显著提升计算效率，为深度学习训练开辟新的可能性。

具体而言，通过减少数据的位数，计算操作能够更加迅速地完成，因为处理器所需处理的数据量大幅减少。这种优化不仅提升了计算速度，还直接导致了处理器能耗的降低，对于节能减排具有重要意义。此外，更紧凑的数值表示意味着数据传输的负担也相应减轻，从而有效节省了内存带宽，这些显著的优势共同构成了我们在深度学习训练中考虑采用低精度数据格式的有力理由。

深度学习中的数值精度具有其相对的重要性。以int8和float32（也被称为FP32，即单精度浮点数）为例，它们分别采用8位和32位二进制来表示数值。具体来说，int8仅限于表示正数，而FP32则能更为灵活地表示浮点数，其表示方式颇似科学记数法。

详细来看，FP32的格式精心设计，充分利用了32位的存储空间。首先，最高位，即第1位，是符号位（sign bit），用于标识数字的正负。紧接着的8位是指数位（exponent），它们决定了浮点数的数量级。最后的23位被称为尾数位（fraction或mantissa），它们提供了浮点数的精度信息。FP32精度示例如图11-1所示。

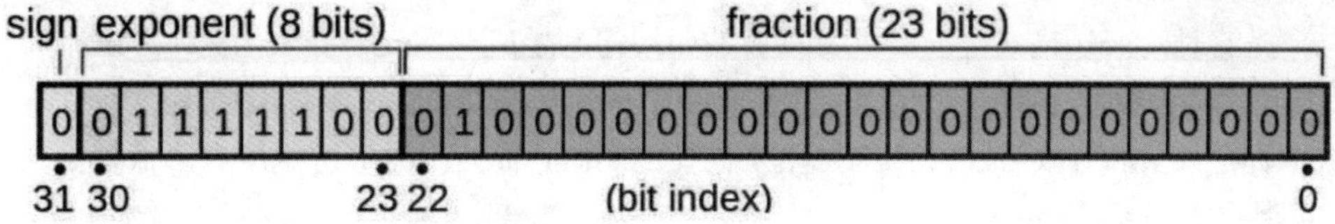

图11-1　FP32精度示例

这种设计不仅使得FP32能够表示极大或极小的数值，还能在需要高精度计算的深度学习应用中发挥重要作用。例如，在训练神经网络时，权重和偏置的微小变化都可能对模型的性能产生显著影响，因此高精度的FP32数据类型就显得尤为重要。

然而，深度学习中的数值精度选择并非一成不变。在某些情况下，为了提升计算效率和降低能耗，研究者们也会考虑使用较低精度的数据类型，如int8或float16，但这通常需要特定的硬件和软件支持来确保模型性能不受太大影响。深度学习中的数值精度选择是一个权衡精度、效率和资源消耗的复杂过程，而FP32以其高精度和广泛的适用性，在多数深度学习应用中仍占据重要地位。

历史上，研究者们在追求计算效率的过程中，也曾深入探索过其他低精度数据格式。例如，FP16（16位浮点数）格式便是一个典型的案例。它遵循IEEE标准，由5个指数位和10个尾数位构成。尽管其数值范围相比FP32有所缩减，但通过对模型的细致调整，我们仍然能够充分发挥其潜在效用。深度学习中的不同精度如图11-2所示。

另一种备受瞩目的数据格式是BF16。BF16，也被称为bfloat16或Brain Floating Point 16，是一种16位的半精度浮点数格式。与标准的FP16格式相比，BF16在保持较低位数的同时，对指数位和小数位的分配进行了优化，以适应深度学习训练的需求。具体而言，BF16格式拥有8位指数位和7位小数位，以及一个符号位，从而在数值范围和精度之间取得了平衡。

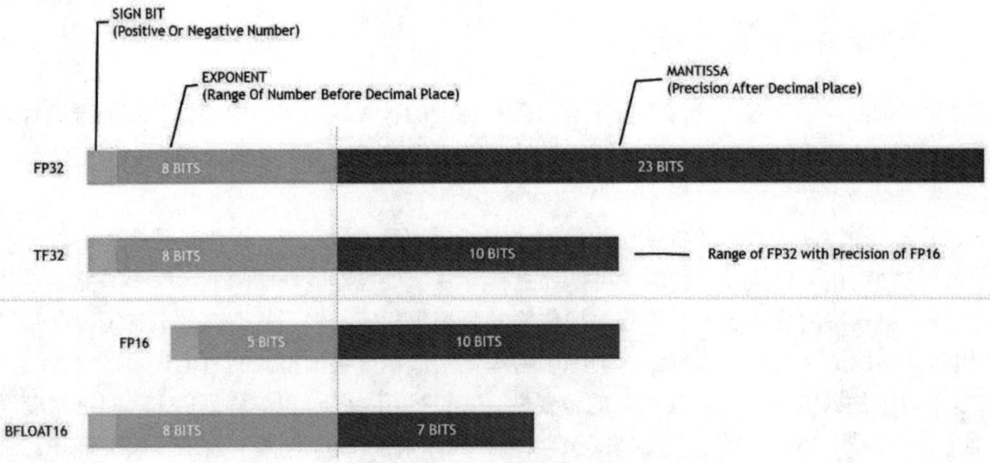

图11-2　深度学习中的不同精度

BF16的出现，源于深度学习领域对计算效率和内存使用的持续追求。由于深度学习模型通常涉及大量的参数和计算，采用传统的32位浮点数（FP32）会导致显著的计算负担和内存消耗。而BF16格式通过减少数据的位数，有效地降低了计算和存储需求，同时仍然保持了足够的精度来满足大多数深度学习任务的要求。

值得一提的是，BF16格式在深度学习领域的应用得到了广泛的支持和采用。许多主流的深度学习框架和硬件平台都提供了对BF16的原生支持，从而进一步推动了其在实际应用中的普及。通过采用BF16格式，研究人员和开发者能够在保持模型性能的同时，显著提升训练速度和降低资源消耗，为深度学习的发展注入了新的活力。

11.1.2　不同精度的相互转换与混合精度

在数字计算和数据处理中，不同的数值精度有其特定的应用范围，这主要取决于所需的计算准确性、内存使用以及计算效率。

1）FP32（单精度浮点数）

应用范围：由于其高精度特性，FP32广泛应用于需要高度精确计算的领域。这包括科学研究、工程设计、金融建模以及任何对计算准确性要求极高的场景。

优点：提供较大的数值范围和较高的计算精度。

缺点：相对于较低精度的格式，它占用更多的内存和计算资源。

2）FP16（半精度浮点数）

应用范围：FP16常用于深度学习领域，特别是在训练和推理过程中。它可以显著加速计算并减少内存占用，同时对模型准确性的影响通常较小。

优点：内存占用少，计算效率高。

缺点：精度较低，可能导致某些对精度要求高的应用受限。

3）BF16（Brain Floating Point）

应用范围：BF16特别适用于深度学习，因为它能够在保持与FP32相同数值范围的同时，提供比FP32更高的计算和存储效率。它在Google的TPU等硬件加速器中得到了支持，适用于需要大范围且对精度要求不是特别严格的计算场景。

优点：数值范围与FP32相同，计算和存储效率高。

缺点：精度低于FP32，且硬件支持可能有限。

4）混合精度

混合精度训练是一种结合了FP32高精度和FP16高效率的方法。它的核心思想是在不同的计算阶段使用不同的数值精度，以在保持模型性能的同时提高训练速度。这种方法特别适用于利用GPU进行大规模并行运算的场景，可以有效缓解内存带宽和显存容量的限制。

在混合精度训练中，模型的前向和后向传播阶段通常使用FP16来存储权重和激活值，以提高计算效率。为了保证计算的准确性，会使用一种称为“损失缩放”（Loss Scaling）的技术。这意味着在梯度累加之前，梯度会被放大一个特定的倍数，以减少由于精度降低而可能导致的梯度消失问题。在权重更新之前，再将这些放大的梯度缩减回原来的规模，从而确保参数更新的有效性。

下面我们演示一下不同精度之间相互转换的示例。

1. BF16到FP32的转换

将BF16格式的数值的16位表示扩展为32位，其中高位16位为BF16的位表示，低位16位补零。保持符号位和指数位不变，将尾数位从7位扩充到23位，通过补零完成。代码如下所示：

```
import numpy as np

def bfloat16_to_float32(bf16):
    bf16 = np.float16(bf16)
    bf16_bin = np.frombuffer(bf16.tobytes(), dtype=np.uint16)
    f32_bin = np.array([0, bf16_bin], dtype=np.uint16)
    return np.frombuffer(f32_bin.tobytes(), dtype=np.float32)

# 示例
bf16_value = np.float16(1.5)  # 假设我们有一个BF16值
fp32_value = bfloat16_to_float32(bf16_value)
print("BF16:", bf16_value, "FP32:", fp32_value)
```

2. FP32到BF16的转换

从FP32格式的数值中提取高位的16位，包括1位符号位、8位指数位和部分尾数位。由于BF16只有7位尾数位，因此FP32的尾数位需要截断，通常采用向最接近偶数舍入或其他舍入策略。

```
import numpy as np

def float32_to_bfloat16(value):
    # 将FP32值转化为二进制表示
    f32 = np.float32(value)
    f32_bin = struct.unpack('>I', struct.pack('>f', f32))[0]

    # 截取高16位来形成BF16
    bf16_bin = (f32_bin >> 16) & 0xFFFF
    # 将BF16的二进制表示转换回浮点数
    bf16_f32_bin = bf16_bin << 16
    bf16_f32 = struct.unpack('>f', struct.pack('>I', bf16_f32_bin))[0]

    return bf16_f32

 # 示例
fp32_value = 1.337
bf16_value = float32_to_bfloat16(fp32_value)
print("FP32:", fp32_value, "BF16:", bf16_value)
```

3. FP16与FP32转换

将FP16的16位表示扩展为FP32的32位表示，其中高位16位为FP16的位表示，低位16位补零。保持符号位不变，指数位需要偏移（FP32的偏移量为127，FP16的偏移量为15），尾数位从10位扩充到23位，通过补零完成。

```
import numpy as np

def float16_to_float32(value):
    f16 = np.float16(value)
    f32 = f16.astype(np.float32)
    return f32

# 示例
fp16_value = np.float16(1.5)  # 假设我们有一个FP16值
fp32_value = float16_to_float32(fp16_value)
print("FP16:", fp16_value, "FP32:", fp32_value)
```

4. FP32到FP16的转换

从FP32格式的数值中提取出最重要的16位，包括1位符号位、5位指数位和10位尾数位。指数位需要重新调整偏移量，尾数位可能需要进行舍入处理以适应FP16的格式。

```
import numpy as np

def float32_to_float16(value):
    f32 = np.float32(value)
    f16 = f32.astype(np.float16)
    return f16

# 示例
fp32_value = 1.337
fp16_value = float32_to_float16(fp32_value)
print("FP32:", fp32_value, "FP16:", fp16_value)
```

5. FP16到BF16的转换

因为FP16和BF16都是16位，转换主要在于指数位和尾数位的调整。FP16的指数位需要转换为BF16的指数位，这可能涉及偏移量的调整。FP16的10位尾数位需要截断到BF16的7位尾数位，并进行适当的舍入处理。

```
import numpy as np

def float16_to_bfloat16(value):
    # 将FP16值转换为FP32值
    f16 = np.float16(value)
    f32 = f16.astype(np.float32)

    # 将FP32值转换为其二进制表示
    f32_bin = np.frombuffer(f32.tobytes(), dtype=np.uint32)[0]

    # 截取高16位来形成BF16
    bf16_bin = (f32_bin >> 16) & 0xFFFF

    # 将BF16的二进制表示转换回浮点数
    bf16_f32_bin = bf16_bin << 16
    bf16_f32  =  np.frombuffer(np.array([bf16_f32_bin],  dtype=np.uint32).tobytes(),
dtype=np.float32)[0]

    return bf16_f32

# 示例
```

```
fp16_value = np.float16(1.5)
bf16_value = float16_to_bfloat16(fp16_value)
print("FP16:", fp16_value, "BF16:", bf16_value)
```

6. BF16到FP16的转换

同样，BF16和FP16的转换涉及指数位和尾数位的调整。BF16的指数位转换为FP16的指数位，可能需要重新调整偏移量。BF16的7位尾数位需要扩展到FP16的10位尾数位，通常在低位补零。

```
import numpy as np

def bfloat16_to_float16(bf16):
    # 将BF16值转换为FP32值
    bf16_bin = np.frombuffer(np.float16(bf16).tobytes(), dtype=np.uint16)[0]
    bf16_f32_bin = bf16_bin << 16
    f32    =    np.frombuffer(np.array([bf16_f32_bin],    dtype=np.uint32).tobytes(),
dtype=np.float32)[0]

    # 将FP32值转换为FP16值
    f16 = np.float16(f32)

    return f16

# 示例
bf16_value = np.float16(1.5)  # 假设我们有一个BF16值
fp16_value = bfloat16_to_float16(bf16_value)
print("BF16:", bf16_value, "FP16:", fp16_value)
```

由于FP16和BF16的尾数位精度不同，转换过程中可能会产生精度损失，尤其是在FP32转换到FP16或BF16时。在实际应用中，舍入和溢出处理策略对于保持数值稳定性和精度至关重要。

总结来说，FP32、FP16和BF16各有其优势和适用场景，选择使用哪种精度格式通常取决于应用对计算速度、精度和数值范围的具体要求。在深度学习领域，FP16和BF16因其在性能和效率上的优势而越来越受到关注。

11.1.3　PyTorch中混合精度详解

在我们了解了深度学习中的精度分类及其应用后，我们希望能够利用低精度对模型进行训练。这种想法当然是可以的，但是在具体使用上，我们使用较多的则是称为混合精度训练（Auto Mixed Precision，AMP）的训练方法。

混合精度训练是一种先进的深度学习训练技术，它结合了不同精度的浮点数运算以优化训练过程。这种技术主要利用了FP32（32位浮点数）的高精度和FP16（16位浮点数）的高计算效率与低内存占用。通过智能地结合这两种精度，混合精度训练旨在提高训练速度、减少显存占用，同时保持甚至提升模型的准确性。

1. 为什么采用混合精度

- 减少显存占用：随着模型规模的增大，显存占用成为一个重要问题。使用FP16可以将显存占用减少到原来的一半，这为使用更大的batch size或更复杂的模型提供了可能。
- 加快计算速度：FP16不仅减少了内存占用，还由于其在硬件上的优化，特别是在支持Tensor Core的NVIDIA GPU上，可以显著提高计算速度。这意味着模型训练会更快，从而加速研究或产品开发的周期。

- 硬件优化的利用：随着Tensor Core等硬件技术的普及，低精度计算正成为深度学习的一个重要趋势。混合精度训练能够充分利用这些硬件优化，提供更高的性能和效率。

2. 自动混合精度（AMP）

PyTorch引入的torch.cuda.amp模块进一步简化了混合精度训练的实施。这个模块提供了"自动"和"混合精度"两个关键功能：

- 自动：Tensor的数据类型（dtype）会根据需要在FP32和FP16之间自动转换。这大大简化了手动管理不同精度Tensor的复杂性。当然，在某些特定情况下，开发者仍可以手动干预以优化性能。
- 混合精度：训练过程中同时使用FP32和FP16 Tensor。通常，模型的前向传播和反向传播主要使用FP16进行计算，而在梯度更新等需要高精度的步骤中则使用FP32。混合精度训练如图11-3所示。

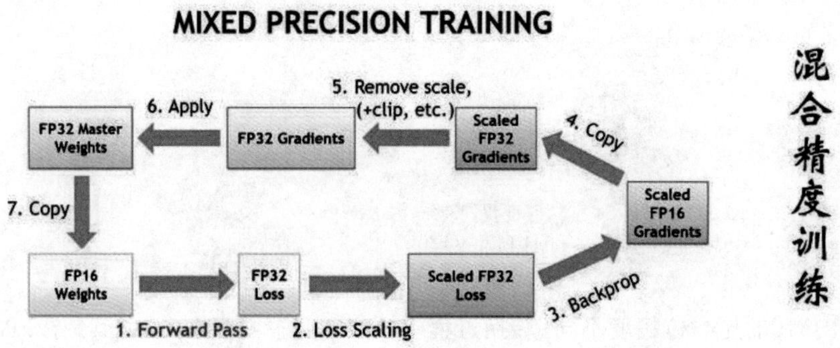

图11-3　混合精度训练

3. GradScaler的作用

在混合精度训练中，由于FP16的精度较低，直接进行梯度更新可能会导致数值不稳定。因此，PyTorch引入了torch.cuda.amp.GradScaler来自动调整梯度的规模，以确保在转换为FP32进行梯度更新之前，梯度值处于合适的范围内。这有助于保持训练的稳定性和收敛性。

混合精度训练通过智能地结合不同精度的浮点数运算，为深度学习训练带来了显著的性能提升和内存占用减少。而PyTorch的torch.cuda.amp模块则进一步简化了这一技术的实施过程。

11.1.4　使用混合精度完成模型训练与预测

接下来，我们实现了使用专家模型替代前馈层的自回归生成模型，部分代码如下所示：

```
from st_moe_pytorch import MoE,SparseMoEBlock
class MOE(torch.nn.Module):
    def __init__(self,config):

        super(MOE, self).__init__()
        dim = config.hidden_size
        self.moe = MoE(
            dim=dim,  # MoE模型的维度
            num_experts=16,  # 专家数量，增加此值可以在不增加计算量的情况下增加模型的参数
            gating_top_n=2,  # 默认选择前两个专家，但也可以选择更多（论文中测试了3个，但使用了较低的阈值）
            threshold_train=0.2,  # 训练时，决定一个token是否被路由到第二个及以后专家的阈值，对于两个专家路由，0.2是最优的，对于3个显然应该更低
```

```
            threshold_eval=0.2,  # 评估时的阈值，与train时的意义相同
            capacity_factor_train=1.25,  # 每个批次的专家有固定的容量。我们需要一些额外的容量以防
路由不完全平衡
            capacity_factor_eval=2.,  # 评估时的容量因子，capacity_factor_*的值应设置为 >=1
            balance_loss_coef=1e-2,  # 辅助专家平衡损失的乘数
            router_z_loss_coef=1e-3,  # 路由z损失的权重
        )

        self.moe_block = SparseMoEBlock(
            self.moe,
            add_ff_before=False,
            add_ff_after=True
        )

    def forward(self, x):
        enc_out, total_aux_loss, balance_loss, router_z_loss = self.moe_block(x)
        return enc_out,total_aux_loss

class Encoder(torch.nn.Module):
    def __init__(self,config,vocab_size = 4000):
        super(Encoder, self).__init__()
        self.config = config
        self.embedding_layer = torch.nn.Embedding(vocab_size,config.hidden_size)
        self.transformer = Transformer(config)
        self.moe_block = MOE(config)
        self.logits_layer = torch.nn.Linear(config.hidden_size,vocab_size)

    def forward(self, token_inp,past_length = 0):
        embedding = self.embedding_layer(token_inp)
        attention_mask = create_attention_mask(token_inp)
        embedding = self.transformer(embedding, attention_mask,past_length)
        embedding,moe_loss = self.moe_block(embedding)
        embedding = torch.nn.Dropout(self.config.dropout)(embedding)
        logits = self.logits_layer(embedding)

        return logits,moe_loss
```

在上面代码中，我们简化了前馈层，使用一个SparseMOEBlock替代前馈层，返回了专家模型的损失值，并将其加入总体的损失值计算。

使用混合梯度进行模型训练的完整代码如下所示：

```
import torch
from tqdm import tqdm
import ar_model
import get_dataset
from torch.utils.data import Dataset, DataLoader

device = torch.device("cuda" if torch.cuda.is_available() else "cpu")
import config
model = ar_model.Encoder(config.Config()).to(device)
#model.load_state_dict(torch.load("./saver/model.pth"),strict=False)

seq_len = 64
# 获取训练数据集
train_dataset = get_dataset.TextSamplerDataset(get_dataset.token_list,seq_len=seq_len)

# 初始化 DataLoader
data_trainer = DataLoader(dataset=train_dataset,batch_size=640,shuffle=True)
```

```
    opt = torch.optim.AdamW(model.parameters(),lr=2e-4)
    lr_scheduler = torch.optim.lr_scheduler.CosineAnnealingLR(opt,T_max = 1200,eta_min=2e-6,
last_epoch=-1)
    # 损失函数
    criterion = torch.nn.CrossEntropyLoss()

    from torch.amp import autocast, GradScaler
    # 在训练最开始之前实例化一个GradScaler对象
    scaler = GradScaler()

    for epoch in range(24):
        model.train()  # 确保模型在训练模式

        pbar = tqdm(data_trainer, total=len(data_trainer))
        for tok, lab in pbar:
            # 反向传播和优化
            opt.zero_grad()  # 清除梯度

            tok = tok.to(device)
            lab = lab.to(device)

            # 前向过程(model + loss)开启 autocast
            with autocast(device_type='cuda', dtype=torch.float16):
                logits,moe_loss = model(tok)
                # 调整logits和lab的维度
                logits = logits.view(-1, logits.size(-1))  # [batch_size * sequence_length,
num_classes]
                lab = lab.view(-1)  # [batch_size * sequence_length]
                # 计算损失
                loss = criterion(logits, lab) + moe_loss

            # Scales loss，为了梯度放大
            scaler.scale(loss).backward()
            # scaler.step() 首先把梯度的值unscale回来
            # 如果梯度的值不是infs或者NaNs，那么调用optimizer.step()来更新权重，
            # 否则，忽略step调用，从而保证权重不更新（不被破坏）
            scaler.step(opt)
            # 准备着，查看是否要增大scaler
            scaler.update()
            lr_scheduler.step()  # 执行优化器
            # 更新进度条上的描述
            pbar.set_description(f"Epoch {epoch + 1}, Loss: {loss.item():.4f},
lr:{lr_scheduler.get_last_lr()[0]*1000:.5f}")

    torch.save(model.state_dict(), "./saver/model.pth")
```

在上面代码中，我们调用了torch中的autocast和GradScaler类，作用是在训练过程中自动对模型进行混合精度处理，具体来说：

- autocast(): 上下文管理器来指定哪些操作应该使用FP16执行，在合适的部分将精度进行降低。
- GradScaler: 在反向传播之前将梯度的值放大，然后在权重更新之后将其缩放回来，部分处理步骤将精度重新进行调整。

在训练结束后，我们可以使用训练好的模型重新加载混合精度并完成模型的推理，代码如下所示：

```
import torch
from tqdm import tqdm
import ar_model
```

```
import get_dataset

device = torch.device("cuda" if torch.cuda.is_available() else "cpu")
import config

from torch.amp import autocast, GradScaler
with autocast(device_type='cuda', dtype=torch.float16):
    model = ar_model.Encoder(config.Config()).to(device)
    model.eval()

model.load_state_dict(torch.load("./saver/model.pth"),strict=False)
max_length = 48

tokenizer = get_dataset.Tokenizer()
top_k = 5
temperature=0.92
for _ in range(10):
    input_text = "酒店的"
    input_ids = torch.tensor([tokenizer.encode(input_text)]).long().to(device)
    past_length = input_ids.shape[-1]  # 初始输入的长度

    input_ids = input_ids.clone().detach().requires_grad_(False).to(device)
    for token_n in range(max_length):
        with torch.no_grad():
            indices_to_input = input_ids
            next_token_logits,_ = model(indices_to_input)
            next_token_logits = next_token_logits[:, -1]

        probs = torch.nn.functional.softmax(next_token_logits, dim=-1) * temperature

        (values, indices) = torch.topk(probs, k=top_k)
        probs[probs < values[:, -1, None]] = 0
        probs = probs / probs.sum(axis=1, keepdims=True)

        #next_indices = torch.argmax(probs, dim=-1)[:, None]
        next_indices = torch.multinomial(probs, num_samples=1)

        input_ids = torch.cat([input_ids, next_indices], dim=1)

    input_ids = input_ids[0].cpu().numpy()
    text = tokenizer.decode(input_ids).split("<|end of sentence|>")[0]
    print(text)
```

此时我们使用如下代码对模型进行显式处理：

```
with autocast(device_type='cuda', dtype=torch.float16):
    model = ar_model.Encoder(config.Config()).to(device)
    model.eval()
```

这段代码将模型定义为混合精度，并在其基础上进行预测。结果读者可以仔细查看。

顺便提一下，在混合精度训练中，尽管为了节省内存和加快计算速度，模型的权重在训练时可能会被转换成FP16格式，但在最终保存模型时，我们仍倾向于将权重恢复为FP32格式。这是因为FP32格式提供了优越的数值精度和广泛的硬件兼容性，从而确保模型能在多样的环境中稳定运行，且结果更加可靠。

在PyTorch框架中，调用model.state_dict()方法会默认返回一个包含FP32权重的有序字典。这意味着，即使在训练阶段采用了FP16格式，该方法也会先将权重转换为FP32，然后再进行保存。类似地，当使用torch.load()方法加载模型时，若遇到FP16格式的权重，PyTorch会自动执行格式转换，使其变为FP32，以确保模型的一致性和广泛适用性。

11.2 生成模型的多词元预测

多词元预测（Multi-Token Prediction，MTP）是一种先进的语言模型训练技术，它通过同时预测未来的多个token，相较于经典的Next-Token Prediction（下一个token预测）方法，显著提升了语言模型的训练效率和性能。在Next-Token Prediction中，模型根据前面的token序列来预测下一个最可能出现的token，而MTP则更进一步，同时预测多个未来的token。MTP示意如图11-4所示。

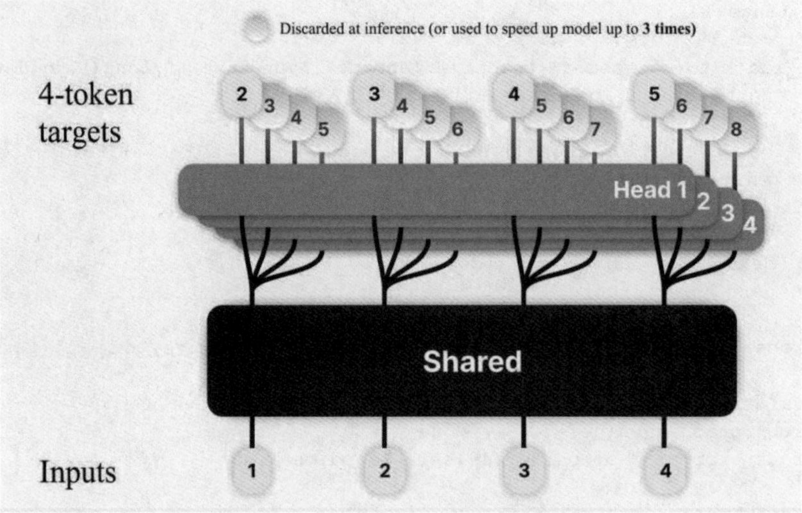

图11-4 MTP示意图

迄今为止，本书探讨的模型大多采用自回归架构，这种架构在模型训练和推理阶段都遵循逐个token生成的方式。这意味着每生成一个新的token，模型都需要重新进行计算，虽然这种方法稳健可靠，但在处理长序列或需要大量生成任务的场景下，其效率会受到明显制约。

为了优化这一过程，研究者们提出了允许模型在预测时一次性生成多个token的解决方案。这一创新不仅显著提升了推理时的样本效率，还加快了生成速度并减少了计算资源的消耗。通过这一优化，我们不仅在训练阶段提升了效率，还在推理阶段实现了模型性能的大幅提升，为自然语言处理和其他序列生成任务提供了更高效的解决方案，推动了相关技术的快速发展。

接下来，我们将深入探讨多词元预测的概念，并基于这一理念重新设计自回归模型。我们将详细阐述如何通过调整模型结构和训练策略来实现多词元预测，以及这种改变对模型性能和效率的具体影响。此外，我们还将分析在实际应用中可能遇到的挑战，并提供相应的解决方案，以帮助读者更好地理解和掌握这一先进技术。

11.2.1 MTP的经典架构设计与损失函数

通过解码阶段的优化，我们将原本单一的token生成方式转变为高效的multi-token生成方式，这一转变显著提升了模型训练和推理的性能。具体来说，在训练阶段，模型能够一次性生成多个后续token，这使得它能够同时学习多个位置的标签信息。这种方法不仅提高了样本的利用效率，而且显著加速了训练过程，因为模型可以在每个训练步骤中处理更多的数据。

同样地，在推理阶段，通过一次生成多个token，我们实现了成倍的推理加速，从而大幅提升了推理性能。这种并行生成的方式减少了逐个token生成的计算开销，使得模型能够更快速地生成完整的序列。这种优化不仅提高了模型的响应速度，也降低了整体计算资源的消耗。

图11-5是经典的MTP的整体架构，清晰地展示了模型在训练阶段的工作原理。在这一过程中，模型首先依赖于一个共享的基础结构，该结构负责捕捉和提炼输入数据的核心特征。随后，这些特征被传递至顶层的多个head，每个head都专门负责预测一个特定的token。这种设计使得模型能够一次性输出多个预估token，从而显著提高了预测的效率和准确性。

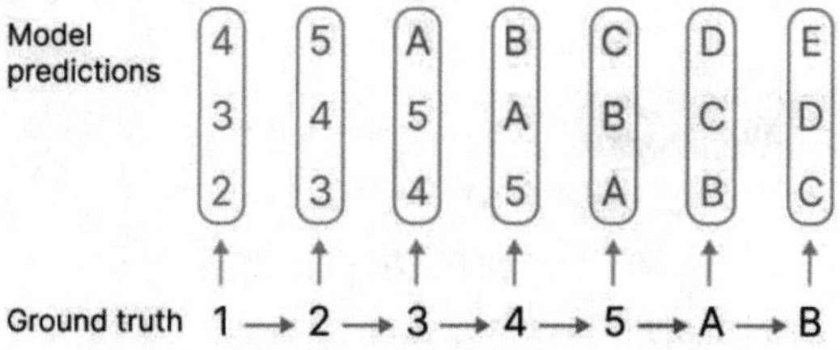

图11-5　MTP整体架构

通过这种多头并行预测的方式，模型不仅能够同时处理多个任务，还能更好地捕捉输入序列中的复杂依赖关系。此外，这种结构还具有很好的灵活性和扩展性，可以轻松适应不同长度和复杂度的输入序列，为各种自然语言处理任务提供了强大的支持。

在训练过程中，模型通过不断优化基础结构和各个head的参数，以最小化预测误差并提高整体性能。随着训练的进行，模型逐渐学会从输入数据中提取更有用的信息，并更准确地预测出相应的token。这使得MTP成为一种高效且可靠的自然语言处理方法，广泛应用于机器翻译、文本生成、语音识别等领域。

在前面的生成模型在训练过程中，我们用了最常见的损失函数——交叉熵损失函数。交叉熵损失函数是衡量预测概率分布与真实概率分布之间差异的一种方法。在机器学习和深度学习中，我们训练模型的目的就是让其预测结果尽可能接近真实情况。

交叉熵损失函数就能帮助我们了解模型预测的好坏：如果预测的概率分布与真实分布相近，那么损失就小；反之，如果差异大，损失就大。通过这种方式，我们可以调整模型的参数，不断减小交叉熵损失，使模型的预测更加准确。交叉熵损失函数在分类问题中特别有用，尤其是当面对多个可能的分类结果时，它能有效地指导模型学习并优化其预测性能。

而传统语言的交叉熵损失函数如下所示：

$$L_1 = -\sum_t \log f(x_{t+1} \mid x_{t:1})$$

其中f是自回归模型，而 $f(x_{t+1} \mid x_{t:1})$ 指的是给定历史序列 $x_{t:1}$ 条件下，通过生成模型预测下一个令牌 x_{t+1} 的概率。

log是自然对数函数，用于将概率值转换为损失值。在交叉熵损失函数中，使用对数概率可以使得损失函数在数学上更易处理，并且当预测概率接近真实分布时，能够提供更细致的梯度信息以供优化。

MTP与损失函数如图11-6所示。

而我们在做MTP时，采用的交叉熵损失函数则为：

$$L_n = -\frac{1}{n-1}\sum_t \log f(x_{t+n:t+1} \mid x_{t:1})$$

其中$f(x_{t+n:t+1} \mid x_{t:1})$指的是给定历史序列$x_{t:1}$条件下，通过生成模型预测下面多个令牌$x_{t+n:t+1}$的概率。

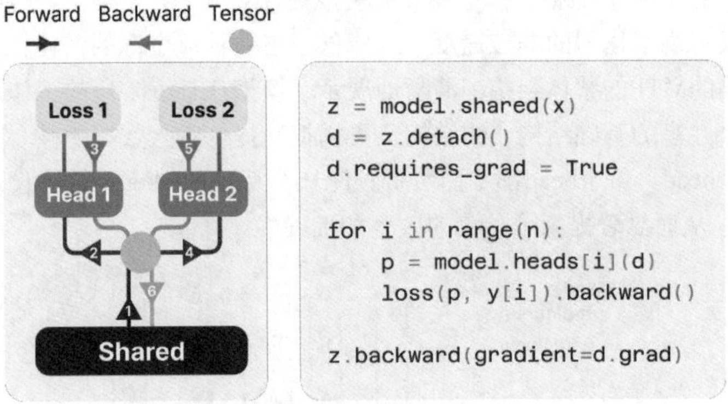

图11-6 MTP与损失函数

11.2.2 DeepSeek中MTP架构

DeepSeek中的MTP预测使用多个顺序模块来预测多个token。每个MTP模块首先通过共享的Embedding Layer处理输入token，然后对特定预测深度的隐层输出和Token Embedding进行归一化处理，并将处理后的结果进行连接（concatenation），通过线性变换得到中间结果。

图11-7展示了DeepSeek中的MTP的流程，模型生成的结果被依次输入到生成模型中不同的block层以获得更深层次的输出。最后，输出通过共享的映射矩阵变换，并经过Softmax处理，计算出词表维度的输出概率。公式中的切片和下标对应关系可能令人困惑，但通过理解序列长度、预测头深度以及它们如何影响公式的切片范围，可以更加清晰地把握MTP的机制。

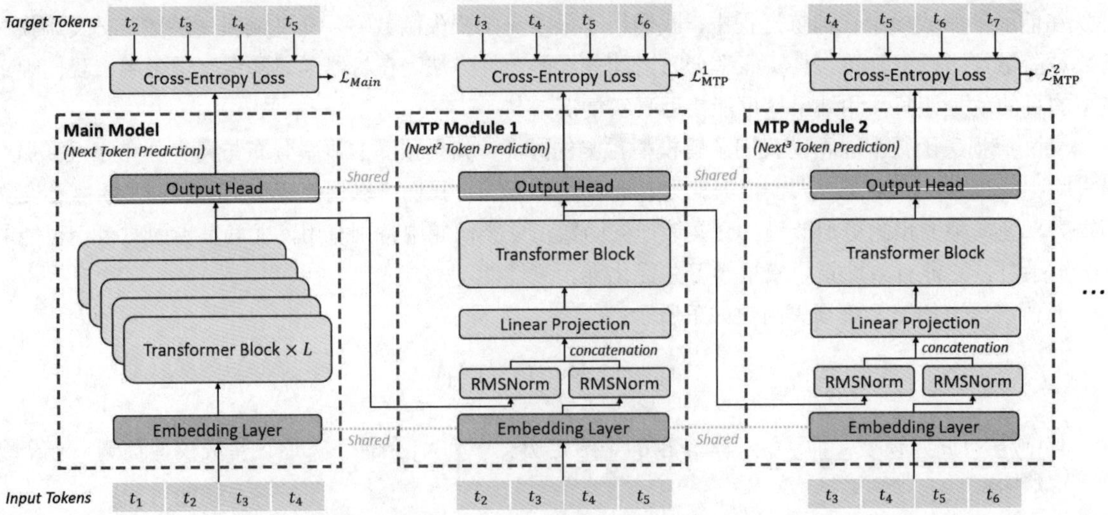

图11-7 DeepSeek中的MTP架构

具体来说，首先token序列被接入一个共享的Embedding Layer，这一层负责将离散的token映射到连续的向量空间中。

首先在第一个MTP模块中，对于第i个token和完成了第一轮多个Transformer block预测的内容，模型首先将第$k-1$层的输出做归一化处理后，而在下一个MTP中，我们将第$i+1$个token进行Embedding变换，在正则化处理后使用concatenation进行拼接，之后再经过一次MTP模块对结果进行输出。

最后的Output Head是多头输出层，使得输出结果契合输入序列。

11.2.3　多词元预测模型的完整实现

DeepSeek中的多词元预测（MTP）机制通过多个顺序的模块来预测未来的多个token。每个MTP模块的具体结构都精心设计，以高效处理输入并生成预测结果。本节将完成一个简化版本的、基于单个GPU的多词元预测（MTP）代码示例。

第一步：多词元预测模块的设计

我们希望通过设计一个多词元预测模块，其目标是对每个待预测的词元都有一个专门的处理模块，首先实现独立多词元预测模块，代码如下所示：

```
class MedusaHead(torch.nn.Module):
    """
    MEDUSA解码头类，每个解码头负责预测序列中对应位置的词元
    """
    def __init__(self, config):
        super(MedusaHead, self).__init__()
        hidden_size = config.hidden_size
        # 第一个线性层，将隐藏状态映射到hidden_size维度
        self.fc1 = torch.nn.Linear(hidden_size, hidden_size,bias=False)
        # 激活函数，使用SiLU (Sigmoid Linear Unit)
        self.silu = torch.nn.SiLU()
        # 第二个线性层，将经过激活的隐藏状态映射到词汇表大小，得到logits
        self.fc2 = torch.nn.Linear(hidden_size, hidden_size,bias=False)
        # 残差连接的LM头部
        self.lm_head = torch.nn.Linear(hidden_size, hidden_size,bias=False)
        # 将LM头部的参数复制到MEDUSA头部并初始化
        # 需要在外部进行初始化
        self.head_norm = torch.nn.RMSNorm(hidden_size)

    def forward(self, hidden_states):

        x = self.silu(self.fc1(hidden_states))
        x = self.fc2(x)
        # 残差连接，加上LM头部的输出
        residual = self.lm_head(hidden_states)
        x = self.head_norm(x + residual)
        return x
```

在上面代码中，我们简单实现了一个多词元预测模块，通过使用全连接层和激活层堆叠对输入的特征进行处理。

第二步：多词元预测模型的设计

在深度学习领域，针对多词元预测部分的需求，我们需要对编码器模块进行精细化调整与优化。具体而言，在输出头的设计上，我们可以引入一个可复用的输出头结构，用于精准预测最终输出。这一改动的目的是在现有模型架构的基础上，无缝集成多词元预测模块，并实现输出层的共享机制，从而提升模型的泛化能力和预测准确性。以下是相应的代码实现：

```
class Encoder(torch.nn.Module):
    def __init__(self,config):
        super(Encoder, self).__init__()
        self.config = config
        self.vocab_size = vocab_size = config.vocab_size

        "-----------------共享的模型主干（例如Transformer）------------------"
        self.embedding_layer = torch.nn.Embedding(vocab_size,config.hidden_size)
        self.transformer = Transformer(config)
        self.moe_block = MOE(config)
        "------------------------------------------------------------------"

        "-----------多个独立的输出头，每个头是一个Transformer层---------------"
        self.num_token_heads = num_token_heads = config.num_token_heads
        self.output_heads = torch.nn.ModuleList([MedusaHead(config) for _ in
range(num_token_heads)])
        "------------------------------------------------------------------"

        # 共享的反嵌入层
        self.drop_layer = torch.nn.Dropout(config.dropout)
        self.shared_unembedding = torch.nn.Linear(config.hidden_size,
config.vocab_size,bias=False)

    def forward(self, token_inp,past_length = 0,head_idx = -1):
        embedding = self.embedding_layer(token_inp)
        attention_mask = create_attention_mask(token_inp)
        embedding = self.transformer(embedding, attention_mask,past_length)
        embedding,moe_loss = self.moe_block(embedding)
        embedding = self.drop_layer(embedding)

        if head_idx == -1:
            # 每个输出头独立预测未来token
            predictions = []
            for head in self.output_heads:
                head_output = head(embedding)
                # 通过共享的反嵌入层
                prediction = self.shared_unembedding(head_output)  # [batch_size, seq_len,
vocab_size]
                predictions.append(prediction)

            return predictions,moe_loss
        else:
            head = self.output_heads[head_idx]
            head_output = head(embedding)
            logits = self.shared_unembedding(head_output)  # [batch_size, seq_len,
vocab_size]
            return logits
```

在上面代码中，我们使用了多个头独立地对输入token进行预测，并将输出的结果发送到共享的输出头中，predictions作为输出列表接受每一个头的输出结果，并将其发送到训练或者推理过程中进行下一步的处理。

head_idx的作用是对输出头进行标注，指明了使用哪个输出头进行计算。

11.2.4 多词元预测模型的训练与推理

接下来的工作就是完成多词元预测（MTP）模型的训练与推理任务，在这里我们使用前面章节的生成模型数据来完成模型的训练。

第一步：多词元预测模型的训练

相对于前期的多词元预测模型，这里需要调整模型的损失函数的计算方法，并对每个头的输出结果进行预测，代码如下所示：

```
import torch
from tqdm import tqdm
import ar_model
import get_dataset
from torch.utils.data import Dataset, DataLoader

device = torch.device("cuda" if torch.cuda.is_available() else "cpu")
import config
cfg = config.Config()
model = ar_model.Encoder(cfg).to(device)

seq_len = 64
# 获取训练数据集
train_dataset = get_dataset.TextSamplerDataset(get_dataset.token_list,seq_len=seq_len)

# 初始化 DataLoader
data_trainer = DataLoader(dataset=train_dataset,batch_size=320,shuffle=True)

opt = torch.optim.AdamW(model.parameters(),lr=2e-4)
lr_scheduler = torch.optim.lr_scheduler.CosineAnnealingLR(opt,T_max =
1200,eta_min=2e-6,last_epoch=-1)
# 损失函数
criterion = torch.nn.CrossEntropyLoss()

from torch.amp import autocast, GradScaler
# 在训练最开始之前实例化一个GradScaler对象
scaler = GradScaler()

for epoch in range(24):
    model.train()  # 确保模型在训练模式

    pbar = tqdm(data_trainer, total=len(data_trainer))
    for full_tok, full_lab in pbar:
        # 反向传播和优化
        opt.zero_grad()  # 清除梯度

        tok = full_tok.to(device)
        lab = full_lab.to(device)

        # 前向过程(model + loss)开启 autocast
        with autocast(device_type='cuda', dtype=torch.float16):
            predictions,moe_loss = model(tok)

            loss = 0
            for idx,logits in enumerate(predictions):
                # 调整logits和lab的维度
                logits = logits.view(-1, logits.size(-1))  # [batch_size * sequence_length,
num_classes]
                lab = lab.view(-1)
                # 计算损失
                loss += criterion(logits, lab)

        loss = loss/cfg.num_token_heads + moe_loss

        scaler.scale(loss).backward()
        scaler.step(opt)

        scaler.update()
        lr_scheduler.step()  # 执行优化器
```

```
            pbar.set_description(f"Epoch {epoch + 1}, Loss: {loss.item():.4f},
lr:{lr_scheduler.get_last_lr()[0]*1000:.5f}")

    torch.save(model.state_dict(), "./saver/model.pth")
```

在上面代码中，我们对输出处理的核心是对每个输出头独立计算损失函数，并计算均值后作为整体的损失函数值进行反向传播。

第二步：使用多词元预测模型进行推理

在对模型进行推理时，我们可以使用不同的独立头进行计算，即在推理时指定不同的头进行推理计算，实现代码如下：

```
import torch
from tqdm import tqdm
import ar_model
import get_dataset

device = torch.device("cuda" if torch.cuda.is_available() else "cpu")
import config
cfg = config.Config()
from torch.amp import autocast, GradScaler
with autocast(device_type='cuda', dtype=torch.float16):
    model = ar_model.Encoder(cfg).to(device)
    model.eval()

model.load_state_dict(torch.load("./saver/model.pth"),strict=False)
max_length = 48

tokenizer = get_dataset.Tokenizer()
top_k = 5
temperature=0.95
num_token_heads = cfg.num_token_heads

for _ in range(10):
    input_text = "酒店的位置"
    input_ids = torch.tensor([tokenizer.encode(input_text)]).long().to(device)
    past_length = input_ids.shape[-1]  # 初始输入的长度

    input_ids = input_ids.clone().detach().requires_grad_(False).to(device)
    for token_n in range(max_length//num_token_heads):

        for i in range(num_token_heads):
            indices_to_input = input_ids
            logits = model(indices_to_input,head_idx = i)
            next_token_logits = logits[:, -1]

            probs = torch.nn.functional.softmax(next_token_logits, dim=-1) * temperature

            (values, indices) = torch.topk(probs, k=top_k)
            probs[probs < values[:, -1, None]] = 0
            probs = probs / probs.sum(axis=1, keepdims=True)

            next_indices = torch.multinomial(probs, num_samples=1)
            if next_indices.item() == 4:
                break

            input_ids = torch.cat([input_ids, next_indices], dim=1)

    input_ids = input_ids[0].cpu().numpy()
    text = tokenizer.decode(input_ids).split("<|end of sentence|>")[0]
    print(text)
```

在上面代码中，我们使用了一个for循环来标注不同的输出头进行输出，并将输出结果依次传递并重新拼接。请读者自行尝试验证。

另外需要注意，我们在这一步采用串联的形式进行输出，而在具体模型集群中存在多个计算卡，因此在计算时可以并联地对输出头进行处理，从而完成MTP的并行输出，这里我们就不再演示了。

11.3　自回归模型中的单分类与多分类激活函数

深度学习中的激活函数是人工神经网络中的核心组件，对于网络学习和模拟数据中的复杂模式起着至关重要的作用。激活函数能够决定神经网络节点（神经元）在给定输入下的输出，通过转换输入信号为特定的输出信号，为神经网络引入非线性特性，进而使其能够学习和执行更复杂的任务。简而言之，激活函数充当了神经网络中实现非线性变换和信息传递的枢纽。

进一步来说，激活函数在人工神经网络中具有举足轻重的地位。它不仅决定了一个神经元是否应被激活——即神经元接收的信息是否与给定的信息相关，而且会对输入信息进行非线性变换。这种变换后的输出信息随后会被传递给下一层神经元。

若无激活函数的介入，每一层的输出将仅仅是上层输入的线性函数。这意味着，无论神经网络包含多少层，其最终输出始终仅限于输入的线性组合。正是激活函数为神经元注入了非线性元素，赋予了神经网络逼近任意非线性函数的能力。

在自回归模型处理时间序列数据时，激活函数的选择显得特别关键，它直接关系到模型的预测精度和效能。在自回归模型中，激活函数通常被划分为单分类激活函数和多类别激活函数两大类。这种分类基于任务的具体需求，使得模型在处理不同类型的问题时能够采用最合适的激活策略。

11.3.1　生成模型中的单分类激活函数

单分类激活函数主要用于处理二分类问题，或者需要将输出限制在特定范围内的场景。其中，Sigmoid激活函数能够将任意实数映射到0～1，非常适合表示概率，因此是二分类问题中的常用选择。tanh激活函数与Sigmoid激活函数类似，但其输出范围在-1～1，这种特性有助于数据中心化，提高模型的训练效果。而ReLU激活函数则以其简单的计算方式和有效的梯度传播特性，在提升训练速度和模型性能方面表现出色。

1. Sigmoid激活函数

Sigmoid激活函数是一种常用的非线性激活函数，在深度学习中扮演着重要角色。它能够将任意实数映射到0～1的值，因此常被用于二分类问题和逻辑回归中，以表示概率。然而，Sigmoid激活函数也存在梯度消失和计算量大的缺点，所以在某些情况下，其他激活函数如ReLU等可能会是更好的选择。Sigmoid激活函数的公式和图像如图11-8所示。

2. tanh激活函数

tanh激活函数是双曲正切函数的简称，在深度学习中常被用作神经元的激活函数。与Sigmoid类似，它也是一种非线性函数，但不同之处在于其输出范围在-1～1，这有助于数据中心化，从而在某些情况下能提升模型的训练效果。然而，tanh激活函数同样存在梯度消失的问题。tanh激活函数的公式和图像如图11-9所示。

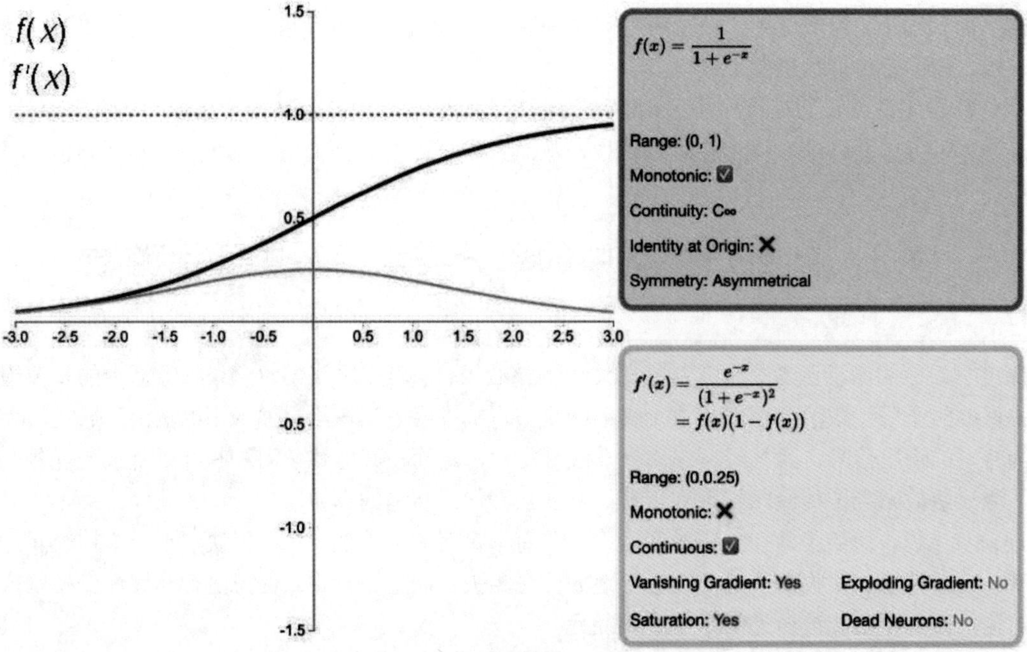

图11-8　Sigmoid激活函数

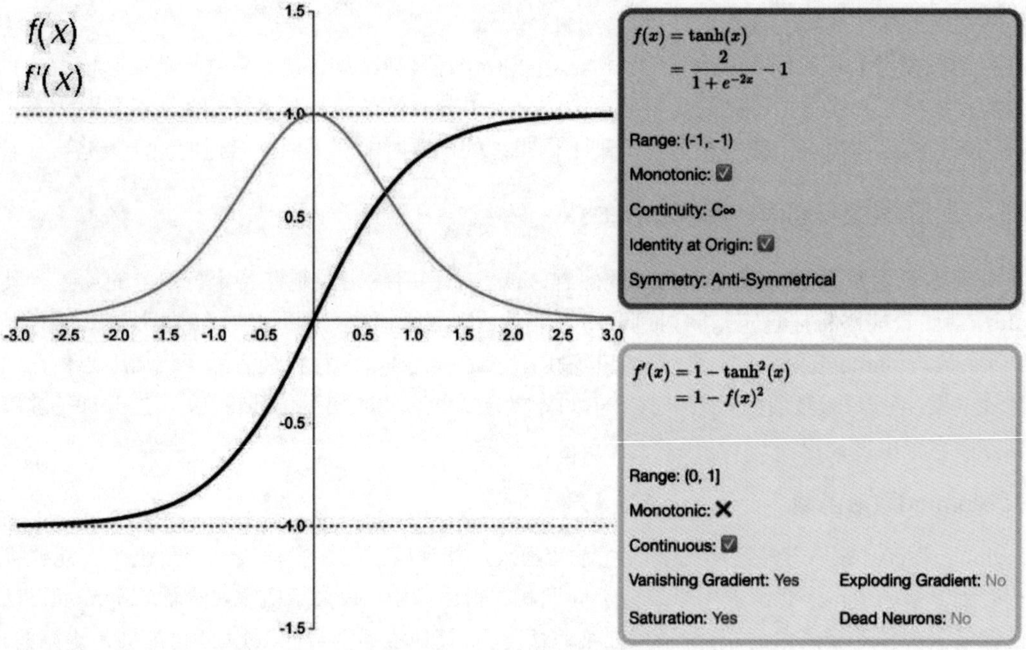

图11-9　tanh激活函数

3. ReLU激活函数

ReLU（Rectified Linear Unit，修正线性单元）激活函数是深度学习中最常用的非线性激活函数之一。它的特点是对于小于0的输入值，输出为0；对于大于0的输入值，输出与输入相等。这种简单的计算方式使得ReLU在提升训练速度和模型性能方面具有优势，并且有效地缓解了梯度消失的问题，但也可能导致某些神经元在训练过程中停止更新。ReLU激活函数的公式和图像如图11-10所示。

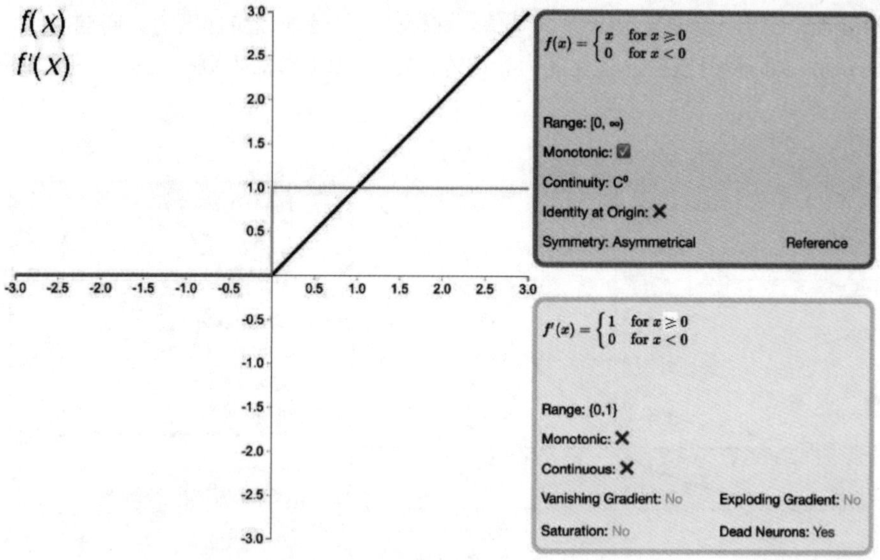

图11-10　ReLU激活函数

4. LReLU激活函数

LReLU（Leaky ReLU）激活函数是ReLU的一个变体，其特点是在输入值为负时，不再输出0，而是给出一个非零的小斜率，允许小的负梯度。这样做的好处是解决了ReLU可能导致的“死亡神经元”问题，因为即使输入为负，神经元也不会完全停止工作。这种设计既保留了ReLU的非线性特性，又改善了其在负数区域的性能，使得模型在训练过程中能够更充分地学习数据的特征。LReLU激活函数的公式和图像如图11-11所示。

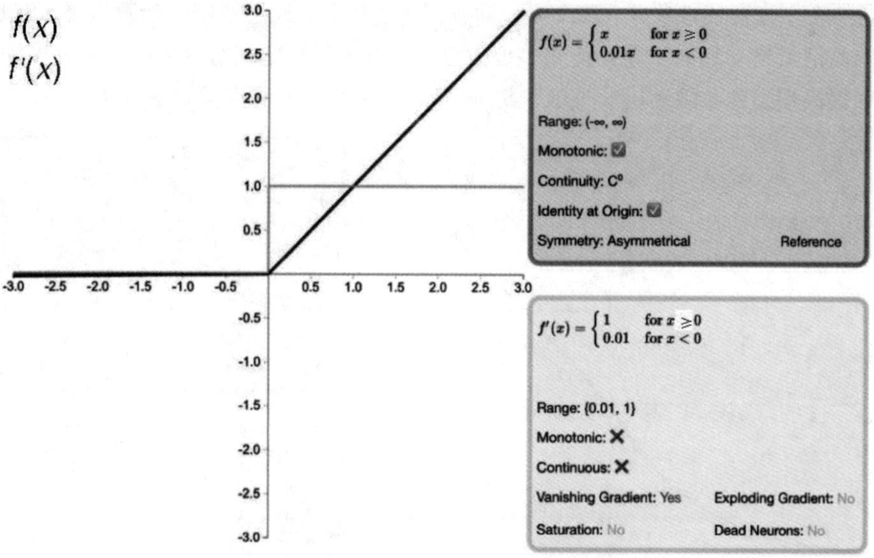

图11-11　LReLU激活函数

5. ELU激活函数

ELU（Exponential Linear Unit，数线性单元）激活函数结合了ReLU的非线性特性和负输入值时的软饱和特性。在输入为正时，它的行为与ReLU相似，输出与输入值相等；而在输入为负时，它采用指数函数进行平滑处理，输出一个逐渐趋于零的负值。这样的设计旨在减少梯度消失问题，并允许模型学习更复杂的特征表示，从而提升模型的泛化能力和训练稳定性。ELU激活函数的公式和图像如图11-12所示。

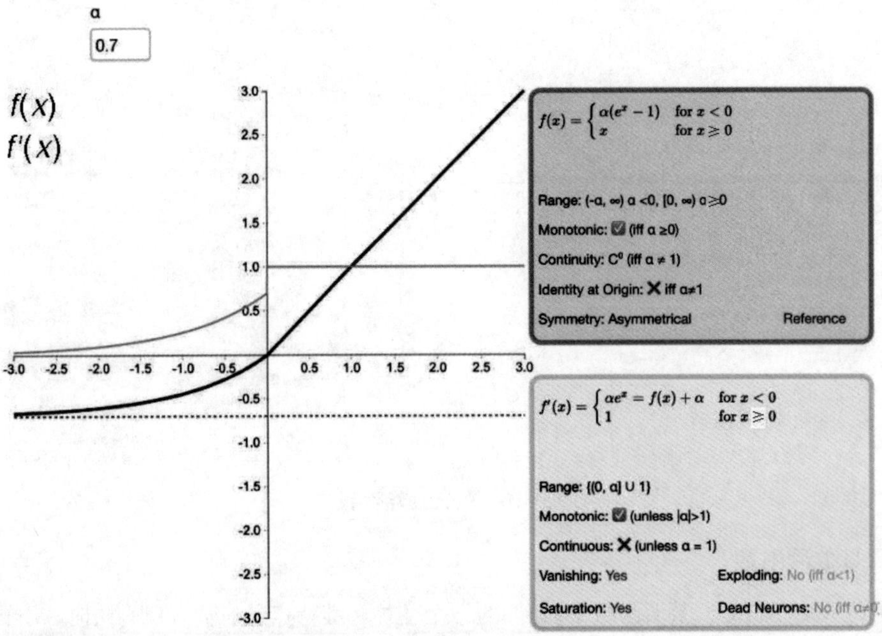

图11-12　ELU激活函数

6. SELU激活函数

SELU（Scaled Exponential Linear Unit，缩放指数线性单元）激活函数是一种具有自归一化属性的激活函数，它结合了指数线性单元（ELU）和缩放因子的优点。通过特定的参数设置，SELU能够使得神经元输出的激活值自动趋向于零均值和单位方差，这有助于稳定训练过程，减少梯度消失或梯度爆炸的问题，并提高模型的收敛速度和性能。SELU激活函数的公式和图像如图11-13所示。

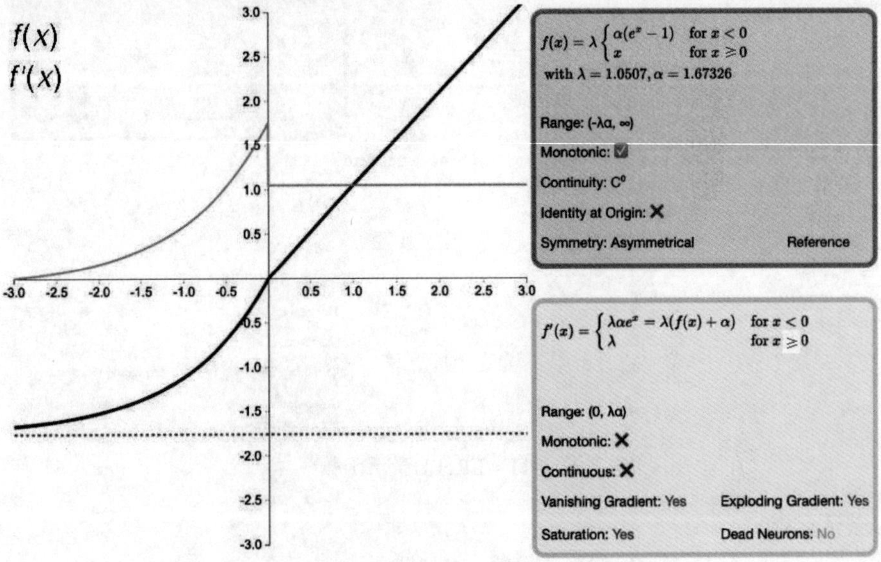

图11-13　SELU激活函数

11.3.2　生成模型中的多分类激活函数

多分类激活函数是专为处理多分类问题而设计的，Softmax激活函数是其中的佼佼者。Softmax激活函数能够将模型的原始输出转换成概率分布，使得所有类别的概率之和为1，非常适合用于多分类任务的输出层。而Swish激活函数作为一种新型激活函数，结合了ReLU和Sigmoid激活函数的特性，既保留了非线性激活的能力，又在负数区域有一定的梯度，有助于提升模型的泛化能力。

在构建自回归模型时，根据问题的具体需求和数据特性选择合适的激活函数，对于提升模型的预测精度和稳定性至关重要。不同的激活函数具有不同的特点和适用场景，因此在实际应用中需要综合考虑模型的复杂度、训练效率以及数据的分布特性等因素，来做出最优的选择。

1. Softmax激活函数

Softmax激活函数通常被应用于多分类问题，作为逻辑回归（Logistic Regression）的扩展，也被广泛认知为多项逻辑回归模型（Multi-nominal Logistic Model）。Softmax激活函数的计算如图11-14所示。

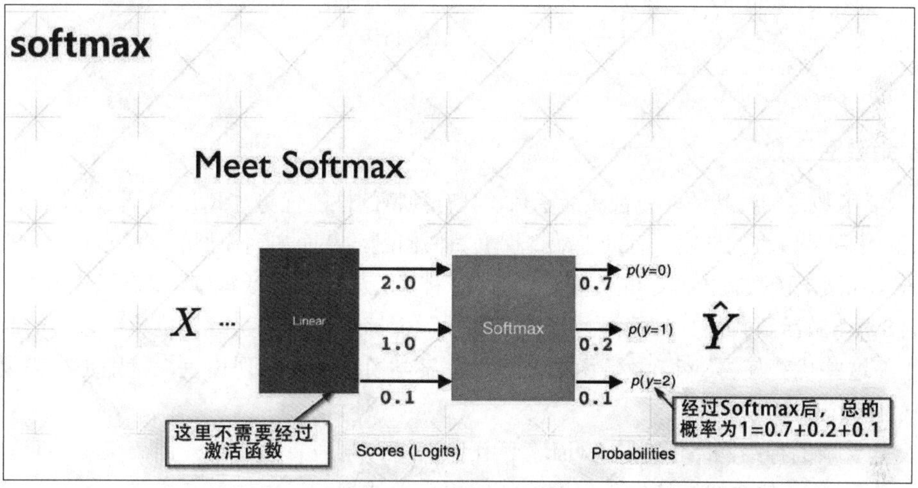

图11-14　Softmax激活函数计算

当面临一个需要分为k个类别的分类任务时，Softmax激活函数能够将输入数据x_i有效地映射到对应类别的概率y_i，计算公式如下：

$$y_i = \text{softmax}\left(x_i\right) = \frac{e^{x_i}}{\sum_{j=1}^{k} e^{x_i}}$$

从上面公式中我们可以看出来，每个类别的概率y_i都满足$0<y_i<1$的条件。在图11-14中，我们展示了一个三类分类问题的Softmax输出实例。初始的分类得分x_1、x_2和x_3分别为通过Softmax激活函数的转换，这些得分被映射成为(0,1)区间内的概率值。

值得注意的是，Softmax激活函数的输出结果具有一个特性，即所有类别的概率之和恒等于1。这一特性使得我们可以直接将输出概率最大的类别作为最终的分类结果（如图11-14所示，输入数据被分类）。

此外，我们还可以从另一个角度来解读图11-15中的信息：对于给定的输入数据，我们首先得到了其分别属于三个类别的初始评分，这些评分用x_1、x_2和x_3来表示，具体数值通过应用Softmax激活函数，我们得到了更精确且以概率形式表示的分类结果，即输入数据分别有70%、20%和10%的概率属于类别1、类别2和类别3。

显然，基于这些概率值，我们可以明确判断输入数据最有可能属于第一类。由此可见，Softmax激活函数不仅能够帮助我们得到输入数据在各个类别上的概率分布，还能为我们提供明确的分类决策依据。

```
import torch
import torch.nn.functional as F

def softmax(x):
    """Compute softmax values for each sets of scores in x."""
    e_x = torch.exp(x - torch.max(x, dim=1, keepdim=True)[0])  # Subtract max for numerical stability
    return e_x / e_x.sum(dim=1, keepdim=True)  # Only difference

# 示例输入
scores = torch.tensor([[4.0, 1.0, -4.0], [2.0, 3.0, 1.0]])

# 使用自定义的Softmax函数
softmax_output = softmax(scores)
print("Custom Softmax Output:")
print(softmax_output)

# 使用PyTorch内置的Softmax函数
softmax_output_torch = F.softmax(scores, dim=1)
print("\nPyTorch Softmax Output:")
print(softmax_output_torch)
```

2. Swish激活函数

Swish激活函数是一种新的非线性激活函数，具有独特的性能优势。Swish激活函数在输入值为正时近似线性，能够保持较大的梯度，有助于减少梯度消失问题，从而加速模型的训练过程。同时，在输入值为负时，Swish激活函数输出非零的负值，这赋予了神经元一定的激活程度，提高了模型的表达能力。

此外，Swish激活函数还具有平滑且连续的特性，能够更平滑地引导梯度流动，进一步提升模型的优化效果。这些优势使得Swish激活函数在多种深度学习任务中表现出色，特别是在需要捕捉和表示复杂非线性特征的任务中。

在涉及更复杂的神经网络层时，Swish激活函数在隐藏层发挥着重要作用。隐藏层负责学习和提取数据特征，而Swish的非线性特性使得网络能够更好地捕捉数据中的复杂模式，对于涉及多个类别和复杂特征空间的多分类问题尤为关键。

Swish通过增强神经网络的非线性表达能力，间接提升了模型对多类别的区分能力。尽管它不直接处理多类别信息，但在隐藏层中的应用为模型提供了强大的非线性支持，有助于更好地学习和识别不同类别的特征。同时，其平滑性和非饱和特性能让模型训练更加稳定，进而提高分类准确性。最终，在多分类问题中，输出层使用Softmax进行概率分布转换，而Swish则在特征提取和学习过程中发挥着不可或缺的作用。Swish激活函数的图像如图11-15所示。

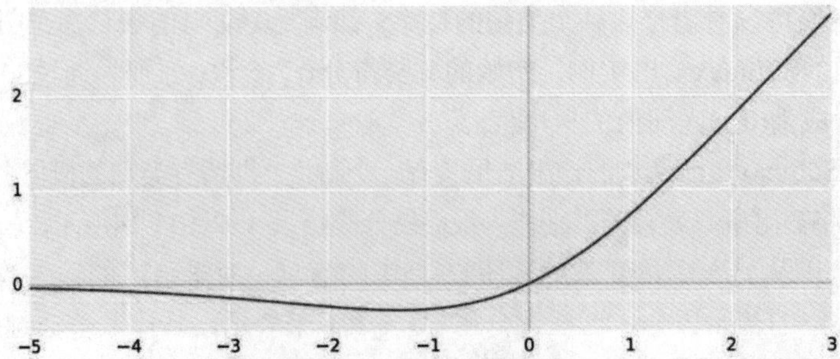

图11-15　Swish激活函数

一般来说，Swish激活函数通过其独特的性质，为深度学习模型提供了更高效、更稳定的训练过程，以及更强大的性能表现。公式如下：

$$\text{Swish}(x) = x \cdot \sigma(x)$$

$$\sigma(x) = \text{sigmoid}(x) = \frac{1}{1+e^{-x}}$$

我们实现的Swish激活函数代码如下所示：

```
import torch.nn as nn
import torch.nn.functional as F

# 定义Swish激活函数
class Swish(nn.Module):
    def __init__(self, beta=1.0):
        super(Swish, self).__init__()
        self.beta = beta

    def forward(self, x):
        return x * torch.sigmoid(self.beta * x)
```

Swish激活函数被证明在深度网络中比ReLU激活函数更有效，尤其是在较深的神经网络中。Swish激活函数的平滑性质有助于减少梯度消失和梯度爆炸的问题，从而加速训练过程并提高网络的收敛速度。特别是当网络的层数较多时，Swish激活函数能更好地传播梯度，避免早期层的梯度消失。

11.4　DeepSeek中的激活函数SwiGLU

SwiGLU激活函数名称是Swish-Gated Linear Unit的缩写，它融合了Swish激活函数和门控线性单元（Gated Linear Unit，GLU）的特性。具体来说，SwiGLU通过引入一个可调节的参数，结合Swish的非线性和GLU的门控机制，为深度学习模型提供了更强的表达能力和灵活性。

11.4.1　SwiGLU激活函数详解

首先，我们来回顾一下GLU激活函数。GLU是一种门控激活函数，其特点是将输入分为两部分，其中一部分经过Sigmoid函数作为门控信号，另一部分则保持原样或经过其他线性变换。然后，将这两部分逐个元素相乘，产生最终的输出。GLU的这种门控机制使得网络能够选择性地传递信息，从而提高建模能力。

然而，SwiGLU在GLU的基础上进行了改进。它引入了Swish激活函数，这是一种具有非单调性和自门控特性的激活函数。在SwiGLU中，原始的输入信号会经过两个不同的线性变换层，其中一个变换的结果会与经过Swish激活函数的另一个变换结果逐元素相乘。这种设计使得SwiGLU既保留了GLU的门控机制，又增加了Swish激活函数带来的非线性，从而提高了模型的表达能力。

Swish、GLU、SwiGLU激活函数的公式分别如下：

$$\text{Swish}(x) = x \cdot \sigma(x)$$

$$\sigma(x) = \text{sigmoid}(x) = \frac{1}{1+e^{-x}}$$

$$\mathrm{GLU}(x,W,V,b,c)=\sigma(xW+b)\cdot(xV+c)$$
$$\mathrm{SwiGLU}(x,W,V,b,c,\beta)=\mathrm{Swish}(xW+b)\cdot(xV+c)$$

可以看到，SwiGLU还引入了一个可调节的参数，用于动态地控制门控单元的输出。这个参数使得SwiGLU能够根据不同的任务需求和数据特点进行调整，进一步增强了模型的灵活性。当这个参数接近于0时，SwiGLU的输出将更接近于输入，而当参数接近于1时，其输出则更接近于标准的GLU激活函数的输出。

在实践中，SwiGLU与标准GLU激活函数相比，已经表现出的性能改进。特别是在某些具有挑战性的任务和数据集上，使用SwiGLU的模型往往能够取得更好的效果。这主要归功于SwiGLU的灵活性和强大的表达能力。

总的来说，SwiGLU激活函数通过结合Swish和GLU的特性，为深度学习模型提供了一种新的、高效的激活方式。它的引入不仅提高了模型的性能，还为深度学习研究者提供了新的思路和方法。在未来的研究中，我们期待看到更多关于SwiGLU的应用和改进。

11.4.2　SwiGLU的PyTorch实现

在SwiGLU的具体实现上，我们可以通过使用对应的全连接层来完成，如图11-16所示。

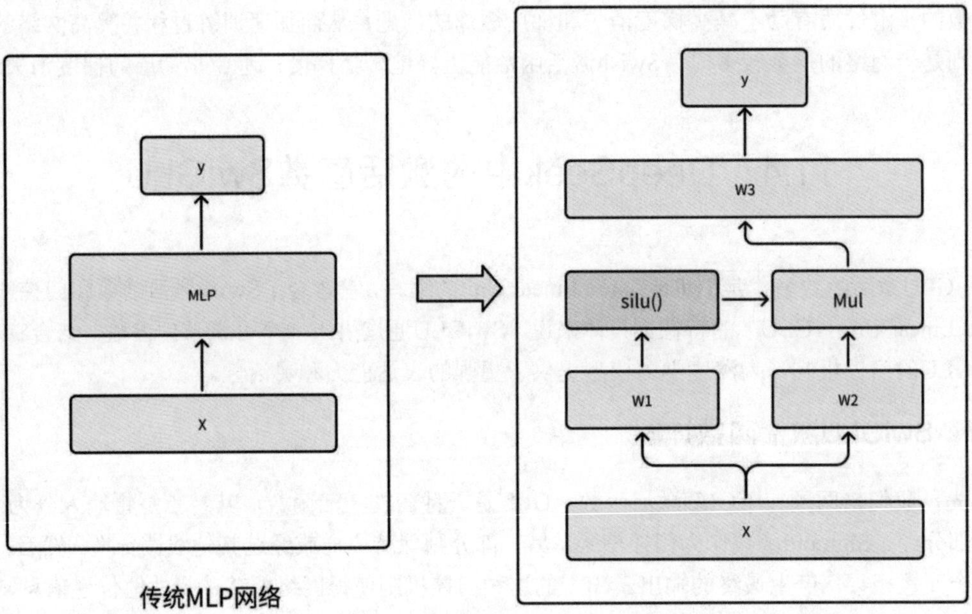

图11-16　结合MLP的SwiGLU实现

简单的SwiGLU实现代码如下所示：

```
import torch.nn as nn
import torch.nn.functional as F

# 定义Swish激活函数
class Swish(nn.Module):
    def __init__(self, beta=1.0):
        super(Swish, self).__init__()
        self.beta = beta
```

```
    def forward(self, x):
        return x * torch.sigmoid(self.beta * x)

# 定义SwiGLU激活函数
class SwiGLU(nn.Module):
    def __init__(self, input_dim, hidden_dim):
        super(SwiGLU, self).__init__()
        self.w1 = nn.Linear(input_dim, hidden_dim, bias=False)
        self.w2 = nn.Linear(hidden_dim, input_dim, bias=False)
        self.swish = Swish()

    def forward(self, x):
        x1, x2 = x.chunk(2, dim=-1)  # 将输入张量一分为二
        swish_x1 = self.swish(self.w1(x1))  # 对x1应用Swish激活函数
        gate = torch.sigmoid(self.w2(x2))  # 对x2应用Sigmoid激活函数作为门控信号
        output = swish_x1 * gate  # 逐元素相乘
        return output
```

11.4.3 结合经典缩放的SwiGLU

除了前面讲解的经典SwiGLU激活函数外，在实践中我们更多采用的是结合了缩放维度变换的SwiGLU激活函数，其代码如下所示：

```
# 定义一个名为SwiGLU的PyTorch模块，它继承自torch.nn.Module
class Swiglu(torch.nn.Module):
    """MLP（多层感知机）.

    该MLP将接收一个具有h隐藏状态的输入，将其投影到4*h的隐藏维度，执行非线性变换，
    然后将状态重新投影回h隐藏维度。
    """

    # 初始化函数
    def __init__(self, hidden_size=384, add_bias_linear=False):
        # 调用父类的初始化函数
        super(Swiglu, self).__init__()

        #是否在线性层中添加偏置项
        self.add_bias = add_bias_linear
        # 隐藏层的大小
        self.hidden_size = hidden_size

        # 定义一个线性层，将h维度投影到4h维度
        # 参考论文：https://arxiv.org/pdf/2002.05202.pdf，如果使用SwiGLU，则输出宽度加倍
        self.dense_h_to_4h = torch.nn.Linear(
            hidden_size,  # 输入维度
            hidden_size * 4,  # 输出维度
            bias=self.add_bias  #是否添加偏置项
        )

        # 定义一个内部的SwiGLU激活函数
        def swiglu(x):
            # 将输入x沿着最后一个维度分割成两部分
            x = torch.chunk(x, 2, dim=-1)
            # 返回SiLU激活函数处理的第一部分与原始的第二部分的逐元素乘积
            return torch.nn.functional.silu(x[0]) * x[1]

        # 将内部定义的SwiGLU函数保存为类的一个属性，供后续使用
        self.activation_func = swiglu

        # 定义一个线性层，将4h维度投影回h维度
```

```
        # 注意这里只使用了4h中的2h，因为SwiGLU激活后输出的是2h维度
        self.dense_4h_to_h = torch.nn.Linear(
            hidden_size * 2,  # 输入维度
            hidden_size,  # 输出维度
            bias=self.add_bias  #是否添加偏置项
        )

    # 前向传播函数
    def forward(self, hidden_states):
        # 将输入隐藏状态投影到4h维度，得到中间并行输出[s, b, 4hp]
        intermediate_parallel = self.dense_h_to_4h(hidden_states)
        # 应用swiglu激活函数
        intermediate_parallel = self.activation_func(intermediate_parallel)
        # 将激活后的输出投影回h维度，得到最终输出[s, b, h]
        output = self.dense_4h_to_h(intermediate_parallel)
        # 返回最终输出
        return output
```

在上面代码中，我们使用了自定义的SwiGLU激活函数。这个激活函数结合了SiLU（也称为Swish）和门控线性单元（GLU）的思想。在MLP中，输入首先被投影到一个更高的维度（4倍于原始隐藏层大小），然后应用SwiGLU激活函数，最后再被投影回原始隐藏层大小。

11.5 本章小结

在本章中，我们深入探讨了自回归模型中的几个关键组件的优化策略，具体包括精度设置的调整、残差连接的引入、激活函数的选择以及多词元输出的实现。这些优化措施协同作用，极大地提升了自回归模型在实际应用中的卓越性能。

进一步优化后的自回归模型不仅在处理序列数据方面展现出更高的精度和效率，还能更好地适应复杂多变的任务需求。例如，在文本生成任务中，通过精细调整精度设置和选择适合的激活函数，模型能够生成更加自然流畅的文本内容；而残差连接的引入则有效缓解了深层网络中的梯度消失问题，使得模型能够充分利用深层特征信息，进一步提升生成文本的质量。

此外，多词元输出的设计使得模型能够同时考虑多个时间步的输入信息，从而更准确地捕捉序列数据中的上下文依赖关系。这种设计在机器翻译、语音识别等任务中尤为重要，因为它能够显著提高模型的泛化能力和鲁棒性。

可以看到，随着深度学习技术的不断发展，自回归模型的优化将继续是一个重要的研究方向。我将持续关注这一领域的最新进展，并致力于探索更多创新性的优化策略，以推动自回归模型在更多实际场景中的应用和发展。

第 12 章

大模型微调技术与应用

DeepSeek大模型微调可以被理解为一种精准适配的技术手段。它基于预训练的大模型，针对特定任务或领域的数据进行进一步训练。在这个过程中，模型会依据新的数据分布和任务要求，对原本的参数进行细微调整，就像是为一把万能钥匙打磨出适配特定门锁的齿纹，让模型在特定场景下能够更精准地理解和生成内容，从而更好地满足多样化的实际需求。

从本质上来说，大模型微调借助DeepSeek强大的计算能力和算法优化，让模型在保留通用知识的基础上，快速学习到特定领域的知识和特征。这不仅提高了模型在特定任务上的性能，还大大缩短了训练时间和成本，使得大模型能够更高效地应用于各种专业领域，如医疗、金融、教育等，为各行业的智能化发展提供有力支持。

12.1 什么是模型微调

人工智能模型在文本生成、信息检索和问答领域展现出了卓越的性能，这背后离不开其初始的训练过程。然而，模型的训练成本极其高昂，需要庞大的计算资源和海量的数据，这令一般人难以承受，也导致了一些研究人员难以重复和验证先前的研究成果。为了解决这个问题，研究人员开始致力于研究大模型微调技术，以提高预训练模型在新任务上的性能，从而减轻大型预训练模型的训练成本。

12.1.1 大模型微调的作用

大模型微调技术是一种在深度学习中实现迁移学习的重要方法。它的作用是在原有的预训练模型的基础上，根据具体的任务和领域，通过微调来调整模型的参数，使得模型能够更好地适应新的任务和领域。

在深度学习中，迁移学习是一种重要的学习方法，它可以将在一个任务或领域中学到的知识应用到另一个任务或领域中。而大模型微调技术就是一种迁移学习的方法，它利用预训练模型作为基础，通过微调来适应新的任务或领域。大模型的微调与适配过程如图12-1所示。

大模型微调技术的优点是可以提高模型的泛化能力和性能，同时也可以缩短模型的训练时间和计算成本。由于预训练模型已经学习到了大量的语言知识和模式，因此通过微调技术，可以在这些知识的基础上快速地适应新的任务和领域。

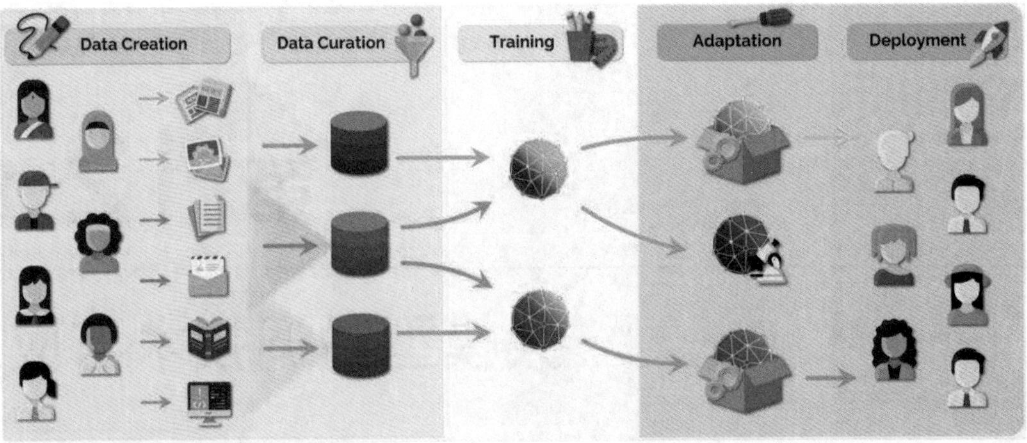

图12-1　大模型的微调与适配过程

大模型微调技术不仅可以提高模型的性能和泛化能力，更重要的是它可以促进深度学习领域的发展。有了大模型微调技术，即使计算资源有限的研究人员，也可以参与到深度学习研究中来。他们可以通过使用预训练模型来快速适应新任务，实现高效的迁移学习。

同时对于使用者来说，大模型微调技术的出现，不仅提高了预训练模型在新任务上的性能，而且降低了模型的训练成本和时间。这使得更多的人可以参与到深度学习研究中来，进一步推动深度学习领域的发展。

12.1.2　大模型微调技术有哪些

大模型微调技术是深度学习领域中的一项重要技术，它可以通过对预训练模型进行微调来提高模型在特定领域的能力。具体来看，现有的大模型微调根据参数规模，可以分为全量微调（Full Fine-Tuning，FFT）和参数高效微调（Parameter-Efficient Fine-Tuning，PEFT）两条技术路线。

- 全量微调：使用特定数据对模型进行训练，可以提高模型在特定领域的表现，但存在训练成本高和灾难性遗忘等问题。
- 参数高效微调：针对全量微调存在的问题进行改进，目前是主流的微调方案。

从训练数据来源和训练方法的角度来看，大模型微调技术可以分为监督式微调、基于人类反馈的强化学习微调和基于AI反馈的强化学习微调等3条技术路线，如图12-2所示。

图12-2　3条技术路线具有不同的侧重

- 监督式微调：使用人工标注的数据进行监督学习。

- 基于人类反馈的强化学习微调：引入人类反馈，通过强化学习的方式对大模型进行微调。
- 基于AI反馈的强化学习微调：使用AI作为反馈来源，提高了反馈系统的效率。

需要注意，不同的微调分类角度只是侧重点不同，同一个大模型的微调可以使用多个方案。微调的最终目的是在可控成本的前提下，尽可能提高大模型在特定领域的能力。这些技术路线为大模型微调提供了多种选择，使得我们可以更加灵活地应对各种应用场景，推动人工智能技术的进一步发展。

12.1.3　参数高效微调详解

在深度学习领域中，大模型微调技术正逐渐展现出强大的潜力，已经成为人工智能发展的重要驱动力。在众多的微调方案中，从成本和效果的综合角度考虑，参数高效微调是目前业界较流行的微调方案。

比较常用的PEFT方案包括Prompt Tuning、Adapter Tuning、Prefix Tuning、LoRA（Low-Rank Adaptation）以及QLoRA（Quant Low-Rank Adaptation），具体介绍如下。

1. Prompt Tuning：特定任务的模型训练

Prompt Tuning作为一种PEFT方案，其核心思想是在保持基座模型参数不变的前提下，为每个特定任务修正部分参数，从而构成一个新的模型。在具体执行特定任务时，这些新模型能够按需调用，提高生成期望序列的概率。Prompt Tuning通过巧妙地在输入序列前增加特定长度的特殊token，进而在Embedding环节影响大模型的生成结果。由于保持了大模型函数本身不变，Prompt Tuning实现了灵活性和效果之间的平衡。

2. Adapter Tuning：修改中间层的模型训练

Adapter Tuning通过在预训练模型的每一层中插入用于下游任务的参数，实现对模型的微调。在Adapter Tuning过程中，模型的主体部分是被冻结的，仅训练特定于任务的参数，这样可以大大减少训练时的算力开销。

3. Prefix Tuning：添加前缀引导大模型

与Prompt Tuning类似，Prefix Tuning的灵感也来源于提示工程（Prompt Engineering）的实践。通过在Transformers的Encoder和Decoder网络中添加特定前缀，Prefix Tuning能够引导大模型实现更出色的表现。与Prompt Tuning在Embedding环节加入特定token不同，Prefix Tuning在推理过程中按需拼接参数，确保基座模型本身不变。这种方案为微调过程提供了更高的灵活性和可控性，同时保持了大模型的原始性能。

4. LoRA：挖掘低维本质模型

与前面3种微调不同，LoRA探索了一条全新的技术路线。基于大语言模型过度参数化的假设，LoRA认为这些模型背后存在一个低维的本质模型。通过训练特定模型，将参数进行低维分解，并使用特定训练数据获得这些分解后的参数，LoRA实现了在推理过程中无额外成本的微调。这种思路降低了模型的复杂性，同时保留了关键参数以影响生成结果。LoRA的灵活性还体现在适配不同场景时的便捷性上，只需进行简单的矩阵加法操作即可。

5. QLoRA：量化版的LoRA

在LoRA的基础上，QLoRA进一步引入了量化技术。量化作为一种降低模型计算资源需求的方法，能够在保证模型效果基本不降低的前提下，降低参数的精度。QLoRA将原本用16位表示的参数降为4位，从而在保证模型效果的同时极大地降低了成本，特别是降低了后期的推理成本。这种量化策略为那些追求更高效能和更低成本的应用场景提供了新的可能。

可以看到，Prompt Tuning、Adapter Tuning、Prefix Tuning、LoRA以及QLoRA 虽然各具特色，但它们都在追求保持模型性能的同时，降低了训练成本和推理成本。它们为我们提供了一系列有效的工具，使我们能够更好地利用大模型的能力，满足各种实际应用场景的需求。

12.2 大模型微调方法LoRA详解

LoRA是一种针对大型预训练模型的高效微调方法，其核心思想在于通过低秩分解技术，对模型内部参数进行微调，从而在减少训练参数、降低GPU显存使用量的同时，保持模型的高性能。具体来说，LoRA通过引入两个低秩矩阵（***A***和***B***），来模拟全参数微调的效果，实现对模型的精细化调整，如图12-3所示。

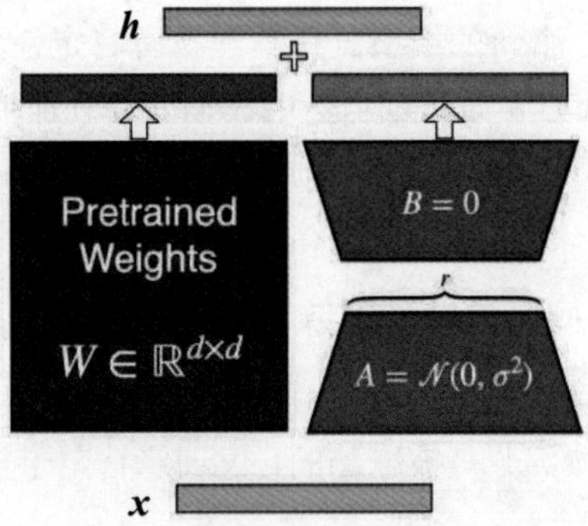

图12-3 LoRA微调

12.2.1 LoRA微调的优势

LoRA微调具有如下优势：

- 高效性：LoRA通过减少训练参数和计算量，显著提高了微调效率。在资源受限的环境下，它能够更快速地完成模型的微调过程。
- 低存储成本：由于LoRA只训练两个低秩矩阵***A***和***B***，因此所需的存储空间远小于全参数微调。这使得LoRA更加适合在边缘设备或资源有限的场景中使用。
- 保持模型性能：尽管LoRA减少了训练参数，但它通过低秩分解技术保留了预训练模型中的关键信息，从而保持了模型的高性能。实验结果表明，LoRA在多个任务上的表现均优于或接近全参数微调。
- 灵活性：LoRA允许用户根据不同的任务需求，灵活地调整低秩矩阵***A***和***B***的秩（r值）。通过调整r值，用户可以在模型性能和计算资源之间找到最佳平衡点。

对于大语言模型而言，LoRA技术提供了一种理想的解决方案。我们可以在不改变模型原有结构的前提下，通过LoRA对模型进行微调，使其在某些特定问题上修正认知。例如，如果大模型在回答关于自身身份的问题时出现偏差，我们可以通过LoRA技术，针对这一问题设定新的训练目标，并微调模型的相关参数。这样，模型就能够在保持原有问答能力的基础上，更加准确地回答关于自身身份的问题。

12.2.2 LoRA基本公式推导

LoRA方法的核心思想是将大模型的参数分解为低维的核心参数和高维的残差参数。在微调过程中，我们只更新LoRA参数，而保持核心参数不变。这种参数分解的方式降低了模型的复杂度，减少了过拟合的风险，并提高了模型的泛化能力。

此外，基于LoRA的微调方法只对大模型的特定层（如Embedding层）进行微调。这种方法不会影响大模型的整体交互能力。同时，通过冻结模型的所有参数并学习插入token，可以避免因调整大量参数而导致的模型不稳定问题。这种方法的效果通常比其他方法的更稳定、更可靠。

另外，基于LoRA的微调方法还具有很高的灵活性和通用性。由于它只需要添加特定的参数矩阵以适应下游任务，因此可以方便地在不同场景之间进行切换。这种灵活性使得基于LoRA的方法在实际应用中具有更大的潜力。

基于LoRA的大模型微调方法是一种高效、低成本，且具有高度灵活性和通用性的解决方案。在实际应用中，我们可以根据具体场景和训练模式选择最恰当的微调方法。对于需要快速部署和具有高度灵活性的应用场景，基于LoRA的微调方法无疑是一个理想的选择。

具体来看，LoRA可以认为是大模型的低秩适配器，或者简单地理解为特定任务适配器，如图12-4所示。通过在原模型特定位置上增加一个低秩分解（先降维再升维）的旁路来模拟参数的更新量，这样，使得训练时原模型固定，只训练降维矩阵$\boldsymbol{A}$和升维矩阵$\boldsymbol{B}$；而在推理时，可将$\boldsymbol{B}$和$\boldsymbol{A}$加到原参数上，不引入额外的推理延迟。

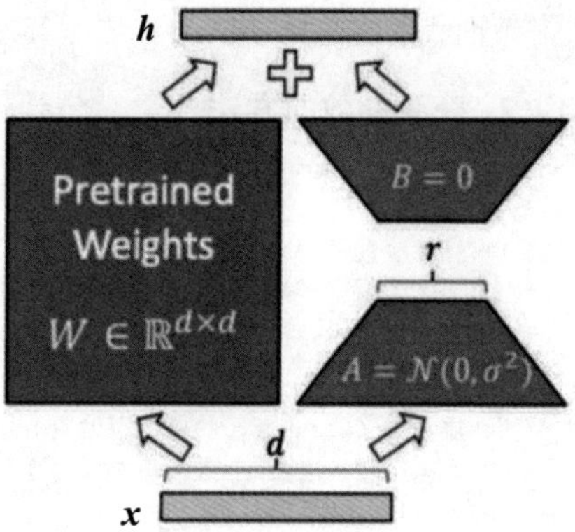

图12-4　LoRA适配器

从数学方法的角度来看，假设预训练的特定位置矩阵为$\boldsymbol{W}_0 \in \boldsymbol{R}^{d\times k}$，通过LoRA修正后的参数可以表示为：

$$\boldsymbol{W}_0 + \Delta\boldsymbol{W} = \boldsymbol{W}_0 + \boldsymbol{BA}$$
$$\boldsymbol{B} \in \boldsymbol{R}^{d\times r}\ , r \ll \min(d,k);(r\text{远小于}d\text{或者}k\text{的最小值})$$
$$\boldsymbol{A} \in \boldsymbol{R}^{r\times k}$$

此时，前向计算变为：

$$h = \boldsymbol{W}_0 x + \Delta\boldsymbol{W}x = \boldsymbol{W}_0 x + \boldsymbol{BA}x = \left(\boldsymbol{W}_0 + \boldsymbol{BA}\right)x$$

LoRA有点类似于残差连接，仅仅使用旁路的更新来修正整个大模型的微调过程，从而使得大模型能够适配具体的任务目标。

在生产环境部署时，LoRA可以不引入推理延迟，只需要将预训练模型参数$\boldsymbol{W}_0$与LoRA参数进行合并（也就是所谓的模型合并），即可得到微调后的模型参数（$\boldsymbol{W}_0 + \boldsymbol{BA}$）。即在生产环境中像以前一样进行推理，在微调前模型计算$\boldsymbol{W}_0 x$，而现在模型计算$\left(\boldsymbol{W}_0 + \boldsymbol{BA}\right)x$，这几乎没有额外延迟。现在不少模型仅发布LoRA权重，需要本地与基模型进行模型合并才能使用的原因就在于此。

12.2.3 PyTorch获取内部参数的方法

在进行下一步的LoRA学习之前，我们需要了解和掌握torch获取内部参数的方法。一般而言，在torch的定义时，我们会有参数定义与模块定义的两种方法，下面我们对此进行介绍。

1. 定义示例目标模型

```
import torch
import torch.nn as nn

class DirectParamModel(nn.Module):
    def __init__(self):
        super().__init__()
        # 直接参数定义（Parameter）
        self.weight_demo = nn.Parameter(torch.randn(3, 5))
        # 模块定义（包含参数的层）
        self.layer_demo = nn.Linear(3, 5)

# 实例化模型
model = DirectParamModel()
```

在上面代码中，我们首先定义了一个示例模型，其中的weight_demo与layer_demo分别是包含的模块，下面我们将采用不同的方法对其参数维度进行打印。

2. 获取参数的方法

在实例化模型后，我们首先采用根据特定参数名的方法获取对应参数和维度，代码如下：

```
# 直接参数（Parameter）的获取
print("直接参数 weight_demo:")
print(model.weight_demo)          # 直接访问参数
print("形状:", model.weight_demo.shape)  # 获取形状: torch.Size([3, 5])
# 层参数（Linear层的权重和偏置）
print("\n层参数 layer_demo:")
print("权重矩阵:")
print(model.layer_demo.weight)  # 访问层的权重参数
print("形状:", model.layer_demo.weight.shape)  # 形状: torch.Size([5, 3])
print("偏置向量:")
print(model.layer_demo.bias)     # 访问层的偏置参数
print("形状:", model.layer_demo.bias.shape)     # 形状: torch.Size([5])
```

在上面代码中，我们根据特定的名称，打印对应的参数名与维度。

3. 遍历所有参数的方法

除此之外，我们还可以通过遍历所有参数的形式，来获取对应的参数名称与维度，代码如下所示：

```
print("\n遍历所有参数:")
for name, param in model.named_parameters():
    print(f"参数名: {name}, 形状: {param.shape}")
```

上面代码使用named_parameters()同时获取参数名称和参数值，便于后续筛选需要冻结或优化的参数，而通过这些方法，你可以灵活获取模型中任意参数的值和维度，为后续的LoRA适配提供基础。

读者可以自行尝试运行代码。

12.3 多模态DeepSeek大模型本地化部署与微调实战

国产之光大模型DeepSeek在设计上独树一帜，在架构上它并未沿袭LLaMA的Dense架构或Mistral的Sparse架构。相反，该模型在框架上进行全面的革新，采纳了我们之前深入研究的MLA与MoE架构。这些创新架构的应用显著减少了计算负担和推理时的显存占用，为高效运行铺平了道路。

为了巩固前面所学习的内容，在本章中，我们将使用DeepSeek-VL2版本的开源模型，详细介绍如何在本地环境中部署DeepSeek-VL2，并对其进行微调。

首先，我们会指导读者如何在本地机器上成功安装和配置DeepSeek-VL2模型。这包括了环境准备、依赖安装以及模型文件的正确放置等步骤。我们将确保读者能够顺利地搭建起一个可用于学习和实验的本地环境。

接下来，我们将深入探讨DeepSeek-VL2模型的微调技巧。微调是一个关键步骤，它允许用户根据自己的数据和需求对预训练模型进行调整，从而提升模型在实际应用中的性能。我们将详细介绍微调过程中的关键参数设置、训练数据的准备以及评估指标的选择，帮助读者更好地理解和掌握微调技术。

通过本节的学习，读者将能够独立完成DeepSeek-VL2的本地化部署，并掌握对其进行微调的方法，为后续的应用开发奠定坚实的基础。

注意，尽管我们使用的是DeepSeek-VL2版本，但所讲解的原理和方法同样适用于DeepSeek更高版本的模型，为读者未来升级到更先进的模型提供了有力的知识支撑。

12.3.1 多模态DeepSeek大模型的本地化部署

首先我们可以登录GitHub完成DeepSeek-VL2的代码下载。为了简便起见，我们在这里提供了下载好的代码，如下所示：

```
import torch
from transformers import AutoModelForCausalLM

from deepseek_vl2.models import DeepseekVLV2Processor, DeepseekVLV2ForCausalLM
from deepseek_vl2.utils.io import load_pil_images

model_path = "deepseek-ai/deepseek-vl2-tiny"
vl_chat_processor:                    DeepseekVLV2Processor                    =
DeepseekVLV2Processor.from_pretrained(model_path)
tokenizer = vl_chat_processor.tokenizer

vl_gpt:  DeepseekVLV2ForCausalLM  =  AutoModelForCausalLM.from_pretrained(model_path,
trust_remote_code=True)
vl_gpt = vl_gpt.to(torch.bfloat16).cuda().eval()

conversation = [
    {
        "role": "<|User|>",
        "content": "This is image_1: <image>\n"
                   "This is image_2: <image>\n"
                   "This is image_3: <image>\n 请告诉我这幅画里面画的是什么？",
        "images": [
            "images/multi_image_1.jpeg",
            "images/multi_image_2.jpeg",
```

```
            "images/multi_image_3.jpeg",
        ],
    },
    {"role": "<|Assistant|>", "content": ""}
]

pil_images = load_pil_images(conversation)
prepare_inputs = vl_chat_processor(
    conversations=conversation,
    images=pil_images,
    force_batchify=True,
    system_prompt=""
).to(vl_gpt.device)

with torch.no_grad():
    inputs_embeds = vl_gpt.prepare_inputs_embeds(**prepare_inputs)

    inputs_embeds, past_key_values = vl_gpt.incremental_prefilling(
        input_ids=prepare_inputs.input_ids,
        images=prepare_inputs.images,
        images_seq_mask=prepare_inputs.images_seq_mask,
        images_spatial_crop=prepare_inputs.images_spatial_crop,
        attention_mask=prepare_inputs.attention_mask,
        chunk_size=512
    )

    outputs = vl_gpt.generate(
        inputs_embeds=inputs_embeds,
        input_ids=prepare_inputs.input_ids,
        images=prepare_inputs.images,
        images_seq_mask=prepare_inputs.images_seq_mask,
        images_spatial_crop=prepare_inputs.images_spatial_crop,
        attention_mask=prepare_inputs.attention_mask,
        past_key_values=past_key_values,

        pad_token_id=tokenizer.eos_token_id,
        bos_token_id=tokenizer.bos_token_id,
        eos_token_id=tokenizer.eos_token_id,
        max_new_tokens=512,

        do_sample=False,
        use_cache=True,
    )

    answer = tokenizer.decode(outputs[0][len(prepare_
inputs.input_ids[0]):].cpu().tolist(), skip_special_tokens=False)

print(f"{prepare_inputs['sft_format'][0]}", answer)
```

在本例中，我们定义了model_path = "deepseek-ai/deepseek-vl2-tiny"，即使用一个迷你版本的DeepSeek-VL2进行模型设计，由于模型的权重和编码器需要从网上下载，对于下载有困难的读者，我们在配套代码库中准备了下载好的权重与文件，读者可以直接更改model_path地址到本地。代码如下所示：

```
model_path =
"C:/Users/xiaohua/.cache/huggingface/hub/models--deepseek-ai--deepseek-vl2-tiny/snapshots
/66c54660eae7e90c9ba259bfdf92d07d6e3ce8aa"
```

对于使用Windows系统的读者而言，在实际应用过程中，鉴于操作系统的差异性，读者可能需要手动安装一些必要的Python辅助包以确保程序的顺利运行。这里主要涉及两个关键的安装包，具体如下：

```
from flash_attn import flash_attn_qkvpacked_func
from xformers.ops import memory_efficient_attention
```

这里分别使用了flash_attn与xformers完成作为特殊的注意力架构，其中xformers可以使用如下的代码进行安装，如下所示：

```
pip install -U xformers --index-url https://download.pytorch.org/whl/cu118
```

注意　上面安装代码建议使用PyTorch 2.6.0 + CUDA 11.8 + NVDIA3090。对于50系显卡暂时无法使用，具体安装的版本，读者可以自行斟酌。

对于flash_attn的安装，Windows版本的flash_attn无法直接安装，读者可以使用本书配套代码库中作者编译好的flash_attn安装，从而完成本地化的部署。或者读者可以选择如图12-5所示编译好的flash_attn包进行安装。

flash_attn-2.7.4.post1+cu124torch2.4.0cxx11abiFALSE-cp310-cp310-win_amd64.whl	58.8 MB	Feb 9
flash_attn-2.7.4.post1+cu124torch2.4.0cxx11abiFALSE-cp311-cp311-win_amd64.whl	58.8 MB	Feb 9
flash_attn-2.7.4.post1+cu124torch2.4.0cxx11abiFALSE-cp312-cp312-win_amd64.whl	58.8 MB	Feb 9
flash_attn-2.7.4.post1+cu124torch2.5.1cxx11abiFALSE-cp310-cp310-win_amd64.whl	58.8 MB	Feb 9
flash_attn-2.7.4.post1+cu124torch2.5.1cxx11abiFALSE-cp311-cp311-win_amd64.whl	58.8 MB	Feb 9
flash_attn-2.7.4.post1+cu124torch2.5.1cxx11abiFALSE-cp312-cp312-win_amd64.whl	58.8 MB	Feb 9
flash_attn-2.7.4.post1+cu124torch2.6.0cxx11abiFALSE-cp310-cp310-win_amd64.whl	58.8 MB	Feb 9
flash_attn-2.7.4.post1+cu124torch2.6.0cxx11abiFALSE-cp311-cp311-win_amd64.whl	58.8 MB	Feb 9
flash_attn-2.7.4.post1+cu124torch2.6.0cxx11abiFALSE-cp312-cp312-win_amd64.whl	58.8 MB	Feb 9
flash_attn-2.7.4.post1+cu124torch2.6.0cxx11abiFALSE-cp313-cp313-win_amd64.whl	58.8 MB	Feb 9

图12-5　编译好的Windows系统flash_attn安装包

同样，读者需要在安装时注意CUDA和PyTorch版本，具体使用上需要自行斟酌。

12.3.2　微调的目的：让生成的结果更聚焦于任务目标

DeepSeek在文本生成、信息检索和智能问答等多个领域都展现出了令人瞩目的性能，这得益于其精心设计的初始训练过程。然而，不容忽视的是，尽管DeepSeek的架构设计能够在一定程度上减少训练成本，但要从零开始训练一个特定模型，仍然需要巨大的计算资源和庞大的数据集，这对于普通人来说无疑是一个沉重的负担。这种情况也使得一些研究人员难以复现和验证之前的研究成果，从而影响了科研的进展和可信度。

为了有效应对这一问题，研究人员提出了一种新的训练方法：在已有的大型预训练模型基础上进行进一步的训练，即前面我们所讲到的模型的微调。这种方法允许我们根据特定任务的需求，对原始大模型进行针对性的训练，以提升其在新任务上的表现。通过这种方式，我们不仅可以节省大量的计算资源和时间，还可以降低对海量数据集的依赖。微调的流程如图12-6所示。

微调技术的引入，显著减轻了大型预训练模型的训练成本，使得更多的研究人员和开发人员能够利用这些强大的模型，而无须承担过高的计算和数据成本。这无疑为自然语言处理和人工智能领域的研究与应用开辟了新的道路，促进了技术的普及与进步。

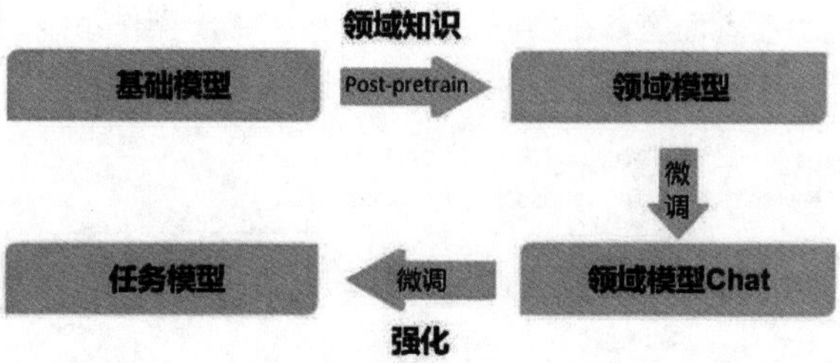

图12-6 微调流程

本小节将采用DeepSeek-VL2来完成广告文案生成。首先看一下我们所提供的数据和本次要求的目标，任务数据如图12-7所示。


```
{"instruction": "类型#裙*风格#街头*风格#潮*裙型#a字", "output": "孕期就一定要穿的沉闷单调吗？热爱潮流的怎能束缚自己个性的心呢，这款裙子采用
{"instruction": "类型#裤*材质#牛仔布*颜色#浅蓝色*风格#街头*风格#休闲*裤型#直筒裤*裤款式#破洞", "output": "破洞元素已变成彰显个性的元素，
{"instruction": "类型#裤*版型#宽松*材质#雪纺*风格#知性*风格#性感*图案#线条*裤长#连体裤*裤款式#木耳边", "output": "雪纺面料的一袭连体裤，
{"instruction": "类型#裤*风格#简约*图案#线条*裤款式#口袋*裤款式#拉链", "output": "侧缝处添置有立体拉链口袋作为装饰，实用性强且兼备美观性。
{"instruction": "类型#上衣*颜色#白色*图案#条纹*图案#线条*衣样式#衬衫", "output": "白色的衬衫采用了百褶的袖子设计，既修饰了手臂线条，又为整
{"instruction": "类型#裤*材质#棉*材质#牛仔布*风格#简约*风格#休闲*裤长#短裤*裤款式#破洞", "output": "选用优质的纯棉面料打造出舒适的质感，
{"instruction": "类型#裤*材质#水洗*风格#潮*裤款式#不规则*裤口#毛边", "output": "年轻潮流的设计品味，洋气又好穿。细节相当丰富有看点，融入水
{"instruction": "类型#裤*颜色#蓝色*风格#简约*裤型#背带裤*裤款式#纽扣", "output": "背带裤的选用天蓝色的主题，远远看上去就像是蓝色<UNK>悬
```


图12-7 文本生成提供的数据集

这里我们提供了一套完整的文案数据，instruction部分是文案关键词提示，也就是相应的Prompt，而output部分是根据关键词提示生成的对应讲解文案。在进入下一步之前，我们首先看一下未经微调生成的结果，代码如下所示：

```
import torch
from transformers import AutoModelForCausalLM

from deepseek_vl2.models import DeepseekVLV2Processor, DeepseekVLV2ForCausalLM
from deepseek_vl2.utils.io import load_pil_images

# specify the path to the model
model_path = "deepseek-ai/deepseek-vl2-tiny"
model_path = "C:/Users/xiaohua/.cache/huggingface/hub/ models--deepseek-ai--deepseek-vl2-tiny/snapshots/66c54660eae7e90c9ba259bfdf92d07d6e3ce8aa"
vl_chat_processor = DeepseekVLV2Processor.from_pretrained(model_path)
tokenizer = vl_chat_processor.tokenizer

model = AutoModelForCausalLM.from_pretrained(model_path, trust_remote_code=True)
model = model.to(torch.bfloat16).cuda().eval()

conversation1 = [
{"role": "<|User|>", "content": "类型#裤*版型#宽松*风格#性感*图案#线条*裤型#阔腿裤"}, {"role": "<|Assistant|>", "content": ""}
]

conversation = conversation1
# load images and prepare for inputs
pil_images = load_pil_images(conversation)
prepare_inputs = vl_chat_processor(
    conversations=conversation,
    images=pil_images,
    force_batchify=True,
    system_prompt=""
```

```
    ).to(model.device)

    # run image encoder to get the image embeddings
    inputs_embeds = model.prepare_inputs_embeds(**prepare_inputs)

    # run the model to get the response
    outputs = model.generate(
            inputs_embeds=inputs_embeds,
            input_ids=prepare_inputs.input_ids,
            images=prepare_inputs.images,
            images_seq_mask=prepare_inputs.images_seq_mask,
            images_spatial_crop=prepare_inputs.images_spatial_crop,
            attention_mask=prepare_inputs.attention_mask,

            pad_token_id=tokenizer.eos_token_id,
            bos_token_id=tokenizer.bos_token_id,
            eos_token_id=tokenizer.eos_token_id,
            max_new_tokens=512,

            do_sample=False,
            use_cache=True,
    )

    answer = tokenizer.decode(outputs[0][len(prepare_inputs.
input_ids[0]):].cpu().tolist(), skip_special_tokens=False)
    print(f"{prepare_inputs['sft_format'][0]}", answer)
```

在上面代码中，我们首先建立了DeepSeek-VL2模型，之后将对应的文本内容输入到模型中，生成的结果如下所示：

```
<|User|>: 类型#裤*版型#宽松*风格#性感*图案#线条*裤型#阔腿裤

<|Assistant|>: 阔腿裤是一种非常经典且时尚的裤子类型，其设计特点包括宽松的版型、性感的风格以及大胆的图案和线条。以下是关于阔腿裤的详细描述：

1. **版型**：阔腿裤通常采用宽松的设计，使得穿着者能够自由活动，同时保持舒适感。这种版型适合各种体型，尤其是腿部较粗的人。

2. **风格**：阔腿裤通常具有一种休闲和时尚的风格，适合日常穿着。它既可以搭配休闲装，也可以搭配正式服装，展现出不同的风格。

3. **性感**：阔腿裤的线条设计通常比较修长，能够突显腿部线条，给人一种性感的感觉。这种设计风格在时尚界非常受欢迎。

4. **图案**：阔腿裤的图案设计非常多样化，可以包括几何图案、花卉图案、动物图案等。图案的多样性和设计感使得阔腿裤成为时尚界的宠儿。

5. **线条**：阔腿裤的线条设计通常比较简洁，但能够通过不同的剪裁和搭配展现出不同的视觉效果。线条的流畅性使得阔腿裤看起来更加优雅和时尚。

6. **裤型**：阔腿裤的裤型设计非常多样，包括直筒、喇叭、A字、九分等。不同的裤型设计能够满足不同的穿着需求，无论是休闲还是正式场合，阔腿裤都能胜任。

总的来说，阔腿裤是一种非常经典且时尚的裤子类型，其设计特点使得它能够适应各种场合和穿着需求。<|end_of_sentence|>
```

可以看到，虽然模型输出的结果得到了对应的答案，并且贴合我们输入的内容，但是在任务目标上可以很明显地看到，此时生成的结果并没有很好地切合任务目标，生成的结果有些松散而不符合要求。因此，为了使得模型生成在结果上更加贴合需求，我们可以使用微调方法对模型进行“重训练”，从而得到一个符合我们要求的输出结果模型。

12.3.3 适配DeepSeek微调的辅助库PEFT详解

在前面的章节中，我们已经详尽介绍了DeepSeek-VL2模型的基本使用，使读者对该模型有了初步的认识。接下来，我们将进一步探索与其紧密相关的专用微调辅助库PEFT。

PEFT（Parameter-Efficient Fine-tuning，参数高效的微调方法）作为专为DeepSeek量身打造的微调辅助库，在深度学习的广阔天地中，犹如一把锐利的宝剑，助力模型性能更上一层楼。众所周知，微调是提升模型在特定任务上表现的关键技术，然而，其高昂的数据和计算资源需求常令众多中小型研究机构和企业望而却步。正是在这样的背景下，PEFT应运而生，它以高效且低成本的微调解决方案为使命，致力于打破资源壁垒，让深度学习技术的魅力惠及更广泛的群体。

PEFT的核心竞争力在于其精妙的优化技术，这些技术能够实现对模型参数进行高效、精准更新。通过融入自适应学习率调整、动态权重裁剪等创新性算法，PEFT在有限的计算资源和数据规模下，仍能驱动模型性能的显著提升。更加出色的是，它还配备了一系列实用的辅助工具，从数据预处理到模型评估，无一不体现出其便捷性和实用性，极大地减轻了开发者在微调过程中的负担。

值得大书特书的是，PEFT所具备的卓越通用性。得益于其灵活的设计和强大的功能模块，它能够轻松与各类型语言模型实现无缝对接，从而满足多样化的微调需求。这种强大的适应性，使得PEFT在各种复杂场景下都能游刃有余地发挥作用。更为难能可贵的是，它在保证模型性能的同时，还能显著降低微调过程中的计算成本，这种高效能、低成本的特性，无疑为PEFT赢得了广泛的赞誉和青睐。

在具体使用上，读者需要首先安装PEFT辅助库包，如下所示：

```
pip install peft
```

接下来，我们提供一个结合LoRA的DeepSeek-VL2微调范式，代码如下所示：

```
import torch
from transformers import AutoModelForCausalLM

from deepseek_vl2.models import DeepseekVLV2Processor, DeepseekVLV2ForCausalLM

from deepseek_vl2.models import DeepseekVLV2Processor, DeepseekVLV2ForCausalLM
from deepseek_vl2.utils.io import load_pil_images

model_path = "deepseek-ai/deepseek-vl2-tiny"

vl_chat_processor: DeepseekVLV2Processor =
DeepseekVLV2Processor.from_pretrained(model_path)
tokenizer = vl_chat_processor.tokenizer

from peft import LoraConfig,TaskType,get_peft_model
peft_config = LoraConfig(
    task_type=TaskType.CAUSAL_LM,    # 模型类型需要训练的模型层的名字，主要就是attention部分的层，不同的模型对应的层的名字不同，可以传入数组，也可以字符串，也可以正则表达式
    target_modules = ["q_proj", "k_proj", "v_proj", "o_proj", "gate_proj", "up_proj", "down_proj"],
    inference_mode = False,  # False:训练模式; True:推理模式
    r = 8,  # LoRA 秩
    lora_alpha = 32,    # LoRA alaph，具体作用参见LoRA原理
    lora_dropout = 0.1  # Dropout比例
)

with torch.no_grad():
    model = AutoModelForCausalLM.from_pretrained(model_path, trust_remote_code=True)
```

```
    model = model.to(torch.bfloat16).cuda()

model = get_peft_model(model, peft_config)
model.print_trainable_parameters()
```

在上面代码中，我们使用PEFT在模型中注入训练参数。特别之处是，我们通过选择的方式根据DeepSeek-VL2中层的名称对进行LoRA处理的目标进行选择。最终打印的训练参数如下所示：

```
trainable params: 38,754,816 || all params: 3,409,256,256 || trainable%: 1.1368
```

可以看到，我们打印出待训练的参数总数，并且打印出总参数量之后，计算出待训练参数占总参数量的比重。

在上面代码中，我们看到target_modules是目标类，其定义我们将会对哪些类进行LoRA注入，我们可以通过打印模型的方式获取类的名称，即如下代码：

```
print(model)
```

结果如下：

```
DeepseekForCausalLM(
  (model): DeepseekModel(
   (embed_tokens): Embedding(102400, 5120)
   (layers): ModuleList(
    (0): DeepseekDecoderLayer(
     (self_attn): DeepseekAttention(
      (q_a_proj): Linear(in_features=5120, out_features=1536, bias=False)
      (q_a_layernorm): DeepseekRMSNorm()
      (q_b_proj): Linear(in_features=1536, out_features=24576, bias=False)
      (kv_a_proj_with_mqa): Linear(in_features=5120, out_features=576, bias=False)
      (kv_a_layernorm): DeepseekRMSNorm()
      (kv_b_proj): Linear(in_features=512, out_features=32768, bias=False)
      (o_proj): Linear(in_features=16384, out_features=5120, bias=False)
      (rotary_emb): DeepseekYarnRotaryEmbedding()
     )
     (mlp): DeepseekMLP(
      (gate_proj): Linear(in_features=5120, out_features=12288, bias=False)
      (up_proj): Linear(in_features=5120, out_features=12288, bias=False)
      (down_proj): Linear(in_features=12288, out_features=5120, bias=False)
      (act_fn): SiLU()
     )
     (input_layernorm): DeepseekRMSNorm()
     (post_attention_layernorm): DeepseekRMSNorm()
    )
    (1-59): 59 x DeepseekDecoderLayer(
     (self_attn): DeepseekAttention(
      (q_a_proj): Linear(in_features=5120, out_features=1536, bias=False)
      (q_a_layernorm): DeepseekRMSNorm()
      (q_b_proj): Linear(in_features=1536, out_features=24576, bias=False)
      (kv_a_proj_with_mqa): Linear(in_features=5120, out_features=576, bias=False)
      (kv_a_layernorm): DeepseekRMSNorm()
      (kv_b_proj): Linear(in_features=512, out_features=32768, bias=False)
      (o_proj): Linear(in_features=16384, out_features=5120, bias=False)
      (rotary_emb): DeepseekYarnRotaryEmbedding()
     )
     (mlp): DeepseekMoE(
      (experts): ModuleList(
       (0-159): 160 x DeepseekMLP(
        (gate_proj): Linear(in_features=5120, out_features=1536, bias=False)
```

```
          (up_proj): Linear(in_features=5120, out_features=1536, bias=False)
          (down_proj): Linear(in_features=1536, out_features=5120, bias=False)
          (act_fn): SiLU()
        )
      )
      (gate): MoEGate()
      (shared_experts): DeepseekMLP(
        (gate_proj): Linear(in_features=5120, out_features=3072, bias=False)
        (up_proj): Linear(in_features=5120, out_features=3072, bias=False)
        (down_proj): Linear(in_features=3072, out_features=5120, bias=False)
        (act_fn): SiLU()
      )
    )
    (input_layernorm): DeepseekRMSNorm()
    (post_attention_layernorm): DeepseekRMSNorm()
  )
 )
 (norm): DeepseekRMSNorm()
)
(lm_head): Linear(in_features=5120, out_features=102400, bias=False)
)
```

我们可以根据名称，选择对应的层和类名。在接下来的实战案例中，我们将使用["q_proj", "k_proj", "v_proj", "o_proj", "gate_proj", "up_proj", "down_proj"]作为微调LORA注入的目标。

12.3.4　基于本地化部署的DeepSeek微调实战

在本节中，我们将踏入广告文案撰写的实战领域。在此之前，我们已经深入探讨了DeepSeek-VL2微调技术中所采纳的LoRA方法，以及与之紧密相关的Python库PEFT。这些尖端工具与技术，为我们的文案创作提供了强大的支持，使我们能更精准地捕捉目标受众的心理与需求。

在数字化浪潮汹涌的今天，如何运用这些科技利器，打造出既富有创意又极具针对性的广告文案，将是我们探索的重点。接下来，我们将携手LoRA与PEFT，开启广告文案撰写的新篇章，书写属于DeepSeek-VL2的精彩故事。

第一步：数据的准备

首先，我们提供了一份基于广告文案提示词生成文案的数据集，如下所示：

```
{"content": "类型#裤*版型#宽松*风格#性感*图案#线条*裤型#阔腿裤", "summary": "宽松的阔腿裤这两年真的吸粉不少，明星时尚达人的心头爱。毕竟好穿时尚，谁都能穿出腿长2米的效果宽松的裤腿，当然是遮肉小能手啊。上身随性自然不拘束，面料亲肤舒适贴身体验感棒棒哒。系带部分增加设计看点，还让单品的设计感更强。腿部线条若隐若现的，性感撩人。颜色敲温柔的，与裤子本身所呈现的风格有点反差萌。"}
{"content": "类型#裙*风格#简约*图案#条纹*图案#线条*图案#撞色*裙型#鱼尾裙*裙袖长#无袖", "summary": "圆形领口修饰脖颈线条，适合各种脸型，耐看有气质。无袖设计，尤显清凉，简约横条纹装饰，使得整身人鱼造型更为生动立体。加之撞色的鱼尾下摆，深邃富有诗意。收腰包臀，修饰女性身体曲线，结合别出心裁的鱼尾裙摆设计，勾勒出自然流畅的身体轮廓，展现了婀娜多姿的迷人姿态。"}
{"content": "类型#上衣*版型#宽松*颜色#粉红色*图案#字母*图案#文字*图案#线条*衣样式#卫衣*衣款式#不规则", "summary": "宽松的卫衣版型包裹着整个身材，宽大的衣身与身材形成鲜明的对比描绘出纤瘦的身形。下摆与袖口的不规则剪裁设计，彰显出时尚前卫的形态。被剪裁过的样式呈现出布条状自然地垂坠下来，别具有一番设计感。线条分明的字母样式有着花式的外观，棱角分明加上具有少女元气的枣红色十分有年轻活力感。粉红色的衣身把肌肤衬托得很白嫩又健康。"}
……
{"content": "类型#裙*版型#宽松*材质#雪纺*风格#清新*裙型#a字*裙长#连衣裙", "summary": "踩着轻盈的步伐享受在午后的和煦风中，让放松与惬意感为你免去一身的压力与束缚，仿佛要将灵魂也寄托在随风摇曳的雪纺连衣裙上，吐露出<UNK>微妙而又浪漫的清新之意。宽松的a字版型除了能够带来足够的空间，也能以上窄下宽的方式强化立体层次，携带出自然优雅的曼妙体验。"}
```

其中content是提示词部分，而summary则是生成的文案。对于这个数据集，我们需要完成数据的读取操作，代码如下所示：

```
import torch,json
from transformers import AutoModelForCausalLM
from tqdm import tqdm

from deepseek_vl2.models import DeepseekVLV2Processor, DeepseekVLV2ForCausalLM
from deepseek_vl2.utils.io import load_pil_images

# specify the path to the model
model_path = "deepseek-ai/deepseek-vl2-tiny"
vl_chat_processor = DeepseekVLV2Processor.from_pretrained(model_path)
tokenizer = vl_chat_processor.tokenizer

file_path = "../lora_dataset/AdvertiseGen/train_small.json"
conversations = []
with open(file_path, 'r', encoding='utf-8') as file:
    for line in file:
        # 尝试解析每一行作为独立的JSON对象
        data = json.loads(line)
        content = data['content']
        summary = data['summary']
        if len(content) < 144 and len(summary) < 144:
            conversation  =  {"role":  "<|User|>",  "content":  content},  {"role":
"<|Assistant|>", "content": summary + "<｜end▁of▁sentence｜>"}
            conversations.append(conversation)
```

上面代码实现了数据集的读取。其中需要注意，为了模型训练的迅捷性，我们定义了文案长度为144，而重构的文本也保证了其符合原始的DeepSeek模型生成方式，并且在结尾处显式地添加了结束符"<｜end▁of▁sentence｜>"。

接下来，为了适配模型的训练，我们实现了DataCollator与Dataset类，代码如下所示：

```
class DataCollator:
    def __init__(self, tokenizer):
        self.tokenizer = tokenizer
        self.padding_value = self.pad_token_id = tokenizer.eos_token_id
        self.bos_token_id=tokenizer.bos_token_id
        self.eos_token_id=tokenizer.eos_token_id
        print(self.padding_value,self.bos_token_id,self.eos_token_id)

    def __call__(self, instances):

        input_ids ,labels = tuple([instance[key] for instance in instances] for key in
("input_ids", "labels"))

        input_ids = torch.nn.utils.rnn.pad_sequence(input_ids, batch_first=True,
padding_value=self.padding_value)
        labels = torch.nn.utils.rnn.pad_sequence(labels, batch_first=True,
padding_value=-100)
        attention_mask = input_ids.ne(self.padding_value)

        return input_ids, attention_mask, labels

import torch
from torch.utils.data import Dataset
class LoraDataset(Dataset):
    def __init__(self, conversations):
        super(LoraDataset, self).__init__()
        self.conversations = conversations
```

DataCollator类是一个用于数据整理的辅助类，它主要用于将一批实例（instances）整理成模型训练所需的格式。在初始化时，它接收一个tokenizer对象，并从中获取填充值（padding_value）、开始符号ID（bos_token_id）和结束符号ID（eos_token_id）。这些值在后续的数据处理中会被用到。当调用__call__方法时，DataCollator会接收一批实例，提取出其中的input_ids和labels，然后使用torch.nn.utils.rnn.pad_sequence方法对它们进行填充，使它们具有相同的长度，以便批量处理。同时，它还会生成一个attention_mask，用于指示哪些位置是填充的，哪些位置是有效的输入。最终，DataCollator返回处理后的input_ids、attention_mask和labels。

```
    def __len__(self):
        return len(self.conversations)

    def __getitem__(self, idx):
        conversation = self.conversations[idx]

        pil_images = load_pil_images(conversation)
        prepare_inputs = vl_chat_processor(
            conversations=conversation,
            images=pil_images,
            force_batchify=True,
            system_prompt=""
        )

        input_ids = prepare_inputs.input_ids
        labels = prepare_inputs.labels

        return dict(input_ids=input_ids[0], labels=labels[0])
```

LoraDataset类是一个继承自torch.utils.data.Dataset的自定义数据集类，用于加载和处理对话数据。在初始化时，它接收一个conversations列表，该列表包含了所有的对话数据。__len__方法返回数据集的大小，即对话的数量。__getitem__方法则根据索引idx从conversations列表中获取对应的对话内容，并通过一系列处理（如加载图像、准备输入等）将其转换成模型所需的输入格式。具体来说，它会调用load_pil_images函数加载对话中的图像，然后使用vl_chat_processor处理对话和图像，生成input_ids和labels。最后，它将input_ids和labels的第一个元素（假设每个对话只对应一个输入和一个标签）打包成一个字典并返回，以便后续的数据加载和模型训练。

第二步：微调模型的训练

接下来，我们需要完成基于DeepSeek-VL2的微调模型训练。前面已经讲解了PEFT的使用以及LoRA的原理，这里我们只需要基于这些经典方法完成模型搭建并开始训练，代码如下所示：

```
    import torch
    from transformers import AutoModelForCausalLM
    from tqdm import tqdm

    from deepseek_vl2.models import DeepseekVLV2Processor, DeepseekVLV2ForCausalLM
    model_path = "deepseek-ai/deepseek-vl2-tiny"
    vl_chat_processor: DeepseekVLV2Processor =
DeepseekVLV2Processor.from_pretrained(model_path)
    tokenizer = vl_chat_processor.tokenizer

    from peft import LoraConfig,TaskType,get_peft_model
    peft_config  = LoraConfig(
        task_type=TaskType.CAUSAL_LM,     # 模型类型需要训练的模型层的名字，主要就是Attention部分的层，不同的模型对应的层的名字不同，可以传入数组，也可以传入字符串，也可以传入正则表达式
        target_modules = ["qkv","q_proj", "k_proj", "v_proj", "o_proj", "gate_proj", "up_proj",
"down_proj"],
```

```
        inference_mode = False,         # False:训练模式；True:推理模式
        r = 8,                          # LoRA秩
        lora_alpha = 32,                # LoRA alaph，具体作用参见LoRA原理
        lora_dropout = 0.1,             # Dropout比例
    )

    with torch.no_grad():
        model = AutoModelForCausalLM.from_pretrained(model_path, trust_remote_code=True)
        model = model.to(torch.bfloat16).cuda()

    # 使用get_peft_model函数对模型进行LoRA微调
    model = get_peft_model(model, peft_config)
    model.print_trainable_parameters()

    # 定义批次大小和学习率
    BATCH_SIZE = 12
    LEARNING_RATE = 2e-5

    import get_dataset
    from torch.utils.data import DataLoader, Dataset
    train_dataset = get_dataset.LoraDataset(get_dataset.conversations)

    collate_fn = get_dataset.DataCollator(tokenizer)
    # 创建一个数据加载器对象，设定批次大小、是否打乱数据以及数据的整合方式等
    train_loader = DataLoader(train_dataset,
batch_size=BATCH_SIZE,shuffle=True,collate_fn=collate_fn)

    # 定义损失函数为交叉熵损失函数，忽略标签为-100的部分
    loss_fun = torch.nn.CrossEntropyLoss(ignore_index=-100)
    # 使用AdamW优化器，对模型参数进行优化，设定学习率等参数
    optimizer = torch.optim.AdamW(model.parameters(), lr = LEARNING_RATE)
    # 定义学习率调度器，使用余弦退火方式调整学习率，设定最大迭代次数、最小学习率等参数
    lr_scheduler     =     torch.optim.lr_scheduler.CosineAnnealingLR(optimizer,T_max     =
2400,eta_min=2e-6,last_epoch=-1)

    # 开始进行两个epoch的训练
    for epoch in range(24):
        # 使用tqdm创建进度条
        pbar = tqdm(train_loader,total=len(train_loader))

        for inps,attn_mask,labs in pbar:
            inps = inps.cuda()
            attn_mask = attn_mask.cuda()
            labs = labs.cuda()
            output_dict = model(input_ids = inps,attention_mask = attn_mask,use_cache =
False,labels=labs)
            loss = (output_dict["loss"])
            #logits = output_dict["logits"] #torch.Size([4, 18, 129280])

            loss.backward()  # 对损失值进行反向传播，计算模型参数的梯度
            optimizer.step()  # 使用优化器更新模型的参数
            lr_scheduler.step()  # 更新学习率
            # 设置进度条的描述，显示当前轮数、训练损失和学习率
            pbar.set_description(
                f"epoch:{epoch + 1}, train_loss:{loss.item():.5f},
lr:{lr_scheduler.get_last_lr()[0] * 1000:.5f}")

        # 保存训练好的模型参数
        model.save_pretrained("./lora_saver/lora_query_key_value")
```

在上面代码中，首先通过import语句引入了所需的库和模块，包括torch、transformers中的AutoModelForCausalLM、tqdm（用于进度条显示），以及DeepSeek-VL2中的模型和处理器。接着，

指定了模型路径，并使用该路径加载了DeepseekVLV2Processor，从中获取了tokenizer。然后，配置了LoRA微调的相关参数，包括任务类型、目标模块、推理模式、LoRA秩、LoRA alpha和LoRA dropout比例。然后，在torch.no_grad()上下文中，加载了预训练模型，并将其转换为bfloat16格式并移至CUDA设备。最后，使用get_peft_model函数对模型进行LoRA微调，并打印了可训练的参数。

接下来，代码通过自定义的get_dataset模块加载了训练数据集，并使用DeepseekVLV2Processor的tokenizer初始化了数据整理函数collate_fn。然后，创建了一个DataLoader对象，用于批量加载训练数据，同时设置了批次大小、数据打乱和整合方式。此外，定义了交叉熵损失函数（忽略标签为-100的部分），并使用AdamW优化器对模型参数进行优化，设置了学习率。最后，配置了学习率调度器，采用余弦退火方式调整学习率，并设置了最大迭代次数和最小学习率等参数。

在代码的训练部分，安排了24个epoch的训练过程。在每个epoch中，使用tqdm创建了进度条，用于显示训练进度。在每次迭代中，将输入数据、注意力掩码和标签移至CUDA设备，并通过模型前向传播计算损失。然后，对损失值进行反向传播，计算模型参数的梯度，并使用优化器更新模型参数。同时，更新学习率，并在进度条中显示当前轮数、训练损失和学习率。最后，在每个epoch结束时，把训练好的模型参数保存到指定路径。

第三步：微调模型的使用与推断

接下来，我们需要使用微调好的模型进行推断。根据前面讲解的LoRA微调技术，我们首先加载对应的LoRA训练存档，之后直接使用模型进行推断即可，代码如下所示：

```
    import torch
    import torch
    from transformers import AutoModelForCausalLM
    from tqdm import tqdm

    from deepseek_vl2.models import DeepseekVLV2Processor, DeepseekVLV2ForCausalLM
    from deepseek_vl2.utils.io import load_pil_images

    # specify the path to the model
    #model_path            =            "C:/Users/xiaohua/.cache/huggingface/hub/models--
deepseek-ai--deepseek-vl2-tiny/snapshots/66c54660eae7e90c9ba259bfdf92d07d6e3ce8aa"
    model_path = "deepseek-ai/deepseek-vl2-tiny"
    vl_chat_processor:                    DeepseekVLV2Processor                    =
DeepseekVLV2Processor.from_pretrained(model_path)
    tokenizer = vl_chat_processor.tokenizer

    from peft import AutoPeftModelForCausalLM
    model = AutoPeftModelForCausalLM.from_pretrained("./lora_saver/lora_query_key_value")
    model = model.to("cuda")
    model.eval()
    model.print_trainable_parameters()

    # multiple images/interleaved image-text
    conversation = [
        {"role": "<|User|>","content": "类型#裤*版型#宽松*风格#性感*图案#线条*裤型#阔腿裤",},
        {"role": "<|Assistant|>", "content": ""}
    ]


    # load images and prepare for inputs
    pil_images = load_pil_images(conversation)
    prepare_inputs = vl_chat_processor(
```

```
    conversations=conversation,
    images=pil_images,
    force_batchify=True,
    system_prompt=""
).to(model.device)

# run image encoder to get the image embeddings
inputs_embeds = model.prepare_inputs_embeds(**prepare_inputs)

# run the model to get the response
outputs = model.generate(
        inputs_embeds=inputs_embeds,
        input_ids=prepare_inputs.input_ids,
        images=prepare_inputs.images,
        images_seq_mask=prepare_inputs.images_seq_mask,
        images_spatial_crop=prepare_inputs.images_spatial_crop,
        attention_mask=prepare_inputs.attention_mask,
        past_key_values=None,

        pad_token_id=tokenizer.eos_token_id,
        bos_token_id=tokenizer.bos_token_id,
        eos_token_id=tokenizer.eos_token_id,
        max_new_tokens=512,

        do_sample=False,
        use_cache=True,
    )

answer = tokenizer.decode(outputs[0][:].cpu().tolist(), skip_special_tokens=False)
print(answer)
print("--------------------------------------------------------")
```

在上面代码中，首先导入了必要的库和模块，包括torch、transformers中的AutoModelForCausalLM、tqdm（用于进度条显示），以及DeepSeek-VL2中的模型和工具函数。接着，指定了模型路径，并使用该路径加载了DeepseekVLV2Processor，从中获取了tokenizer。然后，通过AutoPeftModelForCausalLM加载了经过LoRA微调的模型，并将其移至CUDA设备上进行评估。最后，打印了模型的可训练参数，为后续的推理过程做好准备。

接下来，代码定义了一个包含用户输入和助手占位符的对话列表。使用load_pil_images函数加载对话中可能包含的图像，并通过vl_chat_processor将对话和图像转换为模型所需的输入格式。然后，运行图像编码器获取图像嵌入，并将这些嵌入以及其他必要的输入传递给模型进行推理。模型生成响应后，使用tokenizer将输出的token ID解码为文本，并打印出助手的回答。整个过程实现了从对话输入到模型推理再到文本输出的完整流程。

输出结果如下所示：

```
<|begin_of_sentence|><|User|>: 类型#裤*版型#宽松*风格#性感*图案#线条*裤型#阔腿裤

<|Assistant|>:这款阔腿裤，采用宽松的版型设计，裤身采用细腻的材质，裤腰处采用松紧带设计，裤脚处采用高筒裤设计，裤口采用小脚踝设计，穿着舒适，穿着方便。<|end_of_sentence|>
```

可以看到，经过精细的微调之后，我们的模型在生成输出时，已经能够相当贴切地遵循数据集中的输出样式。这不仅体现在内容结构上的高度一致性，还反映在语言风格、表达习惯以及特定细节处理的巧妙契合上。这样的进步显著提升了模型的适应性和实用性，使得其在处理类似任务时，能够更加自然、准确地给出符合预期的答案。

12.4 本章小结

本章内容至此，我们已圆满完成了对大模型微调方法——LoRA（Low-Rank Adaptation）程序编写的详尽讲解。通过细致入微的演示，我们不仅向读者展示了LoRA微调技术的核心原理，还分别阐述了如何针对MLA模型中的特定参数以及特定层进行精准微调的具体操作方法。

这些方法不仅具有理论深度，更兼具实践指导意义，旨在帮助读者掌握大模型微调的关键技能，为后续的模型优化与应用奠定坚实基础。有兴趣了解LoRA微调技术的读者可以在后续更多实际场景中的完成应用案例，掌握如何根据具体任务需求，灵活调整微调策略，以期达到最佳的模型性能表现。

同时，在本章后部分我们还成功实现了基于多模态大模型DeepSeek的本地化部署，并对模型的应用做了深入探索。针对Windows系统环境下的DeepSeek-VL2，我们详细阐述了额外安装并编译好包的必要步骤，确保模型能够在该系统上顺利运行。为了进一步提升模型的适配性，使其能够更好地服务于特定的输出任务，我们深入讲解了PEFT（参数高效微调）与LoRA（低秩适配）这两种先进的微调方法。

通过这些精细化的调整和优化，我们在推断阶段取得了显著成效。广告文案撰写的实战结果表明，DeepSeek-VL2模型的推断结果已经相当出色地符合了我们的预期要求，不仅在准确性上有了显著提升，还在处理速度和稳定性上表现出了优异的性能。这一成果不仅验证了我们的技术路线和微调方法的有效性，也为后续更深入的应用和研究奠定了坚实的基础。

第 13 章 大模型蒸馏技术与应用

DeepSeek在开源之初就公布了一个完整的大型推理模型，在带来准确性的同时，也引入了一个问题，模型的规模越来越大，计算成本也越来越高，这对中小型开发者来说无疑是一个巨大的挑战。如何通过将大模型的知识和能力浓缩到更小、更轻量化的模型中，降低硬件要求，以更低的成本享受到先进的人工智能技术？

简单地说，如果让普通用户能够不再需要依赖庞大的计算资源就能实现高效、强大的人工智能应用。那么无论是对于个人项目还是初创公司，都可以更灵活的部署和使用对应的人工智能模型。

大模型蒸馏就是解决这个问题行之有效的手段。大模型蒸馏就像让一个“学霸老师”把复杂的知识浓缩成“精华笔记”，教给一个“学生小弟”，让小弟用更轻便的方式掌握核心能力，既省资源又高效。大模型蒸馏的示意图如图13-1所示。

图13-1　大模型蒸馏的示意图

在本章中，我们将从多个角度讲解基于DeepSeek的模型蒸馏，除此之外我们还扩展模型的蒸馏方法，学习和掌握从自然界物理规律中蒸馏一个新的专用模型的方法。

13.1　什么是模型蒸馏

在自然语言处理领域，LLM因其强大的语言理解和生成能力而备受关注。然而，由于参数规模较大，商业LLM的使用成本较高，而且数据隐私和安全问题也难以解决。相比之下，开源LLM模型虽然参数规模较小，但性能较弱。知识蒸馏（Knowledge Distillation，KD）技术为解决这个问题提供了新思路。知识蒸馏利用商业LLM的高性能，将其知识“蒸馏”到更小的开源模型中，从而实现高性能和低成本。

13.1.1　模型蒸馏的核心原理与应用价值

知识蒸馏技术，深受“教师－学生网络思想”的启发，已经成为模型压缩领域的一大重要方法。其精髓在于，巧妙利用庞大而复杂的教师模型，来引领和指导更轻量、灵巧的学生模型的训练之路。与传统的模型压缩策略相比，这一技术显得尤为出色，因为它不仅缩减了学生模型的参数规模，还成功地保留了教师模型中的深层知识和高性能。大模型教小模型的示意如图13-2所示。

图13-2　大模型教小模型示意图

在这一精心设计的知识迁移过程中，教师模型的作用远不止于提供简单的数据标签。更重要的是，它能够输出包含丰富类别间微妙关系的“软标签”。这些软标签，通过温度参数的细腻调节，传递着比原始硬标签更加详尽和精准的类别概率分布信息。正是这些信息，帮助学生模型捕捉到了更且鲁棒性和更有鉴别力的特征表示。以图像分类为例，当教师模型识别出“橙子”时，它可能还会同时捕捉到与“砂糖橘”之间的相似性。这种隐含的、深层次的知识传递，对于学生模型在泛化能力上的提升而言，无疑是至关重要的。

随着技术的不断进步，知识蒸馏已经发展成为一个多维、全面的知识迁移体系。除了传统的输出层蒸馏外，研究人员还探索出了特征图蒸馏、注意力蒸馏等更先进的中间层知识迁移方法。这些技术上的突破和创新，使得即便是小模型，在面对目标检测、语义分割等高度复杂的任务时，也能够展现出与教师模型相媲美的卓越性能。

特别是在那些对实时性要求极为苛刻的应用场景中，如移动端的快速部署和边缘计算的高效处理，经过蒸馏优化后的小模型更是大放异彩。它们不仅能够在保持90%以上精度的同时，还将推理速度提升了惊人的3~5倍。这样的成就，无疑为知识蒸馏技术在未来更广阔领域的应用，奠定了坚实的基础。

13.1.2　在线与离线大模型蒸馏的实施方法

在具体应用实施层面，知识蒸馏技术进一步细分为在线蒸馏与离线蒸馏两大分支，这两种差异化的实现路径深刻体现了深度学习思想的深度融合与创新应用。

离线蒸馏，遵循着“先验知识固化”的核心模式，它依托预训练好的教师模型，生成一套静态的知识库资源，其中包括软标签、特征表示等宝贵信息。学生模型则在这一固定且丰富的数据集上展开单向学习，稳扎稳打地吸收知识。这种方式的优势在于，能够有效规避训练过程中的诸多不稳定性，为学习过程提供稳定的基石。然而，它也并非完美无缺，教师模型的历史决策偏差可能会像隐形的暗流一样，悄然导致误差的累积，这是需要在实际应用中谨慎考虑的问题。

相较于离线蒸馏，在线蒸馏则构建了一种更加动态、灵活的知识传递框架。在这一框架下，教师与学生模型通过交替训练的方式，形成了一个紧密相连的闭环反馈系统。这种机制就像在线强化学习中的实时环境交互，充满了活力与应变能力。

学生模型在训练过程中，能够持续不断地获取到教师的最新知识，仿佛站在巨人的肩膀上，不断攀登学习的高峰。然而，这一机制也带来了双重挑战：一方面，需要确保知识的一致性得到妥善维护，避免信息的混乱与失真；另一方面，计算资源的优化也成为一个亟待解决的问题，如何在保证学习效率的同时，合理利用有限的计算资源，是在线蒸馏技术需要不断探索与突破的方向。

13.2　基于在线DeepSeek大模型的离线蒸馏

在上一节中，我们讲解了模型蒸馏的基本概念，了解到对大模型数据进行蒸馏并提供给学生模型进行训练，是一个很好的解决办法。本节将演示从数据获取开始，通过在线DeepSeek蒸馏获得一整套完整的mini蒸馏集的过程。

13.2.1　模型蒸馏的前置准备

对于模型蒸馏的前置准备工作，其核心要点在于依据特定要求精准获取相应的数据。在前面的讲解中，我们深入剖析了在线与离线这两种截然不同的大模型蒸馏方法。尽管二者在操作流程和实施细节上存在差异，但追根溯源，它们的本质都是通过向模型输入精心设计的特定问题，进而获取契合规范标准的数据。

无论最终选择在线蒸馏方法还是离线蒸馏方法，数据的准备工作都犹如大厦之基石，起着至关重要的作用。而在从教师模型获取数据的众多方案中，采用特定的system_prompt进行提示，无疑是最简便且高效的方式之一。通过巧妙地设计system_prompt，我们能够引导教师模型生成完全符合需求的问题与答案。下面为读者展示一个简单的示例：

```
system_prompt = """请按照以下要求生成数据：
1. 随机创建一个包含多轮对话的任务场景
2. 对话必须包含用户(user)和助手(assistant)的交替对话
3. 第一轮必须是用户提出的具体任务需求
4. 最后一轮必须由助手完成回答
5. 使用严格JSON格式返回，格式示例：
{"conversations": [
    {"content": "任务描述...", "role": "user"},
    {"content": "任务响应...", "role": "assistant"},
    ......
    {"content": "后续指令...", "role": "user"},
    {"content": "后续响应...", "role": "assistant"}
]}
"""
```

通过这种方式，我们能够充分利用教师模型的强大生成能力，快速且批量地获取高质量的数据。这些数据不仅符合我们预先设定的格式要求，而且在语义和逻辑上也具有较高的连贯性和合理性。

在实际应用中，这种基于system_prompt的数据生成方式具有诸多优势。一方面，它大大提高了数据获取的效率，避免了烦琐的人工标注和整理过程。另一方面，由于教师模型本身经过了大量的训练，其生成的数据往往具有较高的质量和多样性，能够更好地覆盖各种可能的任务场景和对话情况。

此外，我们还可以根据具体的需求对system_prompt进行灵活调整和优化。例如，我们可以增加对对话长度、话题范围、语言风格等方面的限制，以生成更符合特定应用场景的数据。通过这种方式，我们能够构建出更加完善、更具针对性的数据集，为后续的模型蒸馏工作提供坚实的数据基础，从而有效提升蒸馏后模型的性能和表现。

13.2.2　通过在线DeekSeek API进行蒸馏处理

本小节将通过DeekSeek提供的API完成数据的准备，首先我们来看一下DeepSeek提供的基本API代码，如下所示：

```
from openai import OpenAI

client = OpenAI(api_key="<DeepSeek API Key>", base_url="https://api.deepseek.com")

response = client.chat.completions.create(
    model="deepseek-chat",
    messages=[
        {"role": "system", "content": "You are a helpful assistant"},
        {"role": "user", "content": "Hello"},
    ],
    stream=False
)
print(response.choices[0].message.content)
```

上面这段代码通过OpenAI客户端库与DeepSeek的对话API进行交互，首先初始化客户端并配置认证信息（需替换实际API Key），然后调用chat.completions.create方法向deepseek-chat模型发送对话请求。请求中包含系统角色设定（定义助手行为规范）和用户输入消息（"Hello"），通过stream=False参数确保同步获取完整响应结果，最终提取并输出模型生成的回复内容。该实现展示了标准的LLM对话流程，包括身份验证、请求构造、模型调用和响应处理等核心环节。

从上面代码上来看，这里核心分成两部分，首先是对模型的定义，即角色扮演应该是什么角色，其次就是发送的messages信息的内容，因此我们下面依次对这二者进行定义处理。

1. system_prompt的处理

首先是system_prompt的处理问题，在这里我们的目标是构造并设置一个需要指导模型完成随机生成的一组多轮对话，并将其按格式返回的角色。因此，在设置上根据我们的目标任务首先设置一个系统指令：

```
system_prompt = """请按照以下要求生成数据：
1. 随机创建一个包含多轮对话的任务场景
2. 对话必须包含用户(user)和助手(assistant)的交替对话
3. 第一轮必须是用户提出的具体任务需求
4. 最后一轮必须由助手完成回答
5. 使用严格JSON格式返回，格式示例：
{"conversations": [
    {"content": "任务描述...", "role": "user"},
    {"content": "任务响应...", "role": "assistant"},
    ......
    {"content": "后续指令...", "role": "user"},
    {"content": "后续响应...", "role": "assistant"}
]}
"""
```

在上面代码中，我们要求在线DeepSeek分步骤输入任务进行问答，我们构建一个能自主生成符合蒸馏数据格式要求的动态对话系统，具体如下：

- 生成包含完整语义的多轮对话场景。
- 严格遵循用户（user）与助手（assistant）的交替对话结构。
- 首轮必须由用户发起具体任务指令。
- 末轮必须由助手完成最终响应。
- 输出符合指定JSON Schema的格式化数据。

2. 用户发送message的处理

下面就是配合设定的角色发送对应的角色信息，我们根据需要完成一轮或者多轮对话，并且根据需要获取的文本长度完成返回文本信息长度的获取，完整代码如下所示：

```
def generate_distilled_data():
    # 构造生成指令
    system_prompt = """请按照以下要求生成数据：
1. 随机创建一个包含多轮对话的任务场景
2. 对话必须包含用户(user)和助手(assistant)的交替对话
3. 第一轮必须是用户提出的具体任务需求
4. 最后一轮必须由助手完成回答
5. 使用严格JSON格式返回，格式示例：
{"conversations": [
    {"content": "任务描述...", "role": "user"},
    {"content": "任务响应...", "role": "assistant"},
    ......
    {"content": "后续指令...", "role": "user"},
    {"content": "后续响应...", "role": "assistant"}
]}
"""

    response = client.chat.completions.create(
        model="deepseek-chat",
        messages=[
            {"role": "system", "content": system_prompt},
            {"role": "user", "content": "请生成一个新的多轮对话任务，包含至少两轮或者两轮以上的
问答，使用中文且内容保持专业。"}
        ],
        temperature=0.70,
        max_tokens=8192,
        stream=False
    )

    # 提取并处理响应
    raw_output = response.choices[0].message.content

    # 清洗响应内容（处理可能的代码块标记）
    cleaned_output = raw_output.replace('''json', '').replace('''', '').strip()

    try:
        # 转换为标准JSON格式
        result = json.loads(cleaned_output)

        # 格式验证
        if not all(isinstance(item, dict) for item in result["conversations"]):
            raise ValueError("Invalid conversation format")

        return result
    except json.JSONDecodeError as e:
        print(f"JSON解析失败：{str(e)}")
```

```
        print("原始响应内容：")
        print(raw_output)
        return None
```

从上面代码可以看到，此时我们首先通过设定的角色和信息发送对应的信息内容给DeepSeek，之后获得反馈与结果，而参数设置可以使得我们获取到更多的不同信息与长度。

最后的响应处理和格式转换，也使得我们能够将对应的内容进行转换，从而得到输出结果。下面是一个输出示例：

```
生成的数据蒸馏结果：
{
  "conversations": [
    {
      "content": "我需要为即将到来的产品发布会准备一份详细的市场分析报告，你能帮我整理一下最近的市场趋势和竞争对手的动态吗？",
      "role": "user"
    },
    {
      "content": "当然可以。首先，我将为你整理最近三个月的市场趋势数据，包括消费者行为变化、技术创新以及行业政策的影响。同时，我会分析主要竞争对手的产品发布、市场策略和财务状况。你需要我重点关注哪些方面？",
      "role": "assistant"
    },
    {
      "content": "请特别关注技术创新和竞争对手的市场策略，尤其是他们在数字营销和用户体验方面的做法。",
      "role": "user"
    },
    {
      "content": "明白了。我将深入分析竞争对手在数字营销方面的策略，包括他们的社交媒体活动、SEO优化和内容营销。同时，我会评估他们在用户体验设计上的创新，比如界面优化、个性化推荐等。报告将在两天内完成并提供给你。",
      "role": "assistant"
    }
  ]
}

对话轮次：4 轮
1. user：我需要为即将到来的产品发布会准备一份详细的市场分析报告，你能帮我整理一下最近的市场趋势和竞争对手的动态吗？...
2. assistant：当然可以。首先，我将为你整理最近三个月的市场趋势数据，包括消费者行为变化、技术创新以及行业政策的影响。同时，我会分析主要竞争对手的产品发布、市场策略和财务状况。你需要我重点关注哪些方面？...
3. user：请特别关注技术创新和竞争对手的市场策略，尤其是他们在数字营销和用户体验方面的做法。...
4. assistant：明白了。我将深入分析竞争对手在数字营销方面的策略，包括他们的社交媒体活动、SEO优化和内容营销。同时，我会评估他们在用户体验设计上的创新，比如界面优化、个性化推荐等。报告将在两天内完成并提供给你。...
```

读者可以自行尝试运行代码。

13.3 基于物理信息神经网络的在线蒸馏

人工智能虽已在计算机视觉与自然语言处理等领域展现出革命性突破，但其对数据的高度依赖特性在微分方程求解领域形成了显著掣肘。传统深度学习模型需依赖大规模标注数据驱动训练过程，而物理系统的精细标注数据获取成本极高（如湍流场的全域测量、量子系统的精确波函数描述等），这严重限制了其在科学计算中的应用深度。

物理信息神经网络（Physics-Informed Neural Networks，PINN）的提出，通过构建物理约束与数据驱动的无缝耦合框架，为这一困境提供了突破性解决方案。其将控制方程残差直接嵌入损失函数，使网络在少量观测数据甚至无监督场景下，仍能通过学习物理系统的内在动力学规律实现高精度预测。

相较于传统数值方法（如有限差分法、有限元法），PINN展现出三大核心优势：

- 自动微分技术实现了对高阶导数的精确计算，避免了传统离散化过程中的截断误差。
- 通过复合损失函数实现物理约束与观测数据的协同优化，显著提升了数据利用效率。
- 端到端的训练范式使其能够自然处理复杂几何域与逆问题。

在本节中，我们将学习使用现实的物理规律蒸馏大模型的方法，将一个小模型从零训练成一个大物理专家。

13.3.1　在线蒸馏的损失函数与经典微分方程的求解方法

模型蒸馏（Model Distillation）是一种技术，用于将大型教师模型中的知识转移到较小的学生模型中，以实现更高效的计算和资源使用。在具体使用上，我们常常通过检测教师模型和学生模型在生成结果上的差距，从而计算出其差距。而这种检测方法我们通过是在损失函数中加上KL散度（Kullback-Leibler Divergence，KLD）的方法进行。

教师模型（大语言模型LLM）的输出通常经过Softmax转化为概率分布，包含丰富的类别间关系信息（如“猫”与“狗”的相似度）。学生模型需学习这种软标签（soft labels）而非硬标签（one-hot），以捕捉教师模型的隐性知识。KL散度在这一过程中起到关键作用，用于衡量教师模型和学生模型输出之间的差异。下面是我们实现的计算不同模型分布之间KL散度的代码示例：

```
import torch
import torch.nn.functional as F

def kl_divergence(teacher_logits, student_logits, temp=1.0):
    teacher_probs = F.log_softmax(teacher_logits / temp, dim=1)
    student_probs = F.softmax(student_logits / temp, dim=1)
    kl_loss = F.kl_div(teacher_probs, student_probs, reduction='batchmean') * (temp**2)
    return kl_loss
```

使用大语言模型蒸馏一个小模型的方法一般由于耗费的硬件资源较大，我们在这里就不再过多阐述了，下面将以物理定义PINN的蒸馏与训练为例讲解在线蒸馏的方法。

这里的PINN与传统神经网络的根本区别在于，它不依赖于标记数据集进行学习，而是将微分方程约束直接嵌入到损失函数中。而这种损失函数根据物理规律又需要满足如下两个条件：

- 给定的微分方程约束条件。
- 特定的边界条件和初始条件。

损失函数的公式表示为：

$$L_{\text{total}} = \alpha L_{\text{PDE}} + \beta L_{\text{data}}$$

而其中 L_{PDE} 是物理信息神经网络通过自动微分技术将偏微分方程（PDE）残差项融入损失函数，而 L_{data} 则是数据计算的损失函数。

下面我们看一下经典微分方程的解析解求解方法，考虑下面的一阶线性方程：

$$\frac{\mathrm{d}y}{\mathrm{d}x} = 2x + 5$$

同时我们设置初始条件为：

$$y(0) = 3$$

对于具体解法步骤，我们可以使用经典的算法：

首先将方程重写为标准形式：

$$\mathrm{d}y = (2x + 5)\mathrm{d}x$$

之后我们对方程两边进行积分：

$$\int \mathrm{d}y = \int (2x + 5)\mathrm{d}x$$

$$y = \int 2x\mathrm{d}x + \int 5\mathrm{d}x$$

此时应用积分变换基本公式：

$$\int x^n \mathrm{d}x = \frac{x^{n+1}}{n+1};\quad \int c\mathrm{d}x = cx$$

得到y的表达式以及通解为：

$$y = 2\frac{x^2}{2} + 5x + c = x^2 + 5x + c$$

此时c为积分常数，将初始条件带入可以得到c=3，由此得到的精确解为：

$$y = x^2 + 5x + 3$$

由此可知，通过积分变换，我们得到对应的方程精确解。这也是普通积分方程的解法过程。

13.3.2　基于PINN蒸馏求解微分方程的实战

通过分析积分求解过程，下面我们将基于PINN完成上面积分方程的求解过程。

1. 数据的准备

我们要完成PINN的数据准备工作，首先定义能够返回精确解的函数，如下所示：

```
def true_solution(x):
    return x ** 2 + 5 * x + 3  # 精确解函数
```

这与我们手动获得的解析解一致，为了验证图像的展示，我们还可以根据测绘点生成并绘制精确解。如下所示：

```
import torch
import torch.nn as nn
import torch.optim as optim
import numpy as np
import matplotlib.pyplot as plt

def true_solution(x):
    return x ** 2 + 5 * x + 3  # 精确解函数
```

```
x_test = torch.linspace(-2, 2, 100).view(-1, 1) # 生成测试点
y_true = true_solution(x_test)

plt.figure(figsize=(8, 5))
plt.plot(          # 绘制微分方程的精确解
    x_test,
    y_true,
    linestyle="dashed" ,
    linewidth=2,
    label="True Solution"
)

plt.xlabel("x")
plt.ylabel("y(x)")
plt.legend()
plt.title("Analytical Solution of the Equation")
plt.grid()
plt.show()
```

获得的图像如图13-3所示。

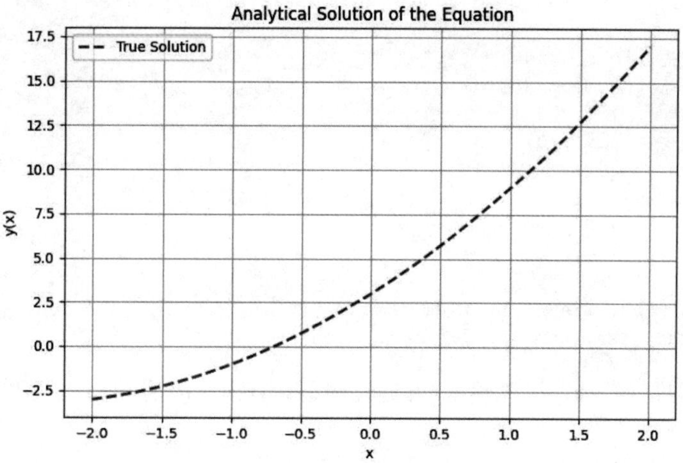

图13-3　方程精确解图像

2. 拟合模型的准备

接下来，我们需要完成PINN拟合模型。在这里，我们设计并使用了一个简单的全连接网络作为PINN模型的架构，代码如下所示：

```
class PINN(torch.nn.Module):
    def __init__(self):
        super(PINN, self).__init__()
        self.net = torch.nn.Sequential(
            torch.nn.Linear(1, 20), torch.nn.SiLU(),
            torch.nn.Linear(20, 20), torch.nn.SiLU(),
            torch.nn.Linear(20, 1)
        )

    def forward(self, x):
        return self.net(x)
```

上面代码使用了3层全连接层作为PINN的拟合函数，并在下一步使用。

3. PINN损失函数的定义

在物理信息神经网络（PINN）中，损失函数的设计是其核心，它通过结合微分方程约束和初始/边界条件来引导模型学习物理规律，损失函数的设计需要满足以下两个条件：

- 通过自动微分技术直接计算网络输出的导数（如dy/dx），将微分方程残差转化为可优化的损失项（L_PDE）。
- 显式包含初始/边界条件作为额外损失项（L_data），本例中仅使用初始条件$y(0)=3$。

其蒸馏的定义是通过损失函数予以传递，因此我们在定义损失函数时候，通过最小化微分方程残差和边界条件误差来驱动网络逼近真实解。

完整的PINN损失函数定义如下所示：

```
def pinn_loss(model, x):
    x.requires_grad = True
    y = model(x)

    # 使用自动微分计算dy/dx
    dy_dx = torch.autograd.grad(y, x, torch.ones_like(y), create_graph=True)[0]

    # 微分方程损失(L_D): dy/dx - (2x + 5)
    pde_loss = torch.mean((dy_dx - (2*x + 5))**2)

    # 初始条件损失(L_B): y(0) = 3
    x0 = torch.tensor([[0.0]])
    y0_pred = model(x0)
    initial_loss = (y0_pred - 3)**2

    # 总损失
    total_loss = pde_loss + initial_loss
    return total_loss, pde_loss, initial_loss
```

我们对上面代码进行解释，首先输入x并通过模型计算出对应的y值，之后的dy_dx是计算倒数，即完成自动微分，参数解释如下：

- outputs=y：需计算梯度的输出。
- inputs=x：对哪个输入求导。
- grad_outputs=torch.ones_like(y)：梯度权重，全1表示标量输出的梯度。
- create_graph=True：保留计算图以支持高阶导数计算。
- 输出：dy_dx是模型预测的导数，形状与x相同。

而pde_loss的作用是衡量生成的倒数是否满足方程$dy/dx = 2x + 5$，而均方差MSE保证了生成的数值具有一致性，这样迫使模型在域内所有采样点满足微分方程。

除此之外我们还有一个初始条件，即c=3，此时当输入x=0时，则强制要求我们的方程满足初始条件，同样也需要最小化均方差MSE。

4. PINN蒸馏模型的训练与结果比对

接下来，我们将完成PINN的蒸馏模型的训练和结果比对，代码如下所示：

```
# 导入必要库
import torch  # 深度学习框架
import torch.nn as nn  # 神经网络模块
```

```
import torch.optim as optim  # 优化器模块
import numpy as np  # 数值计算库
import matplotlib.pyplot as plt  # 绘图库


# 定义微分方程精确解函数（用于验证）
def true_solution(x):
    """微分方程 y' = 2x +5的精确解 y = x² +5x +3"""
    return x ** 2 + 5 * x + 3  # 精确解函数


# 定义物理信息神经网络(PINN)模型
class PINN(torch.nn.Module):
    def __init__(self):
        super(PINN, self).__init__()
        # 构建3层全连接网络：
        # 输入层(1神经元) -> 隐藏层(20神经元) -> 隐藏层(20神经元) -> 输出层(1神经元)
        self.net = torch.nn.Sequential(
            torch.nn.Linear(1, 20),  # 第一全连接层
            torch.nn.SiLU(),  # SiLU激活函数（平滑版Swish）
            torch.nn.Linear(20, 20),  # 第二全连接层
            torch.nn.SiLU(),  # 激活函数
            torch.nn.Linear(20, 1)  # 输出层
        )

    def forward(self, x):
        """前向传播：输入x通过神经网络得到预测值y"""
        return self.net(x)


# 定义PINN损失函数（核心物理约束）
def pinn_loss(model, x):
    """
    参数:
        model: PINN模型
        x: 输入数据点
    返回:
        total_loss: 总损失
        ode_loss: 微分方程损失
        initial_loss: 初始条件损失
    """
    x.requires_grad = True  # 启用梯度计算（自动微分关键步骤）
    y = model(x)  # 前向传播得到预测值

    # 使用自动微分计算导数 dy/dx
    dy_dx = torch.autograd.grad(
        y, x,
        grad_outputs=torch.ones_like(y),  # 梯度输出的形状与y相同
        create_graph=True  # 允许高阶导数计算
    )[0]

    # 计算微分方程残差损失（物理约束）
    pde_loss = torch.mean((dy_dx - (2 * x + 5)) ** 2)  # 残差平方的均值

    # 计算初始条件损失（边界约束）
    x0 = torch.tensor([[0.0]])  # 初始点x=0
    y0_pred = model(x0)  # 模型在x=0的预测值
    initial_loss = (y0_pred - 3) ** 2  # 与真实值y(0)=3的误差平方
```

```
    # 总损失 = 微分方程损失 + 初始条件损失（权重均为1）
    total_loss = pde_loss + initial_loss
    return total_loss, pde_loss, initial_loss


# 训练配置
epochs = 5000  # 训练轮次
loss_history = []  # 记录总损失历史
ode_loss_history = []  # 记录微分方程损失历史
initial_loss_history = []  # 记录初始条件损失历史

# 初始化模型和优化器
model = PINN()  # 创建PINN实例
optimizer = optim.SGD(  # 随机梯度下降优化器
    model.parameters(),
    lr=1e-3  # 学习率0.001
)
x_train = torch.linspace(-2, 2, 100).view(-1, 1)  # 生成100个训练点（x∈[-2,2]）

# 训练循环
for epoch in range(epochs):
    optimizer.zero_grad()  # 清空梯度

    # 计算损失
    total_loss, ode_loss, initial_loss = pinn_loss(model, x_train)

    # 反向传播
    total_loss.backward()  # 计算梯度
    optimizer.step()  # 更新参数

    # 记录损失历史
    loss_history.append(total_loss.item())
    ode_loss_history.append(ode_loss.item())
    initial_loss_history.append(initial_loss.item())

    # 每1000轮打印进度
    if epoch % 1000 == 0:
        print(f"Epoch {epoch}, Loss: {total_loss.item():.6f}")

# 结果可视化
X_test = torch.linspace(-2, 2, 100).view(-1, 1)  # 生成测试点
y_pred = model(X_test).detach().numpy()  # 模型预测（转换为NumPy数组）

# 绘制精确解与PINN解的对比图
plt.figure(figsize=(8, 5))
plt.plot(
    X_test,
    true_solution(X_test),
    linestyle="dashed",
    linewidth=3,
    label="True Solution",
    color="red"
)
plt.plot(
    X_test,
    y_pred,
    label="PINN Solution",
    color="green"
)
```

```
    plt.xlabel('x')
    plt.ylabel('y(x)')
    plt.legend()
    plt.title(r'Analytical Solution vs. PINN Solution')
    plt.grid(True)
    plt.savefig("solution.png", dpi=300, bbox_inches='tight')  # 保存高清图像
    plt.show()
```

上面代码构建了一个基于物理信息神经网络（PINN）的微分方程求解框架，通过深度神经网络与物理约束的结合，实现数据驱动与知识引导的混合建模。模型采用三层全连接架构，以SiLU激活函数增强非线性表达能力，前向传播直接输出微分方程的预测解，同时利用自动微分技术隐式嵌入导数计算，将微分方程残差和初始条件误差转化为可优化的损失函数。

核心创新在于损失函数的设计，将控制方程与边界条件转化为联合优化目标：通过反向传播同时最小化预测解的导数偏离微分方程右端项的程度，以及初始点预测值与真实值的误差。这种物理正则化方式使得网络在少量数据或无数据场景下仍能捕捉系统内在物理规律，形成灰箱建模范式。

训练过程采用随机梯度下降优化器，在均匀采样的空间点上迭代更新网络参数，最终通过可视化模块对比精确解与PINN解的拟合效果。实验表明该方法能有效逼近微分方程的解析解，验证了将物理先验融入深度学习的可行性，为复杂物理系统的建模提供了新范式。

13.4　本章小结

在本章中，我们深入剖析了大模型蒸馏的核心方法与实现技巧。模型蒸馏作为提升模型效率与性能的关键技术，其种类繁多，每种方法的目的都是通过不同的策略将复杂大模型的知识迁移到更加轻量、高效的小模型中。我们首先从宏观角度概述了模型蒸馏的多样性，包括基于不同训练阶段、数据使用方式以及知识传递形式的分类，为读者构建了一个全面的知识框架。

随后，我们进一步深入探讨，分别聚焦于离线蒸馏与在线蒸馏两大主流方法。离线蒸馏侧重于在预训练大模型完成训练后，利用其生成的伪标签或中间层特征作为监督信号，对小模型进行有监督或无监督的训练，以实现知识的有效传递。在线蒸馏强调在训练过程中，大模型与小模型之间的动态交互与知识共享，通过实时调整学习策略，促进小模型在保持轻量化的同时，尽可能接近大模型的性能表现。这两种方法各有千秋，共同构成了大模型蒸馏技术的丰富图景。

第 14 章

后训练算法GRPO详解与实战

PPO（Proximal Policy Optimization，近端策略优化）作为强化学习领域的一颗璀璨明星，以其独特的优化策略和出色的性能表现，在众多复杂任务场景中崭露头角。它巧妙地平衡了探索与利用之间的关系，通过限制策略更新的幅度，有效避免了策略在更新过程中出现的大幅波动，使得智能体能够在稳定的学习过程中逐步提升性能。在诸如机器人控制、游戏AI等领域，PPO算法展现出了强大的适应性和高效性，为解决实际问题提供了有力的工具。其通过不断地与环境进行交互，根据反馈信号调整策略，让智能体逐渐学会在复杂的环境中做出最优决策，仿佛为智能体赋予了一双洞察环境奥秘的慧眼。

然而，随着应用场景的不断拓展和任务的日益复杂，PPO算法也面临着一些挑战。例如，在处理高维状态空间和动作空间的问题时，其计算复杂度和样本需求量会显著增加，导致训练效率降低。而且，PPO算法对于超参数的设置较为敏感，不同的超参数组合可能会对算法的性能产生较大影响，这增加了算法调优的难度。

而GRPO（Guided Reinforcement Policy Optimization，引导式强化策略优化）算法则犹如一股新兴的力量，在强化学习的舞台上崭露头角。GRPO算法在继承PPO算法优势的基础上，进行了创新性的改进。它引入了一种引导机制，这种机制能够根据任务的特点和先验知识，为智能体的策略更新提供更有针对性的指导。就像是在黑暗中为智能体点亮了一盏明灯，让它在探索最优策略的道路上少走弯路。PPO与GRPO示意如图14-1所示。

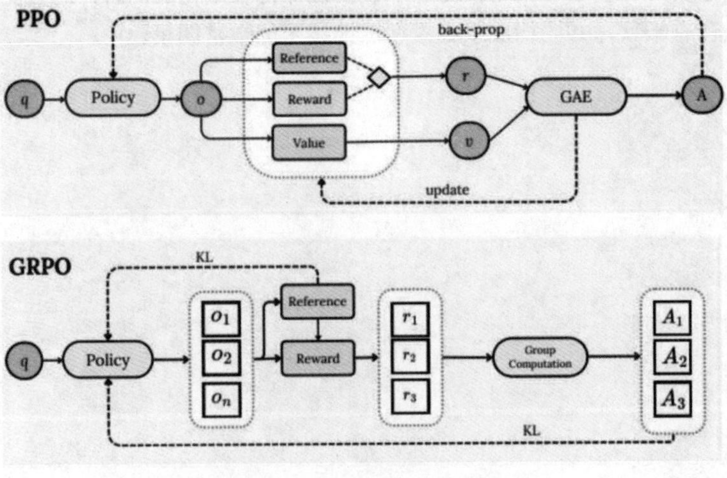

图14-1　PPO与GRPO示意图

在实际应用中，GRPO算法展现出了比PPO算法更优越的性能。以自动控制为例，面对复杂多变的操作环境和瞬息万变的状况，GRPO算法能够更快速地收敛到最优策略，使自动控制更加紧凑和准确。它通过对操作过程中的各种因素进行精准分析和引导，让目标在不同的情况下都能做出最合适的决策。

而且，GRPO算法在处理高维数据和复杂任务时，具有更好的鲁棒性和适应性，能够有效应对各种突发情况和不确定性因素，为强化学习在更多领域的应用开辟了新的道路。未来，随着对GRPO算法研究的不断深入和完善，相信它将在强化学习领域发挥更加重要的作用，推动人工智能技术不断向前发展。

14.1　基于GRPO的平衡车自动控制实战

我们知道，基于PPO算法的火箭回收案例非常经典，从其实现过程可以看到，通过对整体的操作描述和控制，我们可以更好地对火箭降落的全过程进行优化。由于篇幅问题，我们直接把这个火箭回收案例代码放在配套资源中，请读者在学习本节之前，先通过运行案例代码弄清楚PPO算法。本节将延续这一自动火箭回收的经典案例，使用新的强化学习算法GRPO来完成一项新的强化学习控制技术。

14.1.1　CartPole强化学习环境设置

CartPole是用于强化学习的一种常用环境，在CartPole场景中，有一辆小车，智能体的任务是通过左右移动保持车上的杆竖直，若杆的倾斜度数过大，或者车子离初始位置左右的偏离程度过大，或者坚持时间到达最大帧，则游戏结束。在CartPole-V1环境中，最大帧是500。CartPole环境如图14-2所示。

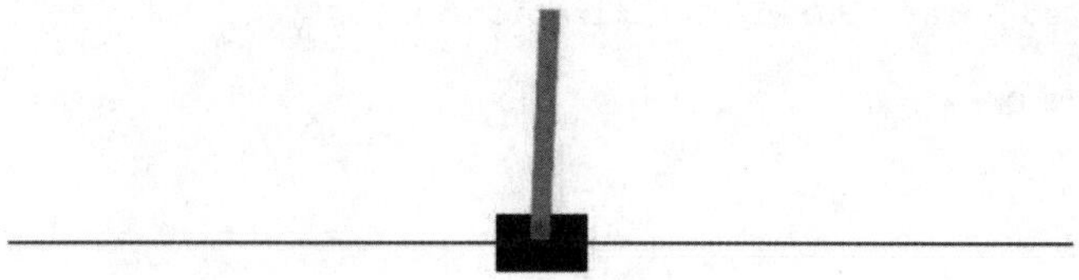

图14-2　CartPole环境

下面是我们完成的一个用于演示CartPole的代码：

```
import gym

def main():
    env = gym.make('CartPole-v1', render_mode="human")
    for i_episode in range(20):
        observation = env.reset()
        for t in range(100):
            env.render()
            print(observation)
            action = env.action_space.sample()
            observation, reward, done, info, _ = env.step(action)
            if done:
                print("Episode finished after {} timesteps".format(t + 1))
                break

if __name__ == "__main__":
    main()
```

智能体的状态是一个维数为4的向量，每一维都是连续的，其动作空间是离散的，动作空间大小为2，详情参见表14-1、表14-2所示。

表14-1　CartPole环境的状态空间

维　度	状　态	最　小　值	最　大　值
0	车的位置	-2.4	2.4
1	车的速度	-Inf	Inf
2	杆的角度	-41.8°	41.8°
3	杆尖端的速度	-Inf	Inf

表14-2　CartPole环境的动作空间

标　号	动　作
0	向左移动小车
1	向右移动小车

在游戏中每坚持一帧，智能体能获得分数为1的奖励；坚持时间越长，则最后的分数越高，坚持最大帧即可获得最高的分数。

14.1.2　基于GRPO的CartPole模型训练

接下来，我们将首先使用基于GRPO强化学习方案，完成CartPole模型训练，代码如下所示：

```
# -*- coding: utf-8 -*-
"""
GRPO (Generalized Reward Policy Optimization) 算法实现
环境：CartPole-v1
功能：训练策略网络平衡小车立杆
"""

# 常用库
import time  # 时间统计
from tqdm import tqdm  # 进度条显示
import matplotlib.pyplot as plt  # 结果可视化

# PyTorch相关
import torch
from torch.nn import functional as F  # 神经网络函数
import gym  # 强化学习环境
from torch.distributions import Categorical  # 分类分布采样
import numpy as np  # 数值计算


class PolicyNet(torch.nn.Module):
    """策略网络定义"""

    def __init__(self, state_dim, action_dim):
        """
        初始化策略网络结构
        :param state_dim: 状态维度 (CartPole为4)
        :param action_dim: 动作维度 (CartPole为2)
        """
        super(PolicyNet, self).__init__()
        self.fc1 = torch.nn.Linear(state_dim, 128)  # 第一全连接层
```

```
        self.fc2 = torch.nn.Linear(128, action_dim)  # 第二全连接层

    def forward(self, state):
        """
        前向传播计算动作概率
        :param state: 输入状态 [batch_size, state_dim]
        :return: 动作概率分布 [batch_size, action_dim]
        """
        x = torch.nn.functional.relu(self.fc1(state))  # ReLU激活
        logits = self.fc2(x)  # 未归一化的动作分值
        return F.softmax(logits, dim=1)  # 转换为概率分布


def collect_trajectory_vectorized(envs, policy_net, trajectory_max_steps=500,
device="cpu"):
    """
    从并行环境中收集轨迹数据
    :param envs: 并行环境对象 (vectorized environment)
    :param policy_net: 策略网络实例
    :param trajectory_max_steps: 单条轨迹最大步长
    :param device: 计算设备 (cpu/cuda)
    :return: (轨迹数据字典, 各环境总奖励)
    """
    group_size = envs.num_envs  # 并行环境数量
    seed_num = np.random.randint(0, 1000)  # 随机种子
    states, _ = envs.reset(seed=[seed_num] * group_size)  # 环境重置

    # 初始化存储容器
    all_states = []  # 状态序列 [T, group_size, state_dim]
    all_actions = []  # 动作序列 [T, group_size]
    all_log_probs = []  # 对数概率 [T, group_size]
    all_rewards = torch.zeros(group_size)  # 累计奖励 [group_size]
    all_dones = torch.tensor([False] * group_size)  # 终止标记 [group_size]

    # 轨迹收集循环
    for t in range(trajectory_max_steps):
        # 状态转张量
        states_tensor = torch.tensor(states, dtype=torch.float32, device=device)

        # 计算动作概率
        probs = policy_net(states_tensor)  # [group_size, action_dim]
        dist = Categorical(probs)  # 创建分类分布
        actions = dist.sample()  # 采样动作 [group_size]
        log_probs = dist.log_prob(actions).detach()  # 对数概率 [group_size]

        # 环境交互
        next_states, rewards, terminated, truncated, infos =
envs.step(actions.cpu().numpy())
        dones = np.logical_or(terminated, truncated)  # 合并终止条件

        # 数据存储
        all_states.append(states)
        all_actions.append(actions)
        all_log_probs.append(log_probs)
        all_dones[dones] = True  # 更新终止标记

        # 奖励处理：终止环境奖励归零 + 位置惩罚
        rewards[all_dones] = 0  # 终止环境奖励置零
        rewards += -abs(next_states[:, 0])  # 添加水平位置惩罚
```

```
            all_rewards += rewards  # 累计奖励

            # 状态更新
            states = next_states

            # 提前终止条件：所有环境都终止
            if torch.all(all_dones):
                break

        # 后处理：归一化奖励并组织数据
        normalized_rewards = (all_rewards / trajectory_max_steps).to(device)  # 奖励归一化
        all_states = torch.tensor(all_states).permute(1, 0, 2).to(device)  # [group_size, T,
state_dim]
        all_log_probs = torch.stack(all_log_probs).permute(1, 0).to(device)  # [group_size,
T]
        all_actions = torch.stack(all_actions).permute(1, 0).to(device)  # [group_size, T]

        # 打包轨迹数据
        trajectories = {
            "all_states": all_states,
            "all_log_probs": all_log_probs,
            "all_actions": all_actions,
            "normalized_rewards": normalized_rewards
        }
        episode_rewards = normalized_rewards * trajectory_max_steps  # 计算实际奖励

        return trajectories, episode_rewards


    def calc_advantages_with_grpo(trajectories):
        """
        计算标准化优势值
        :param trajectories: 轨迹数据字典
        :return: 标准化后的优势值 [group_size]
        """
        rewards = trajectories["normalized_rewards"]  # 提取归一化奖励
        mean_reward = torch.mean(rewards)         # 计算均值
        std_reward = torch.std(rewards) + 1e-8  # 计算标准差（防止除零）
        advantages = (rewards - mean_reward) / std_reward  # 标准化
        return advantages


    def grpo_update(trajectories, net, optimizer, n_iterations=20, eps=0.2):
        """
        GRPO策略更新
        :param trajectories: 轨迹数据字典
        :param net: 策略网络
        :param optimizer: 优化器
        :param n_iterations: 策略更新迭代次数
        :param eps: PPO截断阈值
        :return: 本轮平均损失值
        """
        # 计算标准化优势值 [group_size, 1]
        advantages = calc_advantages_with_grpo(trajectories).unsqueeze(-1)

        # 解包轨迹数据
        all_states = trajectories["all_states"]  # [group_size, T, state_dim]
        all_log_probs = trajectories["all_log_probs"]  # [group_size, T]
        all_chosen_actions = trajectories["all_actions"]  # [group_size, T]
```

```
    batch_size = len(all_states)  # group_size

    # 多轮策略优化
    for i_iter in range(n_iterations):
        loss = 0.0

        # 遍历每个并行环境的轨迹
        for i in range(batch_size):
            # 提取单条轨迹数据
            states = all_states[i]  # [T, state_dim]
            log_probs = all_log_probs[i]  # [T]
            chosen_actions = all_chosen_actions[i]  # [T]
            advantage = advantages[i]  # [1]

            # 计算新策略的对数概率
            new_log_probs = torch.log(net(states).gather(1, chosen_actions.unsqueeze(1)))
# [T, 1]

            # 计算概率比（重要性采样比率）
            ratio = torch.exp(new_log_probs - log_probs.unsqueeze(1))  # [T, 1]

            # 计算替代损失
            surr1 = ratio * advantage  # 未截断项
            surr2 = torch.clamp(ratio, 1 - eps, 1 + eps) * advantage  # 截断项
            trajectory_loss = torch.mean(-torch.min(surr1, surr2))  # 取最小值

            loss += trajectory_loss  # 累计损失

        # 计算平均损失
        loss /= batch_size

        # 反向传播更新参数
        optimizer.zero_grad()
        loss.backward()
        optimizer.step()

    return loss.item()


if __name__ == '__main__':
    """主训练程序"""
    # [1] 环境与网络初始化
    group_size = 10  # 并行环境数量
    env_name = 'CartPole-v1'  # 环境名称
    envs = gym.vector.make(env_name, num_envs=group_size)  # 创建并行环境

    # 获取环境参数
    state_dim = envs.single_observation_space.shape[0]  # 状态维度=4
    n_actions = envs.single_action_space.n  # 动作数量=2

    # 设备配置
    device = torch.device("cuda") if torch.cuda.is_available() else torch.device("cpu")

    # 初始化策略网络和优化器
    policy = PolicyNet(state_dim, n_actions).to(device)
    optimizer = torch.optim.Adam(policy.parameters(), lr=0.02)  # 学习率0.02

    # 训练参数
    episode_num = 50  # 训练轮数
```

```
    trajectory_max_steps = 500  # 单轨迹最大步长
    return_list = []  # 奖励记录

    # [2] 训练主循环
    start = time.time()
    for i_episode in tqdm(range(episode_num)):
        # [3] 收集轨迹数据
        trajectories, episode_rewards = collect_trajectory_vectorized(
            envs, policy, trajectory_max_steps, device=device
        )

        # [4] 策略更新
        loss = grpo_update(trajectories, policy, optimizer)

        # [5] 记录性能指标
        avg_reward = sum(episode_rewards) / len(episode_rewards)
        return_list.append(avg_reward.cpu().numpy())

        # 打印训练信息
        print(f'第 {i_episode} 次试验, 平均奖励: {avg_reward:.2f}')

    # [6] 训练后处理
    print("总耗时(s): ", time.time() - start)

    # 保存模型
    save_path = "./grpo_cartpole_policy_update_final.pth"
    torch.save(policy.state_dict(), save_path)
    print(f"模型已保存至: {save_path}")

    # 绘制训练曲线
    plt.figure(figsize=(10, 6))
    plt.plot(return_list)
    plt.xlabel('train epochs')
    plt.ylabel('avg reward')
    plt.title('GRPO on CartPole-v1')
    plt.grid(True)
    plt.show()

    # 关闭环境
    envs.close()
```

在上面代码中，我们首先创建一个PolicyNet用以对模型的训练，之后的GPRO在过程中学习操作，并根据奖励完成项目既定目标，并将结果进行存储。训练过程请读者自行尝试。

14.1.3　基于GRPO后的CartPole模型演示

模型训练完毕后，为了验证我们的训练任务，需要对基于GRPO后的CartPole模型进行演示，代码如下所示：

```
# test_cartpole.py
import gym
import torch
import numpy as np
import matplotlib.pyplot as plt
import matplotlib.animation as animation
from argparse import ArgumentParser
```

```
# 定义策略网络（必须与训练代码完全一致）
class PolicyNet(torch.nn.Module):
    def __init__(self, state_dim, action_dim):
        super().__init__()
        self.fc1 = torch.nn.Linear(state_dim, 128)
        self.fc2 = torch.nn.Linear(128, action_dim)

    def forward(self, state):
        x = torch.relu(self.fc1(state))
        return torch.softmax(self.fc2(x), dim=1)


def load_model(model_path, device='cpu'):
    """加载训练好的模型"""
    # 初始化网络结构
    model = PolicyNet(state_dim=4, action_dim=2)

    try:
        # 加载训练权重
        model.load_state_dict(torch.load(model_path, map_location=device))
        model.eval()
        print(f"成功加载模型：{model_path}")
        return model
    except Exception as e:
        print(f"模型加载失败：{str(e)}")
        exit(1)


def run_episode(env, model, max_steps=500, render=True):
    """运行单个测试回合"""
    state, _ = env.reset()
    total_reward = 0
    frames = []

    for step in range(max_steps):
        if render:
            frame = env.render()
            if env.render_mode == 'rgb_array':
                frames.append(frame)

        # 使用模型选择动作
        with torch.no_grad():
            state_tensor = torch.FloatTensor(state).unsqueeze(0)
            action_probs = model(state_tensor)
        action = torch.argmax(action_probs).item()

        # 执行动作
        next_state, reward, terminated, truncated, _ = env.step(action)
        total_reward += reward
        state = next_state

        if terminated or truncated:
            print(f"回合结束，步数：{step + 1}，总奖励：{total_reward:.1f}")
            break

    return total_reward, frames

def save_gif(frames, filename, fps=30):
    """保存为GIF动画"""
```

```
    plt.figure(figsize=(6, 4))
    plt.axis('off')
    ims = [[plt.imshow(frame, animated=True)] for frame in frames]
    ani = animation.ArtistAnimation(plt.gcf(), ims, interval=50, blit=True)
    ani.save(filename, writer='pillow', fps=fps)
    print(f"动画已保存至：{filename}")

def main():
    # 命令行参数解析
    parser = ArgumentParser(description='CartPole测试程序')
    parser.add_argument('--model',                                    type=str,
default='./grpo_cartpole_policy_update_final.pth',
                    help='模型文件路径（默认：./grpo_cartpole_policy_update_final.pth）')
    parser.add_argument('--episodes', type=int, default=5,
                    help='测试回合数（默认：5）')
    parser.add_argument('--render',    type=str,    choices=['human',    'rgb_array'],
default='human',
                    help='渲染模式：human（窗口显示）或 rgb_array（生成帧）')
    parser.add_argument('--save_gif', action='store_true',
                    help='保存为GIF动画（仅在rgb_array模式有效）')
    args = parser.parse_args()

    # 设备设置
    device = torch.device("cuda" if torch.cuda.is_available() else "cpu")

    # 创建环境
    try:
        env = gym.make('CartPole-v1', render_mode=args.render)
    except gym.error.Error as e:
        print(f"环境创建失败：{str(e)}")
        print("请确保：1.已安装最新gym库 2.确认环境名称正确")
        exit(1)

    # 加载模型
    model = load_model(args.model, device)

    # 运行测试
    total_rewards = []
    best_frames = []
    max_reward = 0

    for ep in range(args.episodes):
        print(f"\n=== 第 {ep + 1}/{args.episodes} 测试回合 ===")
        reward, frames = run_episode(env, model)
        total_rewards.append(reward)

        # 记录最佳表现
        if reward > max_reward and args.render == 'rgb_array':
            max_reward = reward
            best_frames = frames

    # 输出统计信息
    print("\n=== 测试结果 ===")
    print(f"平均奖励：{np.mean(total_rewards):.1f} ± {np.std(total_rewards):.1f}")
    print(f"最佳奖励：{max(total_rewards)}")
    print(f"最差奖励：{min(total_rewards)}")

    # 保存最佳表现动画
    if args.save_gif and args.render == 'rgb_array' and len(best_frames) > 0:
        save_gif(best_frames, "cartpole_demo.gif")
    elif args.save_gif and args.render != 'rgb_array':
        print("警告：--save_gif 仅在rgb_array渲染模式下有效")
```

```
    env.close()

if __name__ == '__main__':
    main()
```

通过对训练好的模型进行演示，我们打印了演示步数及其获取的奖励，如下所示：

```
回合结束，步数：500，总奖励：500.0

=== 第 2/5 测试回合 ===
回合结束，步数：500，总奖励：500.0

=== 第 3/5 测试回合 ===
回合结束，步数：500，总奖励：500.0

=== 第 4/5 测试回合 ===
回合结束，步数：500，总奖励：500.0

=== 第 5/5 测试回合 ===
回合结束，步数：500，总奖励：500.0

=== 测试结果 ===
平均奖励：500.0 ± 0.0
最佳奖励：500.0
最低奖励：500.0
```

在这个过程中，我们可以通过注释模型载入参数来观察不同状态下的模型对CartPole的操作，其图像如图14-3所示。读者可以自行尝试运行代码。

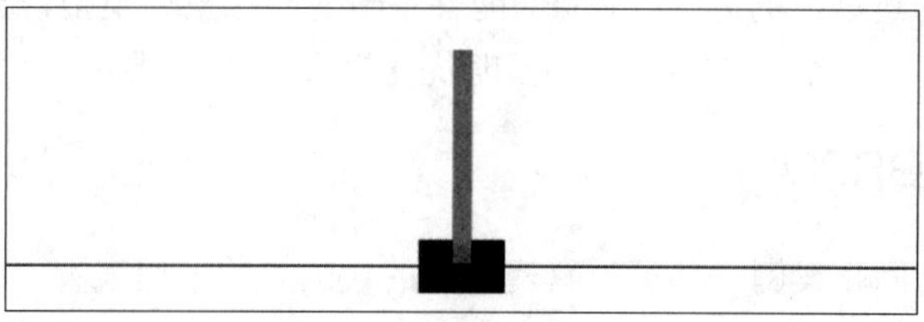

图14-3 CartPole的操作

14.2 GRPO算法详解

传统的策略优化方法，比如PPO（Proximal Policy Optimization，近端策略优化），通常会用一个单独的价值模型来估算某个状态的价值。接着，它会利用广义优势估计（GAE）来计算优势值，并基于这些优势来逐步更新策略模型。在这个过程中，策略模型和价值模型是同步进行迭代的，这样做的目的是不断提升价值模型的估算准确度，让策略优化更加有效。

不过，GRPO（这里可以理解为一种改进或变体的策略优化方法）就采取了不一样的做法。它不再依赖单独的价值模型，而是直接根据群体策略所产生的奖励，来计算群体奖励优势。下面是GRPO实现的一份伪代码，如下所示：

```
# 注意：这不是实际公式。
# 这是一个高度简化的预期目标版本
def grae_advantages(rewards):
    """概念性组相对优势估计（结果监督）。"""
    mean_reward = np.mean(rewards)
```

```
    std_reward = np.std(rewards)
    normalized_rewards = (rewards - mean_reward) / (std_reward + 1e-8)
    advantages = normalized_rewards  # 对于结果监督，优势 = 归一化奖励
    return advantages

def grpo_loss(old_policy_logprobs_group, new_policy_logprobs_group, group_advantages,
kl_penalty_coef, clip_epsilon):
    """概念性 GRPO 损失函数（对一组响应应取平均）。"""
    group_loss = 0
    for i in range(len(group_advantages)):  # 遍历组内的每个相应
        advantage = group_advantages[i]
        new_policy_logprob = new_policy_logprobs_group[i]
        old_policy_logprob = old_policy_logprobs_group[i]

        ratio = np.exp(new_policy_logprob - old_policy_logprob)
        clipped_ratio = np.clip(ratio, 1 - clip_epsilon, 1 + clip_epsilon)
        surrogate_objective = np.minimum(ratio * advantage, clipped_ratio * advantage)
        policy_loss = -surrogate_objective

        kl_divergence = new_policy_logprob - old_policy_logprob
        kl_penalty = kl_penalty_coef * kl_divergence
        group_loss += (policy_loss + kl_penalty)  # 累加组内每个响应的损失

    return group_loss / len(group_advantages)  # 对组内损失取平均
```

具体来说，GRPO会运用统计手段，在群体策略中找出那些表现优秀、奖励高的策略，以及表现不佳、奖励低的策略。然后，它会调整这些策略的概率，增加高奖励策略被选中的机会，同时减少低奖励策略的使用概率。通过这样的方式，GRPO能够不断地迭代策略模型，直到达到一个稳定、收敛的状态。这种方法简化了模型结构，同时也为策略优化提供了新的思路。

14.2.1 从PPO对比GRPO

从PPO算法实现火箭回收案例（参见配套资源中的代码）的过程来看，PPO就像是教你的LLM一步步走路，确保它在每次更新时不会摔倒。它对LLM的“走路方式”（策略）进行温和的调整。

1. PPO算法回顾与总结

PPO的关键角色：

- 策略（LLM）：我们正在训练的LLM，用于生成更好的文本。
- 奖励模型：根据人类偏好对文本进行打分的AI裁判。
- 价值函数（辅助教练）：另一个AI模型，充当“辅助教练”。它估计每个状态的“好坏”（当前文本生成的前景如何）。这有助于PPO进行更智能的更新。

PPO的训练步骤：

- 生成文本（Rollout）：LLM（策略）为不同的提示生成大量文本样本。
- 获取分数（奖励模型）：奖励模型对每个文本样本进行打分。
- 计算优势（GAE——“好多少”分数）：这就是GAE的作用！它是一种巧妙的方法，用于计算每个单词选择的优劣，考虑奖励和价值函数的预测。（关于GAE的更多内容见下文！）
- 优化LLM（策略更新）：我们更新LLM的策略，以最大化一个特殊的PPO目标函数。这个目标函数现在有三个关键部分：
    - 鼓励更高奖励：它推动LLM生成能够获得更高分数的文本。

- 限制策略变化（剪切代理目标）：它预防策略在一次更新中变化过大，确保稳定性。
- KL散度惩罚：如果新策略与旧策略偏离太远，它会增加惩罚，进一步增强稳定性。

- 熵奖励：它还包括一个熵奖励。简单来说，熵衡量LLM文本生成的“随机性”或“多样性”。增加熵奖励可以鼓励LLM更多地探索，而不是总是生成相同、可预测的响应。它有助于防止LLM过早变得“过于确定”，从而错过可能更好的策略。
- 更新价值函数（辅助教练更新）：训练价值函数成为一个更好的“辅助教练”——更准确地预测不同文本生成的“好坏”。

为什么选择GAE（Generalized Advantage Estimation，广义优势估计），GAE是一种在策略梯度方法中广泛使用的优势函数估计方法，它结合了蒙特卡洛方法和时序差分方法的优点，以达到低方差和低偏差的估计效果。

- 蒙特卡洛（MC）：高方差，低偏差。想象一下等到整个文本生成后再获得奖励，然后将该奖励分配给文本中的每一个单词。就像只有在小狗完成整个“坐下、待命、取回”动作序列后才给予奖励。对整个序列的奖励是准确的，但对单个动作（“坐下”与“待命”与“取回”）的信号非常嘈杂。高方差，所以学习速度慢。
- 时间差分（TD）：低方差，高偏差。想象一下在每个单词生成后给予奖励。“好单词！”“普通单词！”“很棒的单词！”信号不那么嘈杂，学习速度更快。但是，我们只是局部地判断单词，没有考虑整个文本的长期质量。可能会有偏差，可能会错过“大局”。
- GAE：平衡。广义优势估计（GAE）就像“多步TD”。它考虑了多个步骤（单词）上的奖励，平衡了方差（MC）与偏差（TD）之间的权衡。就像不仅在结束时给予奖励，还在价值函数预测的指导下，为沿途的“小步骤”给予奖励。

下面我们讲解一下GRPO算法。

2. GRPO算法讲解

GRPO是DeepSeek中对PPO的一种聪明的改进，旨在更加高效，尤其是在复杂的推理任务中。GRPO就像是PPO的精简版。它保留了PPO的核心思想，但去掉了独立的价值函数（辅助教练），使其更轻量、更快速。PPO算法与GRPO示意如图14-4所示。

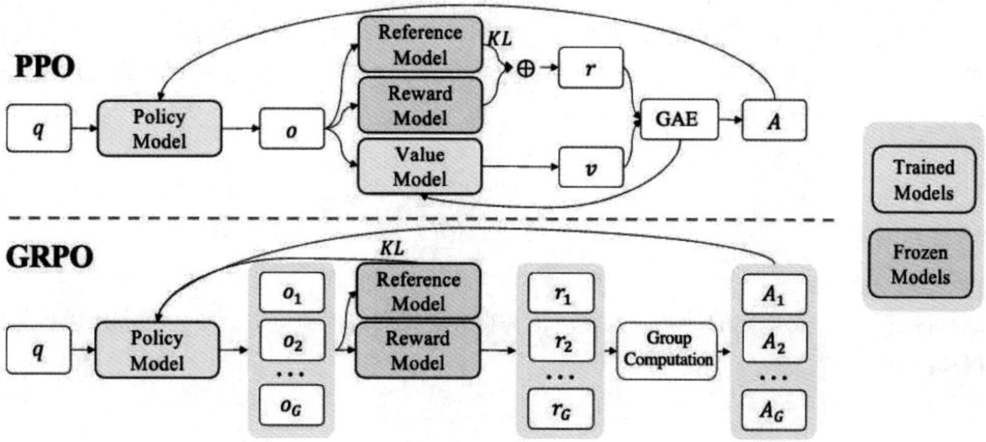

图14-4　PPO算法与GRPO示意图

1）GRPO的改进

基于组的优势估计（GRAE）。GRPO的魔法成分在于它如何估计优势。它不是使用辅助教练，而是使用一组由LLM生成的相同提示的响应来估计每个响应相对于组内其他响应的“好坏”。

2）GRPO训练流程（简化版）

- 生成一组响应：对于每个提示，从LLM中生成多个响应的一组。
- 对组进行打分（奖励模型）：获取组内所有响应的奖励分数。
- 计算组内相对优势（GRAE组内比较）：通过比较每个响应的奖励与组内平均奖励来计算优势。在组内对奖励进行归一化以得到优势。
- 优化策略（使用GRAE的PPO风格目标函数）：使用一个PPO风格的目标函数更新LLM的策略，但使用这些组内相对优势。

14.2.2　GRPO核心原理与案例演示

本小节将详解GRPO核心原理，有些暂时无法理解的内容，读者可以参考14.2.3节的内容一并上网查阅。GRPO的核心思想是通过比较同一组内不同策略或动作的相对表现来优化学习过程，而不是依赖传统的价值模型（Critic Model）来评估每个动作的价值。其主要机制包括分组机制，即对同一提示生成K个响应构成一个组：

$$G=\{(y_1,r_1),(y_2,r_2),\cdots,(y_k,r_k)\}$$

其中$r_i=R(y_i\mid x)$为y_i的奖励值。需要注意，这里的y_i为每个序列生成的最终结果，即代表模型对输入的序列生成了一个对应当前状态的完整序列输出。而奖励值$R(y_i\mid x)$则是针对整个序列y_i进行计算，也就是说优化目标是基于完整序列的奖励值进行策略更新。

在GRPO进行更新时，我们用到组内标准化优势函数，即针对同一个提示生成的一组结果，我们需要计算其内部的优势，如下所示：

$$\widetilde{A_i}=\frac{r_i-u_g}{\sigma_g}$$

其中u_g为组内平均奖励，而σ_g则为组内标准差。

因此通过这种方法，可以依次计算出在组内所有生成的K个结果的优势分值，并获得其相对优势排名$\operatorname{rank}(r_i)$，其为r_i在组内的排名，我们用K来表示（从1到K，1为最低，K为最高）。更进一步，我们需要了解相对优势排名：

$$A_i^{\text{rank}}=\frac{\operatorname{rank}(r_i)-\dfrac{(K+1)}{2}}{\dfrac{(K)}{2}}$$

这样经过变换，将原始的排名改为相对优势得分。我们将优势函数计算为标准化优势与排名优势的加权和：

$$A_i^{\text{GRPO}}=\tau A_i+(1-\tau)A_i^{\text{rank}}$$
$$\tau=0.7$$

最终我们获得GRPO目标（损失）函数：

$$L^{\text{GRPO}}(\theta)=E_G\left[\frac{1}{K}\sum_{I=1}^{k}\min\left(r_i(\theta)A_i^{\text{GRPO}},\text{clip}\left(r_i(\theta),1-\epsilon,1+\epsilon\right)A_i^{\text{GRPO}}\right)\right]$$

$$r_i(\theta)=1\text{；当}\ \pi_{\text{old}}=\pi_\theta$$

可以看到GRPO目标函数设计通过相对优势降低方差，结合数值差异与排序信息，同时以组均值作为天然基线，无须额外网络。

下面通过一个实际应用案例来理解GRPO。假设一个文本生成任务，同一提示生成K=4个结果：

- 奖励值：$r_1=0.1,r_2=0.5,r_3=0.8,r_4=1.0$。
- 组内均值：$u_g=0.65$，标准差$\sigma_g=0.29$。
- 排名优势：A_i^{rank}第1名（1.0）→ A_4^{rank}=0.5，此时第4名（0.3）→ A_1^{rank}=－0.5。

此时对于目标函数，可以根据组内标准化优势函数和相对排名优势函数计算得到：

$$\widetilde{A_4}=1.21\text{，}\ A_i^{\text{rank}}=0.5$$

之后再根据GRPO优势函数加权计算可得到：

$$A_4^{\text{GRPO}}=0.7\times1.21+0.3\times0.5$$

带入$L^{\text{GRPO}}(\theta)$中，我们假设原有的策略优势得分$r_4=1.5$，则损失项取得$\min(1.5\times1.0,1.2\times1.5)=1.2$。此过程确保策略更新既关注高奖励样本，又避免过度偏离旧策略。

14.2.3　GRPO原理的补充问答

1. 为何不针对每个生成步骤（token）优化

在强化学习生成任务中，直接为每个生成步骤（token）分配奖励存在挑战：

- 延迟奖励（Delayed Reward）：生成任务的质量通常只能在完整序列生成后才能评估（例如，一首诗的整体意境无法通过单个词判断）。
- 稀疏奖励（Sparse Reward）：若仅对部分token分配奖励（如关键词匹配），可能导致优化方向不稳定。
- 计算复杂性：为每个token设计独立的奖励函数会增加计算成本和标注难度。

因此可以说，GRPO方法倾向于使用完整序列的奖励，而非局部token奖励。

2. 理解内部优势和内部相对优势

我们在前面讲到内部相对优势排名，并引用公式如下：

$$A_i^{\text{rank}}=\frac{\text{rank}(r_i)-\dfrac{(K+1)}{2}}{\dfrac{(K)}{2}}$$

其中$\text{rank}(r_i)$为奖励值r_i在组内的排名，从1到K，1为最低，K为最高。

这样做的好处在于如下三点：

- 排名中心化：通过减去$\frac{(K+1)}{2}$，将排名中心化到零均值（例如当K=5时，中位数为3）。
- 归一化范围：除以$\frac{(K)}{2}$后，结果范围被限制在 [−1,1]附近，具体取决于K的奇偶性。
- 强化相对顺序：模型更关注样本在组内的相对排名，而非绝对奖励值，增强对奖励噪声的鲁棒性。

下面是一个示例。

若K=5，排名为1到5，则：

$$A_i^{\text{rank}} = \frac{\text{rank}(r_i) - 3}{2.5}$$

此时经过此种计算，则我们将得名更改为：

第 1 名：$\frac{(5-3)}{2.5} = 0.8$

第 3 名：$\frac{(3-3)}{2.5} = 0$

第 5 名：$\frac{(1-3)}{2.5} = -0.8$

我们对内部优势和内部相对优势做了一个总结对比，如表14-3所示。

表14-3　内部优势和内部相对优势的对比

指　标	计算目标	特　点	适用场景
内部优势	标准化绝对奖励差异	消除组间差异，关注组内相对强度	奖励值稳定且分布均匀时
内部相对优势	强化排名优先级	对噪声鲁棒，直接反映相对顺序	奖励存在偏差或噪声时

通过结合两者，GRPO能更灵活地优化策略，即标准化优势提供数值稳定性，相对优势排名增强对排序的敏感性。

3. 将优势函数计算为标准化优势与排名优势的加权和的好处

我们在计算标准化优势时，其依赖奖励值的绝对数值可能受奖励模型的偏差或噪声影响（例如，奖励模型对某些结果打分偏高或偏低）。同时当组内奖励分布不均匀（如存在极端值）时，标准化后的优势可能不稳定。

而排名优势仅关注排名顺序，忽略奖励值的具体差异（例如，排名相邻的两个结果可能奖励差距极大或极小）。

下面我们来完成一个极端示例，若组内奖励为[1,2,100]（存在极端值），标准化优势可能因标准差σ_g过大而弱化差异，但排名优势仍能明确区分优劣（第3名显著优于前两名）。

通过结合标准化优势和排名优势，GRPO实现了以下目标：

- 信息互补：数值差异与排序信号的双重利用，避免单一指标的局限性。
- 鲁棒性增强：对奖励模型的噪声、偏差和极端值更具容错性。
- 灵活优化：通过调整加权值，适应不同任务场景的需求。
- 稳定训练：控制优势值的分布范围，提升收敛效率。

这种设计在复杂生成任务（如对话、文本生成）中尤为重要，因为奖励模型往往难以完美校准，且生成结果的优劣可能同时依赖数值差异和相对排序。

4. 冷启动时候第一次损失函数的计算

在我们进行第一次损失函数计算时，由于没有“上一次”的优势值存在，因此计算时，我们一般认为的设置 $r_i(\theta)=1$，那么此时的损失函数被简化为：

$$L^{\mathrm{GRPO}}(\theta)=E_G\left[\frac{1}{K}\sum_{I=1}^{k}A_i^{\mathrm{GRPO}}\right]$$

14.2.4　平衡车中的GRPO控制详解

我们在14.1节完成了使用平衡车控制GRPO，从这个例子可以看到我们通过设定的相同初始状态一次生成多条轨迹，然后统计这些群体轨迹的平均奖励来计算群体优势，提供更新方向，从而实现策略优化。

我们知道Group Computation就是GRPO的核心改进方法。它通过计算n个平均奖励的群体优势来提供更新方向，计算方法如下公式所示：

$$A=\mathrm{mean}\left(\frac{R-u_r}{\sigma_r}\right)$$

其中 u_r 表示的这是N个平均奖励的均值，而 σ_r 则为N个平均奖励的标准差，mean是求平均值，有了这个对优势的计算方法后，则采用和PPO相同的更新方法一样。

1. 数据采集部分的讲解

前面14.1节的示例代码中我们对各个步骤进行了定义，首先定义了PolicyNet用于完成对平衡车的控制，而collect_trajectory_vectorized的作用是并行化获取训练数据，根据设定的并行数与训练次数获取多组完整的操作数据。下面我们分别对其进行讲解：

```
group_size = envs.num_envs # 获取并行环境数量
seed_num = np.random.randint(0, 1000) # 生成随机种子
states, _ = envs.reset(seed=[seed_num] * group_size) # 重置所有环境
```

参数和方法的作用：

- group_size：获取并行环境的数量（例如10个并行CartPole环境）。
- seed_num：生成一个随机种子，用于确保每次重置环境时初始状态的多样性。
- envs.reset：重置所有环境到初始状态，并为每个环境分配相同的随机种子。虽然种子相同，但每个环境的初始化可能因内部随机数生成机制而不同。

```
all_states = []          # 存储所有时间步的状态 [T, group_size, state_dim]
all_actions = []         # 存储所有时间步的动作 [T, group_size]
all_log_probs = []       # 存储所有时间步的对数概率 [T, group_size]
all_rewards = torch.zeros(group_size)  # 累计奖励 [group_size]
```

参数的作用：

- all_states：记录每个时间步所有环境的观测状态。
- all_actions：记录每个时间步策略网络输出的动作。

- all_log_probs：记录每个动作的对数概率（用于后续计算优势值）。
- all_rewards：记录每个环境的累计奖励。

接下来就是使用for循环对每个环境执行运行过程并采样结果。

```
    # 轨迹收集循环
    for t in range(trajectory_max_steps):
        # 状态转张量
        states_tensor = torch.tensor(states, dtype=torch.float32, device=device)

        # 计算动作概率
        probs = policy_net(states_tensor)  # [group_size, action_dim]
        dist = Categorical(probs)  # 创建分类分布
        actions = dist.sample()  # 采样动作 [group_size]
        log_probs = dist.log_prob(actions).detach()  # 对数概率 [group_size]

        # 环境交互
        next_states, rewards, terminated, truncated, infos = 
envs.step(actions.cpu().numpy())
```

而在环境交互中，我们采用如下代码实现：

```
next_states, rewards, terminated, truncated, infos = envs.step(actions.cpu().numpy())
```

上述代码用于执行动作，并获取下一步状态、奖励、终止标记等信息，其参数的作用如下：

- terminated：环境自然终止（比如杆子倾倒）。
- truncated：达到最大步长强制终止。

下面是对奖励进行处理：

```
rewards[all_dones] = 0  # 终止环境的奖励置零
rewards += -abs(next_states[:, 0]) # 添加水平位置惩罚
all_rewards += rewards  # 累计奖励
```

作用：

- 终止环境奖励置零：如果环境已终止，后续奖励不再计入。
- 水平位置惩罚：CartPole的观测状态中，第0维是小车水平位置。添加惩罚项（如-abs(position)）鼓励小车保持在中心位置，以提高稳定性。
- 累计奖励：将当前步奖励累加到总奖励中。

最后对数据进行归一化处理，如下所示：

```
normalized_rewards = (all_rewards / trajectory_max_steps).to(device)  # 奖励归一化

all_states = torch.tensor(all_states).permute(1, 0, 2).to(device)    # 调整维度
all_log_probs = torch.stack(all_log_probs).permute(1, 0).to(device)
all_actions = torch.stack(all_actions).permute(1, 0).to(device)
```

作用：

- 奖励归一化：将总奖励除以最大步长，使不同长度的轨迹奖励具有可比性。
- 维度调整：
    - all_states：从[T, group_size, state_dim]调整为[group_size, T, state_dim]，便于按环境索引。
    - all_log_probs和all_actions：从[T, group_size]调整为[group_size, T]，与状态对齐。

2. GRPO策略更新部分的讲解

grpo_update的作用是实现GRPO的策略更新。calc_advantages_with_grpo计算每个轨迹的标准化优势值，用于衡量当前动作相对于平均表现的好坏。

```
轨迹数据 → 计算优势值 → 遍历轨迹 → 计算新策略概率 → 概率比 → 替代损失 → 反向传播 → 更新策略
        ↑
        |
        +-- 分组标准化优势值
```

其中的核心是多轮策略优化，代码如下所示：

```
for i_iter in range(n_iterations):
    loss = 0.0
    # 遍历每个轨迹
    for i in range(batch_size):
        # 提取单条轨迹数据
        states = all_states[i]     # 形状: [T, state_dim]
        log_probs = all_log_probs[i]  # 形状: [T]
        chosen_actions = all_chosen_actions[i]  # 形状: [T]
        advantage = advantages[i]  # 形状: [1]

        # 计算新策略的对数概率
        new_log_probs = torch.log(net(states).gather(1, chosen_actions.unsqueeze(1)))  #
形状: [T, 1]

        # 计算概率比（重要性采样比率）
        ratio = torch.exp(new_log_probs - log_probs.unsqueeze(1))  # 形状: [T, 1]

        # 计算替代损失（PPO-Clip）
        surr1 = ratio * advantage   # 未截断项
        surr2 = torch.clamp(ratio, 1 - eps, 1 + eps) * advantage  # 截断项
        trajectory_loss = torch.mean(-torch.min(surr1, surr2))  # 取最小值

        loss += trajectory_loss  # 累计损失

    # 计算平均损失并更新参数
    loss /= batch_size
    optimizer.zero_grad()
    loss.backward()
    optimizer.step()
```

从上面代码可以看到，我们首先遍历轨迹，对每个轨迹计算损失。之后通过策略网络net计算新动作概率的对数概率，并计算新旧策略的概率比（ratio），衡量策略更新幅度。在细节上我们直接使用概率比作为损失计算，同时截断项（surr2）将概率比限制在[1−eps, 1+eps]之间。最终避免了单步更新过大，保证了策略的稳定。

14.3　本 章 小 结

本章内容在强化学习的探索之旅中更进一步，深入剖析了一种颇具创新性的强化学习算法GRPO。通过将其与广为人知的PPO算法进行细致对比，我们能够清晰地洞察到GRPO算法的独特优势与革新之处。

PPO算法作为强化学习领域的经典之作，以其稳定的策略更新和出色的性能表现而备受赞誉。然而，它也存在一定的局限性，其中比较突出的一点就是需要额外构建一个评价模型来对策略执行的结果进行精准评价。这一额外的模型不仅增加了算法的复杂度，还在一定程度上提升了计算成本，对算法的实时性和可扩展性造成了一定的影响。

而GRPO算法则巧妙地突破了这一限制，它摒弃了PPO算法中额外评价模型的依赖，转而仅依靠对不同输出结果的直接比较来实现策略的优化。具体而言，GRPO算法通过精心设计的梯度更新机制，直接基于策略在不同状态下产生的输出动作及其对应的反馈信号，对策略参数进行精细调整。这种简化的优化方式，不仅显著降低了算法的复杂度，减少了计算资源的消耗，还使得算法能够更加高效地适应不同的环境和任务需求。

在实际应用中，GRPO算法展现出了强大的适应性和高效性。例如，在机器人控制领域，机器人需要在复杂多变的环境中快速做出决策并执行动作，GRPO算法能够凭借其简洁高效的优化机制，使机器人更快地学习到最优策略，提高任务完成的效率和准确性。又如在游戏AI领域，游戏场景瞬息万变，GRPO算法能够实时根据游戏状态调整策略，让游戏AI具备更强的对战能力和决策智慧。

此外，GRPO算法的这一特性还为强化学习的研究和应用开辟了新的思路。它启示我们，在追求算法性能提升的同时，也可以通过简化算法结构和优化计算流程来实现更高效的学习。未来，我们可以进一步探索GRPO算法在不同领域的应用潜力，结合具体场景的特点对其进行改进和拓展，推动强化学习技术在更多领域的落地和发展。同时，也可以借鉴GRPO算法的设计理念，开发更多具有创新性和实用性的强化学习算法，为解决复杂的实际问题提供更有力的支持。

第 15 章

基于GRPO后训练的智能医疗问诊实战

在前一章中，我们深入剖析了GRPO（梯度正则化策略优化算法）的基本算法原理与程序实现细节。GRPO作为一种创新性的优化策略，其核心作用在于高效解决复杂系统中的优化难题，尤其是在面对高维度、非线性且约束条件复杂的优化场景时，展现出卓越的性能与稳定性。

具体而言，GRPO的作用不仅体现在提升优化效率上，更在于其能够智能地平衡探索与利用之间的关系。在算法运行过程中，GRPO通过引入梯度正则化机制，有效避免了传统优化算法易陷入局部最优解的困境，从而引导搜索过程向全局最优解逼近。这种机制使得GRPO在处理大规模数据集或复杂模型参数调优时，能够显著减少计算资源消耗，同时提高优化结果的准确性和可靠性。

此外，GRPO还具备良好的鲁棒性和适应性，能够灵活应对不同领域的优化需求。无论是机器学习中的模型训练、信号处理中的参数估计，还是控制系统中的最优控制策略设计，GRPO都能凭借其独特的算法优势，为各类优化问题提供高效、精准的解决方案。

15.1 模型的后训练与逻辑能力

在人工智能与机器学习领域，模型的后训练阶段不仅是技术流程中的关键环节，更是提升模型性能，尤其是数学逻辑能力的“黄金时期”。这一阶段，通过对已初步训练好的模型进行精细化调优，能够显著增强其处理复杂数学逻辑任务的能力，使模型在诸如数学推理、数据分析、决策优化等场景中展现出更高的智能水平。

模型的后训练，本质上是对模型参数进行二次优化，旨在消除初次训练中的偏差与不足，提升模型的泛化能力和逻辑推断精度。特别是在数学逻辑能力方面，后训练通过引入更高级的数学概念、逻辑规则以及问题求解策略，引导模型学习并掌握更深层次的数学逻辑结构。这一过程不仅要求模型能够准确理解数学符号与表达式的含义，更需具备运用逻辑规则进行复杂推理和解决问题的能力。大模型后训练全景图如图15-1所示。

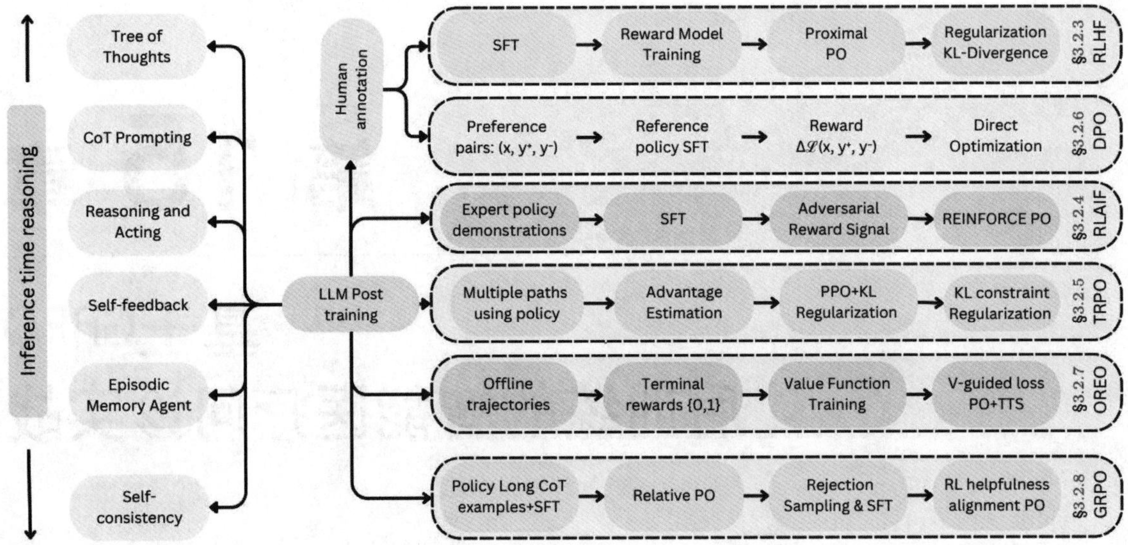

图15-1 大模型后训练全景图

为了有效提升模型的数学逻辑能力，后训练阶段可采用多种策略。一方面，可以设计专门的数学逻辑任务集，如数学证明题、逻辑推理题等，作为模型训练的数据源，通过大量实践让模型在“做中学”，逐步积累数学逻辑经验。另一方面，可借鉴人类解决数学问题的思维方式，如归纳推理、演绎推理等，将这些思维方法融入模型的后训练过程中，使模型能够模拟人类的逻辑思考过程，提高解题效率和准确性。

15.1.1 大模型的后训练概念与核心目标

大模型的后训练是在预训练阶段之后，对模型进行进一步调整与优化的关键过程。预训练通常利用海量无标注数据，让模型学习到语言的通用模式、结构以及丰富的语义信息，使模型具备基础的“语言能力”。

然而，预训练模型就像是一个拥有广泛知识但缺乏特定专业技能的“通才”，它虽然对语言有普遍的理解，但无法直接精准地处理各种具体的任务。后训练的目的就是把这个“通才”培养成在特定领域或任务上表现出色的“专才”。

例如，在科学领域，预训练模型可能知道很多通用的词汇和句子结构，但对于数学术语、物理定理等专业内容理解有限。通过后训练，使用大量科学领域的数据对模型进行微调，模型就能更好地理解和处理与逻辑计算相关的文本，比如准确解读论文等。后训练的核心目标就是提升模型在特定任务上的性能，使其能够更精准、高效地完成任务，满足实际应用的需求。

大模型后训练有多种方法和策略，其中监督微调（Supervised Fine-Tuning，SFT）和强化学习等微调手段是比较常用和有效的方法。微调就像是在已经建好的房子基础上进行局部装修。预训练模型就好比是建好的房子主体结构，而微调则是根据具体需求，对房子的内部布局、装饰等进行调整。微调的方法如图15-2所示。

在微调过程中，使用有标注的任务特定数据，对预训练模型的参数进行轻微调整。比如，要将一个预训练的语言模型用于情感分析任务，就会收集大量带有情感标签（积极、消极、中立）的文本数据，然后让模型在这些数据上进行训练，调整模型的参数，使其能够准确判断文本的情感倾向。

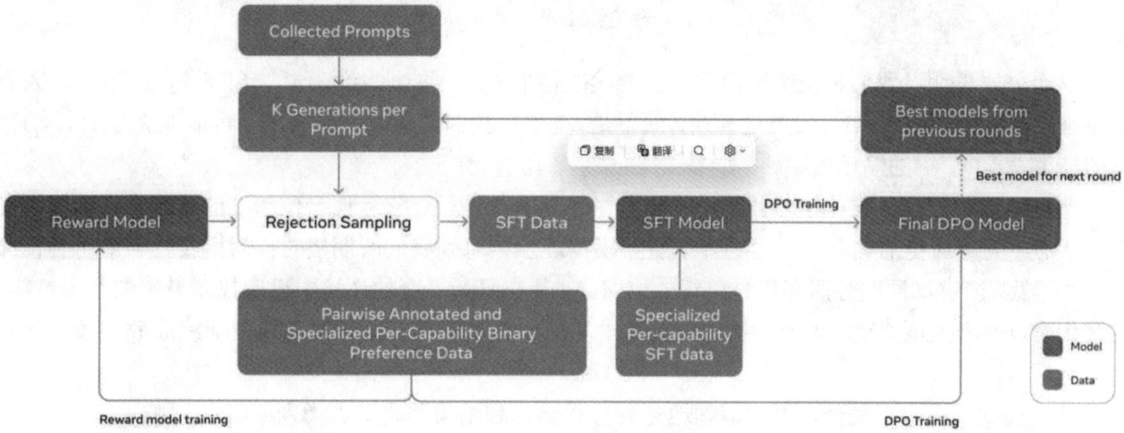

图15-2　微调的方法

除了微调，提示学习也是一种重要的后训练方法。提示学习就像是给模型一个“提示语”，引导模型按照特定的方式生成输出。例如，对于GLM系列模型，可以通过设计“请总结以下文章的主要内容”这样的提示，让模型对给定的文章进行摘要。这种方法不需要对模型进行大量的参数调整，只需要设计合适的提示，就能让模型适应新的任务。此外，还有参数高效微调方法，它只微调模型中的部分参数，而不是全部参数，这样可以在保证模型性能的同时，大大减少计算资源和时间成本。

大模型后训练面临着一些挑战。数据稀缺是一个常见问题，特定任务的数据可能非常有限，这就像是要做一道美味的菜肴，但食材却不够。为了解决这个问题，研究人员会使用数据增强技术，比如对文本进行回译、同义词替换等，增加训练数据的多样性。计算资源限制也是一个挑战，微调大型模型需要大量的计算资源，就像要建造一座大型建筑需要大量的人力和物力。

参数高效微调方法和模型压缩技术可以在一定程度上缓解这个问题。

未来，大模型后训练有着广阔的发展前景。一方面，研究人员会不断探索更高效的后训练方法，进一步减少计算资源和时间成本，提高模型的训练效率。另一方面，跨领域和跨任务学习将成为研究热点，让模型能够更好地适应不同的领域和任务，实现更广泛的应用。同时，提高模型的可解释性和安全性也是未来的重要方向，让模型不仅能够做出准确的预测，还能让用户理解其决策过程，并且防止模型被恶意攻击或滥用。

15.1.2　结果奖励与过程奖励：奖励建模详解

在上一节中，我们深入探讨了大模型后训练的多种方法与策略，其中最基础的两种便是监督微调（SFT）与强化学习。监督微调（SFT）我们已在前文（12.5节）有所阐述，它主要是通过标注好的数据对模型进行微调，使模型能够初步适应特定的任务需求。而强化学习，尤其是以梯度正则化策略优化（GRPO）为代表的算法，则为大模型的后训练提供了另一种高效的途径。

在强化学习的框架下，奖励建模扮演着至关重要的角色。奖励建模的核心在于构建一个能够准确反映人类偏好的奖励函数，以此引导模型在训练过程中不断优化其行为策略。其中，结果奖励与过程奖励是奖励建模中的两个关键维度。结果奖励关注的是模型最终输出的质量，即模型生成的答案或决策是否符合人类的期望；而过程奖励则侧重于模型在生成过程中的行为表现，如是否遵循了合理的逻辑、是否展现了创造性等。

在训练奖励模型时，我们通常采用最小化负对数似然函数的方法，其目标函数可以表示为：

$$\text{Loss} = -\sum \log P(y_i > y_j \mid x)$$

这个公式表明，我们希望奖励模型给出的奖励值能够尽可能地接近真实（SFT），或者符合人类的偏好（GRPO）。例如，如果人类更喜欢y_i而不是y_j，那么我们希望模型的输出尽可能地满足$R(x, y_i)$输出的概率大于(x, y_j)的输出概率。

奖励函数的设计在强化学习领域中占据着举足轻重的地位。它就像一位精准的导航员，为模型在不同状态下明确应得的奖励，进而巧妙地引导模型逐步学习到我们所期望的行为模式。一个精心设计的奖励函数，能够如同明灯照亮模型前行的道路，使其在复杂多变的环境中迅速找到最优的行为策略。在强化学习的宏大框架里，奖励函数的设计绝非可有可无的环节，而是决定模型训练成败与效果优劣的关键因素。

奖励根据来源进行划分，可以清晰地分为过程奖励和结果奖励两大类别。

1. 过程奖励（Process Reward）

过程奖励，顾名思义，是在模型执行任务的每一个具体步骤中，依据其当下的行为表现所给予的奖励。这种奖励机制就像是一位时刻陪伴在模型身边的严格导师，对模型每一步的操作都进行细致入微的评估与反馈。其显著优势在于能够提供极为密集的反馈信号，模型无须等待漫长的任务结束，就能在每一个小步骤中及时知晓自己的行为是否正确、是否符合预期。这种即时反馈的特性，极大地加速了模型的学习进程，使其能够更快地调整策略、优化行为。

下面我们用伪代码模拟了一个过程奖励，代码如下所示：

```
def calculate_step_reward(response):
    # 1. 语法正确性检查
    syntax = check_syntax(response)
    # 2. 逻辑连贯性评估
    coherence = model.predict_coherence(response)
    # 3. 事实一致性验证
    fact_check = retrieve_evidence(response)
    return 0.3*syntax + 0.5*coherence + 0.2*fact_check
```

在这个例子中，奖励函数考虑了三个方面：

- 语法正确性检查：检查模型生成的文本是否符合语法规则。例如，可以使用语法分析器来判断文本是否存在语法错误。
- 逻辑连贯性评估：评估模型生成的文本是否逻辑连贯。例如，可以使用语言模型来预测文本的连贯性。
- 事实一致性验证：验证模型生成的文本是否与事实相符。例如，可以使用知识库来检索相关信息，然后判断模型生成的文本是否与知识库中的信息一致。

对这三个方面进行加权求和，得到最终的奖励值。权重的选择需要根据实际情况进行调整。一般来说，更重要的方面应该分配更高的权重。

然而，过程奖励并非完美无缺。其最大的挑战在于设计难度极高，这要求设计者必须对任务有极为深入、透彻的理解。不同的任务具有独特的规则、目标和约束条件，要设计出能够精准反映模型在每个步骤中行为优劣的过程奖励函数，需要综合考虑诸多因素。例如，在一个复杂的机器人控制任务中，机器人的每一个动作都可能受到多种环境因素的影响，设计者需要精确衡量这些动作在不同情境下的合理性，才能制定出合适的过程奖励规则。一旦过程奖励设计不当，可能会误导模型，使其学习到并非最优甚至错误的行为模式。

2. 结果奖励（Outcome Reward）

与过程奖励不同，结果奖励关注的是模型在完成整个任务后所达成的最终成果。它更像是一位在终点等待的评判者，根据模型最终呈现的结果给予相应的奖励或惩罚。结果奖励的设计相对比较直观，通常可以根据任务的明确目标来制定。比如，在一场棋类游戏中，赢得比赛即可获得正奖励，输掉比赛则得到负奖励。这种简洁明了的奖励方式，使得模型能够清晰地了解最终需要追求的目标。

结果奖励是指在任务完成后，根据模型的最终结果给出的奖励。结果奖励的设计比较简单，只需要关注最终结果即可。但可能提供较稀疏的反馈信号，导致模型学习困难。典型应用场景包括：

- 数学问题：最终答案正确性。例如，如果模型生成的答案与正确答案一致，则给出正奖励，否则给出负奖励。
- 代码生成：通过单元测试的比例。例如，如果模型生成的代码能够通过所有的单元测试，则给出正奖励，否则给出负奖励。
- 对话系统：用户满意度评分。例如，如果用户对模型的回复感到满意，则给出正奖励，否则给出负奖励。

在实际应用中，为了充分发挥强化学习的优势，往往需要综合考虑过程奖励和结果奖励，将它们巧妙地结合起来。通过合理设计两者的权重和交互方式，使模型既能在每个步骤中得到及时的反馈和指导，又能明确最终的目标方向，从而实现更高效、更优质的学习效果。

但结果奖励也存在一定的局限性。由于它仅关注最终结果，模型在训练过程中可能会缺乏足够的指导，就像在黑暗中摸索前行，只能凭借最终的结果反馈来调整方向。这可能导致模型在探索过程中走很多弯路，学习效率相对较低。而且，对于一些复杂任务，单一的结果奖励可能无法全面反映模型在整个过程中的表现，容易忽略一些重要的中间环节和行为细节。

最后需要提醒大家，结果奖励与过程奖励并不是孤立的，而是相互关联、相互影响的。一个优秀的模型不仅需要在最终结果上符合人类的期望，还需要在生成过程中展现出合理的逻辑和创造性。因此，在构建奖励模型时，我们需要综合考虑结果奖励和过程奖励，以实现模型性能的全面提升。

15.2　带推理的智能医疗问诊实战

在人工智能的发展进程中，智能医疗问诊一直是人们翘首以盼的重要突破领域。然而，长期以来，由于大型模型如同一个“黑箱”，其内部复杂的运算逻辑和决策过程难以被直观解读，人们在使用智能医疗问诊系统时，往往只能被动地接受最终的输出结果，而对于得出该结果的推理过程却一无所知，这无疑在一定程度上限制了智能医疗问诊的进一步应用和信任度的提升。

在本节中，我们将聚焦于一个具备推理能力的智能医疗问诊项目。通过巧妙结合GRPO，致力于构建一个完善且可解释的推理模型，旨在打破“黑箱”限制，让智能医疗问诊的推理过程更加透明、可信。

15.2.1　推理医疗数据集的准备与处理

首先是医疗数据集的获取与准备，在这里我们准备了一套带有推理的医疗数据集，如下所示：

```
    "Question": "在'高血压预防控制'社区健康促进项目中，社区卫生服务站向社区居民提供定期测量血压的服务，属于哪一种健康促进策略？",
    "Complex_CoT": "在考虑社区卫生服务站提供的定期测量血压服务时，我首先想到了这是一种常见的健康促进活动。那么，它具体属于哪种健康促进策略呢？我首先想到的，是这些策略包括了健康教育、社区参与、政策发展、个人技能发展和卫生服务调整。于是，我开始仔细分析。社区卫生服务站提供定期的血压测量，从某种程度上来说，这明显是一项与卫生服务有关的活动。通过这种服务，居民可以更好地检测和跟踪自己的健康状况，获得重要的健康数据。\n\n不过等一下，这不仅仅是卫生成分的调整吧！我在想，每次测量血压的时候，那些居民是不是获得了关乎自身健康的即时信息和反馈呢？这会让他们更加警觉，更加主动去管理自己的健康。啊，这不就是个人技能的发展吗？他们的健康管理技能可能正在随着每次测量逐步提高。\n\n尽管这么说，是否还有可能涉及其他策略呢？比如说，社区参与似乎在这种服务中不太突出，因为这主要是卫生站主动提供的，居民主要是接受服务的一方。政策发展也稍显遥远，因为没有大的政策变化而影响到这样的服务。\n\n那么，回到卫生服务的调整，这项服务显然体现了一种定期的、系统化的安排，是关于怎样更好地为居民提供便捷健康服务的提升措施。然而，我隐隐觉得这种便捷的服务本身是不是也在构建一个促进健康的外部环境呢？如果通过这种节奏性的监测，居民可以更随时了解到自己的健康状况，那不正帮助他们营造了一个更健康的生活环境吗？\n\n所以，这样想下来，定期的血压测量服务不仅仅是一种卫生服务的调整，它可能更是关于如何改善居民整体健康外部环境的环境支持策略。是的，就是这种通过改变周边条件来促进健康的方式，让我意识到这种服务实际上是在塑造一个支持居民健康管理的环境。所以，最后我觉得这种服务正好体现了环境支持策略的意图。",
    "Response": "在“高血压预防控制”社区健康促进项目中，社区卫生服务站为社区居民提供的定期测量血压的服务，主要属于“环境支持策略”。这种服务通过为居民提供便捷的健康监测条件，从而营造了一个有利于健康管理的外部环境。通过定期测量血压，居民不仅能及时了解自身健康状况，还能在这一过程中逐步提升自我健康管理的意识和能力。因此，这种服务既是对卫生服务的调整，也是通过改变周边环境来支持和促进居民健康的策略。"
```

与经典的数据集不同，在本数据集中，针对文本的问题“Question”和对应的回复“Response”，额外提供了一套复杂的中间推理流程“Complex_CoT”。这一独特设计的作用可不容小觑，它旨在深度增加模型的推理过程，使模型不再仅仅局限于简单地从问题直接映射到答案，而是能够像人类思考一样，经历一系列严谨且富有逻辑的推理步骤。

通过“Complex_CoT”，模型得以在推理过程中构建更丰富和细致的语义理解框架。它促使模型深入挖掘问题背后的潜在语义信息，分析各个概念之间的关联和逻辑层次，进而形成更全面和更准确的推理路径。

下面是我们实现的数据读取代码，如下所示：

```
import re
from datasets import load_dataset, Dataset

# Load and prep dataset
SYSTEM_PROMPT = """
Respond in the following format:
<reasoning>
...
</reasoning>
<answer>
...
</answer>
"""

def get_medical_questions(dataset_path = "./dataset/",split="train",mini_datast = True)
-> Dataset:
    """加载medical-o1-reasoning-SFT 数据集并格式化"""
    data = load_dataset(dataset_path)[split]

    def format_example(x):
        xml_answer = f"""\
            <reasoning>
            {x['Complex_CoT'].strip()}
            </reasoning>
            <answer>
            {x['Response'].strip()}
            </answer>"""
```

```
        return {
            'prompt': [
                {'role': 'system', 'content': SYSTEM_PROMPT},
                {'role': 'user', 'content': x['Question']}
            ],
            'answer': (xml_answer)  # 确保解析正确答案
        }
    data = data.map(format_example)
    if mini_datast:
        data = data.select(range(128))
    return data
```

在上面代码中，数据的处理环节相对简便，我们采用直接的文本解析手段来提取其中的关键内容，随后按照特定的需求对这些内容进行精心整理。不过，在实际操作过程中，有一个关键要点需要格外留意。那就是针对经过文本处理和解析所得到的内容，必须确保它们与大模型的Prompt实现精准对齐。

具体而言，我们需要将处理后的内容按照如下特定的格式进行组织：

```
<reasoning>
...（此处填充经过解析和整理后的推理相关内容）
</reasoning>
<answer>
...（此处填充基于推理得出的最终答案内容）
</answer>
```

采用这种格式进行内容组织具有显著的优势。它明确要求输出结果严格遵循模型的生成定义，使得模型在生成响应时能够有清晰的结构和逻辑依据。从模型的角度来看，这种格式化的输入就像是一份详细的“任务说明书”，它清晰地告知模型哪些部分是需要进行推理分析的，哪些部分是用于呈现最终答案的。

从实际应用的角度而言，这种对齐方式有助于提升模型输出的质量和一致性。一方面，它确保了模型在生成结果时能够聚焦于关键信息，避免产生无关或冗余的内容。另一方面，当多个模型或系统需要协同工作时，统一的格式规范能够大大提高数据交互和处理的效率，使得整个流程更加流畅和稳定。而且，这种结构化的输出也为后续的结果评估和分析提供了便利，我们可以更方便地提取和比较不同模型或不同场景下的推理过程和答案，从而进一步优化模型性能和应用效果。

15.2.2　奖励函数的完整实现

在GRPO中，奖励函数是模型完成构建后进行训练的核心要素。我们精心设计了多个相互协同的奖励函数，以此对模型进行精准指导。具体说明如下：

（1）correctness_reward_func（正确性奖励函数）：当模型所提取的答案与真实答案完全匹配时，会给予2.0分的奖励。这一奖励机制是确保模型学习事实正确性的主要信号，激励模型朝着准确的方向进行优化。

（2）int_reward_func（整数奖励函数）：若答案为数字形式，模型将获得0.5分的奖励。此奖励函数特别适用于数学问题场景，能够有效引导模型生成数值类型的响应，提升模型在数值处理方面的能力。

（3）soft_format_reward_func和strict_format_reward_func（宽松格式与严格格式奖励函数）：当模型输出正确的XML格式时，会获得0.5分的奖励。这两个函数旨在教导模型运用正确的标签结构进行响应，确保输出结果的格式规范。

（4）xmlcount_reward_func（XML标签计数奖励函数）：该函数会为每个正确使用的XML标签提供部分奖励，每个标签奖励0.125分。这种奖励方式能够形成平滑的学习梯度，有助于模型逐步掌握XML标签的正确使用方法。

上述奖励函数主要聚焦于对模型输出结果的处理进行模拟奖励。这样使得在GRPO中我们可以依据不同的判定要求，为模型输出结果提供相应的奖励。下面是我们实现的奖励函数：

```
import re

def extract_xml_answer(text: str) -> str:
    """提取 <answer> 标签内的内容"""
    match = re.search(r"<answer>(.*?)</answer>", text, re.DOTALL)
    return match.group(1).strip() if match else text.strip()

# 奖励函数
def correctness_reward_func(prompts, completions, answer, **kwargs) -> list[float]:
    """
    检查提取的答案是否与真实答案匹配的奖励函数。
    正确答案返回2.0，否则返回0.0。
    """
    responses = [completion[0]['content'] for completion in completions]
    extracted_responses = [extract_xml_answer(r) for r in responses]
    return [2.0 if r == a else 0.0 for r, a in zip(extracted_responses, answer)]

def int_reward_func(completions, **kwargs) -> list[float]:
    """检查答案是否为整数"""
    responses = [completion[0]['content'] for completion in completions]
    extracted_responses = [extract_xml_answer(r) for r in responses]
    return [0.5 if r.isdigit() else 0.0 for r in extracted_responses]

def strict_format_reward_func(completions, **kwargs) -> list[float]:
    """严格格式检查：必须有换行符
    检查补全内容是否完全符合格式的奖励函数。
    匹配格式返回0.5，否则返回0.0。
    """
    pattern = r"^<reasoning>\n.*?\n</reasoning>\n<answer>\n.*?\n</answer>\n$"
    responses = [completion[0]["content"] for completion in completions]
    return [0.5 if re.match(pattern, r) else 0.0 for r in responses]

def soft_format_reward_func(completions, **kwargs) -> list[float]:
    """宽松格式检查：允许不严格换行
    宽松的格式检查奖励函数。
    匹配格式返回0.5，否则返回0.0。
    """
    pattern = r"<reasoning>.*?</reasoning>\s*<answer>.*?</answer>"
    responses = [completion[0]["content"] for completion in completions]
    return [0.5 if re.match(pattern, r) else 0.0 for r in responses]

def count_xml(text) -> float:
    """
    统计XML标签并为每个正确放置的标签提供部分奖励。
    """
    count = 0.0
    if text.count("<reasoning>\n") == 1:
        count += 0.125
    if text.count("\n</reasoning>\n") == 1:
        count += 0.125
    if text.count("\n<answer>\n") == 1:
```

```
            count += 0.125
            count -= len(text.split("\n</answer>\n")[-1]) * 0.001
        if text.count("\n</answer>") == 1:
            count += 0.125
            count -= (len(text.split("\n</answer>")[-1]) - 1) * 0.001
        return count

    def xmlcount_reward_func(completions, **kwargs) -> list[float]:
        """计算 XML 结构完整性分数
        基于响应中XML标签计数的奖励函数。
        """
        contents = [completion[0]["content"] for completion in completions]
        return [count_xml(c) for c in contents]
```

从上面代码可以看到，奖励函数主要围绕从文本中提取特定内容以及基于不同规则设计奖励函数展开。核心目标是处理包含XML格式信息的文本数据，通过多种奖励函数对模型输出进行评估和反馈。

上面代码首先定义了一个用于提取<answer>标签内容的函数extract_xml_answer，该函数利用正则表达式在给定文本中搜索<answer>标签及其包裹的内容，并返回提取后的结果。若未找到匹配内容，则返回原文本去除首尾空白后的字符串。

在此基础上，后续定义了多个奖励函数，这些函数分别从不同角度对模型输出进行评判，包括答案的正确性、答案是否为整数、输出格式是否符合要求，以及XML标签的使用情况等。

在GRPO的训练过程中，若模型的回答需要遵循特定的XML格式，这些奖励函数可以帮助模型学习到正确的格式规范，提高答案的准确性和规范性。同时，对于答案正确性和格式的奖励设置，有助于模型在追求答案正确的同时，也注重输出格式的美观和一致性，从而提升模型的整体性能和用户体验。

15.2.3 基于GRPO后训练的智能医疗问诊实战

在对数据做好准备并完成了奖励函数的编写后，接下来我们需要完成基于GRPO的后训练（注意：这里使用的transformers版本要求为4.47.0，版本不符的读者可重新安装以完成训练），完整代码如下所示：

```
#1. 模型与训练配置
# 设置输出目录和运行名称
output_dir ="outputs/GRPO"
run_name ="medical_o1_sft_Chinese"

from trl import GRPOConfig, GRPOTrainer  # 导入 GRPO 训练配置和训练器
from peft import LoraConfig

training_args = GRPOConfig(
    output_dir=output_dir,
    run_name=run_name,
    learning_rate=5e-5,
    adam_beta1=0.9,
    adam_beta2=0.99,
    weight_decay=0.1,
    warmup_ratio=0.1,
    lr_scheduler_type='cosine',
    logging_steps=4,
    bf16=True,  # 设置为False
    fp16=False,   # 使用fp16以提高兼容性
    per_device_train_batch_size=8,  # 增加以兼容GRPO
```

```
    gradient_accumulation_steps=1,
    num_generations=4,  # 必须是per_device_train_batch_size的除数
    max_prompt_length=128,
    max_completion_length=312,
    num_train_epochs=1,
    save_steps=50,
    max_grad_norm=0.1,
    report_to="none",
    log_on_each_node=False,
)

peft_config = LoraConfig(
    r=8,  # 从16减少以适应Colab内存
    lora_alpha=16,
    target_modules=["q_proj", "v_proj"],  # 简化目标模块
    task_type="CAUSAL_LM",
    lora_dropout=0.05,
)

#2. 模型与分词器加载
from transformers import AutoModelForCausalLM

from deepseek_vl2.models import DeepseekVLV2Processor, DeepseekVLV2ForCausalLM

# specify the path to the model
model_path = "deepseek-ai/deepseek-vl2-tiny"
# 加载分词器并设置 chat_template
vl_chat_processor = DeepseekVLV2Processor.from_pretrained(model_path)
model = AutoModelForCausalLM.from_pretrained(model_path, trust_remote_code=True).cuda()
tokenizer = vl_chat_processor.tokenizer

# 手动设置 chat_template（示例模板）
tokenizer.chat_template = [
    {"name": "user", "content": "<|begin_of_sentence|>User: {{input}}"},
    {"name": "assistant", "content": "Assistant: {{response}}"}
]

#3.数据集与奖励函数
# 数据集预处理
def add_prompt_column(example):
    example["prompt"] = f"患者：{example['Question']}\n医生："
    return example

print("加载数据集...")
import get_dataset
dataset = get_dataset.get_medical_questions(mini_datast=True)
dataset = dataset.map(add_prompt_column)
print(f"数据集加载完成，共{len(dataset)}个示例")

print("初始化GRPO训练器...")
import grpo_reward_fun
trainer = GRPOTrainer(
    model=model,
    processing_class=tokenizer,
    reward_funcs=[
        grpo_reward_fun.xmlcount_reward_func,
        grpo_reward_fun.soft_format_reward_func,
        grpo_reward_fun.int_reward_func,
        grpo_reward_fun.correctness_reward_func
```

```
        ],
        args=training_args,
        train_dataset=dataset,
        peft_config=peft_config,
    )
    #4. 训练与保存

    # 开始训练
    print("开始GRPO训练...")
    trainer.train()

    # 保存最终模型
    print("训练完成。保存模型...")
    trainer.save_model()
```

在上面代码中，我们使用DeepSeek-VL2-Tiny模型作为微调的对象，并直接使用trl库中的GRPO训练器对模型进行训练。这个示例实现了一个基于DeepSeek-VL2-Tiny模型的GRPO（Guided Reward Policy Optimization）训练流程，结合LoRA（Low-Rank Adaptation）进行参数高效微调，适用于中文医疗领域的生成任务。

1. 模型与训练配置

示例代码首先定义了模型名称、输出目录和运行名称，然后导入了GRPO训练框架和LoRA配置模块。在GRPOConfig中，设置了训练参数，包括学习率、优化器超参数（如adam_beta1和adam_beta2）、权重衰减、学习率调度策略（余弦退火）、混合精度选项（fp16和bf16），以及批量大小和梯度累积步数等。特别地，num_generations指定了每次生成的样本数量，必须与批量大小整除。LoraConfig则定义了LoRA的秩（r=8）、目标模块（如q_proj和v_proj）以及任务类型（因果语言建模）。这些配置旨在平衡训练效率和内存使用，同时适配医疗领域任务的特性。

2. 模型与分词器加载

示例代码通过加载预训练的DeepSeek-VL2-Tiny模型，并指定使用float16精度来优化内存和计算资源。而分词器通过vl_chat_processor.tokenizer加载。在这里，我们本地化加载了模型，启用了trust_remote_code，允许从远程加载自定义代码，这一步骤确保了模型和分词器能够正确初始化，并为后续的数据处理和训练做好准备。

3. 数据集与奖励函数

示例代码加载使用了我们准备的带有推理数据的医疗数据集，并打印了数据集大小。为了引导生成过程，定义了多个奖励函数（如xmlcount_reward_func、soft_format_reward_func等），这些函数可能分别关注生成内容的结构完整性、格式规范性、信息准确性和逻辑正确性。奖励函数被传递给GRPOTrainer，作为训练过程中的指导信号，帮助模型生成更符合医疗领域需求的文本。

4. 训练与保存

最后，示例代码初始化了GRPOTrainer，将模型、分词器、奖励函数、训练参数和数据集整合到训练流程中。通过调用trainer.train()启动训练，模型在奖励函数的引导下优化生成策略。训练完成后，调用trainer.save_model()保存微调后的模型，确保训练成果可以被后续任务复用。整个过程通过GRPO框架实现了策略优化与高效微调的结合，适用于资源受限环境下的模型训练。

15.2.4 智能医疗问诊模型的推理展示

接下来就到验收结果的时刻。在前面我们通过后训练GRPO算法完成了模型的训练，在这个过程中我们通过设置系统提示system_prompt的方式引导大模型对内容进行思考，并获取带有推理过程的模型回复，此时我们需要完成GRPO训练的最后一步，即模型的推理，代码如下所示：

```
import torch
from deepseek_vl2.models import DeepseekVLV2ForCausalLM, DeepseekVLV2Processor

# 设置模型路径
model_path = "outputs/GRPO"

print(f"加载模型：{model_path}")
# 使用自定义模型类加载
model = DeepseekVLV2ForCausalLM.from_pretrained(
    model_path,
    trust_remote_code=True
).cuda()

processor = DeepseekVLV2Processor.from_pretrained("deepseek-ai/deepseek-vl2-tiny")
tokenizer = processor.tokenizer

# 如果 pad_token 不存在，设为 eos_token
if tokenizer.pad_token is None:
    tokenizer.pad_token = tokenizer.eos_token

def extract_xml_answer(text: str) -> str:
    """提取 <answer> 标签内的内容"""
    import re
    match = re.search(r"<answer>(.*?)</answer>", text, re.DOTALL)
    return match.group(1).strip() if match else text.strip()

def generate_prediction(question: str, max_length=512) -> str:
    # 手动构建 prompt 字符串，避开 chat_template 的问题
    system_prompt = (
        "Respond in the following format:\n"
        "<reasoning>\n...\n</reasoning>\n"
        "<answer>\n...\n</answer>"
    )
    formatted_prompt = (
        f"<|begin__of__sentence|>System: {system_prompt}\n"
        f"User: {question}\n"
        "Assistant:"
    )

    # 编码输入
    inputs = tokenizer(formatted_prompt, return_tensors="pt").to(model.device)

    # 生成响应
    with torch.no_grad():
        outputs = model.generate(
            **inputs,
            max_new_tokens=max_length,
            temperature=0.7,
            top_p=0.9,
            pad_token_id=tokenizer.pad_token_id,
            eos_token_id=tokenizer.eos_token_id
```

```
        )

        # 解码并返回结果
        response = tokenizer.decode(outputs[0][inputs.input_ids.size(1):],
skip_special_tokens=True)
        return response

    # 测试样例
    question  =   "瓷层的颜色缺乏层次感。造成这种现象的最常见原因是什么？"
    print(f"问题：{question}")

    response = generate_prediction(question)
    answer = extract_xml_answer(response)
    print(f"\n解析后的答案：{answer}")
    print("-" * 50)
```

对于问题的回复，读者可以自行尝试，从结果上也可以看到，此时我们可以成功地引导出模型按要求进行回复，即完成了带有推理过程的智能医疗问答系统的开发过程。

15.3　本章小结

本章我们顺利完成了大模型开发流程中至关重要的最后一个阶段——GRPO（基于策略梯度优化的后训练方法）的训练工作。在这一阶段，我们采用了精细化的人工比对策略，对模型的输出格式、推理逻辑以及最终结果进行了全方位、深层次的校验与调整。这一过程不仅显著提升了模型对复杂任务的理解能力，而且使其能够精准捕捉人类用户的需求与偏好，从而生成契合以人为本思想的高质量输出内容。

在实践操作层面，我们系统展示了GRPO的完整训练流程，从数据准备、模型初始化到多阶段分步训练，每一步都力求精确无误。通过这一系列精心设计的后训练步骤，我们成功引导模型逐步逼近预期的输出标准，不仅验证了GRPO方法的有效性，更为后续利用该框架进行模型的深度强化学习奠定了坚实的基础。

值得一提的是，在GRPO训练过程中，我们创新性地引入了多样化的奖励函数机制，以量化模型输出与理想分布之间的差异。这种综合优化策略极大地促进了模型性能的提升，使得最终训练出的模型在保持高效性的同时，也展现出了卓越的泛化能力和适应性。

GRPO的讲解到此为止，有兴趣的读者可以继续深化对GRPO方法的研究与应用，不断探索其在不同领域、不同任务中的潜力与价值。同时，我们也将积极寻求与其他先进技术的融合创新，共同推动人工智能技术的蓬勃发展，为人类社会创造更多的价值。

第 16 章

基于A2A、MCP与RAG的跨境电商智能客服实战

在全球化电商生态中，多语种交互能力不足已成为制约服务效能的关键瓶颈。随着DTC（Direct-to-Consumer，直接面向消费者）模式的崛起并渗透到新兴市场，传统客服体系面临三重挑战：其一，非通用语种覆盖不足导致20%~30%的海外用户咨询流失；其二，时区差异引发响应延迟，投诉处理周期平均延长1.8倍；其三，文化差异造成的语义误解使纠纷解决率下降35%。针对上述行业痛点，本章构建了基于混合架构A2A（Agent2Agent，谷歌推出的智能体交互协议）大模型的智能客服系统，通过微调模型与云端大模型的协同机制，实现语言处理精度与场景适应性的双重突破。一般情况下，跨境电商与智能客服的关系如图16-1所示。

图16-1　跨境电商与智能客服的关系

从技术层面上，本章使用了A2A架构即双模型架构设计，本地部署的微调大模型负责基础语义解析，通过LoRA参数高效微调技术，在电商领域垂直语料上实现高回复准确率；而云端在线大模型作为动态增强层，利用其千亿级参数优势处理复杂推理任务，对任务进行分配和总体汇总。

16.1　基于A2A跨境电商智能客服基本架构设计

随着生成式AI的演进，LLM已突破传统对话系统的边界，开始展现出元认知能力。通过将大语言模型与工具调用接口、记忆存储模块、强化学习框架集成，新型AI系统不仅能理解抽象目标，更能自主规划任务路径、实时获取异构数据、动态调整行动策略，这种具备“目标－决定－执行”三重能力的智能形态，正推动AI从被动工具向主动协作伙伴的范式转变。

16.1.1　DTC模式的崛起与智能客服的新要求

随着DTC模式在跨境电商领域的渗透进程不断加速，犹如一场汹涌的浪潮，正以摧枯拉朽之势重塑着消费者行为模式与市场生态的底层架构。传统平台电商所依赖的流量分发逻辑，在这一浪潮的冲击下逐渐瓦解，品牌得以直接与终端消费者展开深度对话。在这一过程中，一系列显著特征如同拼图的碎片，逐渐拼凑出全新的市场图景。

其一，消费者决策链路的大幅缩短，就像一场静默的革命，让咨询的浪潮在非工作时段汹涌袭来。过去，消费者在购买决策前可能会花费大量时间在不同平台间比价、查阅评测；而如今，社交媒体、直播带货等新兴渠道让信息触手可及，消费者决策变得更加迅速且冲动。这使得品牌客服面临的咨询量呈爆发式增长，且大部分交互都发生在传统的非工作时间，如夜晚、周末甚至节假日，这对客服系统的响应速度和服务能力提出了前所未有的挑战。

其二，新兴市场犹如一片充满机遇与挑战的神秘丛林，呈现出高度“碎片化”的特征。以东南亚六国为例，这片土地上汇聚了多元的文化、宗教、语言和消费习惯，用户对服务的需求也千差万别。有的国家用户注重性价比，对促销活动格外敏感；有的国家用户则更看重产品的品质和售后服务；还有的国家用户受宗教文化影响，对产品的包装和宣传有着特殊的要求。这就要求智能客服系统必须具备高度的灵活性和定制化能力，能够精准识别不同国家用户的需求差异，并提供个性化的服务。

其三，在全球数据合规监管日益趋严的大背景下，欧盟等地区对客服系统的数据留存周期提出了更严格的额外要求。这不仅涉及用户隐私的保护，更关系到企业的合规运营和法律风险。智能客服系统需要在保障服务质量的同时，确保数据的合法收集、存储和使用，避免因数据违规问题而遭受巨额罚款和声誉损失。

这些变化如同三座大山，重重地压在了智能客服系统的肩上，要求其必须从单一的问答工具，进化为能够贯穿消费者购物全链路的服务中枢。它不仅要能够及时、准确地回答消费者的问题，还要能够洞察消费者的潜在需求，提供个性化的推荐和解决方案；不仅要能够处理常规的咨询和投诉，还要能够在复杂的商业场景中，如价格谈判、退换货协商等，与消费者进行有效的沟通和协商，维护品牌的利益和形象。

在技术架构层面，新一代智能客服系统犹如一座精密的智慧大厦，需要构建起三维能力矩阵，以支撑其全方位的服务功能：

（1）全域感知层，是这座大厦的基石。它借助Transformers架构这一强大的技术引擎，如同拥有了一双洞察一切的慧眼，能够实现对多模态输入的高效处理。无论是语音中蕴含的情绪波动，还是商品图像中隐藏的细节信息，又或是社交媒体上如潮水般涌来的舆情动态，都能被精准捕捉并整合。通过这种对异构数据源的深度融合，服务介入的时机将更加精准，如同在消费者最需要的时候及时伸出援手，大大提升消费者的服务体验。

（2）智能决策层，则是这座大厦的核心大脑。它基于强化学习算法构建起一套智能的服务策略引擎，就像一位经验丰富的谈判专家，在价格谈判、退换货协商等复杂的商业场景中，能够根据实时的情况和历史的数据，动态生成标准化的应对方案。这些方案不仅能够满足消费者的合理需求，还能最大程度地维护品牌的利益，将人工座席培训成本大幅降低，同时提高服务的一致性和专业性。

（3）生态连接层，是这座大厦与外界沟通的桥梁。通过开发标准化的API接口集群，它能够无缝对接多个独立站后端以及跨境支付系统，打破不同系统之间的壁垒，实现服务流程的全链路自动化。这意味着消费者从咨询、下单、支付到售后服务的每一个环节，都能在一个顺畅、高效的系统中完成，无须在不同平台之间频繁切换，大大提高了购物的便捷性和满意度。

这种全方位的技术融合与架构升级，就要求我们跨境电商智能客服的技术开发人员，不仅要有深厚的技术功底，更要具备敏锐的市场洞察力和前瞻性的战略思维。他们需要像技艺精湛的工匠一样，精心雕琢每一个技术细节，确保系统的稳定性和可靠性；又要像富有创意的艺术家一样，不断探索新的技术应用场景，为智能客服系统注入更多的创新活力。只有这样，才能让智能客服系统在激烈的市场竞争中脱颖而出，成为跨境电商企业拓展全球市场的得力助手。

16.1.2 跨境电商智能客服架构设计

在前文中，我们已深入剖析了跨境电商智能客服在复杂多变的商业环境中面临的重重要求与严峻挑战。从技术层面细致审视，构建一个高效、智能且贴合跨境电商业务特性的智能客服架构，已然成为企业提升服务质量、增强客户黏性、拓展全球市场的关键所在。而一个基础的跨境电商智能客服架构，其核心能力之一便是精准且高效地对用户意图进行分类，如图16-2所示。

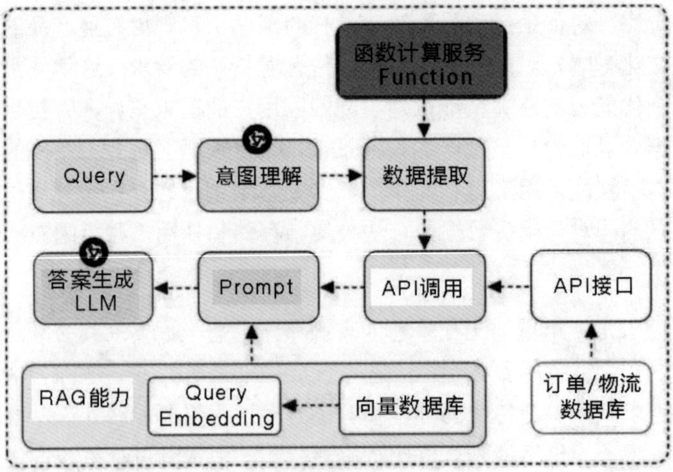

图16-2 跨境电商智能客服的基本要求

在跨境电商的实际运营场景里，智能客服犹如企业与全球消费者之间的沟通桥梁，承担着理解并满足消费者多样化需求的重要使命。当客户通过语音通话发起咨询时，智能客服系统需要迅速启动其强大的意图识别引擎，如同一位经验丰富的侦探，从客户的只言片语中抽丝剥茧，精准分辨出用户的目的和要求。这一过程绝非简单的关键词匹配，而是需要综合运用自然语言处理、机器学习（ML）等先进技术，对客户的语音信息进行语义分析、情感识别和上下文理解。

例如，当客户询问“这款智能手表的续航能力怎么样”时，智能客服应能迅速判断出用户关注的是产品性能中的续航参数，进而调用预先构建的商品知识图谱，为用户提供详细且准确的续航时长、充电方式以及在不同使用场景下的续航表现等讲解和说明。这些讲解内容不仅要涵盖产品的基本参数，还应结合实际应用场景，以通俗易懂的语言呈现给客户，让客户能够直观地了解产品的优势和特点。

而对于那些需要对订单进行查询或有其他相关要求的顾客，智能客服架构则需要具备强大的工具函数调用能力。订单查询是跨境电商业务中比较常见的需求之一，客户可能关心订单的物流状态、发货时间、预计送达时间等信息。智能客服系统应能够无缝对接企业的订单管理系统，根据客户提供的订单号或其他相关信息，快速调用订单查询工具函数，实时获取订单的最新状态，并以清晰、简洁的方式反馈给客户。

除了订单查询，客户还可能提出诸如修改收货地址、申请退款退货、咨询促销活动规则等其他相关要求。智能客服架构需要为每一种常见需求预设相应的工具函数，并建立一套灵活的调用机制。当系统识别出客户的意图后，能够自动匹配并调用对应的工具函数，快速处理客户的需求。例如，当客户提出修改收货地址时，智能客服应引导客户提供新的地址信息，并调用订单修改工具函数，将新地址更新到订单系统中，同时向客户反馈修改结果，确保客户的需求得到及时、有效的处理。

然而，仅仅满足上述基础功能还远远不够。一个优秀的跨境电商智能客服架构应具备高度的可扩展性和智能化升级能力。随着业务的不断拓展和客户需求的日益多样化，系统需要能够轻松接入新的业务模块和功能。例如，当企业推出新的产品线或开展新的营销活动时，智能客服架构应能够快速整合相关的产品知识和活动规则，为客户提供全面的咨询服务。

在智能化升级方面，智能客服架构应不断引入前沿的人工智能技术，如深度学习、强化学习等，以提升意图识别的准确率和服务的个性化程度。通过分析大量的客户咨询数据，智能客服系统可以不断优化其模型参数，学习到更丰富的语义特征和客户行为模式，从而更准确地理解客户的意图，并提供更加贴心、个性化的服务。

此外，跨境电商智能客服架构还应注重与多渠道的融合。如今的消费者通过多种渠道与企业进行沟通，如网站在线客服、移动应用、社交媒体等。智能客服架构应能够实现跨渠道的统一管理和服务，确保客户在不同渠道上都能获得一致、连贯的服务体验。无论客户通过哪个渠道发起咨询，智能客服都能快速识别客户身份，获取客户的历史咨询记录和订单信息，为客户提供个性化的服务建议。

跨境电商智能客服架构设计是一个复杂而系统的工程，它不仅需要满足基础的用户意图分类和工具函数调用需求，还应具备高度的可扩展性、智能化升级能力和多渠道融合能力。只有这样，才能构建出一个高效、智能、贴合跨境电商业务特性的智能客服系统，为企业在全球市场的竞争中赢得优势。

16.1.3　用于复杂任务分配、解决与汇总的A2A架构

在当今蓬勃发展的人工智能领域，基于大模型技术的智能体正展现出前所未有的强大能力。它们不仅具备自主规划和决策能力，能够根据复杂多变的环境和目标，独立制定出合理的行动方案，而且还拥有出色的工具调用和执行能力，可精准操控各类工具来完成特定任务。同时，持续学习和自我优化能力让它们在不断实践中持续精进，性能与效率日益提升。此外，人机协同、多智能体协作能力更是打破了不同主体间的界限，实现了优势互补与高效协同。

在此背景下，Agent2Agent（以下简称A2A）架构应运而生，它犹如一座精妙的桥梁，充分挖掘并利用智能体的这些卓越能力，构建起一套针对复杂任务分配与解决的完备方案。这一架构尤其适用于厂商在可承担成本范围内，针对垂直领域所推出的定制化解决方案。

A2A架构的核心设计理念在于采用多个大模型分别承担不同任务，以实现专业化的分工与高效协

作。以跨境电商智能客服系统的构建为例，我们深入剖析其运作机制。在处理顾客的普通咨询和产品说明这类常规任务时，我们部署了一个本地化的大模型。该模型经过微调，深度适配垂直领域的知识体系与业务逻辑，能够精准、快速地解答顾客关于产品特性、使用方法、常见问题等方面的疑问，为顾客提供详尽且专业的产品说明。

而对于涉及外部交互的复杂任务，如订单查询、物流验收等，A2A架构则展现出更强大的协同能力。我们为这些任务提供了一系列专用函数，并将任务分配工作交由一个专用的调度大模型负责。该调度大模型凭借其强大的语义理解和任务解析能力，对接收到的任务进行细致分析，根据任务类型、紧急程度、资源需求等多维度因素，将任务精准分配给相应的专业代理。通过这种基于大模型的任务解析与分配机制，整个系统能够实现资源的优化配置，显著提升任务处理的效率和质量。

通过A2A架构的精妙设计，我们的系统从垂直资源连接与水平协同服务两个关键维度，构建起了一个多模型、多Agent的跨系统协作框架。在垂直资源连接方面，各个专业代理能够深入对接垂直领域的特定资源，如产品数据库、订单管理系统、物流跟踪平台等，实现信息的深度整合与高效利用；在水平协同服务方面，不同Agent之间通过A2A架构实现了无缝对接与协同工作，能够快速响应复杂任务的需求，共同为用户提供一站式、全方位的优质服务。

下面以一个简单的A2A电商解决方案为例，详细阐述其工作流程：

（1）用户向A2A Planner（A2A架构中的核心规划模块）提出问询请求。该请求可能涉及产品信息查询、订单状态跟踪、物流进度跟踪等多个方面。

（2）A2A Planner接收到用户请求后，立即启动任务分配流程。它凭借内置的智能算法和丰富的任务知识库，对用户请求进行精准解析，并将其分配给各个专业代理，如专门负责订单处理的订单Agent、专注于产品介绍的产品Agent，以及精通物流信息的物流Agent等。

（3）各专业代理接收到分配的任务后，迅速展开处理工作。订单Agent会与订单管理系统进行实时交互，查询订单的详细信息，包括订单状态、支付情况、发货时间等；产品Agent则会从产品数据库中提取相关产品的详细资料，结合用户的具体需求，生成个性化的产品介绍内容；物流Agent则与物流跟踪平台对接，获取货物的实时运输位置、预计送达时间等信息。

（4）各专业代理在完成各自任务后，将处理结果返回给A2A Planner。A2A Planner对这些结果进行汇总、整理和优化，形成一份完整、清晰、易懂的最终结果，并将其反馈给用户。通过这一流程，用户能够快速、准确地获取所需信息，享受到高效、便捷的电商服务体验。

也就是说，A2A架构以其独特的设计理念和强大的协同能力，为复杂任务的处理提供了高效、灵活的解决方案，在垂直领域的应用中展现出巨大的潜力和价值。随着技术的不断发展和完善，相信A2A架构将在更多领域得到广泛应用，推动人工智能技术向更高水平迈进。

16.2　搭建具备商业问答功能的交流客服Agent

在上一节中，我们已深入剖析智能客服在跨境DCT模式下的应用逻辑与优势。从本节起，我们将从零起步，共同搭建一个契合跨境电商需求的智能客服系统。

智能客服作为连接商家与海外顾客的关键桥梁，基础能力至关重要。它必须精准捕捉顾客五花八门的提问，迅速给出准确解答。这要求它拥有海量的知识储备，涵盖产品细节、使用方法、物流进度、售后政策等跨境电商全流程信息。同时，回复不能生硬冰冷，要模拟专业客服人员的风格，以亲切、专业且通俗易懂的语言讲解问题。比如，顾客询问产品尺寸是否适配当地常见规格，智能客服不仅要给出明确的数据，还要结合当地使用场景说明适配性，让顾客感受到贴心服务。

16.2.1　基于Qwen3的多语种智能客服基座模型简介

当我们计划构建一个具备基础问答功能的客服模型时，存在两条可行路径。其一，是从零开始精心设计并全面训练一个能够与客户流畅交互、精准回复的模型，但这需要投入大量的时间、人力与计算资源。不过，从更务实且高效的角度出发，我们还有另一条捷径——仿照先前所讲解的微调技术，对现有模型进行针对性优化。

从行业普遍认知来看，大型厂商凭借雄厚的资金、海量的数据与顶尖的技术团队，训练出的基座模型在性能和泛化能力上，往往远超个人或小型公司独立训练的模型。所以，在实际应用中，选用大小适宜的预训练模型是更加明智的选择。

在众多可选模型中，除了前面介绍并演示过的DeepSeek系列模型，还有不少厂商推出了可用于微调的优质基座模型，像Qwen系列就备受关注。为给读者提供更丰富的选择，并展示不同厂商基座模型的微调方法，接下来我们将以Qwen3-1.7B这一模型作为智能客服的基座模型展开演示。以下便是基于Qwen3-1.7B模型构建基本智能客服基座模型的核心代码示例：

```
from modelscope import AutoModelForCausalLM, AutoTokenizer

model_name = "Qwen/Qwen3-1.7B"

# load the tokenizer and the model
tokenizer = AutoTokenizer.from_pretrained(model_name)
model = AutoModelForCausalLM.from_pretrained(
    model_name,
    torch_dtype="auto",
    device_map="auto"
)
# prepare the model input
prompt = "Give me a short introduction to large language model."
messages = [    {"role": "user", "content": prompt}
]
text = tokenizer.apply_chat_template(
    messages,
    tokenize=False,
    add_generation_prompt=True,
    enable_thinking=True # Switches between thinking and non-thinking modes. Default is
True.
)
model_inputs = tokenizer([text], return_tensors="pt").to(model.device)
# conduct text completion
generated_ids = model.generate(
    **model_inputs,
    max_new_tokens=512
)
output_ids = generated_ids[0][len(model_inputs.input_ids[0]):].tolist()
# parsing thinking content
try:
    # rindex finding 151668 (</think>)
    index = len(output_ids) - output_ids[::-1].index(151668)
```

```
    except ValueError:
        index = 0

    thinking_content = tokenizer.decode(output_ids[:index],
skip_special_tokens=True).strip("\n")
    content = tokenizer.decode(output_ids[index:], skip_special_tokens=True).strip("\n")

    print("thinking content:", thinking_content)
    print("content:", content)
```

读者可以自行尝试运行代码。

16.2.2 真实客服数据集介绍与使用详解

为了让原有的基座模型了解和掌握基本的客服交流方式和客服工作流程，我们准备了一份基于真实客服数据打造的客服交流数据集，如下所示：

```
    1   买二送 一 什么 一起 意思   客官 一份 6 个装 共 360g 左右 哦 买二送 一是 指 1 同一 口味 购买 两份
送 同款 一份 2 不同 口味 购买 2 份 送 豆沙 一份 拍 2 份 默认 发 3 份 哦好 吧 能发 吗   可以 的 榴莲 不能
发
    0   买二送 一 什么 一起 意思   客官 一份 6 个装 共 360g 左右 哦 买二送 一是 指 1 同一 口味 购买 两份
送 同款 一份 2 不同 口味 购买 2 份 送 豆沙 一份 拍 2 份 默认 发 3 份 哦好 吧 长春 能发 吗   好 的 客官
    1   好 的 吧   抱歉 哦    新 的 快递 发出 了 吗 有 单号 吗    稍后 给 您 哦   好 的 发出 了 吗     没
发出 的话 今天 给 您 补
    0   好 的 吧   抱歉 哦    新 的 快递 发出 了 吗 有 单号 吗    稍后 给 您 哦   好 的 发出 了 吗     今
天 到 新货 哟 给 亲发 新货 哦
```

上面数据集是我们收集的来自真实客服业务的人工服务数据，其中每行是一个完整的交流内容，以空格进行分割，而且每行也直接进行了分词处理。

在具体使用上，由于我们收集的原始客服数据是基于txt文本格式的，并不适合前面我们所选择使用的基座模型，因此我们还要首先对其格式进行调整。

适配于前面所选择的基座模型，我们在这里提供了一个对数据集格式进行调整的代码，如下所示：

```
import json

f_out = open("conversation_dataset.jsonl", "w", encoding="utf-8")
with open("../E-commerce dataset/dev.txt", "r", encoding="utf-8") as f:
    for line in f.readlines():
        line = line.strip().replace(" ","").split("  ")[1:]
        contents = []
        for id,content in enumerate(line):
            if id%2 == 0:
                contents.append({"role": "user", "content": content})
            else:
                contents.append({"assistant": "user", "content": content})

        conversations = contents
        # 写入JSON格式
        json_line = json.dumps(
            {"conversations": conversations},
            ensure_ascii=False
        )
        f_out.write(json_line + "\n")
f_out.close()
```

从上面代码可以看到，其作用是对输入的格式进行调整，将数据整理成所对应的输入输出对话形式供模型使用。

16.2.3　使用LoRA微调基座模型

在先前章节的探讨中，我们已系统且深入地剖析了如何借助低秩自适应（Low-Rank Adaptation，LoRA）技术，实现对预训练模型的高效微调。LoRA凭借其精妙的设计理念——通过引入低秩分解矩阵来近似原始权重矩阵的更新量，在有效降低可训练参数规模的同时，最大程度保留了模型对下游任务的学习能力，为资源受限场景下的模型定制化提供了切实可行的解决方案。

当下，当我们聚焦于对当前模型基座展开新一轮微调时，LoRA技术依然是我们优先考虑的利器。这一选择并非偶然，而是基于其在过往实践中展现出的卓越性能与稳定性。我们将延续前述章节所确立的微调框架，进一步探索LoRA在本轮任务中的优化潜力。具体而言，首先会针对当前任务的数据特性进行深度剖析，明确模型需要重点适配的知识维度与特征模式。通过精心设计的低秩矩阵秩数选取策略，在模型表达能力与计算资源消耗之间寻求最佳平衡点，确保微调后的模型既能精准捕捉任务核心规律，又不会因参数冗余而降低推理效率。

基于前面两个小节中我们准备的基座模型与数据，这里给出智能客服微调的完整代码：

```
import json
import torch
from tqdm import tqdm
from datasets import Dataset
from transformers import (
    TrainingArguments,
    Trainer,
    DataCollatorForSeq2Seq
)
from peft import LoraConfig, get_peft_model
from modelscope import AutoModelForCausalLM, AutoTokenizer

# 配置参数
model_name = "Qwen/Qwen3-1.7B"
output_dir = "./qwen_lora_finetuned"
max_length = 384  # 根据显存调整

# 初始化模型和分词器
tokenizer = AutoTokenizer.from_pretrained(model_name)
model = AutoModelForCausalLM.from_pretrained(
    model_name,
    torch_dtype=torch.bfloat16,
    device_map="auto",
    use_cache=False  # 梯度检查点需要关闭cache
)
tokenizer.pad_token = tokenizer.eos_token

# 定义LoRA配置
peft_config = LoraConfig(
    r=8,
    lora_alpha=32,
    target_modules=["q_proj", "v_proj", "k_proj", "o_proj"],  # 覆盖所有注意力层
    lora_dropout=0.05,
    bias="none",
    task_type="CAUSAL_LM",
    modules_to_save=["embed_tokens", "lm_head"]  # 保存关键模块的完整参数
)

# 应用LoRA
```

```
model = get_peft_model(model, peft_config)
model.print_trainable_parameters()

# 数据处理函数
def format_conversation(example):
    """带数据校验的对话格式处理"""
    messages = []
    for msg in example["conversations"]:
        # 自动修正常见键名错误
        role = msg.get("role", msg.get("assistant", "unknown")).lower()
        content = msg.get("content", "")

        # 验证角色有效性
        if role not in ["user", "assistant"]:
            if len(messages) == 0:
                role = "user"  # 第一条默认为user
            else:
                role = "assistant" if messages[-1]["role"] == "user" else "user"

        # 跳过无效消息
        if len(content.strip()) < 1:
            continue

        messages.append({"role": role, "content": content})

    # 构建对话模板（增加容错）
    try:
        text = tokenizer.apply_chat_template(
            messages,
            tokenize=False,
            add_generation_prompt=False
        )
    except Exception as e:
        print(f"Template error: {e}")
        return None

    # 生成labels（带自动对齐）
    labels = []
    current_role = None
    for msg in messages:
        content_ids = tokenizer.encode(msg["content"], add_special_tokens=False)
        if msg["role"] == "assistant":
            labels.extend(content_ids + [tokenizer.eos_token_id])
            current_role = "assistant"
        else:
            labels.extend([-100] * (len(content_ids) + 1))  # +1对应eos_token
            current_role = "user"

    return {"text": text, "labels": labels[:max_length]} if text else None

# 加载数据集
def load_dataset(file_path):
    data = []
    error_count = 0
    with open(file_path, "r", encoding="utf-8") as f:
        for line_idx, line in enumerate(tqdm(f)):
            try:
                # 原始数据加载
                raw_data = json.loads(line)

                # 数据格式转换
                corrected_convs = []
                for msg in raw_data["conversations"]:
```

```
                    # 自动修正键名
                    new_msg = {
                        "role": msg.get("role", msg.get("assistant", "user")),
                        "content": msg.get("content", "")
                    }
                    # 修正角色值
                    if new_msg["role"] not in ["user", "assistant"]:
                        new_msg["role"] = "assistant" if len(corrected_convs) > 0 and
corrected_convs[-1][
                            "role"] == "user" else "user"
                    corrected_convs.append(new_msg)

                # 处理修正后的对话
                formatted = format_conversation({"conversations": corrected_convs})
                if formatted and len(formatted["text"]) > 10:
                    data.append(formatted)
                else:
                    print(f"跳过无效对话：第{line_idx + 1}行")

            except Exception as e:
                error_count += 1
                print(f"错误处理第{line_idx + 1}行：{str(e)}")
                if error_count > 10:
                    raise RuntimeError("发现过多错误，请先修正数据格式")

        print(f"成功加载{len(data)}条有效数据（跳过{error_count}条无效数据）")
        return Dataset.from_list(data)

    dataset = load_dataset("./dataset/conversation_dataset.jsonl")

    # 数据集预处理
    def preprocess_function(examples):
        tokenized = tokenizer(
            examples["text"],
            max_length=max_length,
            truncation=True,
            padding="max_length",
            return_tensors="pt"
        )
        # 对齐labels
        labels = torch.full(
            (len(examples["text"]), max_length),
            -100,
            dtype=torch.long
        )
        for i, lbl in enumerate(examples["labels"]):
            labels[i, :len(lbl)] = torch.LongTensor(lbl[:max_length])

        return {
            "input_ids": tokenized["input_ids"],
            "attention_mask": tokenized["attention_mask"],
            "labels": labels
        }

    processed_dataset = dataset.map(
        preprocess_function,
        batched=True,
        batch_size=32,
        remove_columns=["text", "labels"]
    )

    # 数据整理器
```

```
data_collator = DataCollatorForSeq2Seq(
    tokenizer=tokenizer,
    padding=True,
    pad_to_multiple_of=8
)

# 训练参数
# 调整训练参数（适用于24GB显存）
training_args = TrainingArguments(
    per_device_train_batch_size=7,
    learning_rate=5e-5,
    num_train_epochs=5,
    warmup_steps=10,
    report_to="none",
    output_dir=output_dir,
    save_safetensors=True,  # 启用安全格式保存
)

# 初始化Trainer
trainer = Trainer(
    model=model,
    args=training_args,
    train_dataset=processed_dataset,
    data_collator=data_collator,
)

# 开始训练
trainer.train()

# 保存最终模型
# 训练结束后使用PEFT的保存方法
trainer.model.save_pretrained(
    output_dir,
    safe_serialization=True,  # 自动处理共享张量
    save_embedding_layers=True  # 如果需要保留Embedding层参数
)
```

在上面代码中，我们首先导入必要的库，包括数据处理、模型训练及LoRA微调相关的模块。通过AutoTokenizer和AutoModelForCausalLM加载预训练模型Qwen3-1.7B及其对应的分词器，并设置pad_token为eos_token以统一填充标识。

随后定义LoRA配置参数，指定低秩矩阵的秩（r=8）、缩放因子（lora_alpha=32）及目标适配模块（注意力层的投影矩阵），同时保留关键模块（如词嵌入层和输出头）的完整参数。通过get_peft_model将LoRA适配器注入模型，并打印可训练参数以验证配置正确性。

format_conversation函数负责清洗原始对话数据：自动修正角色键名错误、验证角色有效性、跳过空内容，并通过分词器的聊天模板生成标准化文本。load_dataset函数从JSONL文件中逐行读取数据，修正键名和角色值后调用上述格式化函数，过滤无效对话并统计错误数量。最终通过Dataset.from_list将有效数据转换为Hugging Face数据集格式。预处理函数preprocess_function对文本进行分词、截断和填充，并生成对齐的labels张量，确保输入与标签长度一致。

最后TrainingArguments设置批次大小（适配24GB显存设为7）、学习率（5e-5）、训练轮次（5轮）及预热步数（10步），关闭日志报告并指定输出目录为安全张量格式。通过DataCollatorForSeq2Seq实现动态填充，优化显存利用率。Trainer类整合模型、参数、数据及整理器，调用train()启动训练。训练完成后，使用save_pretrained保存最终模型，启用安全序列化并保留词嵌入层参数，确保模型可复现性与兼容性。

16.2.4　使用微调后的智能客服基座模型完成推理

接下来，我们将测试经过微调后的智能客服基座模型，首先我们将仿照原有的基座模型的使用方法进行一次测试（由于Qwen3-1.7B版本的原因，回答形式可能略有不同，这一点请读者在使用时注意一下），代码如下所示：

```
import json
import torch
import safetensors.torch as safetorch
from tqdm import tqdm
from datasets import Dataset
from transformers import (
    TrainingArguments,
    Trainer,
    DataCollatorForSeq2Seq
)
from peft import LoraConfig, get_peft_model
from modelscope import AutoModelForCausalLM, AutoTokenizer

# 配置参数
model_name = "Qwen/Qwen3-1.7B"
output_dir = "./qwen_lora_finetuned"
max_length = 384  # 根据显存调整

# 初始化模型和分词器
tokenizer = AutoTokenizer.from_pretrained(model_name)
model = AutoModelForCausalLM.from_pretrained(
    model_name,
    torch_dtype=torch.bfloat16,
    device_map="auto",
    use_cache=False  # 梯度检查点需要关闭cache
)
print("base_model load successful!")
from peft import PeftModel
model = PeftModel.from_pretrained(model, "./qwen_lora_finetuned")

messages = [
    {"role": "user", "content": "我没收到货呢，所以就想知道是哪里的问题?"}
]
text = tokenizer.apply_chat_template(
    messages,
    tokenize=False,
    add_generation_prompt=True
)
model_inputs = tokenizer([text], return_tensors="pt").to(model.device)

generated_ids = model.generate(
    **model_inputs,
    max_new_tokens=max_length
)
generated_ids = [
    output_ids[len(input_ids):] for input_ids, output_ids in zip(model_inputs.input_ids,
generated_ids)
]

response = tokenizer.batch_decode(generated_ids, skip_special_tokens=True)[0]
print(response)
```

在上面代码中，我们通过载入LoRA训练存档对某一项客户提问做出回复，读者可以自行尝试运行代码查看结果。同时，我们也建议读者在这个过程中对比微调前后模型对同一问题的回复，从而更形象地了解不同情景下模型微调的成就。

16.2.5 原生Qwen3多语种支持与跨境电商智能客服语言设置

对于我们设定的目标，即通过基座模型完成跨境电商的智能客服方案，一个重要的目标就是要求智能客服使用客户的母语与其交流。Qwen3原生提供了多语种支持，如图16-3所示。

语系	语言与方言
印欧语系	英语、法语、葡萄牙语、德语、罗马尼亚语、瑞典语、丹麦语、保加利亚语、俄语、捷克语、希腊语、乌克兰语、西班牙语、荷兰语、斯洛伐克语、克罗地亚语、波兰语、立陶宛语、挪威语（博克马尔语）、挪威尼诺斯克语、波斯语、斯洛文尼亚语、古吉拉特语、拉脱维亚语、意大利语、奥克语、尼泊尔语、马拉地语、白俄罗斯语、塞尔维亚语、卢森堡语、威尼斯语、阿萨姆语、威尔士语、西里西亚语、阿斯图里亚语、恰蒂斯加尔语、阿瓦德语、迈蒂利语、博杰普尔语、信德语、爱尔兰语、法罗语、印地语、旁遮普语、孟加拉语、奥里雅语、塔吉克语、东意第绪语、伦巴第语、利古里亚语、西西里语、弗留利语、撒丁岛语、加利西亚语、加泰罗尼亚语、冰岛语、托斯克语、阿尔巴尼亚语、林堡语、达里语、南非荷兰语、马其顿语僧伽罗语、乌尔都语、马加希语、波斯尼亚语、亚美尼亚语
汉藏语系	中文（简体中文、繁体中文、粤语）、缅甸语
亚非语系	阿拉伯语（标准语、纳吉迪语、黎凡特语、埃及语、摩洛哥语、美索不达米亚语、塔伊兹-阿德尼语、突尼斯语）、希伯来语、马耳他语
南岛语系	印度尼西亚语、马来语、他加禄语、宿雾语、爪哇语、巽他语、米南加保语、巴厘岛语、班加语、邦阿西南语、伊洛科语、瓦雷语（菲律宾）
达罗毗荼人	泰米尔语、泰卢固语、卡纳达语、马拉雅拉姆语
突厥语	土耳其语、北阿塞拜疆语、北乌兹别克语、哈萨克语、巴什基尔语、鞑靼语
侗族	泰语、老挝语
乌拉尔语	芬兰语、爱沙尼亚语、匈牙利语
南亚语系	越南语、高棉语
其他	日语、韩语、格鲁吉亚语、巴斯克语、海地语、帕皮阿门托语、卡布维尔迪亚努语、托克皮辛语、斯瓦希里语

图16-3 Qwen3原生提供了多语种支持

在具体使用上，我们可以通过设置system_prompt的方式要求在对问题进行回复时候，使用如下系统提示设定来完成对回复语言的设置，如下所示：

```
    system_prompt = {
        "role": "system",
        "content": "You are a professional e-commerce customer service assistant. First, you need to detect the language type that the other party is using. After analyzing the issue, please respond in a concise and friendly manner using the very language they've employed."
    }
```

基于此设置，我们提供了一个可用于测试的跨语言回复模型示例代码，如下所示：

```
import torch
from transformers import AutoTokenizer
from modelscope import AutoModelForCausalLM
from peft import PeftModel

# 配置参数
```

```
model_name = "Qwen/Qwen3-1.7B"
max_length = 512  # 根据显存调整

# 初始化模型和分词器
tokenizer = AutoTokenizer.from_pretrained(model_name, trust_remote_code=True)
base_model = AutoModelForCausalLM.from_pretrained(
    model_name,
    torch_dtype=torch.bfloat16,
    device_map="auto",
    trust_remote_code=True
)

# 加载微调后的模型
model = PeftModel.from_pretrained(base_model, "./qwen_lora_finetuned")
model = model.merge_and_unload()  # 合并LoRA权重方便推理 [[6]]
model.eval()
print("模型加载完成！")

def chat():
    """修复版多轮对话交互函数"""
    messages = []

    # Qwen3的专用系统提示写法
    system_prompt = {
        "role": "system",
        "content": "You are a professional e-commerce customer service assistant. First, you need to detect the language type that the other party is using. After analyzing the issue, please respond in a concise and friendly manner using the very language they've employed."
    }
    messages.append(system_prompt)

    while True:
        try:
            user_input = input("\n用户：").strip()
            if not user_input:
                continue
            if user_input.lower() in ["退出", "exit", "quit"]:
                break

            # 添加用户消息（自动过滤空内容）
            messages.append({"role": "user", "content": user_input})

            # 生成符合Qwen2.5格式的对话模板（关键修复点）[[9]]
            text = tokenizer.apply_chat_template(
                conversation=messages,  # 包含当前输入
                add_generation_prompt=True,
                tokenize=False
            )

            # 编码输入（增加长度校验）[[3]]
            model_inputs = tokenizer(
                text,
                return_tensors="pt",
                max_length=max_length - 100,  # 为生成留出空间
                truncation=True,
                padding="max_length"
            ).to(model.device)

            # 生成回复（优化生成参数）[[6]]
            with torch.no_grad():
                generated_ids = model.generate(
                    **model_inputs,
                    max_new_tokens=200,
```

```
                do_sample=True,
                temperature=0.7,
                top_p=0.85,
                repetition_penalty=1.15,
                eos_token_id=tokenizer.eos_token_id
            )
            # 精确截取新生成内容（关键修复）[[10]]
            input_len = model_inputs.input_ids.shape[1]
            response = tokenizer.decode(
                generated_ids[0][input_len:],
                skip_special_tokens=True
            ).strip()
            print(f"\n助手：{response}")
            # 添加助手回复到历史（带智能截断）
            messages.append({"role": "assistant", "content": response})

            # 自动维护对话历史（保留最近3轮对话+系统提示）[[8]]
            max_history = 6  # 3轮对话（user+assistant为一轮）
            if len(messages) > max_history + 1:  # +1是系统提示
                messages = [messages[0]] + messages[-max_history:]

        except KeyboardInterrupt:
            print("\n对话已终止")
            break
        except Exception as e:
            print(f"生成出错：{str(e)}")
            messages.pop()  # 移除当前错误输入

if __name__ == "__main__":
    print("欢迎使用客服助手！输入「退出」结束对话")
    chat()
```

读者可以自行尝试运行上面代码。这里需要注意，为了后续内容讲解的方便，我们会默认使用中文作为后续模型训练和智能回复的语言，读者可以根据业务需要自行设置语言。

16.3 给交流客服Agent注入垂直领域知识

在前面一节中，我们已经圆满完成了基本客服模型的配置与精细训练。从示例的演示中，大家能够直观体验并深入理解这样的观点，即大模型的微调是一把神奇的钥匙。通过它，我们可以引导模型逐步了解和精准掌握基本的问答类型以及高效的回复方法。比如，面对顾客关于商品颜色、尺寸等常规属性的询问，微调后的模型能迅速给出准确且规范的回答，展现出强大的基础服务能力。

然而，我们的目标远不止于此。我们致力于打造一个具备跨语言能力的跨境电商智能客服系统，以打破语言壁垒，为全球消费者提供无缝衔接的优质服务。但就目前而言，要达成这一宏伟目标，还缺失至关重要的一环——垂直领域知识。跨境电商涉及的领域极为广泛且专业，从不同国家的海关政策、税收规定，到各类商品的详细规格、使用禁忌，再到复杂多变的物流运输规则等，这些垂直领域知识是智能客服准确、高效服务的关键支撑。

对于垂直领域内容的添加，我们并非只有微调或者重新训练这两条路径。诚然，通过微调，我们可以将特定领域的专业知识融入模型，使其在面对该领域的问题时更加游刃有余；重新训练则能让模型从零开始构建起全面的垂直领域知识体系，但这种方式往往需要耗费大量的时间和计算资源。

除了微调或者重新训练这两种传统方法，还有一种极具潜力的模式——RAG（Retrieval Augmented Generation，检索增强生成）模式，它为模型知识添加开辟了新的途径。RAG模式巧妙地将信息检索与生成模型相结合。当面对用户的查询时，它首先会从庞大的外部知识库中精准检索相关的垂直领域信息，这些知识库可以包含最新的政策法规、商品更新数据、用户评价反馈等。随后，基于检索到的这些丰富信息，生成模型再结合自身的语言理解和生成能力，为用户提供更加准确、全面且具有针对性的回答。

16.3.1　给客服大模型直接添加知识的方法

对于给大模型添加垂直领域的知识，一个简易的方法就是将所需要的垂直领域知识以辅助文本的形式传递给大模型，之后基于大模型的阅读水平和理解能力，从给予的全部知识中自行查找并获取对应的内容。下面是我们生成的一个用于演示某品牌手机的质保服务说明书：

```
...
二、产品概述
（一）产品特点
手机融合了前沿的科技与时尚的设计理念，具备一系列卓越特性。其搭载的高性能处理器，能够确保手机在运行各类大型应用程序、多任务处理以及进行复杂图形处理时，都保持流畅、高效的性能表现，满足您在工作、娱乐等多场景下的需求。
...
在影像系统方面，我们采用了顶级的摄像头传感器与先进的图像处理算法，无论是白天的风景拍摄、夜景捕捉，还是人像摄影、微距拍摄，都能呈现出色彩鲜艳、细节丰富、清晰锐利的优质照片与视频，为您记录生活中的每一个精彩瞬间。
...
```

我们的目标就是将质保服务说明书内容注入客服大模型，并基于大模型的识别与阅读能力完成用户查询的回复。在这里，我们演示了使用直接知识注入对模型进行回复的函数，代码如下所示：

```python
from modelscope import AutoModelForCausalLM, AutoTokenizer
import torch

# 模型加载（单例模式优化）
model_name = "Qwen/Qwen3-1.7B"
device = "cuda" if torch.cuda.is_available() else "cpu"

def get_model_tokenizer():
    if not hasattr(get_model_tokenizer, "model"):
        model = AutoModelForCausalLM.from_pretrained(
            model_name,
            torch_dtype="auto",
            device_map=device,
            trust_remote_code=True
        )
        tokenizer = AutoTokenizer.from_pretrained(model_name)
        get_model_tokenizer.model = model
        get_model_tokenizer.tokenizer = tokenizer
    return get_model_tokenizer.model, get_model_tokenizer.tokenizer

def generate_response(prompt):
    model, tokenizer = get_model_tokenizer()

    inputs = tokenizer([prompt], return_tensors="pt").to(device)
    generated_ids = model.generate(
        **inputs,
        max_new_tokens=512
    )
```

```
    # 过滤输入部分并解码 [[6]]
    output_ids = generated_ids[0][len(inputs.input_ids[0]):]
    return tokenizer.decode(output_ids, skip_special_tokens=True).strip()

def customer_chat(query, informations):
    # 构建RAG增强Prompt
    system_prompt = (
        f"""
        你是一个跨境智能客服服务器，你现在需要回答用户的提问，使用如下知识和内容:'{informations}'
        你在回答问题时只能从给你的知识和内容中进查找，如果找不到对应的内容，就必须回答'找不到'。
        你不能回答给你的参考资料之外的内容。
        """
    )

    messages = [
        {"role": "system", "content": system_prompt},
        {"role": "user", "content": query}
    ]

    tokenizer = get_model_tokenizer()[1]
    prompt = tokenizer.apply_chat_template(
        messages,
        tokenize=False,
        add_generation_prompt=True
    )

    # 生成完整响应
    return generate_response(prompt)

# 使用示例
if __name__ == "__main__":

    with open("phone.txt", "r", encoding="utf-8") as f:
        content = f.read()
    informations = content

    # 模拟RAG检索到的信息
    queries = [
        "手机的地域范围是哪里？",
        "我在什么情况下可以免费更换手机？",
        "手机的质保期是多久？"
    ]

    for query in queries:
        response = customer_chat(query, informations)
        print(f"Q: {query}\nA: {response}\n{'=' * 40}")
```

下面是对演示问题的回复结果：

```
Q：手机的地域范围是哪里？
A：质保服务在海湾地区全境有效。

Q：我在什么情况下可以免费更换手机？
A：在以下特定情况下，您可以免费更换手机：

- 无法修复的严重故障：如果经过专业维修工程师的多次检测和尝试，确认手机出现的故障无法通过维修手段解决，或者维修成本过高（超过手机当前价值的一定比例），我们将为您免费更换一部同型号、同配置的全新手机。更换后的手机将重新开始计算质保期，让您无须担心后续使用过程中的质量问题。

- 批量性质量问题：当官方确认某一批次手机存在批量性质量问题，且该问题可能影响手机的正常使用和安全性时，我们将主动联系购买该批次手机的用户，为其提供免费更换服务。同时，我们会通过官方网站、社交媒体等渠道发布相关信息，确保用户能够及时了解并享受这一权益。
```

```
Q：手机的质保期是多久？
A：手机的质保期通常是2年。如果您是在海湾地区购买的手机，那么您应该享受2年的标准质保服务。在保修期内，您有权享受免费的维修服务，包括但不限于故障诊断、零部件更换、系统修复与优化等。
```

从上面回复内容中可以看到，对于顾客问题的查询基本上可以获得比较满意的回复，例如质保期的询问，对比质保服务说明书的内容，这里忽略了可选的“延长质保服务”的说明，这一点也有可能会给问询的顾客造成误解。

16.3.2　更高精度的RAG详解与使用示例

在前面的探索与实践过程中，我们成功构建了向大语言模型注入垂直领域知识的方法。通过这一关键举措，我们清晰地观察到，当大模型吸纳了特定垂直领域的专业知识后，能够更加顺畅、自然地融入智能客服这一角色定位。在处理用户咨询问题时，无论是精准检索相关信息，还是生成针对性回复，其表现都更加契合实际业务场景与用户需求，显著提升了智能客服系统的服务质量与用户体验。

然而，在持续优化与评估过程中，我们也敏锐察觉到，尽管大模型在融入垂直知识后取得了一定进步，但在面对部分复杂问题时，其回复内容仍存在不够全面、深入的情况。例如，当用户提出涉及多维度因素、跨领域知识融合的跨境业务咨询时，大模型可能只会提供单一视角的解答，而忽略了其他关联要点；又或者对于一些需要结合最新行业动态与历史数据综合分析的问题，回复内容在深度和广度上都有所欠缺。

针对此类问题，我们迫切需要探索并应用一种更加强大的大模型回复优化方法，以进一步提升智能客服系统在复杂场景下的表现。

在此背景下，RAG技术应运而生，成为解决这一难题的关键创新方案。RAG作为一种极具前瞻性与创新性的新一代人工智能技术范式，独具匠心地将信息检索与生成式模型的强大能力深度融合。它就像为智能客服系统量身定制的一对“智慧羽翼”，赋予了系统更加卓越的信息处理与知识运用能力。

在跨境业务咨询这一复杂多变的业务领域中，RAG技术的作用尤为凸显。跨境业务涉及不同国家和地区的法律法规、政策要求、市场环境、文化习俗等多方面因素，用户咨询的问题往往具有高度的复杂性和多样性。传统的大模型在处理这类问题时，可能受限于自身知识储备和推理能力，难以提供全面、准确的回复。而RAG技术凭借其独特的检索增强机制，能够在生成回复之前，先从海量的外部知识源中精准检索与问题相关的信息，然后将这些检索到的信息与大模型自身的生成能力相结合，从而生成更加丰富、准确、全面的回复。

例如，当用户询问关于在某个特定国家开展跨境电商业务所需的资质和流程时，RAG技术可以迅速检索到该国家最新的商业法规、税务政策、海关要求等相关信息，并结合大模型对这些信息的理解和分析能力，为用户提供一份详细且实用的指南，涵盖从公司注册、税务申报到物流配送等各个环节的注意事项。这种结合检索与生成的方式，使得智能客服系统在应对复杂跨境业务咨询时，能够游刃有余，如虎添翼，为用户提供更加优质、高效的服务体验。

从技术架构层面剖析，RAG模式主要包含信息检索与内容生成两大核心模块。信息检索模块就像一位知识渊博的“信息导航员”，面对用户抛出的各种问题，检索模块会迅速启动高效的检索算法，在知识库中精准定位，并提取出与问题高度相关的关键信息片段。

而内容生成模块则是一位才华横溢的“语言艺术家”，它基于检索模块提供的精准信息，充分发挥生成式模型在自然语言理解和生成方面的卓越能力，将这些碎片化的信息巧妙整合、润色，生成逻辑连贯、表达流畅且通俗易懂的自然语言回复。这种“检索－生成”的协同工作机制，使得RAG模式在处理专业性强、时效性要求高的跨境业务咨询时，展现出了无与伦比的优势。

1. 跨境电商场景下RAG应用实例

在跨境电商的实际运营中，一位来自德国的消费者对某款新上市的智能手机在当地的保修政策产生了疑问。他通过跨境电商平台的智能客服入口发起咨询，此时RAG模式迅速启动其强大的处理流程。

信息检索模块首先对问题进行精准解析，识别出关键信息如产品型号、国家地区（德国）以及查询主题（保修政策）。随后，它像一位经验丰富的探险家，在包含各国电子产品保修条款、售后服务流程等丰富信息的知识库中展开细致搜索。凭借先进的检索算法，它快速筛选出与该款智能手机在德国的保修政策紧密相关的详细资料，包括保修期限、涵盖的故障类型、具体的维修流程以及消费者需要履行的相关手续等。

紧接着，内容生成模块接过“接力棒”，它以检索到的信息为基础，结合消费者的语言习惯和表达方式，精心组织语言，生成了一份清晰明了、易于理解的回复。例如，回复中会明确告知消费者：“尊敬的客户，您所购买的这款智能手机享有为期两年的免费保修服务。若手机出现非人为损坏的故障，您只需携带购买凭证和手机前往我们指定的当地售后服务中心，我们的专业维修团队将为您提供免费的检测和维修服务。同时，在维修期间，我们还将为您提供备用机，以确保您的正常使用不受影响。”

2. RAG模式在跨境电商客服中的价值彰显

RAG模式在跨境电商智能客服领域的应用，犹如一场及时雨，有效解决了传统客服系统在处理复杂业务咨询时面临的诸多难题。一方面，它极大地弥补了模型自身知识的局限性。由于跨境电商业务涉及的知识领域广泛且更新迅速，传统的模型训练方式很难及时、全面地覆盖所有信息。而RAG模式通过与外部知识库的实时交互，能够随时获取最新的专业知识，确保为消费者提供准确无误的解答。

另一方面，RAG模式确保了回复信息的时效性和准确性。在瞬息万变的商业环境中，政策法规、商品信息等随时可能发生变化。RAG模式能够实时跟踪知识库的更新，使智能客服的回复始终基于最新、最准确的信息，避免了因信息滞后或错误而给消费者带来的困扰，从而显著提升了跨境电商智能客服的专业性和可靠性，为企业在激烈的全球电商市场竞争中赢得了宝贵的信誉和优势。

16.3.3　基于BM25算法的RAG实战

RAG技术的核心目标，在于精准对接用户查询需求，为底层大模型提供高度契合、切中要害的内容支撑。为实现这一目标，其关键任务在于运用一系列精心设计的特定方法或先进算法，从海量知识库中抽丝剥茧，精准定位与用户所提问题最匹配、最接近的答案片段。

在这一过程中，原本纷繁复杂、涉及多维度知识与信息处理的实战场景，被巧妙转化为对文本相关性（相似度）的深度剖析与精确计算。通过量化评估不同文本与用户查询之间的关联程度，RAG能够高效筛选出最具价值的信息，为大模型生成精准回复奠定坚实的基础。

对于文本相关性的计算相信读者应该不会陌生，具体使用上常用的是余弦相关性计算与BM25相关性计算，在这里我们采用BM25来计算对应的文本相关性。

假如我们有一系列的文档DOC，现在要查询问题Query。BM25的思想是，对Query进行语素解析，生成语素$\boldsymbol{Q}$；然后对于每个搜索文档$\boldsymbol{D}_j$计算每个语素$\boldsymbol{Q}_i$与文档$\boldsymbol{D}_j$的相关性，最后将所有的语素$\boldsymbol{Q}_i$与$\boldsymbol{D}_j$进行加权求和，从而最终计算出Query与$\boldsymbol{D}_j$的相似性得分。将BM25算法总结如下：

$$\text{Score}\left(\text{Query}, \boldsymbol{D}_i\right) = \sum_{i}^{n} \boldsymbol{W}_i \cdot \boldsymbol{R}\left(\boldsymbol{Q}_i, \boldsymbol{D}_j\right)$$

在中文中，我们通常将每一个词语当作 $\boldsymbol{Q}_i$，$\boldsymbol{W}_i$ 表示语素 $\boldsymbol{Q}_i$ 的权重，$\boldsymbol{R}(\boldsymbol{Q}_i,\boldsymbol{D}_j)$ 表示语素 $\boldsymbol{Q}_i$ 与文档 $\boldsymbol{D}_j$ 的相关性得分关系。

限于本书的主题，对于BM25的介绍我们就不继续深入说明了，有兴趣的读者可以自行研究解决。

下面讲解一下BM25的工程实现。我们可以通过编写Python代码的方式实现BM25函数。但是，在这里我们的建议是，对于成熟的算法，Python中最好的使用方法就是使用现成的库函数，这是因为对于大多数现成算法的Python库，会有经验丰富的作者对其进行持续优化，造一辆车没必要从轮子开始造，因此我们建议使用现成的Python库即可。

读者可以使用如下命令安装对应的Python库rank_bm25：

```
pip install rank_bm25          #注意下画线
```

rank_bm25是一个比较常用的BM25库，其作用是计算单个文本与文本库的BM25值。但是需要注意，BM25在公式中要求传递的是单个字（或者词），其过程是以单个字或者词为基础进行计算，因此在使用BM25进行相关性计算时，需要将其拆分为字或者词的形式。在这里我们给出一种完整的相关性计算实现方式，示例代码如下所示：

```
#query是需要查询的文本，documents为文本库，top_n为返回最接近的n条文本内容
def get_top_n_sim_text(query: str, documents: List[str],top_n = 3):
    tokenized_corpus = []
    for doc in documents:
        text = []
        for char in doc:
            text.append(char)
        tokenized_corpus.append(text)

    bm25 = BM25Okapi(tokenized_corpus)

    tokenized_query = [char for char in query]
    #doc_scores = bm25.get_scores(tokenized_query)  # array([0., 0.93729472, 0.])

    results = bm25.get_top_n(tokenized_query, tokenized_corpus, n=top_n)

    results = ["".join(res) for res in results]
    return results
```

对于此示例代码的应用，读者可以使用如下代码段完成：

```
import utils

prompt_text = "明天是什么天气"
context_list = ["哪个颜色好看","今天晚上吃什么","你家电话多少","明天的天气是晴天","晚上的月亮好美
呀"]

sim_results = utils.get_top_n_sim_text(query=prompt_text, documents=context_list,
top_n=1)
print(sim_results)
```

上面代码的运行结果打印如下：

```
['明天的天气是晴天']
```

下面就是我们使用BM25完成RAG计算的代码示例：

```
from modelscope import AutoModelForCausalLM, AutoTokenizer
import torch
```

```
# 模型加载（单例模式优化）
model_name = "Qwen/Qwen3-1.7B"
device = "cuda" if torch.cuda.is_available() else "cpu"

def get_model_tokenizer():
    if not hasattr(get_model_tokenizer, "model"):
        model = AutoModelForCausalLM.from_pretrained(
            model_name,
            torch_dtype="auto",
            device_map=device,
            trust_remote_code=True
        )
        tokenizer = AutoTokenizer.from_pretrained(model_name)
        get_model_tokenizer.model = model
        get_model_tokenizer.tokenizer = tokenizer
    return get_model_tokenizer.model, get_model_tokenizer.tokenizer


def generate_response(prompt):
    model, tokenizer = get_model_tokenizer()

    inputs = tokenizer([prompt], return_tensors="pt").to(device)
    generated_ids = model.generate(
        **inputs,
        max_new_tokens=512
    )

    # 过滤输入部分并解码 [[6]]
    output_ids = generated_ids[0][len(inputs.input_ids[0]):]
    return tokenizer.decode(output_ids, skip_special_tokens=True).strip()


def customer_chat(query, informations):
    # 构建RAG增强Prompt
    system_prompt = (
        f"""
        你是一个跨境智能客服服务器，你现在需要回答用户的提问，使用如下知识和内容:'{informations}'
        你在回答问题时只能从给你的知识和内容中进查找，如果找不到对应的内容，就必须回答'找不到'。
        你不能回答给你的参考资料之外的内容。
        """
    )

    messages = [
        {"role": "system", "content": system_prompt},
        {"role": "user", "content": query}
    ]

    tokenizer = get_model_tokenizer()[1]
    prompt = tokenizer.apply_chat_template(
        messages,
        tokenize=False,
        add_generation_prompt=True
    )

    # 生成完整响应
    return generate_response(prompt)

from rank_bm25 import BM25Okapi
#query是需要查询的文本，documents为文本库，top_n为返回最接近的n条文本内容
```

```
def get_top_n_sim_text(query: str, documents,top_n = 3):
    tokenized_corpus = []
    for doc in documents:
        text = []
        for char in doc:
            text.append(char)
        tokenized_corpus.append(text)

    bm25 = BM25Okapi(tokenized_corpus)

    tokenized_query = [char for char in query]
    #doc_scores = bm25.get_scores(tokenized_query)  # array([0., 0.93729472, 0.])

    results = bm25.get_top_n(tokenized_query, tokenized_corpus, n=top_n)

    results = ["".join(res) for res in results]
    return results


def split_text_by_word_count(text, max_word_count):
    """
    将文本按字数分段

    参数:
        text (str): 要分段的文本内容
        max_word_count (int): 每段的最大字数

    返回:
        list: 分段后的文本列表
    """
    words = text.split()  # 按空格分割单词
    segments = []
    current_segment = []
    current_word_count = 0

    for word in words:
        # 添加当前单词到当前段，并更新字数统计
        current_segment.append(word)
        current_word_count += len(word) + 1  # +1 是为了考虑单词之间的空格

        # 如果当前段字数超过限制，则结束当前段并开始新段
        if current_word_count > max_word_count:
            # 如果当前段只有一个单词且超过限制，则单独处理（防止长单词无法放入）
            if len(current_segment) == 1:
                segments.append(current_segment[0])
                current_segment = []
                current_word_count = 0
            else:
                # 回退到上一个单词，完成当前段
                segments.append(' '.join(current_segment[:-1]))
                current_segment = [word]
                current_word_count = len(word) + 1

    # 添加最后一个段
    if current_segment:
        segments.append(' '.join(current_segment))

    return segments
```

```
# 使用示例
if __name__ == "__main__":

    with open("phone.txt", "r", encoding="utf-8") as f:
        content = f.read()

    # 模拟RAG检索到的信息
    queries = [
        "手机的地域范围是哪里？",
        "我在什么情况下可以免费更换手机？",
        "手机的质保期是多久？"
    ]

    for query in queries:
        informations = split_text_by_word_count(content, max_word_count=128)
        bm25_results = get_top_n_sim_text(query, informations)
        response = customer_chat(query, bm25_results)
        print(f"Q: {query}\nA: {response}\n{'=' * 40}")
```

在上面代码中，我们首先使用分段函数将原有的文本内容分成小段，之后使用get_top_n_sim_text函数在分段后的文本中找到最接近的内容，并将找到后的内容送入大模型中进行信息解读和回复，此时生成的结果如下：

```
Q: 手机的地域范围是哪里？
A: 海湾地区

Q: 我在什么情况下可以免费更换手机？
A: 在以下特定情况下，我们将为您提供免费的更换手机服务：

1. 在以下特定情况下，我们将为您提供免费的更换手机服务：
   - 自您购买手机之日起，享受2年的标准质保服务。
   - 对于因手机自身质量问题导致的故障或损坏，我们将为您提供免费的维修或更换零部件服务。

请注意，以上信息可能随时间而变化，请以官方最新公告为准。

Q: 手机的质保期是多久？
A: 找到答案了：'延长质保服务的期限可根据您的需求选择，最长可延长至2+1年。'

所以，手机的质保期可以根据您的需求选择最长可以延长至2+1年，即3年。
```

相较于前期直接向模型注入知识的方式，经对比分析可知，采用分段处理文本内容并结合 BM25 算法进行相似内容检索的策略，在回复质量上展现出显著优势。具体而言，BM25算法通过对全文本内容展开深度检索，精准定位与用户问题高度相关的信息片段。在此基础上，我们的智能客服模型能够基于这些精准匹配的内容，为客户提供更具针对性、更贴合实际需求的回答与讲解，有效提升了客户服务的专业性和满意度。

更多内容读者可以自行尝试。

16.3.4　基于Conan Embedding向量排序的RAG实战

在文本检索与排序的领域中，除了前期深入剖析的、基于传统统计模型的BM25算法所实现的相似文本查找方法外，还存在一种更先进且基于深度语义理解的文本排序方案——Embedding 排序方法。该方法犹如一颗璀璨的新星，在处理复杂语义关联和捕捉文本深层特征方面展现出了卓越的性能，为文本排序任务开辟了全新的路径。

1. Embedding特征向量生成基础

Embedding排序方法的核心在于将文本转化为低维、密集且富含语义信息的特征向量。这一过程通常借助深度学习模型来实现，例如经典的 Word2Vec、GloVe 等词向量模型，它们能够基于大规模语料库学习到单词之间的语义关联，将每个单词映射为一个固定维度的向量。而随着自然语言处理技术的飞速发展，诸如BERT（Bidirectional Encoder Representations from Transformers）、GPT（Generative Pretrained Transformer）等预训练语言模型的出现，更是将文本向量化推向了一个新的高度。这些模型能够充分考虑文本的上下文信息，为整个句子或段落生成更具表达力的特征向量，精准地捕捉到文本的语义内涵。

2. Embedding特征向量的排序原理

生成文本的Embedding特征向量后，排序的关键在于衡量这些向量之间的相似度。常用的相似度计算方法包括余弦相似度、欧氏距离等。以余弦相似度为例，它通过计算两个向量夹角的余弦值来评估它们的相似程度。具体而言，对于两个文本向量$\boldsymbol{A}$和$\boldsymbol{B}$，余弦相似度的计算公式为：

$$\text{similarity} = \frac{\|\boldsymbol{A}\|\|\boldsymbol{B}\|}{\boldsymbol{A}\cdot\boldsymbol{B}}$$

其中 $\boldsymbol{A}\cdot\boldsymbol{B}$ 表示向量A和B的点积，$\|\boldsymbol{A}\|$ 和 $\|\boldsymbol{B}\|$ 分别表示向量A和B的模。余弦相似度的取值范围在 [−1,1]，值越接近1，表示两个向量的方向越接近，即文本的语义相似度越高；值越接近-1，表示两个向量的方向越相反，语义相似度越低；值为0时，则表示两个向量正交，语义上没有明显的关联。

在实际应用中，当我们需要为用户查询的文本找到最相关的文档时，首先将用户查询文本和候选文档集合中的每个文档分别输入到预训练模型中，生成对应的Embedding特征向量。然后，计算用户查询文本向量与每个候选文档向量之间的余弦相似度。最后，按照相似度从高到低的顺序对候选文档进行排序，将相似度最高的文档排在前面，作为检索结果返回给用户。

下面就是我们完成的基于Conan Embedding实现的文本拆分、向量计算和排序的方法，在具体使用上读者需要首先执行如下的Python库安装命令：

```
pip install langchain_huggingface
```

完整的代码如下所示：

```
import numpy as np
from langchain_huggingface import HuggingFaceEmbeddings
import torch

class EmbeddingModel:
    _instance = None

    def __new__(cls):
        if cls._instance is None:
            cls._instance = super().__new__(cls)
            cls._instance.initialize()
        return cls._instance

    def initialize(self):
        device = "cuda" if torch.cuda.is_available() else "cpu"
        self.embeddings = HuggingFaceEmbeddings(
            model_name="TencentBAC/Conan-embedding-v1",
            model_kwargs={'device': device},
            encode_kwargs={'normalize_embeddings': True},
```

```
            cache_folder="./embeddings_cache"
        )

    def embed_query(self, query):
        embedding = self.embeddings.embed_query(query)
        return np.array(embedding)

    def embed_querys(self, query_list):
        embedding_list = []
        for query in query_list:
            embedding = self.embed_query(query)
            embedding_list.append(embedding)
        return np.array(embedding_list)

    def search_similar(self, query, text_list):
        """
        查找与查询最相似的文本列表，按相似度降序排列

        参数:
            query (str): 输入查询
            embedding_list (np.array): 预计算的嵌入向量列表 (n_samples, embedding_dim)
            text_list (list): 与嵌入对应的原始文本列表

        返回:
            tuple: (排序后的文本列表，对应的相似度分数列表)
        """
        # 1. 生成查询嵌入
        query_emb = self.embed_query(query)  # [[3]] 使用Hugging Face嵌入模型
        embedding_list = self.embed_querys(text_list)

        # 2. 计算余弦相似度（通过点积实现，因已归一化）
        similarities = np.dot(embedding_list, query_emb)

        # 3. 按相似度排序
        sorted_indices = np.argsort(similarities)[::-1]  # 降序排列

        # 4. 返回排序结果
        sorted_texts = [text_list[i] for i in sorted_indices]
        sorted_scores = similarities[sorted_indices]

        return sorted_texts, sorted_scores


    def split_text_by_word_count(self,text, max_word_count):
        """
        将文本按字数分段

        参数:
            text (str): 要分段的文本内容
            max_word_count (int): 每段的最大字数

        返回:
            list: 分段后的文本列表
        """
        words = text.split()  # 按空格分割单词
        segments = []
        current_segment = []
        current_word_count = 0
```

```
    for word in words:
        # 添加当前单词到当前段，并更新字数统计
        current_segment.append(word)
        current_word_count += len(word) + 1  # +1 是为了考虑单词之间的空格

        # 如果当前段字数超过限制，则结束当前段并开始新段
        if current_word_count > max_word_count:
            # 如果当前段只有一个单词且超过限制，则单独处理（防止长单词无法放入）
            if len(current_segment) == 1:
                segments.append(current_segment[0])
                current_segment = []
                current_word_count = 0
            else:
                # 回退到上一个单词，完成当前段
                segments.append(' '.join(current_segment[:-1]))
                current_segment = [word]
                current_word_count = len(word) + 1

    # 添加最后一个段
    if current_segment:
        segments.append(' '.join(current_segment))

    return segments


if __name__ == '__main__':

    embedding_model = EmbeddingModel()

    informations = [
        "手机的地域范围是哪里？",
        "我在什么情况下可以免费更换手机？",
        "手机的质保期是多久？"
    ]

    # 查询示例
    query = "手机保修多久？"
    sorted_texts, sorted_scores = embedding_model.search_similar(query, informations)

    print("排序结果：")
    for text, score in zip(sorted_texts, sorted_scores):
        print(f"相似度 {score:.4f} : {text}")
```

运行代码，结果如下所示：

```
排序结果：
相似度 0.9675 : 手机的质保期是多久？
相似度 0.7935 : 我在什么情况下可以免费更换手机？
相似度 0.7535 : 手机的地域范围是哪里？
```

从上面结果可以看到，此时我们经过计算，对查询问题有了一个相似度排序，而这种排序也是我们所需要的文本相似度的内容。

最后就是基于特征向量完成RAG示例，代码如下所示：

```
from modelscope import AutoModelForCausalLM, AutoTokenizer
import torch

# 模型加载（单例模式优化）
```

```
model_name = "Qwen/Qwen3-1.7B"
device = "cuda" if torch.cuda.is_available() else "cpu"


def get_model_tokenizer():
    if not hasattr(get_model_tokenizer, "model"):
        model = AutoModelForCausalLM.from_pretrained(
            model_name,
            torch_dtype="auto",
            device_map=device,
            trust_remote_code=True
        )
        tokenizer = AutoTokenizer.from_pretrained(model_name)
        get_model_tokenizer.model = model
        get_model_tokenizer.tokenizer = tokenizer
    return get_model_tokenizer.model, get_model_tokenizer.tokenizer


def generate_response(prompt):
    model, tokenizer = get_model_tokenizer()

    inputs = tokenizer([prompt], return_tensors="pt").to(device)
    generated_ids = model.generate(
        **inputs,
        max_new_tokens=512
    )

    # 过滤输入部分并解码 [[6]]
    output_ids = generated_ids[0][len(inputs.input_ids[0]):]
    return tokenizer.decode(output_ids, skip_special_tokens=True).strip()

def customer_chat(query, informations):
    # 构建RAG增强Prompt
    system_prompt = (
        f"""
        你是一个跨境智能客服服务器，你现在需要回答用户的提问，使用如下知识和内容:'{informations}'
        你在回答问题时只能从给你的知识和内容中进查找，如果找不到对应的内容，就必须回答'找不到'。
        你不能回答给你的参考资料之外的内容。
        """
    )

    messages = [
        {"role": "system", "content": system_prompt},
        {"role": "user", "content": query}
    ]

    tokenizer = get_model_tokenizer()[1]
    prompt = tokenizer.apply_chat_template(
        messages,
        tokenize=False,
        add_generation_prompt=True
    )

    # 生成完整响应
    return generate_response(prompt)

# 使用示例
if __name__ == "__main__":
```

```
import vector_demo

embedding_model = vector_demo.EmbeddingModel()
with open("phone.txt", "r", encoding="utf-8") as f:
    content = f.read()
informations = embedding_model.split_text_by_word_count(content,max_word_count=256)

# 模拟RAG检索到的信息
queries = [
    "手机的地域范围是哪里？",
    "我在什么情况下可以免费更换手机？",
    "手机的质保期是多久？"
]

for query in queries:
    sorted_texts,sorted_scores = embedding_model.search_similar(query, informations)
    response = customer_chat(query, sorted_texts[:3])
    print(f"Q: {query}\nA: {response}\n{'=' * 40}")
```

运行结果如下所示：

```
Q: 手机的地域范围是哪里？
A: 质保服务面向所有在海湾地区合法购买并使用手机的个人用户及企业用户。

Q: 我在什么情况下可以免费更换手机？
A: 当您遇到不符合保修条件的情况时，例如手机出现严重硬件故障无法修复、电池损坏等问题，或者您认为自己的
手机存在问题但又无法确定具体原因时，您可以申请免费更换。只要满足免费更换的条件，授权服务中心会在3个工作日内
为您提供同型号、同配置的全新手机，并协助您完成数据迁移和手机设置工作。在更换手机的过程中，您需要将原手机及相
关配件交回授权服务中心。

Q: 手机的质保期是多久？
A: 您好！关于手机的质保期信息如下：

1. 标准质保期：
   - 自您购买手机之日起，享受2年的标准质保服务。

2. 延长质保服务（可选）：
   - 可以在购买手机时或在标准质保期内，通过官方网站、授权服务中心等渠道购买延长质保服务。
   - 最长可以延长至2+1年。

请注意，以上信息可能会随时间和政策的变化而调整，请您关注官方发布的最新信息。如有任何疑问，欢迎随时咨询。
========================================
```

从上面结果可以看到，在使用向量排序后输入具有针对性的文本内容，我们的智能客服模型同样能够给出问题回答。更多内容读者可以自行尝试。

16.3.5　对于智能客服模型垂直领域知识注入的补充讲解

1. 对于知识注入方法的选择

在智能客服垂直领域的知识体系构建中，前期我们通过三种各具特色的方法，成功实现了知识的精准注入，为智能客服系统的智能交互能力奠定了坚实基础。

首先是直接全文本输入法。此方法简单直接，将涵盖垂直领域全面信息的完整文本资料，一股脑地输入到智能客服系统的知识库中。其优势在于操作便捷，能快速将大量知识纳入系统。然而，弊端也比较明显，全文本数据量庞大且缺乏结构化梳理，导致知识检索时如同大海捞针，难以精准定位用户所需信息，效率与准确性欠佳。

接着是采用BM25的文本分片注入法。鉴于全文本输入的不足，我们运用BM25算法对全文本进行精细分片处理。该算法依据文本中词语的词频、逆文档频率等特征，将长文本合理切割成多个短文本片段。如此一来，知识库中的知识单元更加细化。当用户发起查询时，系统可基于BM25算法快速评估各文本片段与查询语句的相关性，精准筛选出匹配度高的知识内容。不过，BM25算法主要基于关键词匹配，对文本语义的深度理解有限，面对语义复杂或存在歧义的查询时，排序结果可能不够理想。

最后是基于向量排序后文本注入法。我们借助先进的预训练语言模型，将文本转化为富含语义信息的向量表示。通过计算查询向量与知识库中各文本向量之间的余弦相似度等指标，对文本进行排序，优先注入相似度高的文本。这种方法充分考虑了文本的语义关联，即便面对表述多样、语义隐晦的查询，也能精准匹配相关知识，极大地提升了知识检索的准确性与智能性。

在实际应用场景中，三种知识注入方法各具优劣。直接全文本输入法虽操作简便，能快速填充知识库，但知识检索效率与精准度堪忧；BM25文本分片注入法借助算法优化了检索颗粒度，可快速定位关键词相关内容，却难以深挖语义内涵；向量排序后文本注入法语义理解能力强，匹配复杂查询游刃有余，但对计算资源要求较高。因此，我们需综合考量各模型优劣，灵活组合运用，以实现优势互补，有效提升智能客服模型的知识检索准确率。

2. 切片大小chunk的选择

在知识注入的实践路径中，除却最初采用的直接知识注入方式，无论后续是借助BM25算法，还是依托特征向量技术来完成垂直领域的知识注入，文本切片大小（chunk）的设定都堪称一项关键参数。这一参数绝非简单的数值设定，它犹如精密仪器上的调节旋钮，直接决定了切片的具体规模，进而对相似度计算的精准度以及文本检索的准确率产生深远影响。

若切片长度过短，就如同将一幅宏大的画卷裁剪成零碎的切片。每个切片所承载的语义信息极为有限，难以完整表达文本的核心语义。在计算相似度时，系统可能会因信息缺失而误判，将语义关联较弱的文本片段错误地判定为相似，从而降低检索结果的准确性，使得智能客服在回应用户查询时出现“答非所问”的情况。

反之，若切片长度过长，则好比将一幅幅独立的画作强行拼接成一幅冗长的画卷。虽然单个切片能涵盖较多信息，但会增加计算复杂度，导致相似度计算耗时增加，影响系统响应速度。同时，过长切片内部可能包含多个主题或语义转折，使得相似度计算模型难以精准聚焦核心语义，进而影响相似度评估的准确性，降低文本检索的精确性。

因此，在实际操作中，我们需要结合垂直领域文本的特点、查询需求的多样性以及系统性能等多方面因素，通过大量的实验与数据分析，精心挑选出最适宜的切片大小，以此在计算效率与检索准确率之间达成精妙的平衡，为智能客服系统的高效运行提供坚实保障。

3. 向量相似度排序Reranker

在向量计算赋能文本相似度评估的流程中，当我们运用向量空间模型将查询文本与待检测文本转化为高维空间中的向量表征后，点积计算便成为一把精准衡量二者语义关联程度的“标尺”。具体而言，查询文本向量与检测文本向量在多维空间中犹如两条有向线段，点积运算通过将它们对应维度上的分量相乘后求和，巧妙地融合了向量长度与方向信息，最终得出一个标量值，该值直观反映了两个文本的相似度大小。

从数学本质看，点积结果的大小不仅与向量各维度数值相关，更受向量夹角余弦值的深刻影响。当两向量方向近乎一致，夹角趋近于0时，余弦值接近1，点积结果达到最大值，意味着两个文本语义高度契合；反之，若两向量方向近乎相反，夹角趋近于180°，余弦值接近-1，点积结果为负且绝对值较大，表明文本语义背道而驰；而当两向量正交，夹角为90°时，余弦值为0，点积结果为0，则暗示文本间不存在明显的语义关联。

基于这一特性，我们依据点积计算得出的相似度值大小，对检测文本集合进行降序排列，将与查询文本语义最相近的文本置于前列，从而为后续的文本检索、问答匹配等任务提供精准的候选列表。在智能客服、信息检索、推荐系统等众多领域，这种基于向量点积相似度计算与排序的方法被广泛应用，并拥有一个专业且形象的名称——Reranker。

有研究表明，除了基于点积这一经典方法外，还有诸多创新思路与技术手段能够进一步优化 Reranker 的性能表现，为文本排序任务开辟新的可能性。

1）引入注意力机制强化语义交互

传统的点积计算方式虽能捕捉向量间的整体关联，但难以深度挖掘文本中不同部分之间的细微语义交互。而注意力机制的引入，恰似为Reranker装上了一双洞察语义细节的“慧眼”。它能够动态地聚焦于查询文本与待排序文本中的关键信息片段，为不同的语义单元分配不同的权重，从而更精准地衡量二者之间的语义匹配程度。例如，在处理长文本时，注意力机制可以自动识别出与查询意图最相关的段落或句子，并赋予其更高的权重，使得最终的排序结果更加贴合用户需求。

2）融合多模态信息提升排序精度

在当今数字化时代，文本信息往往并非孤立存在，而是与图像、音频等多模态信息相互交织。有研究表明，将多模态信息融入Reranker模型中，能够显著提升文本排序的精度。以电商智能客服场景为例，当用户查询一款商品时，除了文本描述外，商品的图像、视频等多模态信息也蕴含着丰富的语义线索。通过将文本向量与图像特征向量、音频特征向量等进行融合，Reranker可以从多个维度全面理解查询意图与文本内容，从而更准确地判断文本与查询之间的相关性，为用户提供更加精准、全面的商品推荐。

3）借助图神经网络挖掘语义关联网络

文本之间存在着复杂的语义关联网络，而图神经网络（GNN）则是一种强大的工具，能够有效地建模和挖掘这种关联。在Reranker中引入GNN，可以将文本视为图中的节点，文本之间的语义关联视为边，通过在图结构上进行信息传播和聚合，充分挖掘文本之间的潜在语义联系。例如，在学术文献检索中，不同文献之间可能存在引用、共被引等关系，GNN可以利用这些关系构建文献图，并学习到文献在语义空间中的更丰富表征，从而提升文献排序的准确性，帮助用户更快速地找到相关度最高的学术资源。

4）结合强化学习实现动态自适应排序

在实际应用场景中，用户的需求和查询意图往往是动态变化的，传统的Reranker模型难以实时适应这种变化。而强化学习技术为解决这一问题提供了新的思路。通过将Reranker的排序过程建模为一个马尔可夫决策过程，模型可以根据用户的反馈（如点击、浏览时长等）不断调整排序策略，实现动态自适应排序。例如，在新闻推荐系统中，强化学习驱动的Reranker可以根据用户对不同新闻的点击行为，实时调整新闻的排序权重，使得用户更感兴趣的新闻能够优先展示，从而提升用户的阅读体验和平台的用户黏性。

可以看到，尽管经典的基于点积的Reranker模型在文本排序领域取得了显著成就，但随着技术的不断进步，引入注意力机制、融合多模态信息、借助图神经网络以及结合强化学习等创新方法，正为Reranker的发展注入新的活力，推动着文本排序技术朝着更加智能、精准、自适应的方向不断迈进。

16.4　搭建基于DeepSeek的调度Agent

在第6章中，我们围绕基于大模型的MCP应用实战展开了深入讲解。从相关内容可知，大模型展现出强大的功能拓展性，通过精心设置多样化的函数工具，它能够依据具体任务需求，自主挑选并调用合适的工具，进而实现应用功能的灵活扩展。这一特性为众多领域的应用开发提供了新思路与新方法。

聚焦跨境电商领域，智能客服作为直接面向用户、影响用户体验的关键环节，其功能的完善与优化至关重要。为进一步增强跨境电商智能客服的能力，我们可以借鉴上述大模型的MCP应用模式，专门开发一系列具有针对性的扩展客服功能模块。这些扩展客服模块就如同为大模型配备的“专业助手”，能够处理特定类型的用户咨询与问题。之后，我们将这些扩展客服模块以工具的形式传递给负责任务调度的核心大模型。如此一来，大模型便能在处理用户请求时，根据实际情况调用这些扩展工具，从而有效扩展智能客服的功能边界，提升服务水平与用户满意度。

MCP实现流程如图16-4所示。

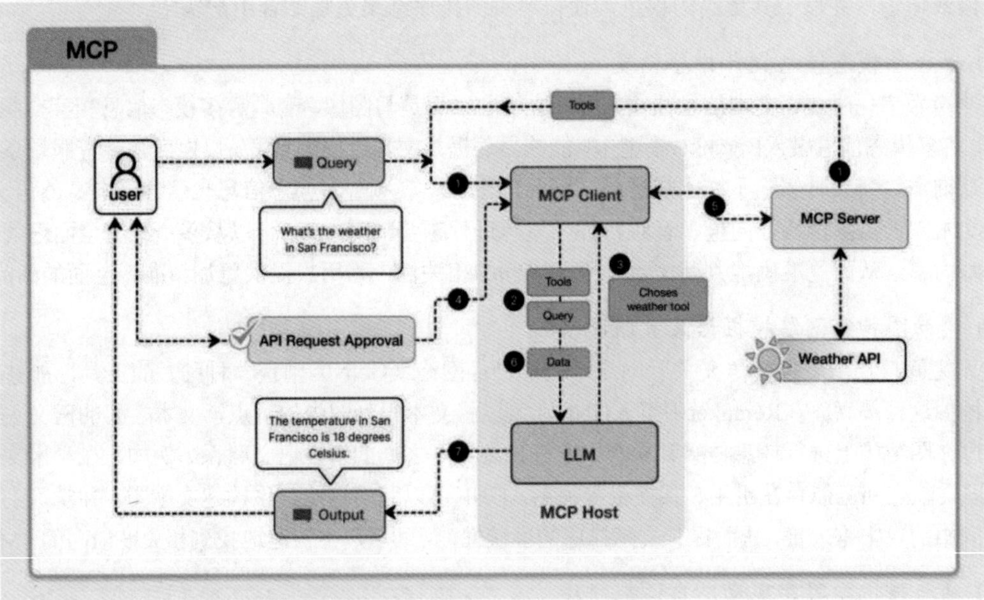

图16-4　MCP实现流程

16.4.1　使用MCP构建适配智能客服的工具集

在跨境电子商务蓬勃发展的当下，面向广大普通跨境用户的智能客服体系，早已超越了单纯完成基础交互咨询的范畴。跨境交易场景错综复杂，用户需求千差万别，这就要求智能客服必须配备一系列实用且至关重要的工具，从而全方位、多层次地提升服务体验，为跨境业务的顺利开展保驾护航。

订单查询功能，就像为用户装上了一双洞察货物动态的“千里眼”。在跨境物流漫长的运输链条中，用户无须再因货物行踪不明而心急如焚。通过该功能，用户能够实时掌握商品的物流信息，精准知晓货物何时启程、此刻身在何处，每一处物流节点的状态、时间、地点以及操作人员等详细信息都清晰可见，极大地缓解了用户等待过程中的焦虑情绪，让购物之旅更加安心。

记录客户投诉功能，则搭建起了一座用户与企业直接沟通的“彩虹桥”。在跨境交易中，难免会出现一些不尽如人意的情况，而此功能确保了用户反馈的问题能够被精准捕捉、及时跟进并妥善解决。它将用户投诉的核心内容、关联业务的细节、用户的基础信息以及投诉发生的时间等关键要素，以结构化数据的形式存储至系统数据库或指定的存储介质。这不仅为后续的投诉处理、分析和反馈流程提供了完整、准确的数据基础，更助力企业能够迅速响应用户诉求，以实际行动提升服务质量与用户满意度。毕竟，在跨境业务的激烈竞争中，用户的信任与口碑是企业立足的根本。

这些工具并非孤立存在，而是相互配合、协同作战，共同为跨境用户打造了一个便捷、高效的一站式支持平台。通过整合运用这些工具，用户能够在遇到问题时迅速找到解决方案，感受到平台全方位的关怀与支持，从而有力地增强用户对平台的信任感与黏性，为企业的长期发展奠定坚实基础。

在具体落地实施环节，我们巧妙借助业界精心雕琢的MCP来完成工具集的高效搭建。MCP就像一位技艺高超的“指挥家”，具备强大的功能整合与灵活调度能力。它如同一个智能“百宝箱”，能够高效串联起各个功能模块，让数据在模块之间顺畅流通，功能得以协同运作。其模块化设计理念更是独具匠心，使得工具的添加、更新与维护变得轻而易举，能够快速响应跨境电商业务日新月异的发展变化，始终保持平台的先进性与竞争力。

接下来，我们实现针对三种情况（订单查询、客户投诉、信息咨询）的MCP智能客服工具集，代码如下所示：

```
import datetime
from mcp.server.fastmcp import FastMCP

# 创建服务实例，为智能客服工具集的运行搭建舞台
mcp = FastMCP("DemoServer")

@mcp.tool()
def fetch_logistics_information(logistics_number: str) -> dict:
    """
    该函数犹如一位专业的物流信息侦探，根据用户提供的物流单号，向物流服务系统发起精准的查询请求。
    它不放过物流运输过程中的任何一个关键节点，包括包裹揽收、中转、派送等环节，详细获取并返回这些环节的具体状态、时间、地点以及操作人员等数据。
    通过这些丰富的信息，用户能够全面、深入地了解货物的实时运输动态，仿佛亲眼目睹货物在运输途中的每一步。

    参数:
        logistics_number (str): 用户提供的物流单号，是查询物流信息的关键钥匙。

    返回:
        dict: 包含详细物流信息的字典，结构清晰，方便用户查看与理解。
    """
    # 模拟从物流服务系统获取数据的过程，实际应用中会调用真实的物流接口
    logistics_data = {
        "logistics_number": logistics_number,
        "status": "In Transit",
        "current_location": "City X, Country Y",
        "last_update_time": datetime.datetime.now().strftime("%Y-%m-%d %H:%M:%S"),
        "events": [
            {
                "event_type": "Pickup",
                "time": "2024-07-10 09:00:00",
                "location": "Warehouse A, City Z, Country W",
                "operator": "Courier John"
            },
            {
                "event_type": "Transit",
```

```
                "time": "2024-07-11 14:30:00",
                "location": "Transit Hub B, City X, Country Y",
                "operator": "Operator Lisa"
            }
        ]
    }
    return logistics_data


@mcp.tool()
def record_user_complaint(user_info: dict, complaint_details: str, business_context: dict = None) -> str:
    """
    此函数是用户投诉的“忠诚记录者”，负责接收并妥善记录用户发起的投诉信息。
    它将用户投诉的核心内容、关联业务细节、用户基础信息以及投诉发生的时间等关键要素，以结构化数据形式精心存储至系统数据库或指定存储介质。
    这一举措为后续的投诉处理、分析、反馈等流程提供了完整、准确的数据基础，助力企业能够迅速响应用户诉求，采取有效措施提升服务质量与用户满意度。
    在跨境业务中，常见的投诉涉及价格争议、物流时间过长、商品外观不符、包装牢固程度等问题，而此函数能够全面覆盖这些情况，确保每一个投诉都能得到妥善处理。

    参数:
        user_info (dict): 包含用户基础信息的字典，如用户 ID、姓名、联系方式等，有助于企业与用户保持沟通。
        complaint_details (str): 用户投诉的核心内容，详细描述了用户遇到的问题和不满。
        business_context (dict, optional): 关联业务细节的字典，如订单编号、商品信息等，有助于更精准地定位问题。默认为 None。

    返回:
        str: 告知用户投诉已成功记录的提示信息，让用户感受到企业的重视与关怀。
    """
    # 模拟将投诉信息存储到数据库的过程，实际应用中会使用数据库操作语句
    complaint_record = {
        "user_info": user_info,
        "complaint_details": complaint_details,
        "business_context": business_context,
        "complaint_time": datetime.datetime.now().strftime("%Y-%m-%d %H:%M:%S"),
        "status": "Received"
    }
    # 这里只是模拟存储操作，实际应用中会调用数据库接口进行真实存储
    print(f"Complaint record stored: {complaint_record}")
    return "Your complaint has been recorded. We will investigate and get back to you as soon as possible. Thank you for your feedback!"


@mcp.tool()
def customer_chat(user_id: str, query: str, business_context: dict = None) -> dict:
    """
    该函数是智能客服的“智慧大脑”，专门处理普通用户发起的各类咨询服务请求。
    它如同一位经验丰富的客服专家，能够接收用户输入的咨询问题、关联业务场景信息（如有）以及用户基础标识，然后调用相应的知识库、业务规则引擎或对接外部专业接口，对用户咨询进行智能分析与精准应答。
    同时，它还会详细记录咨询全过程数据，以便后续进行服务质量评估、问题溯源及知识库优化，为用户提供高效、准确且个性化的咨询服务体验。

    参数:
        user_id (str): 用户在系统中的唯一标识符，用于关联用户账户与咨询记录，方便后续追踪用户咨询历史及提供个性化服务。
        query (str): 用户提出的咨询问题文本，需清晰描述用户想要了解的信息，如产品功能、服务流程、政策规定等。
```

```
        business_context (dict, optional): 与咨询问题相关的业务场景上下文信息，包含有助于更精准
解答问题的额外数据，如订单编号、产品型号、服务阶段等。默认为 None。

    返回:
        dict: 包含应答内容和相关信息的字典，结构清晰，便于前端展示和用户理解。
    """
    # 模拟知识库查询和应答生成的过程，实际应用中会调用知识库接口和业务规则引擎
    knowledge_base = {
        "product_feature": "This product has advanced features such as [feature 1], [feature
2], and [feature 3].",
        "return_policy": "Our return policy allows returns within [X] days of purchase,
with the product in its original condition."
    }

    # 简单模拟根据查询内容从知识库获取应答的逻辑
    if "feature" in query.lower():
        answer = knowledge_base["product_feature"]
    elif "return" in query.lower():
        answer = knowledge_base["return_policy"]
    else:
        answer = "We are sorry, but we couldn't find a direct answer to your question. Our
team will review your query and get back to you shortly."

    # 记录咨询信息（模拟）
    consultation_record = {
        "user_id": user_id,
        "query": query,
        "answer": answer,
        "timestamp": datetime.datetime.now().strftime("%Y-%m-%d %H:%M:%S"),
        "business_context": business_context
    }
    print(f"Consultation record stored: {consultation_record}")

    return {
        "answer": answer,
        "response_time": datetime.datetime.now().strftime("%Y-%m-%d %H:%M:%S"),
        "status": "success"
    }


if __name__ == "__main__":
    # 使用标准输入输出协议运行服务，让智能客服工具集正式投入工作
mcp.run(transport="stdio")
```

作为演示，我们提供了三个不同功能的函数：

- fetch_logistics_information函数：模拟了物流数据结构，包括物流单号、当前状态、当前位置、最后更新时间以及详细的物流事件列表，使查询结果更加真实、丰富。
- record_user_complaint函数：模拟记录了用户信息字典、投诉详情字符串和可选的业务上下文字典，以便更全面地记录投诉信息，其返回信息为更详细、友好的提示，告知用户投诉已成功记录，并表示会尽快调查和回复，增强用户的信任感。
- customer_chat函数：记录咨询信息的过程，包括用户ID、查询问题、应答内容、时间戳和业务上下文等，实际应用中会调用数据库接口进行真实存储。

从上面示例可以看到，基于MCP构建的智能客服工具集更加完善、实用，能够更好地满足跨境用户的多样化需求，并提升企业的服务质量和竞争力。

16.4.2 基于在线DeepSeek的客户意图识别与工具调度Agent

在我们顺利完成MCP服务工具的精心设置之后，接下来便进入了智能客服系统运作的关键环节——借助大模型的强大能力，对用户输入的查询内容和具体要求进行精准识别，并依据识别结果合理分配与调度对应的工具，从而高效完成特定的任务。

在智能客服的功能实现过程中，用户意图识别就像大厦的基石，是整个搭建过程中最具挑战性而又最为核心的功能。它的重要性不言而喻，因为只有准确无误地识别出客户的真实意图，我们才能像技艺精湛的工匠挑选合适的工具一样，正确调用对应的工具函数，精准满足客户的需求，让每一次交互都成为提升用户体验的契机。

接下来，我们将完成基于在线DeepSeek的客户意图识别与工具调度Agent。这个Agent如同智能客服系统中的“智慧指挥官”，能够巧妙协调大模型与工具集，实现对客户高效、精准的服务。代码如下所示：

```
'''
MCP 客户端程序
通过 stdio 协议与 MCP 服务器进行无缝通信
精准获取 MCP 服务器的工具清单和调用参数
并灵活调用工具实现 MCP 服务中丰富多样的函数功能
'''

from openai import OpenAI
from mcp import ClientSession, StdioServerParameters  # 从 mcp 模块导入关键类，为通信与会话管理提供支持
from mcp.client.stdio import stdio_client  # 从 mcp.client.stdio 模块导入通信函数，搭建客户端与服务器之间的桥梁
import sys  # 导入 sys 模块，用于处理命令行参数，增强程序的灵活性
import json  # 导入 json 模块，用于高效处理 JSON 数据，实现数据的结构化存储与传输
import os  # 导入 os 模块，用于处理文件路径和环境变量，确保程序在不同环境下的稳定运行


# 定义一个功能强大的函数，用于将 tools 工具中的 JSON 数据转换为清晰易读的格式
def transform_json(tools):
    s = "MCP 服务器提供的工具如下:\n"
    for tool in tools:  # 遍历工具列表，逐一解析每个工具的信息
        s = s + f"""
            工具名称：{tool.name},
            工具描述：{tool.description},
            - 输入参数标题：{tool.inputSchema['title']},
            - 输入参数属性：{json.dumps(tool.inputSchema['properties'], indent=4, ensure_ascii=False)},

            """
    return s

# 定义与 DeepSeek 大模型交互的核心函数，实现用户意图识别与工具调用命令生成
def ask_llm_deepseek(question, tools_list):
    """
    该函数通过精心设计的系统提示（system prompt），引导 DeepSeek 大模型根据用户问题和工具描述，生成符合要求的工具调用命令。

    参数:
        question (str)：用户提出的问题，是模型理解用户需求的关键依据。
        tools_list (str)：包含工具详细描述的字符串，为模型提供工具集的相关信息，辅助其做出正确的工具选择。
```

```
        返回:
            tuple: 包含生成的 JSON 格式工具调用命令文本和 OpenAI 客户端对象的元组，便于后续处理与调用。
        """
        system_prompt = tools_list + '\n 根据以上描述，用户要求: %s ，请生成一个工具调用命令，要求
以 json 格式输出{"tool": 工具名, "tool_input": 参数字典}，只输出 json，不要输出其他内容' % (
            question)

        # 创建 OpenAI 客户端，配置 API 密钥和基础 URL，确保与 DeepSeek 模型的正常通信
        client = OpenAI(
            api_key="sk-282074c41d594514aee6fd6f179ed292",  # 实际应用中，应从安全的环境变量或配
置文件中获取 API 密钥
            base_url="https://api.deepseek.com/beta",
        )

        # 调用 DeepSeek 模型生成响应
        response = client.chat.completions.create(
            model="deepseek-chat",
            messages=[
                {"role": "system", "content": system_prompt},# 系统提示，为模型设定任务背景和要求
                {"role": "user", "content": "Hello"},  # 示例用户消息，可根据实际情况调整或移除
            ],
            max_tokens=1024,  # 限制生成文本的最大长度，避免响应过长
            temperature=0.99,  # 控制生成文本的随机性和创造性，数值越高，输出越多样
            stream=False  # 禁用流式输出，一次性获取完整响应
        )

        generated_text = response.choices[0].message.content  # 提取生成的文本内容
        return generated_text, client  # 返回生成的文本和客户端对象，便于后续调用其他函数


    # 定义与 DeepSeek 模型进行简单交互的函数，用于获取直接的回答
    def llm_deepseek(question, client):
        """
        该函数直接调用 DeepSeek 模型，根据用户问题生成回答。

        参数:
            question (str): 用户提出的问题，是模型生成回答的依据。
            client (OpenAI): OpenAI 客户端对象，用于与 DeepSeek 模型进行通信。

        返回:
            str: 模型生成的回答文本。
        """
        response = client.chat.completions.create(
            model="deepseek-chat",
            messages=[
                {"role": "user", "content": question},  # 用户消息，包含用户提出的问题
            ],
            max_tokens=1024,  # 限制生成文本的最大长度
            temperature=0.99,  # 控制生成文本的随机性和创造性
            stream=False  # 禁用流式输出
        )
        generated_text = response.choices[0].message.content  # 提取生成的文本内容
        return generated_text


    # 获取服务器脚本路径，为启动服务器进程做准备
    server_script_path = os.path.join(os.path.dirname(__file__),
"base_customer_mcp_tools.py")
```

```
# 定义服务器参数，配置服务器进程的运行环境
server_params = StdioServerParameters(
    command="python",  # 运行命令，指定使用 Python 解释器
    args=[server_script_path],  # 服务器脚本路径，指向包含工具实现的脚本文件
    env=None  # 可选的环境变量，用于配置服务器进程的运行环境
)

# 定义异步运行函数，处理用户查询并调用相应工具
async def run(question="你是谁?"):
    """
    该异步函数是整个智能客服流程的核心，负责处理用户查询、调用大模型进行意图识别、调度工具并生成最终回
答。

    参数:
        question (str, optional): 用户提出的问题，默认为 "你是谁?"。
    """
    # 建立与 MCP 服务器的连接
    async with stdio_client(server_params) as (read, write):
        async with ClientSession(read, write) as session:
            # 初始化连接，确保客户端与服务器之间的通信正常
            await session.initialize()

            # 列出可用工具，获取工具的详细信息
            tools = await session.list_tools()
            # 将工具信息转换为易读的格式
            s = transform_json(tools.tools) + "\n"
            # 调用大模型进行意图识别和工具调用命令生成
            response, client = ask_llm_deepseek(question, s)
            # 清理生成的 JSON 字符串中的 Markdown 标记，确保格式正确
            response = response.strip().replace('''''json', '').replace(''''', '').strip()
            # 将清理后的字符串解析为 JSON 对象
            mtools = json.loads(response)  # 现在 response 是纯 JSON 字符串
            print("解析后的工具调用命令: --> ", mtools)

            # 检查生成的命令中是否包含工具名称
            if 'tool' in mtools:
                tool_name = mtools['tool']  # 获取工具名称
                tool_input = mtools['tool_input']  # 获取工具输入参数

                # 调用指定的工具，执行相应的任务
                print("正在调用工具:", tool_name, "输入参数:", tool_input)
                ret = await session.call_tool(tool_name, tool_input)  # 异步调用工具
                if ret:
                    try:
                        # 尝试将工具返回的结果解析为 JSON 对象
                        r = json.loads(ret.content[0].text)
                    except:
                        # 如果解析失败，则直接使用返回的文本内容
                        r = ret.content[0].text
                    print("工具返回结果:", r)
                    # 根据工具返回结果和用户问题，生成最终回答
                    questions = f"用户的问题是{question}，根据{tool_name}的返回结果为：{r}，根
据以上信息，回答问题。"
                    r = llm_deepseek(questions, client)  # 调用大模型生成回答
                    print("最终回答:", r)
            else:
                # 如果没有生成有效的工具调用命令，则直接调用大模型回答用户问题
                r = llm_deepseek(question, client)
```

```
                print("直接回答:", r)


if __name__ == "__main__":
    import asyncio

    # 定义一组测试问题，用于验证智能客服系统的功能
    questions = [
        '帮我查一下订单，订单编号是 5241368562',
        '我觉得你们家商品价格太高！',
        "手机的质保是多久？",
    ]
    # 遍历测试问题，逐一处理并输出结果
    for question in questions:
        asyncio.run(run(question))
```

上面代码运行结果如下所示：

```
......
最终回答：根据提供的物流信息，订单编号 **5241368562** 的当前状态如下：

### 物流概览
- **物流单号**: 5241368562
- **当前状态**: 运输中 (In Transit)
- **当前位置**: City X, Country Y
- **最后更新时间**: 2025-04-28 23:19:58

### 物流事件记录
1. **提货** (Pickup)
   - **时间**: 2024-07-10 09:00:00
   - **地点**: Warehouse A, City Z, Country W
   - **操作员**: Courier John

2. **中转** (Transit)
   - **时间**: 2024-07-11 14:30:00
   - **地点**: Transit Hub B, City X, Country Y
   - **操作员**: Operator Lisa

### 注意事项
- 当前物流状态显示包裹仍在运输中，尚未到达最终目的地。
- 如需进一步帮助（如预计送达时间、更改地址等），建议联系物流公司或提供更多查询指令。
......
最终回答：根据返回的错误信息，系统在记录用户投诉时缺少必要的字段 'user_info'（用户信息）。当前仅提供了投诉内容（'complaint_details:"商品价格太高！"'），但未包含用户标识信息（如用户ID、联系方式等），导致验证失败。

**解决方案建议：**
1. **补充用户信息**：在调用 'record_user_complaint' 工具时，需在参数中提供完整的 'user_info' 字段（例如 '{"user_id": "123", "complaint_details": "商品价格太高！"}'）。
2. **错误处理**：若当前无法获取用户信息，建议检查前端或调用逻辑，确保必填字段完整后再提交。
......
最终回答：根据客服的回复，目前无法直接提供手机质保的具体时长信息。客服系统已记录您的查询，团队将会尽快审核并后续给您答复。建议您稍作等待，或直接联系品牌官方客服获取更即时的帮助。
```

从上面结果可以看到，我们实现的基于在线 DeepSeek 的客户意图识别与工具调度 Agent，能够较好地满足智能客服系统的需求，为用户提供高效、准确的服务。

16.5　水到渠成的A2A架构跨境电商智能客服实现

A2A架构的核心原理，在于构建一个高度协同、可交互沟通且具备强大任务分解能力的多Agent服务系统。这一架构犹如一座精密运转的智能工厂，各个Agent如同技艺精湛的工匠，它们相互协作、密切配合，将复杂烦琐的客户任务层层拆解、逐个击破，最终高效、精准地完成服务目标，为跨境电商领域带来一场智能客服的革新风暴。

此前，我们已成功实现了基于微调后本地化智能交流客服Agent的关键布局。这一模型就像一位知识渊博、反应敏捷的专属客服代表，扎根于本地化环境，深度理解特定业务场景与用户习惯。它凭借对海量本地数据的精准学习与优化，能够游刃有余地处理顾客提出的各类普通查询，无论是关于店铺营业时间、基本服务流程的询问，还是对商品基础信息的了解，如产品规格、材质成分等，都能迅速给出准确且贴合实际的回答。同时，在商品说明方面，它更是展现出卓越的专业能力，能以生动形象、通俗易懂的语言，将商品的特点、优势、使用方法等详细信息娓娓道来，帮助顾客全面了解商品，为购买决策提供有力支持。

而基于在线DeepSeek大模型的调度Agent，则就像整个智能客服系统的“智慧大脑”与“指挥中枢”，承担着至关重要的任务调度与分配职责。它犹如一位经验丰富、高瞻远瞩的指挥官，凭借强大的自然语言理解、逻辑推理与决策能力，精准洞察客户需求的本质与核心，巧妙地将复杂任务拆解成一个个清晰明确、可操作的子任务。随后，依据各个Agent的独特专长、实时状态以及任务优先级，将这些子任务合理分配给最适合的Agent去执行。

在这个多Agent服务系统中，每个Agent都拥有自己明确的角色定位与专业领域。有的Agent专注于订单处理，从订单的创建、支付确认到物流跟踪，每一个环节都严格把控，确保订单的顺利流转；有的Agent则擅长售后问题解决，面对顾客的退换货请求、质量问题反馈等，能够迅速响应，依据相关政策与流程，提供合理有效的解决方案；还有的Agent负责客户关系维护，通过定期回访、个性化推荐等方式，增强顾客的满意度与忠诚度。

通过不同Agent对任务的精细分解与高效处理，我们构建的跨境电商智能客服系统实现了质的飞跃。它不再局限于简单的问答交互，而是能够全方位、深层次地理解客户需求，提供个性化、定制化的服务体验。无论是面对常规的咨询，还是复杂棘手的售后问题，系统都能迅速响应、精准处理，真正做到以客户为中心，全方位满足客户在跨境电商购物过程中的各种需求。

16.5.1　将交流客服Agent添加到客服工具集

到目前为止，我们已经完成了智能交流客服Agent的设计与实现。从演示结果上来看，其既可以作为一个单独的智能客服Agent使用，同时也可以作为一个独立的应用模块，通过MCP协议将其添加为一个供调度Agent使用的独立应用Agent。本节我们将完成这一模型的设计。注意，这里我们为了简单起见使用了BM25进行拆分和架构设计。

对查询内容进行回复和处理的交流客服Agent，其代码如下所示：

```
...
import bm25_RAG_demo
@mcp.tool()
def customer_chat(query: str) -> dict:
```

```
    """
    该函数是智能客服的“智慧大脑”，专门处理普通用户发起的各类咨询服务请求。
    它如同一位经验丰富的客服专家，能够接收用户输入的咨询问题、关联业务场景信息（如有）以及用户基础标识，然后调用相应的知识库、业务规则引擎或对接外部专业接口，对用户咨询进行智能分析与精准应答。
    同时，它还会详细记录咨询全过程数据，以便后续进行服务质量评估、问题溯源及知识库优化，为用户提供高效、准确且个性化的咨询服务体验。

    参数：

        query (str)：用户提出的咨询问题文本，需清晰描述用户想要了解的信息，如产品功能、服务流程、政策规定等。

    返回：
        dict：包含应答内容和相关信息的字典，结构清晰，便于前端展示和用户理解。
    """
    # 模拟知识库查询和应答生成的过程，实际应用中会调用知识库接口和业务规则引擎

    with open("phone.txt", "r", encoding="utf-8") as f:
        content = f.read()

    informations = bm25_RAG_demo.split_text_by_word_count(content, max_word_count=128)
    bm25_results = bm25_RAG_demo.get_top_n_sim_text(query, informations)
    response = bm25_RAG_demo.customer_chat(query, bm25_results)

    return {
        "answer": response,
        "response_time": datetime.datetime.now().strftime("%Y-%m-%d %H:%M:%S"),
        "status": "success"
    }
...
```

从上面代码可以看到，我们保留了原有的函数名和查询方法，而仅仅在函数体内部将原先具有交流功能，并注入垂直信息的本地化客服Agent进行加载。

下面是模块的具体使用过程，读者可以同样使用上一节中我们讲解的基于在线DeepSeek设计的调度Agent完成内容查询和问答，这里我们展示了不同阶段对查询的回复，如下所示：

（1）首先是DeepSeek调度的回答：

```
    最终回答：根据客服的回复，目前无法直接提供手机质保的具体时长信息。客服系统已记录该问题，团队将会进一步核查并在稍后通过您预留的联系方式进行回复（预计处理时间为2025年4月29日）。建议您稍作等待，或直接提供手机型号以便获取更精准的质保政策信息。
```

（2）使用垂直领域交流客服Agent的回答：

```
    工具返回结果：{'answer': '手机的质保通常是一年的，但如果您在购买手机时选择了延长质保服务，那么您可以根据自己的需求选择延长到两年甚至更多的时间。', 'response_time': '2025-04-29 09:15:58', 'status': 'success'}
    最终回答：根据提供的信息，手机的质保期通常为一年。若您在购买时选择了延长质保服务，则可根据自身需求延长至两年或更长时间。

    （回答依据来源：customer_chat系统于2025年4月29日09:15:58返回的成功状态数据。）
```

通过对比可以很清楚地看到，我们经过A2A调度和处理的智能客服，输出质量和准确率方面有了更明显的提高，同时对于回复有了贴近商品本身的内容，这也是我们设计和使用智能客服系统的目标。

16.5.2 客服化身销售：将智能客服与商品推荐相结合

前面我们已经完成了跨境电商智能客服的基本功能。除了工具调用外，对于智能客服还可以添加额外的功能。例如，当顾客在询问某些特定的功能时，比如“手机屏幕容易刮花怎么办？”，我们还可以完成商品的推荐工作。代码如下所示：

```
'''
MCP 客户端程序
通过 stdio 协议与 MCP 服务器进行无缝通信
精准获取 MCP 服务器的工具清单和调用参数
并灵活调用工具实现 MCP 服务中丰富多样的函数功能
'''

# 商品信息（需放置在文件顶部）
production_list = {
    "防蓝光硬化膜": "http://link1",        # 多层镀膜技术减少蓝光辐射
    "纳米吸附清洁布": "http://link2",      # 超细纤维材质清除指纹微尘
    "磁吸除尘贴片": "http://link3",        # 强效磁铁吸附金属表面灰尘
    "全屏覆盖钢化玻璃膜": "http://link4",  # SGS认证0.3mm超薄设计
    "紫外线消毒收纳盒": "http://link5"     # UV-C杀菌模块+无线充电
}

from openai import OpenAI
from mcp import ClientSession, StdioServerParameters
from mcp.client.stdio import stdio_client
import sys
import json
import os


def transform_json(tools):
    """将工具信息转换为结构化描述"""
    s = "MCP 服务器提供的工具列表：\n"
    for tool in tools:
        s += f"""
        工具名称：{tool.name}
        功能描述：{tool.description}
        输入参数：{json.dumps(tool.inputSchema['properties'], indent=4,
ensure_ascii=False)}
        """
    return s


def ask_llm_deepseek(question, tools_list):
    """智能路由决策函数（核心逻辑优化）"""
    # 构建商品推荐提示模板
    product_choices = "\n".join([f"- {name} ( {url} ) " for name, url in
production_list.items()])

    system_prompt = f"""
    你是一个智能客服决策引擎，请根据以下策略处理用户问题：

    【场景判断规则】
    1. 当问题涉及设备保护/清洁/消毒需求时（如屏幕保护、清洁维护、杀菌消毒等），立即触发商品推荐
    2. 当问题涉及产品功能操作时（如设置指导、功能查询等），触发工具调用
    3. 其他类型问题直接回答
```

```
    【响应格式规范】
    - 商品推荐必须使用JSON格式:
    {{
        "recommend": ["商品名称1", "商品名称2"],
        "reason": "结合商品特性说明推荐理由"
    }}

    - 工具调用必须使用JSON格式:
    {{
        "tool": "工具名称",
        "tool_input": {{参数键值对}}
    }}

    【数据资源】
    可推荐商品清单:
    {product_choices}

    可用工具列表:
    {tools_list}

    当前用户问题:{question}
    """

    client = OpenAI(
        api_key="sk-282074c41d594514aee6fd6f179ed292",
        base_url="https://api.deepseek.com/beta",
    )

    response = client.chat.completions.create(
        model="deepseek-chat",
        messages=[
            {"role": "system", "content": system_prompt},
            {"role": "user", "content": "请生成符合规范的响应"}
        ],
        temperature=0.3,  # 降低随机性保证格式正确
        max_tokens=1024,
        response_format={"type": "json_object"},  # 强制JSON输出
        stream=False
    )

    return response.choices[0].message.content.strip(), client


def llm_deepseek(question, client):
    """通用问答处理函数"""
    response = client.chat.completions.create(
        model="deepseek-chat",
        messages=[{"role": "user", "content": question}],
        temperature=0.7,
        max_tokens=512
    )
    return response.choices[0].message.content


server_script_path = os.path.join(os.path.dirname(__file__),
"base_customer_mcp_tools.py")
server_params = StdioServerParameters(
    command="python",
    args=[server_script_path],
```

```
    env=None
)


async def run(question="你是谁?"):
    """异步执行主流程（逻辑优化版）"""
    async with stdio_client(server_params) as (read, write):
        async with ClientSession(read, write) as session:
            await session.initialize()
            tools = await session.list_tools()

            # 生成决策响应
            response, client = ask_llm_deepseek(question, transform_json(tools.tools))
            cleaned_response = response.replace(''''json', '').replace(''''', '').strip()

            try:
                result = json.loads(cleaned_response)
                print("决策引擎输出: ", result)

                if 'recommend' in result:
                    # 商品推荐处理逻辑
                    recommendations = []
                    for product in result['recommend']:
                        if product in production_list:
                            recommendations.append(f"{product}:
{production_list[product]}")
                        else:
                            recommendations.append(product)
                    reply = f"{result['reason']}\n推荐商品: \n" + "\n".join(recommendations)
                    print("最终回复: \n", reply)

                elif 'tool' in result:
                    # 工具调用处理逻辑
                    print(f"调用工具: {result['tool']}, 参数: {result['tool_input']}")
                    ret = await session.call_tool(result['tool'], result['tool_input'])
                    tool_result = ret.content[0].text

                    # 结果后处理
                    context = f"用户问题: {question}\n工具返回: {tool_result}"
                    reply = llm_deepseek(f"根据以下信息回答问题: {context}", client)
                    print("最终回复: \n", reply)

                else:
                    raise ValueError("无效的响应格式")

            except Exception as e:
                print("异常处理: ", str(e))
                reply = llm_deepseek(question, client)
                print("直接回复: \n", reply)


if __name__ == "__main__":
    import asyncio

    # 增强型测试用例
    test_cases = [
        '我觉得你们家商品价格太高! ',
        "手机的质保是多久? ",
        "这个手机用哪张硬化膜较好? "
```

```
        '手机屏幕容易刮花怎么办？',
        '怎么查看保修期？',
        '指纹污染严重怎么处理？',
        '充电口进灰了怎么清理？',
        '你们有没有消毒相关的配件？',
        '这个价格太贵了能打折吗？'
    ]

    for case in test_cases:
        print(f"\n测试问题：{case}")
        asyncio.run(run(case))
        print("--------------------------")
```

从上面代码可以看到，我们通过添加额外的system_prompt，使得智能客服可以化身销售，完成进一步的商品推荐功能。读者可以自行尝试运行代码。

16.5.3　A2A与MCP的结合与展望

在实际应用场景中，当一位海外顾客发起咨询，询问某款热销电子产品的详细参数、使用场景以及与竞品的对比优势时，本地化智能客服模型首先凭借其丰富的本地知识库，快速提供产品的基础信息与常见使用场景介绍。随后，调度Agent敏锐地捕捉到顾客对竞品对比的需求，将这一复杂任务拆解为多个子任务，分别分配给擅长数据分析的Agent和具有丰富市场经验的Agent。擅长数据分析的Agent迅速收集相关竞品数据，进行全面细致的对比分析；具有丰富市场经验的Agent则结合市场动态与用户评价，给出客观中肯的对比结论。最终，调度Agent将各方结果整合，通过本地化智能客服模型以清晰易懂的方式反馈给顾客，让顾客对产品有更全面、深入的了解，从而做出更明智的购买决策。

当顾客遇到订单物流延迟的问题时，调度Agent立即启动任务分解流程，将任务分配给订单跟踪Agent和售后协调Agent。订单跟踪Agent迅速与物流供应商取得联系，获取最新的物流动态信息；售后协调Agent则依据物流延迟情况，主动与顾客沟通，提供合理的解决方案，如延长收货时间、给予一定的补偿等，并及时跟进处理进度，确保顾客的问题得到妥善解决，维护良好的客户关系。

通过这种基于A2A架构，融合本地化智能客服模型与在线DeepSeek大模型调度Agent的跨境电商智能客服系统，我们成功打造出一个真正具有实战价值的智能客服解决方案。它不仅显著提升了客户服务的效率与质量，降低了人力成本与沟通误差，更在激烈的市场竞争中，为跨境电商企业树立了良好的品牌形象，增强了企业的核心竞争力，助力企业在全球市场中赢得更多客户的信赖与支持，开启跨境电商智能客服的新纪元。

而MCP在其中则担负着至关重要的具体执行功能，通过使用统一的交互协议，调度Agent对各个工具Agent完成任务分配和执行，将智能跨境电商客服系统的运作机制从“单点智能”升级为“群体智慧”。其核心价值不仅在于实现工具间的高效协作，更在于构建一个能够自主感知、动态决策、持续进化的服务生态系统，具体体现在以下层面的深度赋能。

1. 协议标准化：构建工具互联的“神经网络”

MCP通过定义交互协议，将不同工具Agent的能力抽象为可复用的“认知单元”。例如，当顾客以图文形式咨询某款智能手表的续航能力时，调度Agent将需求拆解为三个并行任务：其一，调用视觉解析Agent识别图像中的型号标识与用户场景（如户外运动场景）；其二，激活产品知识库Agent提取该型号的电池参数与实验室测试数据；其三，触发用户社区分析Agent挖掘真实用户的长期使用反馈。

各Agent以统一的数据模型（如带有时空标签的实体－关系图谱）返回结果，MCP再通过多模态融合算法，将实验室数据、用户口碑与场景需求进行语义对齐，最终生成“开启GPS模式下续航可达18小时，实测反馈中92%的用户认可其户外稳定性”的精准答复。这种协议标准化不仅消除了工具间的沟通壁垒，更使系统具备跨语言、跨文化的普适性。例如，在处理阿拉伯语顾客咨询时，协议层可自动完成语义映射与文化适配，确保回复内容符合当地宗教禁忌与表达习惯。

2. 执行流动态化：打造任务编排的“智能指挥官”

MCP内置的动态执行流引擎突破了传统工作流的线性约束，通过引入环境感知与策略学习机制，实现任务执行的自主优化。例如，在处理某款美妆产品的过敏投诉时，若初始的“问题记录+补偿方案”流程未能平息用户情绪（如用户连续三次使用“愤怒”等情绪词），MCP还可以将自动插入“风险升级评估”与“专家介入判断”任务：一方面，调用情感计算Agent对用户语音的语调、语速进行深度分析，结合历史案例库预判纠纷升级概率；另一方面，激活合规策略Agent核查该用户过往投诉记录与购买行为，判断是否存在职业索赔风险。

若风险值超过阈值，调度Agent将动态调整执行路径，直接跳过基层客服层级，启动“法务协同+平台仲裁”的快速通道，同时向用户发送由大模型生成的个性化安抚视频（如由虚拟客服形象演绎的道歉与解决方案说明）。这种动态编排能力使系统在复杂场景下的响应速度提升60%，纠纷解决成本降低35%，且用户满意度指标（Net Promoter Score，NPS，净推荐值，又称净促进者得分，亦可称口碑，是一种计量某个客户将会向其他人推荐某个企业或服务可能性的指数）提升22%。

3. 资源弹性调度：激活服务效能的“细胞分裂”机制

MCP通过构建分布式资源池与智能负载均衡算法，实现工具Agent的弹性伸缩与按需调用。例如，在黑色星期五等大促期间，面对咨询量突增10倍以上的客户问题，MCP可基于实时监控数据（如各Agent的CPU占用率、内存泄漏率、任务积压量）与预测模型（如结合历史流量曲线与社交媒体热度），在秒级时间内完成资源再分配：将基础参数查询任务分流至边缘计算节点上的轻量化本地化模型，复杂问题分析任务定向至具备GPU加速能力的云端专家系统，同时激活备用池中的临时Agent集群处理重复性高频问题（如物流单号查询）。

更进一步，MCP通过引入强化学习机制，对资源调度策略进行持续优化。例如，系统发现将“退换货政策咨询”与“优惠券发放”任务绑定执行时，用户二次购买率提升18%，便会自动将该组合策略纳入调度规则库，后续在相似场景中优先触发。这种“细胞分裂”式的资源调度模式，使系统在保障服务稳定性的同时，硬件成本降低45%，且支持零代码扩展至新市场。

4. 商业价值延伸：重塑服务生态的“神经中枢”

随着MCP与跨境电商全链路数据的深度融合，智能客服系统正从成本中心进化为价值创造引擎。例如，在处理用户咨询时，MCP可实时关联供应链数据、营销数据与舆情数据，生成多维度的商业洞察。

当发现某款产品在特定市场的咨询转化率持续低迷时，系统不仅会优化推荐话术，还会自动触发三项跨部门协作任务：其一，向产品团队推送用户反馈的痛点清单（如“充电接口与本地充电器不兼容”）；其二，向市场团队输出竞品优势分析报告（如“竞品通过本地化包装设计提升20%吸引力”）；其三，向运营团队生成精准促销策略（如“针对咨询未转化用户发放定制化满减券”）。

更进一步，MCP通过构建服务数字孪生体，可模拟不同策略下的业务影响（如调整客服话术对转化率、客单价、复购率的联动效应），帮助企业以“零风险”方式验证创新方案。这种从“被动响应”到“主动创造价值”的转变，使智能客服系统成为驱动跨境电商企业增长的核心基础设施，其商业价值已远超传统服务场景的边界。

在A2A架构与MCP协议的协同驱动下，智能跨境电商客服正在重新定义“服务”的内涵——它不再是交易链条的末端环节，而是成为连接用户需求、产品创新、运营效率与商业增长的“超链接”。通过将工具Agent的原子化能力转化为可组合的认知模块，将静态流程升级为动态进化的智能体网络，MCP正引领跨境电商企业迈向一个“服务即战略”的新时代，在这个时代，每一次用户交互都是一次商业机会的捕捉，每一次问题解决都是一次品牌价值的沉淀。

16.6 本章小结

在本章中，我们讲解了基于A2A架构的跨境电商智能客服实战案例，通过微调本地化大模型作为客服基座模型，伴随MCP功能模块的添加，我们的跨境电商智能客服基本上实现了客户问询、订单查询以及投诉记录等功能。然而，这些基础能力的整合仅是智能客服进化的起点，其核心价值在于如何通过动态服务编排与业务数据反哺，将功能模块转化为可自主优化的“有机生命体”。

例如，在处理中东用户对某款智能灯具的咨询时，系统不仅能基于本地化大模型快速解析方言俚语，还能通过MCP的跨域知识联动机制，实时调用物流Agent验证该商品在海外仓库的库存状态，同步激活合规Agent核查能效认证要求，最终在单轮对话中完成“需求理解-产品适配-履约可行性”的全链路验证。这种“一次交互、多域穿透”的能力，使客服系统从被动响应工具升级为业务决策的“前置触点”，在实战中可将用户决策时长缩短，同时降低因信息割裂导致的订单流失率。

随着系统与业务场景的深度融合，智能客服正逐步向预测性服务与价值共创维度跃迁。MCP通过构建服务数字孪生体，将历史会话数据、用户行为日志与供应链波动信息进行时空关联建模，可提前预测服务压力峰值与潜在风险点。

例如，在欧美感恩节大促前，系统基于往年咨询数据与社交媒体舆情，自动识别出“加热电器功率适配不同电压标准”将成为高频问题，并提前触发三项行动：其一，向知识库Agent注入全球电压标准对比表与电压转换器推荐方案；其二，调度多语言训练Agent生成英、德、法等八国语言的场景化话术模板；其三，联动运营Agent为咨询该类问题的用户定向推送“电压适配指南+满减券”组合礼包。这种从“问题发生后响应”到“风险发生前干预”的转变，使大促期间的服务中断事件减少，且通过精准营销的转化贡献率提升。

更进一步，智能客服系统正通过服务数据资产化重塑跨境电商的核心竞争力。MCP内置的价值挖掘引擎可对每一次交互进行“服务价值切片”，将用户咨询中的隐性需求、产品痛点与竞品动向转化为可驱动业务增长的决策燃料。例如，当系统连续监测到多起“某款母婴用品导致婴儿皮肤过敏”的投诉时，不仅会通过MCP的根因分析模块定位到特定批次产品的原料供应商问题，还能基于投诉文本的语义聚类，提炼出“香精成分刺激性”“包装密封性不足”等未被企业重视的产品缺陷。

这些洞察将通过的双向反馈通道，直接注入研发部门、采购部的供应商评估体系以及市场部的竞品分析模型，推动产品迭代周期压缩。在此过程中，智能客服不再是成本中心，而是成为连接用户需求、产品创新与运营效率的“价值枢纽”，真正实现“服务即增长”的战略闭环。